内嵌预应力筋材
加固混凝土梁受力性能

丁亚红　张美香　著

清华大学出版社

北京

内 容 简 介

本书系统地研究和探讨了内嵌预应力 CFRP 筋材及螺旋肋钢丝加固混凝土梁界面力学性能、受弯性能指标与承载力计算方法及可靠度。本书共 4 篇,主要包括内嵌预应力筋材加固混凝土梁界面力学行为及黏结性能分析、内嵌预应力筋材加固混凝土梁受弯性能理论分析、内嵌预应力筋材加固混凝土梁受弯性能试验研究、内嵌预应力筋材加固混凝土梁可靠性分析。

本书可作为高等学校有关专业研究生的教学用书,也可供从事土木工程领域研究的科技人员参考。

图书在版编目(CIP)数据

内嵌预应力筋材加固混凝土梁受力性能 / 丁亚红,
张美香著. -- 北京:清华大学出版社,2024. 9.
ISBN 978-7-302-67181-7

Ⅰ. TU375.1

中国国家版本馆 CIP 数据核字第 20245X0E57 号

责任编辑:秦　娜　赵从棉
封面设计:谢晓翠
责任校对:赵丽敏
责任印制:丛怀宇

出版发行:清华大学出版社
　　　　　　网　　　址: https://www.tup.com.cn,https://www.wqxuetang.com
　　　　　　地　　　址: 北京清华大学学研大厦 A 座　　　**邮　　编:** 100084
　　　　　　社 总 机: 010-83470000　　　　　　　　　　**邮　　购:** 010-62786544
　　　　　　投稿与读者服务: 010-62776969,c-service@tup.tsinghua.edu.cn
　　　　　　质量反馈: 010-62772015,zhiliang@tup.tsinghua.edu.cn
印 装 者: 三河市铭诚印务有限公司
经　　销: 全国新华书店
开　　本: 185mm×260mm　　**印　张:** 21　　　　　　　**字　　数:** 510 千字
版　　次: 2024 年 9 月第 1 版　　　　　　　　　　　**印　　次:** 2024 年 9 月第 1 次印刷
定　　价: 168.00 元

产品编号:103652-01

前言

在土木工程、水利工程、交通运输工程等众多领域对已有构筑物的诊断、维修和加固是世界各国普遍关注的问题。由于材料老化、环境侵蚀等自然因素,设计失误、施工差错等人为过失,负荷加重、功能改变等使用要求,火灾、撞击、地震等灾害作用,以及设计规范的改进、安全储备的提高等原因,大量房屋建筑、桥梁、隧道与地下工程等需要维修与加固。

工程结构传统的加固方法主要包括增大截面法、外包钢法、粘钢法、预应力加固法、置换加固法、间接加固法等,这些加固方法具有费用较低、实践应用多、理论和技术较为成熟等优点。但传统加固法也有其无法弥补的不足,如增大截面法现场湿作业量大,周期较长,占用空间,影响美观;外包钢法和粘钢法耐腐蚀性差;预应力加固法施工难度大,且预应力损失难以估测;间接加固法占用空间或改变空间且施工复杂等。纤维增强复合(fiber reinforced polymer,FRP)材料因具有轻质、高强、耐腐蚀等特性而备受加固界的关注,并已开展了大量的研究及工程应用工作。现有 FRP 加固方法主要包括外贴 FRP 布、外贴 FRP 板及内嵌 FRP 筋材等非预应力加固法,但非预应力 FRP 材料加固法易发生黏结剥离破坏,且材料的高强性能不能被有效利用,同时存在应变滞后现象,加固效果不够理想。采用内嵌预应力 FRP 筋材加固法,不仅能够充分发挥 FRP 材料的高强度优势,显著提高被加固构件力学性能,还能在一定程度上降低被加固构件的挠度变形,延迟裂缝出现,延缓裂缝开展。实际工程中,为降低维修加固成本,采用强度高、黏结性能好、造价较低的螺旋肋钢丝替代 FRP 筋材,进行内嵌预应力加固。为此,笔者提出内嵌预应力 CFRP 筋和内嵌预应力螺旋肋钢丝加固混凝土梁的思想,并利用自行研发的预应力张锚系统开展了相关试验研究和理论分析。

本书是笔者对近十几年来在内嵌预应力 CFRP 筋材及螺旋肋钢丝加固混凝土梁受弯性能方面研究成果的总结,主要包括 4 篇 16 章:第 1 篇内嵌预应力筋材加固混凝土梁界面力学行为及黏结性能分析;第 2 篇内嵌预应力筋材加固混凝土梁受弯性能理论分析;第 3 篇内嵌预应力筋材加固混凝土梁受弯性能试验研究;第 4 篇内嵌预应力筋材加固混凝土梁可靠性分析。四篇内容主要包括内嵌预应力筋材加固混凝土梁材料力学性能、内嵌预应力筋材加固混凝土梁界面力学行为、内嵌 CFRP 筋加固混凝土试件黏结性能研究、内嵌预应力筋材加固混凝土梁弯矩-曲率关系分析、内嵌预应力筋材加固混凝土梁承载力分析、内嵌预应力筋材加固混凝土梁变形及裂缝验算、内嵌预应力筋材加固混凝土梁延性分析、内嵌预应力筋材加固混凝土梁受弯性能试验方案、预应力 CFRP 筋张拉锚固技术研究、内嵌预应力筋材加固混凝土梁试验研究、内嵌预应力混杂筋材加固混凝土梁试验研究、内嵌预应力螺旋肋钢丝加固混凝土梁试验研究、混凝土结构可靠度的基本理论、内嵌预应力筋材加固混凝土梁可靠性分析等。

本书由河南理工大学教授丁亚红统稿撰写、校核,河南理工大学博士后、新余学院讲师张美香参与编写。课题组成员徐平教授、张春生副教授,硕士研究生马艳洁、褚海全、郝慧敏、申崔红等参与了不同章节的整理工作。河南理工大学杨小林教授、王兴国教授,湖南工程学院曾宪桃教授,河南理工大学土木工程学院实验中心老师张素华、周淼等提供了室内试验及理论分析方面的指导和帮助,谨此致以衷心的感谢! 同时,感谢本书引用文献的作者所做的前期研究工作。

本书的出版得到了国家自然科学基金资助项目(项目编号:51108161)、河南省高等教育教学改革研究与实践项目(研究生教育类)(项目编号:2021SJGLX022Y)的资助,在此表示感谢。

本书只是笔者近十几年来开展内嵌预应力筋材加固混凝土梁研究成果的汇总及浅陋之见,由于知识结构、认识水平与工程实践条件的限制,书中难免有差错和不妥之处,恳请各位同行专家、学者不吝批评指正,提出宝贵意见,以便笔者及时修订、更正和完善。

丁亚红

2023 年 11 月

目录

第 2 篇 内嵌预应力筋材加固混凝土梁受弯性能理论分析

第 3 篇   内嵌预应力筋材加固混凝土梁受弯性能试验研究

第 4 篇   内嵌预应力筋材加固混凝土梁可靠性分析

第1章

绪　论

1.1　研究背景

1.1.1　国外工程结构加固现状

近几十年来,由于基础设施建设趋于饱和、既有工程事故不断发生,各发达国家正逐渐把建设的重点转移到旧建筑的维修、改造和加固方面。

据调查,在欧洲大约有8.4万座混凝土或预应力混凝土桥需要维修养护,英国约有4万座桥梁不能满足新规范的承载力要求,若要修复这些桥梁需花费8.3亿英镑[1],建造在海洋及含氯化物介质环境中的钢筋混凝土结构,因钢筋锈蚀需要重建或更换钢筋的占1/3以上,钢筋腐蚀造成每年30亿美元的损失[2]。

在阿拉伯半岛和波斯湾地区,由于在建筑材料中含有大量氯化物,较高的湿度和海洋气候同样加剧了混凝土结构中钢筋的腐蚀。修复退化结构和正常维护所需要的费用超过结构初始造价的2倍[3]。

在澳大利亚,由于早期大量使用防冻盐,钢筋混凝土桥梁等结构破坏严重。1999年澳大利亚混凝土结构腐蚀损失达到250亿美元,占澳大利亚当年GDP的4.2%[4]。

苏联政府也很重视旧建筑物的维修加固与城市改造,并组织开展相关研究和技术开发工作,出版有《建筑工程事故及其发生原因和预防方法》、《居住房屋技术管理》等数十本专著[5]。哈尔科夫公路学院近年来对乌克兰公路桥梁的情况调查表明,40%以上的钢筋混凝土桥梁寿命只有40~50年或更少,大型桥梁运营维修周期缩短,永久性桥梁只有15%处于良好状态,而其余的需要预防、检修、计划检修(60%)和大修(25%)。这些旧桥和旧的建筑物设计不规范、施工质量较差、病害严重,对铁路运输、公路运输和建筑行业是潜在的隐患[6]。

日本海滨建筑物耐久性调查资料表明,由于较多地区采用海砂作为混凝土中的细骨料,使钢筋锈蚀成为一个严重问题。对冲绳地区177座桥梁和672栋房屋的调查表明,桥面板和混凝土梁的损坏率达到90%以上,校舍一类民用建筑的损坏率也在40%以上,日本政府多次组织开展提高建筑物使用寿命的技术开发项目,以防为主,从建筑立法、设计、施工和改造维修四个方面入手,解决建筑物的寿命问题,并制定了一系列法令和标准,如《住宅区改造法》、《土木建筑物更换标准》、《混凝土土木工程裂缝调查及补强加固技术规程》等[2,7]。

加拿大魁北克省博赫尔洛依斯水电站于1928年开始兴建,至1960年全部建成。由于存在碱集料反应,早在1940年就发现南部坝体渗漏开裂,进水系统、办公大楼开裂、变形,每年产生1.7~1.9mm位移,因而导致结构开裂;加拿大的基础结构设施腐蚀严重,若全部更新处理需花费5000亿美元,仅修复停车场就需要花费60亿美元[8-9]。

美国材料咨询委员会(NMAB)1987年的年度报告中指出[10],目前大约有25.3万座混凝土桥面板存在不同程度的劣化,而且每年还以3.5万座的速度在增加,修复这些桥面需要500亿美元,而维修或更换所有劣化的混凝土结构将花费2000亿美元,这样惊人的维修费用是结构设计者未能预计到的。美国联邦公路署1989年提交美国国会的一份报告《国家公路和桥梁现状》指出,美国现存的全部混凝土工程价值为6万亿美元,每年维修费用高达300亿美元。因除冰盐引起钢筋锈蚀而限载通行的公路桥已占全部桥梁的1/4,造成了高达1500亿美元的损失。根据美国的统计,在所有钢筋混凝土结构的破坏中,钢筋锈蚀破坏可占到55%。1985年报道,用于钢筋混凝土腐蚀破坏的修复费增加到1680亿美元;1988年,其修复费上升到2500亿美元,其中桥梁修复费为1550亿美元;1991年用于修复由于钢筋耐久性不足而损坏的桥梁,耗资910亿美元。1998—2003年仅混凝土桥、路、水坝、输水管线等基础设施的修复费用就达1.3万亿美元,为初建费用的4倍[11-13];美国劳工部门在20世纪末的一项产业预测报告中曾经预言:建筑维修加固改造业正成为美国最受欢迎的9个行业之一[14-15]。

若要拆除这些结构并用新的结构代替,不仅耗资巨大、产生污染、延误时间,而且桥梁还要封闭交通,给国家造成的经济损失将难以估计,为各国的国情和财力所不容。适宜的办法应该是在对病害结构进行正确评估的基础上,采取相应的维修、加固技术对策,使其承载能力得到恢复或提高,以满足使用需求。国外资料显示,旧桥加固所需资金为新建桥费用的10%~20%,一般新桥的基建投资超出旧桥加固投资的0.5~2倍[16]。

1.1.2　国内工程结构加固现状

自新中国成立以来,特别是自20世纪70年代末实行改革开放以后,我国各种房屋建筑、桥梁、堤坝、隧道以及城市基础设施数量急剧增加。在建筑物的使用过程中,由于自身老化、各种灾害和人为损伤等原因,建筑物不断产生各种结构安全隐患。上海大约有20%的工业厂房受到不同程度的腐蚀,严重腐蚀的占9%,还有一些房屋结构由于火灾、施工不善、设计失误等原因也需要加固[17]。在20世纪80年代初对水工建筑物、港口码头等使用情况进行了调查,发现使用了10~30年的水工建筑物有近六成发生钢筋锈蚀破坏,使用了7~25年的海港码头有近九成发生钢筋锈蚀破坏。1981年对华南18座钢筋混凝土码头的调查表明,尽管使用期仅7~15年,但有16座码头的钢筋严重锈蚀。1984年对浙江镇海的22座中小型海工建筑物的调查表明,967根构件中由于钢筋锈蚀导致混凝土开裂破坏的有538根,占构件总数的56%[18-20]。在我国,桥梁的劣损情况也十分严重,仅公路部门就有5000多座危桥,全长约13万延米,其中一部分是由于设计、施工不善及结构本身缺陷而造成的危桥[21]。目前我国铁路主要干线上有各种混凝土桥9万余座,混凝土桥梁的总延长已占全部桥梁总延长的90%,其中使用年限最长的达80年,随着服役期的增长,桥梁的劣损情况日益严重。铁道部科学研究院于80年代对我国八大干线(沪杭、浙赣、沪宁、津浦、京广、陇海、京沈、哈大)和其他35条干线上的铁路桥梁进行了统计分析,在这些干线上共有38314孔混凝土桥梁,总长度529.521km。其中新中国成立前修建的混凝土桥有3525孔,共24473延米[22]，这些旧桥的设计与施工文件大多散失，设计标准混乱，建造年代不清，混凝土强度低、施工质量差、病害严重，对我国铁路运输是一个潜在的隐患。尽管自1985年以来已投入15亿元整治桥梁病害，但桥梁病害的新生速度仍然超过整治速度，1993年桥梁病害率为16.5%，而1994年铁路秋检统计，我国国有运营铁路有病害桥高达6137座，占桥梁总数的18.8%，其中混凝土桥梁为2675座，混凝土梁裂损722座/1992孔[23]（不包括因生产工艺不当而裂损的预应力混凝土梁400孔）。若是更换这批桥梁，不仅耗资巨大，而且还要封闭交通，给国家造成的经济损失是无法估计的，为我国的国情与财力所不容，合理的办法应该是在对病害桥梁的运营状况、损伤程度、承载能力以及剩余寿命等问题进行正确评价与估计的基础上，采取相应维修、加固政策，挖掘现有桥梁的承载潜力，对不合格的桥梁采取维修、加固的方法使其承载能力等级得到恢复或提高，以满足现代交通对桥梁的客观要求。我国公路部门的实践表明：桥梁的加固费用为新建桥费用的10%～20%，双曲拱桥的加固费用约为新建桥费用的30%。

即使在一些新建成的工程项目中，由于勘察、设计和施工过程中的技术和管理问题，致使工程在建成初期就出现各种质量安全隐患，如不及时采取加固措施，就有可能导致重大的安全事故。为此，国家每年要投入大量资金用于各种建筑物的加固修复，这无疑给建筑加固修复业的发展提供了一个巨大的市场空间。另外，在我国现有建筑中，旧的结构设计在功能上不能满足目前使用的需要，也是刺激建筑加固修复专业迅速发展的重要因素。特别是随着我国经济发展和人民生活水平的不断提高，近年来旧城改造几乎成了各大、中城市的共同课题。在大规模城市改造中，有相当数量的旧建筑需要通过加固改造来满足新的功能要求，这些也为建筑加固修复业带来了空前的发展机遇。

由此可见，对既有混凝土桥梁和结构，当其承载能力下降，使用功能不健全或使用要求提高，但又未达到报废条件时，对既有建筑结构的病害情况、承载能力及剩余寿命做出切合实际的评估，以确定病害产生的原因、病害程度及发展趋势，采取适当的技术措施对其提出维修、加固或更换策略，使这些结构仍能满足正常或超常的使用要求，继续为社会服务，是一项具有显著经济效益和社会效益的研究工作。

1.2 混凝土结构补强加固技术现状

建筑结构长期在各种因素的影响下逐渐损坏是一个不可逆转的客观事实。为了延长结构的使用寿命，实现对建筑物的良好维护，加固技术和材料也在不断地更新和发展。我国从20世纪50年代起就开始了混凝土结构的加固处理，几十年来，特别是近十年来，这门技术发展非常迅速。目前已相继颁布《混凝土结构加固设计规范》(GB 50367—2013)[24]、《既有建筑鉴定与加固通用规范》(GB 55021—2021)[25]等规范，这些规程的制定，对促进我国混凝土结构加固技术的发展和应用起到了很大的推动作用。传统的混凝土结构加固补强的方法有以下几种：

1. 增大截面法[26-27]

增大截面法一般是通过增加原结构的受力钢筋，同时在外侧重新浇筑混凝土以增大构件的截面尺寸，来达到提高结构承载力的目的。该方法在不影响使用的情况下，采用同种混凝土来增大原构件的截面尺寸，从而提高构件的承载力，是最为传统的一种结构加固方法。

增大截面法的优点是施工技术比较成熟,可靠性好,提高构件抗力及构件刚度的幅度比较大,尤其是柱构件加大截面后还可增加其稳定性。缺点是施工工期较长,工程量较大,增加结构质量引起荷载增加,现场施工的湿作业工作量大,养护时间较长,对生产、生活有一定的影响,而且会带来建筑物净空间的明显减小,且存在加固横截面与原有构件横截面分离的问题。同时加大截面、增加刚度要立足于整体结构考虑,不能仅为局部加大而加大,否则会引起不恰当的结构薄弱层,造成重大事故。另外,加大截面法因构件质量与刚度变化较大,要注意结构固有频率加固前后的变化,应避免使结构加固后的固有频率进入地震或风振的共振区域造成新形式的破坏。

2. 外包钢加固法[28-29]

外包钢加固法是在构件四周用特制的建筑结构胶粘贴型钢、角钢、钢板等材料将原混凝土梁、柱等构件包裹起来,而达到增加原有构件结构抗力的目的。外包钢法又分为湿式外包钢及干式外包钢两类。当采用乳胶水泥粘贴或以环氧树脂化学灌浆等方法对钢筋混凝土梁、柱外包型钢加固时,称为湿式外包钢加固;而当型钢与原柱间无任何连接,或虽填塞有水泥砂浆仍不能确保结合面剪力有效传递时,称为干式外包钢加固。

外包钢加固设计时应合理设计有效截面积,并考虑结构在加固时的实际受力状况,即原结构的应力超前和加固部分的应变滞后特点,以及加固部分与原结构共同工作的程度,从而增加构件抗力,有效提高构件的延性特征。该法施工简便,现场工作量较小,受力可靠,适用于不允许增大原构件截面尺寸,但又要大幅提高截面承载力的混凝土结构,主要用于钢筋混凝土柱、梁、腹杆等的加固。

3. 粘钢加固法[30-33]

粘钢加固法是将钢板通过黏结剂,按加固设计要求粘贴于原混凝土构件或钢结构构件表面,使之共同工作,具有良好的物理力学性能。1964 年,South Africa,Purbun 第一次采用黏结钢板的方法加固混凝土梁。实践证明梁的承载能力得到很大提高,随后粘钢加固混凝土结构的方法就广泛地应用开来[34-35]。

这种加固方法对受弯构件的加固效果较好。该加固方法的特点是施工快速、现场湿作业量少,对结构的外形和净空以及生产生活的影响较小,且加固后对原结构外观和原有净空无显著影响,可保持建筑原貌以及使用功能等。但是后来人们发现使用粘钢加固也有很多不便之处,钢板比较笨重,运输、安装不便,且容易锈蚀,另外加固质量在很大程度上取决于黏结质量的好坏、钢板的剪裁以及防腐措施,特别是粘钢后一旦发生空鼓,进行补救比较困难,且用钢量大、加固费用较高。

4. 预应力加固法[36-37]

预应力加固法是通过预应力钢筋对构件施加体外预应力,以承担梁、屋架和柱所承受的部分荷载,从而提高构件的承载力。采用外加预应力钢拉杆或型钢撑杆对结构进行加固,其优点是通过施加预应力使拉杆或撑杆受力,影响并改变原结构的内力分布,从而降低结构原有内力水平并提高结构的承载力。该法可以起到改变结构内力分布、卸载和加固的三重效果,能较好地消除一般加固方法中普遍存在的应力-应变滞后现象的影响。

但预应力加固法对原构件混凝土抗压强度要求较高,否则不能选择预应力加固方案。采用预应力加固法加固后对原结构外观有一定影响,这种方法比较适用于大跨度或重型结构的加固以及处于高应力、高应变状态下的混凝土构件的加固,不宜用于混凝土收缩徐变大的结构。另外加固后需要注意预应力筋的防腐问题。预应力加固法由于在设计和施工方面对技术的要求比较高,一般应由专业技术实力较强的企业来完成。

5. 增加附加支撑构件加固法[38]

增加附加支撑构件加固法是通过增加支承点来减小结构的计算跨度、改变结构内力分布并提高其承载力的加固方法,该方法比较简单,而且效果可靠,但加固工作量较大,易损害建筑物的原貌和使用功能,通常还会减小建筑的使用空间。由于所增加的支承构件一般需要将荷载传递到基础上,所以这种方法比较适用于梁、板、网架等水平结构的加固。

按照增设支承结构的变形性能,增设支点法可分为刚性支点和弹性支点两种情况。前者通过支承结构的轴心受压或受拉作用将荷载直接传给基础和柱子等构件,支承结构的变形远远小于结构的变形,可将其作为不动支点考虑,对结构承载能力的提高程度较大;后者通过支承结构的受弯间接传递荷载,支承结构的变形和结构的变形属于同一数量级,只能作为弹性支点考虑,加固后结构的承载能力提高幅度比前者小,但对原有建筑的使用空间影响程度较低。

6. 化学灌浆法[39]

化学灌浆法是将一定的化学材料制成浆液,利用压缩空气或其他动力,用压送设备将其灌入混凝土构件裂缝内的一种修补方法,能够提高结构的力学性能和耐久性能,特别是与混凝土、砖石、钢材有很高的黏结强度,可以在结合面上传递拉应力和剪应力。这种方法对结构物损害初期进行修补以防范损害加剧是十分有效的,可以减少后期加固费用。

7. 粘贴复合材料加固法[40-48]

近年来,纤维类材料在土木工程中的应用一直是国内外研究的热点。随着材料技术的发展,现在已开发出了多种高科技纤维材料,如碳纤维增强复合材料(CFRP)、玻璃纤维增强复合材料(GFRP)、芳纶纤维增强复合材料(AFRP)等。这种材料具有传统补强加固材料不具备的优点,主要体现为:质量轻、强度高、施工简单、耐久性好。

这些加固方法都有许多研究和应用成果,但都或多或少地存在缺点和不足,如所有新加固的结构材料都将存在较为严重的应力滞后现象,如果被加固结构构件不再承受新的荷载效应,加固材料将处于零应力的作用状态,只有当被加固结构构件二次受力,进一步发生变形时,加固材料才逐步参与受力,这种现象在以恒载为主的建筑结构中尤为突出,而且后加材料在结构二次受荷时参与受力的情况还将受制于诸如混凝土收缩徐变、设计构造及施工质量等因素,加固后的实际效果难以评价。此外,这些加固方法还将或多或少对原结构增加额外的负重,加剧原结构材料的不利应力。而纤维增强复合(fiber reinforced polymer, FRP)片材加固技术,因材料性能优越、施工简便快捷而备受关注。

1.3　FRP 的特点及研究现状

1.3.1　FRP 的特点

FRP 是一种在合成有机高强纤维中注入树脂材料经挤压、拉拔而成型的复合材料。目前,应用于土木工程中的纤维增强复合材料主要有碳纤维增强复合材料(CFRP)、玻璃纤维增强复合材料(GFRP)、芳纶纤维增强复合材料(AFRP)。碳纤维是由有机纤维在惰性气体中经高温炭化合成的无机纤维。按原材料类型,碳纤维可以分为聚丙烯腈(PAN)基碳纤维、中间相沥青(MP)基碳纤维、黏胶(人造丝,RAYON)基碳纤维、酚醛基及其他碳纤维。不同的纤维化学成分不同,力学性能也有较大差别,相应纤维复合材料的力学性质表现出很大的差异。常见的几种 FRP 的力学性能见表 1-1。

表 1-1　FRP 的力学性能

纤 维 类 型	拉伸强度/MPa	拉伸模量/10^5MPa	延伸率/%
芳纶纤维	3500~4100	1.30~1.90	2.0~2.8
玻璃纤维	3100~3500	0.724~0.814	4.0~5.0
碳纤维	3500~4800	2.07~3.80	0.6~1.9

　　FRP 在土木工程中的研究与应用始于 20 世纪 60 年代的美国,但在当时及随后的 20 多年里,由于受 FRP 材料价格和材料的一些特殊性质的影响,其在土木工程中的应用研究趋于停滞,但其在航天航空业、造船业、汽车工业和运动器材制造业等方面的成功应用却越来越多。直至 20 世纪 80 年代后期,FRP 材料在土木工程中的应用研究才又趋于活跃[49],但其应用研究主要集中在美国、日本、加拿大、澳大利亚和西欧的一些发达国家[50-51]。近几年来美国、日本等发达国家每年召开一次"世界碳纤维前景"会议,各国纤维增强塑料方面的专家学者、生产商齐聚一堂研讨纤维增强塑料的最新研究成果、发展方向和应用成果等,促进了纤维增强塑料的应用普及[51]。

　　我国从 20 世纪 80 年代后期开始对 FRP 修复加固土木建筑结构技术进行研究并应用于工程实践,目前越来越多科研院所、高等院校、生产单位等对 FRP 修复加固技术开展了研究与实践。2000 年 6 月中国土木工程学会混凝土与预应力混凝土分会纤维增强塑料及工程应用专业委员会成立,随后分别在北京、青岛、昆明等地召开了全国 FRP 学术交流会,有力地推动了国内在该领域的发展。

　　碳纤维材料具有抗拉强度高、质量轻、免锈蚀、热膨胀系数低、无磁性以及抗疲劳性能好等特性。CFRP 抗拉强度有的可达到 3000MPa 以上,而质量却仅为钢材的 1/5;强度与质量比高(比钢材高 10~15 倍),其疲劳极限可达静荷强度的 70%~80%。CFRP 的这些优良特性使其在土木工程中代替预应力钢筋加固混凝土构件成了又一热点。专家们明确指出,在土木工程中采用碳纤维等复合材料有 5 大优点[52-55]:

　　(1) 耐腐蚀。美国的统计数字表明,由于腐蚀给美国带来的损失每年高达 1379 亿美元,在基础设施领域,由于腐蚀带来的损失约为 226 亿美元,其中包括公路桥梁、铁路、输送管道、机场、海港码头和仓库等,复合材料的耐腐蚀性能远比钢材好得多,采用复合材料取代传统用的钢材,可以大大减少由于腐蚀造成的损失。与钢材相比,纤维复合材料均具有很好的抗腐蚀性和耐久性,因而可提高结构使用寿命,尤其用于腐蚀性较大的环境效果更为显著。

　　(2) 质量轻。复合材料的强度质量比比钢材要高得多,用复合材料取代钢材可以大大减轻结构质量。1991 年 7 月瑞士伊巴赫桥首次采用粘贴 CFRP 板加固,与钢材相比,碳纤维复合材料强度提高 6 倍、质量减轻 20%,加固中既减少了维护费用,又大幅增加了使用年限。当建筑结构中采用纤维复合材料时,施工非常方便,可降低劳动力费用。当用于既有结构的维修加固时效果更为明显。

（3）抗震能力强。国外研究结果表明，碳纤维复合材料加固桥梁后可大大增加桥梁的抗震能力。碳纤维材料较钢筋弹性模量小，容许变形较大，用碳纤维复合材料加固后的桥墩和柱子有更大的允许弯曲变形，抗震能力大幅提高。

（4）耐久性好。碳纤维复合材料的耐久性较钢筋有了明显的提高。日本三菱化学公司（Mitsubishi Chemical Corporation）对供基础设施用的碳纤维片材进行了一系列耐久性能试验，结果表明其耐久性能良好。近年来，由于钢拉索的耐久性问题，许多已建桥梁出现了各种各样的问题，造成极大的经济损失[55]。如德国的科尔布兰特桥因拉索锈蚀，建成仅仅 5 年就全部换索；英国的伍埃桥通车未满 10 年就因拉索锈蚀需换拉索；广州海印大桥（混凝土斜拉桥）建成未满 10 年就因拉索锈蚀而换索；四川金沙江南门桥建成 10 年后因吊杆锈蚀损坏发生局部桥面坍塌事故；重庆綦江彩虹桥（钢管混凝土提篮拱桥）因施工质量及吊杆锈蚀而垮掉。为保证拉索的耐久性，除加强防护措施外，采用耐久性和疲劳性都很优秀的CFRP 索可望从根本上解决这一问题。早在 20 世纪 80 年代初国外学者就曾设想用 CFRP 拉索替代钢索。1996 年瑞士成功地在苏黎世附近的斯克多斜拉桥上用 2 根 CFRP 筋换下了原有的 2 根镀锌钢丝束，经试验证其效果良好。

（5）操作、安装容易，施工速度快。复合材料的密度是钢材的 1/5～1/4，复合材料的基础设施构件的质量比钢制构件要轻得多，因此，运输、操作、安装等工序操作都比钢制构件方便、容易，而且时间短、速度快。

然而，采用纤维增强复合材料进行结构加固也存在一些缺点，主要体现如下：

（1）纤维增强复合材料的抗剪强度很低，通常不超过其抗拉强度的 10%，将纤维复合材料用作预应力筋或拉索时，相应的锚、夹具须专门研制。

（2）FRP 的强度与其弹性模量的比值比钢筋大，若要发挥较大的强度，FRP 须产生较大的变形。正常使用阶段，高强材料 FRP 的强度利用率较低，一般不超过 30%[56]。

（3）FRP 与混凝土界面的应力传递问题可能会大大降低预期的加固效果，导致脆性破坏，如 FRP 端部的早期破坏，由剪切或弯曲裂缝引起的剥离破坏等[57-58]。

（4）普通外贴 FRP 加固法对改善使用阶段性能作用有限。因此内嵌预应力 CFRP 筋加固混凝土梁成为研究加固的又一关注问题，但预应力筋的锚固及黏结性能等又成为该技术需要解决的关键问题。

此外，与钢筋不同，纤维复合材料无论如何也回避不了均匀性的问题，因此在做单向拉伸强度试验时得出了取用的试件越长强度越弱的测定结果。这是因为随着纤维的加长，包含强度"瑕疵"的概率持续增加的缘故。反过来说，纤维越短强度越高。同时，纤维复合材料的结构特性还更多地依赖于基体的黏结力及其含量。通常，纤维复合材料筋中纤维含量为65%～80%，树脂含量为 20%～35%，纤维含量越高，纤维复合材料强度越高，但挤压成型时越困难。

1.3.2　FRP 的研究现状

纤维复合材料从 1940 年问世以来，主要用于航空航天、军事国防等高科技领域，后来逐步发展到船舶、汽车、化工、医学和机械等领域。由于价格昂贵，过去很少在土木工程领域应用。20 世纪 60 年代，为了解决钢筋混凝土结构在沿海地区遭受空气中盐分子侵蚀的危害问题，美国 Marshall-Vega 公司研制出了一种玻璃纤维增强材料，用于加强和保护混凝土结构。这可以说是现代纤维复合材料广泛研究和应用的起点。20世纪80年代初,FRP复合材料逐步扩大应用到特殊要求的结构中,如受化学严重侵蚀的厂房建筑结构、海洋中的构筑物及桥梁结构等。后来被逐渐应用到民用建筑结构以及地下工程中,如英国、美国和以色列等最早将FRP作为建筑物、桥梁、码头、地铁中的结构材料;20世纪70年代后期,我国开始对FRP进行研究。截至目前,日本、美国、新加坡以及欧洲部分国家和地区的众多大学、科研机构、材料生产厂家等都相继进行了大量FRP加固技术的研究,并在此基础上编制形成了自己国家或地区的关于诸如材料选择、设计计算及施工方法等方面的指南[59-68]。指南的出台,极大地推动了纤维复合材料加固技术推广应用的步伐。特别是日本的阪神大地震之后,为了修复地震作用下遭受破坏的建筑物和构筑物、加固现役老化结构设施以提高其受力性能或延长使用寿命,FRP作为一种有效的加固方法受到了世界各国尤其是发达国家的广泛重视。

发达国家对粘贴纤维加固技术的研究和应用已经达到相当高的水平,而我国目前还处在起步阶段。这主要体现在科研现状和相应标准的制订上,尽管国外一些国家已有了较完善的标准和规程,但我们不能盲目照搬,还需要做一些关键的试验研究。从1996年起,冶金部建筑研究总院、同济大学、清华大学、天津大学、东南大学、中国建筑科学研究院等科研单位开展了一系列初步的试验研究,取得了大量的研究成果。目前,《纤维增强复合材料工程应用技术标准》(GB 50608—2020)[69]已经推出并应用于指导工程设计;由上海市建筑科学研究院组织编写的《上海市纤维增强复合材料加固混凝土结构技术规程》(DG/TJ 08-012—2017)[70]已经开始应用于上海地区的纤维加固设计和工程实践[71]。

纤维复合材料之所以受到工程界的重视,是因为它本身具有高强高效、施工便捷、可设计性强、耐腐蚀性能好、适用面广、基本不增加原结构自重和结构尺寸等优点。国内外对FRP在加固领域主要开展了以下几方面的研究。

1. 外贴纤维片材加固技术研究

外贴纤维片材加固构件就是“表面粘贴法”,即通过树脂类黏结剂,在需加固的构件表面粘贴FRP布或板,以提高或改善其受力性能。外贴纤维片材加固构件的试验研究及工程应用已有20多年的历史[72-92],从总体上来看,主要包括抗弯研究、抗剪研究、抗疲劳性能研究等。但这种粘贴加固方法存在一定的不足:因为纤维复合材料的弹性模量较低,而抗拉强度较高,钢筋发挥屈服强度需要产生0.15%的拉伸变形,而纤维片材要发挥抗拉强度需要产生1.7%的拉伸变形,较钢筋的屈服变形高了11倍还多,也即纤维片材与构件内部钢筋共同工作,不考虑原有的初始应变,钢筋屈服时纤维片材所能发挥的强度也仅为其抗拉强度的8.8%,并且在纤维发挥全部强度所需的1.7%的应变情况下,混凝土结构会产生很大变形以及显著的裂缝。因此,外部粘贴纤维片材加固构件,纤维片材所能提供的抗拉贡献极其有限。且FRP粘贴在构件表面容易受到恶劣环境(高温、高湿和冻融等)的不利影响,易遭受磨损和撞击等意外荷载的作用,不防火,不易与相邻构件锚固等,且现有的试验结果及工程应用均表明,外贴纤维片材加固工程结构易于发生纤维片材剥离破坏,纤维片材的高强性能得不到充分发挥,因而逐渐被加固效果较好的外贴预应力纤维片材加固法及嵌入式加固法所代替。

2. 外贴预应力纤维片材加固技术研究

预应力纤维片材加固构件是近十年才开展研究的一项新型加固技术,该技术针对粘贴纤维片材加固与体外预应力加固技术的缺陷,结合了两种加固技术的优势。目前英国、美国、加拿大及日本、瑞士等发达国家在此项技术领域进行了大量研究工作[93-106],取得了很多研究成果,并全力推动该技术进入实用化。国内包括清华大学、同济大学、东南大学等十多所高校[107-121]及研究机构都在开展此项研究。

综合国内外研究结果发现,对纤维片材施加预应力有许多优点,既可提高结构承载力,又可显著减小结构变形,提高结构刚度,充分利用材料性能。但尽管预应力纤维片材加固工程结构有许多优点,如果锚固措施不当或粘贴质量不好时,也很容易发生因粘贴失效引起的剥离破坏,纤维片材的强度发挥不充分,且对挠度过大的受弯构件或开裂严重的混凝土构件难以有效地增强刚度,改善其适用性,对正常使用极限状态难以发挥应有的作用。

3. 内嵌碳纤维板条或筋材加固技术研究

近年来,国外研究人员提出了"表层内嵌法"(near-surface mounted,NSM),即在需加固的构件表面开槽(混凝土保护层内),将 FRP 筋或板条嵌入其中,利用黏结剂使其与构件结合紧密,达到提高其抗弯或抗剪能力的目的。这是一种很有发展前途的结构加固新技术,它与直接在混凝土结构表面外贴 FRP 片材加固方法相比,具有如下优点[122-123]:①嵌入式加固法对混凝土表面处理的工作量降低。外贴加固混凝土表面打磨工序往往耗时较长,而嵌入式加固方法只需用专用工具在混凝土表面剔槽,所开混凝土槽三面参与 FRP 和树脂粘贴,黏结性能良好且 FRP 的剥离和锚固问题不突出,能充分发挥 FRP 材料的性能。而外贴FRP 片材加固混凝土结构,FRP 片材的剥离问题及端部锚固问题一直都是一个未彻底解决的难题。②可以防止火灾对 FRP 材料的破坏。外贴 FRP 片材的致命弱点是防火性能差。FRP 和树脂材料性能的特殊性,使得这一问题在外贴加固中很难解决,而无论是新建筑物还是加固修复建筑物,防火性能都是不得不考虑的问题。嵌入式加固方法由于 FRP 材料嵌在构件内部,较好地解决了防火这一问题,同时其抗冲击性、耐久性得以提高。另外,在进行表面处理时也可以考虑采用某些防火材料以提高防火性能。③负弯矩区域加固方便。对桥梁板面、楼板、挑梁等构件进行负弯矩区加固时,直接在表面粘贴 FRP 片材很容易遭到人为或环境因素的破坏,桥梁的过往车辆摩擦及冲击很容易损坏桥板表面的 FRP 材料,而嵌入式加固方法可有效地避免这种情况的发生。④充分利用 FRP 材料的强度,有效提高了结构的极限承载能力。

2004 年,国家工业建筑诊断与改造工程技术研究中心的岳清瑞教授等首先将国外嵌入式纤维增强复合材料加固混凝土构件的成果向国内同行进行了介绍[122],并站在科学的高度对该项加固技术进行展望,认为其"是一种值得研究和推广的加固方法"。与此同时,河南理工大学的丁亚红教授对嵌入式加固法进行了详细的综述[123],系统地总结了国内外相关研究成果,评述了内嵌法加固构件的研究现状与发展水平,分析了已有研究工作的优缺点,提出了今后的发展方向;中南大学的周朝阳教授等研究了 T 形截面钢筋混凝土梁内嵌FRP 加固后抗弯承载能力计算方法[124],通过作者的试验研究数据和国内外相关试验数据,对其计算方法进行了检验,证明作者提出的计算方法是可行的,并可对加固梁的破坏形态进行预测;武汉理工大学的王天稳教授等按照传统的混凝土理论及 FRP 材料加固理论提出了 FRP 材料内嵌加固梁在各种破坏形式下的极限承载力计算公式,为加固梁正截面抗弯设计和工程应用提供了依据[125]。浙江大学的姚谏教授主持的"钢筋混凝土梁表层嵌贴 FRP

加固性能研究"(编号：50378084)是国家自然科学基金资助的国内第一项关于混凝土表层嵌贴 FRP 加固新技术的研究项目,在此项目的支持下做了钢筋混凝土梁表层嵌贴 FRP 的抗弯、抗剪及黏结机理研究[126-130]。河南理工大学曾宪桃教授课题组[131-132]对嵌入式碳纤维增强复合材料板条加固的 31 根混凝土梁进行了试验研究。结果表明,用嵌入式 CFRP 板条补强的混凝土梁,其开裂弯矩随 CFRP 板条的加固量的增加而加大的幅度不明显,其抗弯承载能力增加的幅度在 25%～45%之间,较小的槽间距会引起槽间混凝土发生撕裂破坏。梁侧面弯剪段嵌入的 CFRP 板条可阻止梁斜裂缝的扩展和裂缝数量的增加,其抗剪承载能力提高 20%～40%。当槽间距较小时,CFRP 板条的强度得不到有效发挥。

国外一些学者已相继开展了 FRP 材料嵌入式加固混凝土构件的试验研究、理论分析和工程应用等工作。Aryan 和 Alkhrdaji[133-134] 1998 年对美国正在使用中的 T-857 桥进行了加固,其中有 3 块混凝土实心板用嵌入式方法加固,CFRP 砂磨筋直径约 11mm,混凝土开槽尺寸 6m×14mm×19mm(深),施工完毕后,结构的极限承载能力提高了 27%;Hogue 等[135]于 1997 年至 1998 年对美国 Oklahoma 市的一座建筑物进行了加固。他们对其中一根混凝土梁采用嵌入式加固方法,开槽尺寸宽约 13mm,深约 19mm,总长度约 5008mm,工程中采用的为 CFRP 筋。Nanni 等[136-138]于 1998 年采用嵌入式方法加固了美国波士顿市的 6 个混凝土圆形结构物,采用的材料为 CFRP 砂磨筋,直径约为 8mm,用环氧树脂黏结。嵌入式加固技术在砌体结构和木结构中也有所应用。Tumialan[139]于 1999 年用嵌入式方法加固了一个 5 层框架的砌体墙,加固效果良好。Gentile 和 Rizkalla[140]对加拿大的一座使用了 39 年的木桥梁进行加固,加固效果令人满意。De Lorenzis 等[141-145]较为全面地研究了 FRP 筋的黏结性能,涵盖了较多种类的 FRP 筋、不同黏结材料及槽表面特征。Blaschko[146]的试验中首次考虑了变量 a_i,即 FRP 板条距混凝土试件边缘的距离,这在设计构造中是非常有意义的参数。Hassan 和 Rizkalla[147-148]的试验并不是单纯的黏结性能试验,更接近于小梁的抗弯加固试验,通过配筋构造使受弯裂缝出现在跨中,研究不同锚固长度对极限荷载的影响。同时 Cruz 等[149-150]、Hassan 等[151]还着重研究了 FRP 板条与混凝土的黏结机理,Cruz 采用弯曲抗拔试验结果,并建立了相应的数学模型,Hassan 考虑了两种不同的胶黏剂,指出了影响黏结性能的关键参数为覆盖胶层的厚度、开槽宽度、开槽间距以及钢筋强度。Parretti 等[152]研究 FRP 板条与混凝土开槽尺寸的设计要点,并给出了设计实例。

国内外试验研究结果表明,采用 FRP 筋或板条嵌入式加固梁的破坏模式,除发生与传统钢筋混凝土一致的混凝土压碎、FRP 拉断破坏等破坏模式以外,也发生由于黏结失效的提前破坏,使材料的强度未得到充分发挥。这一点与外贴 FRP 片材加固的剥离破坏极为相似。因此,嵌入式加固的 FRP 筋或板条与混凝土之间有可靠的黏结,是 FRP 与混凝土这两种材料能够共同工作的基本前提。且所有嵌入式非预应力筋材加固对构件的开裂荷载影响很小,对裂缝发展基本上起不到改善作用,而对 FRP 筋施加预应力则可以解决这一问题。目前,对于内嵌预应力 FRP 材料加固混凝土构件的试验研究,国内河南理工大学曾宪桃教授课题组做了理论研究[153],丁亚红教授[154]通过对内嵌预应力碳纤维加固混凝土梁的静力加载试验,对其受力过程、破坏形态、承载力、延性和变形情况进行了分析,研究结果均表明内嵌预应力碳纤维筋加固法能有效解决现有加固方法在材料利用不充分,黏结剥离破坏等方面的缺点,是一种行之有效的加固方法。

1.3.3　纤维复合材料加固技术黏结性能研究现状

FRP 加固混凝土构件常发生黏结失效的剥离破坏,黏结性能的好坏是加固质量的关键因素。因此开展黏结试件的破坏模式、黏结机理、影响黏结性能的因素以及黏结滑移模型的研究是很有必要的。目前国内外研究主要围绕外贴剥离破坏以及内嵌加固法的试验方法、黏结机理、破坏模式以及相应的黏结模型等方面开展。

1. 外贴 FRP 黏结性能的研究现状

国外 Chajes 等[155]研究了 FRP-混凝土黏结节点的单剪试验,指出当 FRP 与混凝土界面间的黏结长度小于一固定长度时,黏结强度随黏结长度的增加而增加,当黏结长度超过这一长度时,即使黏结长度增加,其黏结强度基本上也不增长;如果黏结节点的破坏模式为黏结界面下混凝土开裂破坏,则黏结强度与混凝土抗压强度的平方根成正比。Maeda 等[156]以及 Thomas 等[157]的试验研究表明,黏结极限荷载随 FRP 刚度的增加而增加,并指出胶层厚度和剪切模量是决定黏结性能的重要因素。

国内南京工业大学郭樟根等[158]研究了 9 个外贴 FRP 板条加固混凝土受弯构件的黏结性能,分析了 FRP 应变、局部黏结剪应力发展规律以及各级荷载下沿黏结长度的分布规律。结果表明纤维与混凝土黏结界面的破坏模式为表层混凝土受剪破坏;剥离破坏是从加载端向锚固端逐渐发展的,跨中剥离后,黏结传力区开始向两端延伸。清华大学陆新征等[159]采用精细单元(混凝土单元尺寸比界面剥离下来的混凝土小一个数量级)有限元模型,选取试件、裂面剪力模型、混凝土受拉软化模型以及混凝土单元尺寸为参数进行研究,结果表明该模型与试验分析结果吻合较好。王文炜、赵国藩[160]通过 14 根玻璃纤维布加固的钢筋混凝土梁试验研究证明玻璃纤维布加固的钢筋混凝土梁抗弯承载力提高很多,同时依据试验结果及美国 FRP 加固设计规范提出了玻璃纤维布加固钢筋混凝土梁的相对界限受压区高度计算公式和设计极限拉应变。杨勇新[161]开展了 4 种受力状态下 CFRP 与混凝土黏结性能的试验研究,基于试验结果建立了 CFRP 与混凝土黏结的层状结构模型,并应用断裂力学对 CFRP 与混凝土黏结失效的机理进行分析,提出了在 CFRP、混凝土表层以及两者之间的黏结材料层中不可避免地存在细观尺度上的初始缺陷(如裂纹、孔隙、夹层等),在荷载作用下,当断裂能达到其临界值时,这些初始缺陷就将产生不稳定扩展,最终导致黏结失效。

2. 内嵌 FRP 黏结性能的研究现状

国外 De Lorenzis 等[162-164]开展了一系列的内嵌 FRP 筋加固试验,研究了不同形式的FRP 筋、不同的黏结材料、不同的黏结长度及开槽尺寸对黏结性能的影响。结果显示黏结破坏分为两种,一种是在结构胶与混凝土的界面破坏,另一种是混凝土的劈裂破坏。环氧树脂较水泥砂浆黏结性能更强。通过对试验结果进行分析得出局部黏结-滑移曲线,提出了相应的黏结模型和承载力计算公式。Seo 等[165]研究了内嵌和外贴 FRP 板加固混凝土结构的黏结性能,以黏结长度、剪力键及 FRP 加固数量为参数。结果表明采用相同数量的 FRP 加固试件,内嵌加固黏结应力是外贴加固的 1.5 倍。Anwarul Islam 等[166]研究在混凝土梁两侧面竖向嵌贴 CFRP 筋来增强构件抗剪强度的试验。结果表明采用内嵌 CFRP 筋加固可将抗剪强度提高 17%～25%,能有效改善混凝土梁的抗剪性能,并给出了相关计算公式,供工程实践参考。

国内李荣等[123]对内嵌加固 CFRP 板-混凝土界面黏结性能进行研究,试件表面开槽,槽宽为 8mm,槽深为 22mm,槽内粘贴双肢 CFRP 板条,采用千斤顶加载,测量板条上的黏结应力分布,得出局部黏结应力-滑移曲线的形状。浙江大学姚谏等[167]研究了 12 根内嵌加固 T 形截面梁的拉拔试验,讨论了 FRP 嵌贴长度和胶层厚度的影响。结果表明破坏形式和承载力与 FRP 的嵌贴长度有关,当嵌贴长度较长时,试件发生 FRP 拉断破坏,极限承载力较高;反之,则发生 FRP 板与胶层剥离破坏,不能充分利用材料性能。他们认为最优胶层厚度为 3mm。中南大学周朝阳等[168]采用 C 型试块进行直接拔出试验,以混凝土强度、黏结长度以及开槽尺寸为因素。试验结果得出黏结长度增加,极限荷载增大,但平均黏结强度随之减小;极限荷载随槽宽增大而增大;混凝土强度等级提高,极限承载力提高。浙江大学朱晓旭等[169]采用梁式拉拔试验,研究了 9 根内嵌 CFRP 板加固混凝土的黏结机理,以加载方式、嵌贴长度、黏结剂种类为考察因素,以自由端滑移为失效准则,给出了静力荷载下的承载力极限状态设计方法,以及动力荷载下表层嵌贴 CFRP 板的极限承载力。

3. 黏结理论的研究现状

1）试验方法

通常采用 C 型试件或矩形短试件做直接拔出试验和 RC(简支)梁加载试验研究 FRP 加固法的黏结性能。Sharaky 等[170-171]利用 C 型试件(见图 1-1)研究了 26 组内嵌 CFRP 和 GFRP 筋加固混凝土试件,分析了结构胶对黏结性能的影响。他们提出光面筋黏结长度较长,可避免试件突然破坏;增加 CFRP 筋的直径会增大破坏荷载;使用水泥浆为黏结剂,承载力会随槽尺寸增大而降低。Al-Mahmoud 等[172]采用 500mm×100mm×100mm 矩形短试件研究了不同黏结剂、不同槽底面处理对黏结性能的影响。结果表明,采用水泥浆为黏结剂时,其试块极限荷载是环氧树脂作为黏结剂试块的一半;当槽底面光滑时,试件开裂后,不发生水泥浆黏结剂与混凝土的剥离破坏;直径为 12mm 的 CFRP 筋,其适宜槽截面为 25mm×25mm。Kalupahana 等[173]采用 750mm×220mm×110mm 矩形短试件研究了不同开槽尺寸、CFRP 筋直径对黏结性能的影响,分析了相应的破坏模式。结果表明 CFRP 筋的最大黏结力和试件的截面面积/筋直径的比率(即 k 值)有关;矩形筋直径的 k 值较低,是适宜的外形;当黏结长度、槽尺寸等因素不变时,对于强度等级较高的混凝土来说,混凝土槽剥落破坏的黏结力最大。周延阳[174]研究了 13 根跨度为 2600mm 的 RC 梁,利用三点弯曲或四点弯曲加载研究了内嵌 CFRP 板加固 RC 梁的黏结性能。结果表明内嵌 CFRP 板加固 RC 梁会发生 CFRP 板-环氧树脂剥离破坏及 CFRP 板的拉断破坏;提出了界面剥离破坏机理;改进了 BPE 模型,并给出了相应的公式。

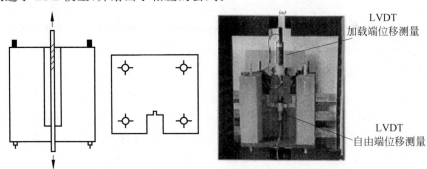

图 1-1　C 型试件

2）破坏模式

内嵌加固法是由三种介质（混凝土、结构胶、FRP 筋）、两个界面（混凝土与结构胶界面、结构胶与 CFRP 筋界面）形成黏结体系，其受力较为复杂，因此破坏形式也多样化。周延阳指出，现有内嵌加固 CFRP 筋黏结试验可观测的主要破坏形式有（见图 1-2）：FRP-结构胶界面滑移破坏、结构胶-混凝土界面滑移破坏、混凝土槽开裂破坏、结构胶劈裂破坏、试件边缘混凝土拉剪破坏及 CFRP 拉断破坏等其他形式的混凝土破坏。

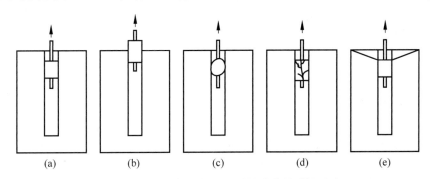

图 1-2　直接拔出内嵌 FRP 黏结试件的破坏形式

（a）FRP-结构胶界面滑移破坏；（b）结构胶-混凝土界面滑移破坏；（c）混凝土槽开裂破坏；

（d）结构胶劈裂破坏；（e）试件边缘混凝土拉剪破坏

3）理论模型

目前的黏结理论模型主要有黏结强度理论和黏结滑移理论。黏结强度理论可以反映试件黏结的牢固程度，主要有以下几种。

（1）简化的黏结强度模型

该类模型考虑的是黏结面积的影响，黏结强度公式为

$$p_u = \tau_u b_f l \tag{1-1}$$

式中：τ_u——平均剪应力，MPa；

b_f——黏结宽度，mm；

l——黏结长度，mm；

p_u——黏结承载力，N。

Hiroyuki 模型[175]认为 $\tau_u = 5.88 l^{-0.669}$；Gemert 模型[176]认为 $\tau_u = 0.5 f_t$，f_t 为混凝土的抗拉强度；Tanaka 模型[177]认为 $\tau_u = 6.13 - \ln l$。

（2）双线性模型

该模型是以有效黏结长度为分界线，当黏结长度小于有效黏结长度时，黏结长度增大，则黏结强度增大；当黏结长度大于有效黏结长度时，黏结长度的增大对黏结强度影响不大。黏结强度公式为

$$p_u = \begin{cases} \tau_u b_f l, & l \leqslant l_e \\ \tau_u b_f l_e, & l > l_e \end{cases} \tag{1-2}$$

式中：l_e——有效黏结长度，mm。

Ko[178]认为 $l_e = 0.125 E_f t_f$；杨勇新等[179]认为 $l_e = 100\text{mm}$。

黏结-滑移本构模型研究黏结破坏的细观过程，其中最为人熟知的是 Bertero-Popov-

Eligehausen(BPE)模型,典型的黏结模型还有:

1) Nakaba 模型[180]

Nakaba 等通过测量 FRP 的应变分布给出了界面黏结-滑移本构关系。该模型公式为

$$\tau = \tau_u \left[\frac{\delta}{\delta_0} \frac{3}{2+(\delta/\delta_0)^3} \right] \tag{1-3}$$

$$\tau_u = 3.5 f_c^{0.19} \tag{1-4}$$

$$\delta_0 = 0.065 \tag{1-5}$$

式中：δ——滑移量;

　　δ_0——最大剪应力对应的滑移量;

　　τ_u——最大剪应力;

　　f_c——混凝土抗压强度。

2) Neubauer 模型[181]

Neubauer 等修正了 Nakaba 模型中的参数,最后得到的黏结-滑移模型为

$$\tau = \tau_u \left[\frac{\delta}{\delta_0} \frac{2.86}{2+(\delta/\delta_0)^{2.86}} \right] \tag{1-6}$$

$$\tau_u = 3.5 f_c^{0.19} \tag{1-7}$$

$$\delta_0 = 0.051 \tag{1-8}$$

3) LU 模型[182]

$$\tau = \begin{cases} \tau_u \left(\dfrac{\delta}{\delta_0} \right), & \delta \leqslant \delta_0 \\ \tau_u e^{-\alpha(1/\delta_0 - 1)}, & \delta > \delta_0 \end{cases} \tag{1-9}$$

$$\tau_u = 1.5 \beta_w f_t \tag{1-10}$$

$$\delta_0 = 0.0195 \beta_w \tag{1-11}$$

$$\alpha = \frac{1}{G_f / \tau_u \delta_0 - 2/3} \tag{1-12}$$

$$\beta_w = \sqrt{\frac{2 - b_f/b_c}{1 + b_f/b_c}} \tag{1-13}$$

$$G_f = 0.308 \beta_w \tag{1-14}$$

式中：f_t——FRP 材料的抗拉强度;

　　α、β_w——修正参数;

　　G_f——破坏能;

　　δ,δ_0,b_f 同前。

1.3.4　预应力纤维复合材料张拉锚固技术的研究

FRP 材料的抗剪强度很低,这样普通预应力钢筋的张拉锚固技术不再适用,否则会因为横向抗剪强度低而导致锚固区的过早失效,因此,预应力 FRP 筋的张拉锚固技术需要专门研究。正是由于 FRP 材料的抗拉强度与横向抗压强度之比高达 20∶1,因此给张拉锚固技术的开发带来很大困难。而对 FRP 筋施加预应力是本书研究成败的关键所在,因此,预

应力 FRP 筋张拉锚固技术的研发是推广该加固方法的关键。

目前国内外在预应力 FRP 材料加固混凝土梁中施加预应力的张拉方法主要有：①正拱法[93]。即先将 FRP 片材用改性环氧树脂粘贴到混凝土梁的受拉面，然后用千斤顶从 FRP 片材外把梁从中部顶起，等胶黏剂固化后，按比例放松千斤顶。②反拱法[183]。反拱法对正拱法进行了改进，但这两种方法都需要大型的液压起重设备，同时所加的预应力水平较低，且不易控制，耗用的 CFRP 材料较多，反拱对梁也有损坏作用，一般较少采用。③独立床张拉法[184-188]。使用这一方法能对多层 CFRP 片材进行有效张拉，并且能很好地控制张拉力，预应力损失能很好地测量，适宜实验研究。但应用于实际工程将受到很大的限制，需要大型的交通工具来支持，还要利用工作床和其抬升设备，同时受到现场交通条件的制约，很难操作。④构件底环绕布法。这一方法被许多科研人员在实验室中采用[117,189]。这种方法适合实验中使用，但是 CFRP 布做成回路会造成材料的浪费，也不适宜进行大跨度构件的加固施工，因此在实际工程中并不一定可行。⑤构件上张拉法[110-111,190-191]。这种方法只要求很少的人员和轻设备来支持，并且可以用于实际工程中各种长度的梁上，具有开发价值，因此被众多的科研单位所关注。清华大学叶列平等与中国煤炭科学研究院共同开发出了可直接应用于实际工程的预应力 CFRP 布加固补强钢筋混凝土梁的施工工艺和技术，但关于这套张拉设备的详细描述并没有见诸文献[192]。上述张拉技术仅适用于 CFRP 片材，而对预应力 CFRP 筋的有效张拉技术研究成果还未见报端。

CFRP 筋配套锚具根据张拉方法的不同而有所区别，多年来各国一直在进行着这方面的研究和开发，按照这些锚具的夹持受力工作原理大致可分为以下几类：①机械夹持式锚具[193-195]。由于夹片的夹持效应，会对碳纤维筋造成局部损伤，这种锚具系统的破坏模式也常表现为锚具组装件因碳纤维筋的局部损伤而破断，此外，由于在锚固区存在着较大的剪应力，也会出现预应力筋的剪切破坏。②黏结型锚具。其中一种是树脂套筒锚具[196-197]，这种锚具的不足之处是长度较大，抗冲击能力差，蠕变变形大以及存在防潮和热耐久性问题；另一种为树脂封装锚具，这种锚具的不足之处是锚具与筋之间滑动大，锚固性能不太好，还存在蠕变变形大及热耐久性问题。③机械夹持-黏结型锚具[198]。这种锚具是将夹片式锚具与树脂套筒锚具合并，组成一种新的锚具，其中一部分力通过树脂的黏结力传递至钢套筒，并通过黏结和夹片横向压力的综合作用进行锚固，效果很好，且可用于锚固多根非金属预应力筋。④用于半平行碳纤维拉索的锚具[199]，该碳纤维拉索及锚具系统适用于斜拉索及体外束。

由于国内的相关研究还处于起步阶段，国产锚具见诸文献的很少，且文献中均未提及详细规格，从锚具组装件的破坏形态看，大多属于剪切破坏。同济大学薛伟辰教授[200]在研究国外已有纤维筋锚具的基础上，结合所作的纤维筋黏结锚固性能的研究成果在国内首次研制生产出了一种适合纤维筋的新型预应力锚具，该锚具的锚固性能达到了预期目标。东南大学朱虹[201]研制了一系列锚具，主要有杯口灌胶式锚具、套筒灌胶式锚具、黏砂夹片式锚具、带胶挤压式锚具、带护套夹片式锚具，试验研究表明，这些锚具都或多或少存在缺点，还需要不断改进。湖南大学蒋田勇等[202]对传统的夹片式锚具进行了改进，改进后的夹片式锚具由凹齿曲面的夹片、锚杯、塑料薄膜以及薄壁铝套筒等组成。试验研究了锚杯长度、锚杯倾角、夹片预紧力、凹齿间距、深度和宽度以及铝套筒的厚度等参数，结果表明，当锚杯倾角为 3°、夹片预紧力为 100kN、铝片厚度为 1mm、凹齿间距为 12.85mm 和凹齿深度为 0.3mm 时，夹片式锚具表现出较好的锚固性能。对于预应力 FRP 筋材嵌入式加固构件的张锚系统,国内外相继开展研究。

1.3.5　CFRP 在土木工程中的应用

应用于土木工程的 CFRP 材料形式有多种,主要有碳纤维布、碳纤维板、碳纤维筋和碳纤维索。目前,碳纤维布使用量最大,且技术最成熟,美国、日本、加拿大、西欧等国和地区均已制定相应的标准、规范,主要用于结构补强和加固。碳纤维板使用量相对较小,但近年来使用量增长很快,主要用于结构补强和加固,国内外均早有应用。碳纤维筋和碳纤维索主要作为桥梁和结构工程的预应力筋和拉索,同时可用于结构加固和新建结构中。

CFRP 材料由于具有良好的耐腐蚀性、极高的耐疲劳性能以及易于施工等性能,近年来其用量正逐渐增长,研究成果也很多,一些国家也制定了相应的标准规范。目前,国内外的许多专家学者和生产商正在积极研究探索,有力地推动了 CFRP 在土木工程中的应用。

1. CFRP 用于加固现有建筑结构

CFRP 具有良好的性能,可以作为建筑结构加固的良好材料,国内外也对 CFRP 加固建筑结构进行了长期、大量的研究,取得了丰富的研究成果,并成功运用到工程中。1981 年,瑞典的 Meier 首次采用粘贴 CFRP 片材加固桥梁结构,后来在美国、加拿大、日本以及欧洲的一些国家得到广泛的研究应用,特别是日本,从规范制定到工程应用已比较成熟。目前已经取得了大量的研究成果,尤其是在梁、板及混凝土墩柱的加固研究,FRP 与结构物的界面黏结问题及加固结构的抗疲劳性能、耐久性、加固梁柱节点性能,以及 FRP 加固砌体结构等方面[202-205]。我国大概在 1997 年才开始对 CFRP 加固修复土木结构进行研究,但发展势头迅猛,进展飞快。国内已有很多科研院所和高等学校进行了各种试验研究,并发表了很多高质量的论文,积累了丰富的资料。其研究内容有梁、柱、板、节点、构造连接、耐久性、FRP 的应用等方面,由于我国起步较晚,因而大都仍是从基础性、验证性试验着手,有待进一步深化[206]。我国在 20 世纪 90 年代末完成北京北四环互通式立交桥第一项加固工程,随后用 CFRP 材料对 207 国道小北门桥进行了加固,提高了桥梁的荷载通行等级[207],这些加固工程表明该项技术在土木工程特别是桥梁工程中有着广泛的应用空间。

2. CFRP 用于新建结构

日本于 20 世纪 70 年代开发出 CFRP 筋、CFRP 绞线等,代替传统混凝土结构中的钢筋和钢绞线,用于 FRP 配筋混凝土结构。因 CFRP 材料轻质高强,在桥梁工程中用 CFRP 索代替钢索,可极大地增加缆索承重桥梁的跨越能力;在市政工程中,冬季常采用除冰盐来消除道路上的冰雪,除冰盐对传统的预应力钢筋有腐蚀作用,在欧洲曾经出现过预应力筋混凝土桥梁的倒塌事故,使预应力混凝土结构的推广应用一度受到了限制,而 CFRP 由合成纤维制成,不仅耐腐蚀而且具有强度高、质量轻、抗疲劳性能好等特点,其力学性能见表 1-2。CFRP 不仅可用作筋材,也可用作型材而代替型钢。CFRP 型材主要有板、壳及管材等,这些材料具有质轻、耐久性好的特点,在相同的条件下可以承受更大的载荷。目前,美国、加拿大、德国、日本等国相继开发出了 AFRP、GFRP 和 CFRP 等棒材,并开展了 FRP 的材料特性和 FRP 预应力混凝土结构性能的研究工作,生产了适用于 FRP 筋张拉锚固的锚、夹具和张拉设备,同时编写了相关的设计手册[208]。

表 1-2　纤维复合材料与钢筋的力学性能对比

材料类别	重度/(kN/m³)	弹性模量/MPa	抗拉强度/MPa	破坏拉应变/%	热膨胀系数
玻璃纤维	25.7	7500	2600	3.5	8×10^{-6}
芳纶纤维 IM	14.5	1.1×10^5	3000	3.0	-2×10^{-6}
芳纶纤维 HM	14.5	1.25×10^5	3000	3.0	-2×10^{-6}
碳纤维 T-300	18.0	2.3×10^5	3530	1.5	0.5×10^{-6}
碳纤维 T-700	18.0	2.3×10^5	4900	2.1	0.5×10^{-6}
普通钢筋	78.5	2.1×10^5	400	10.0	11×10^{-6}
螺旋肋钢丝	78.5	2.0×10^5	1800	4.0	11×10^{-6}

日本是第一个在混凝土桥梁中采用 CFRP 绞线作为桥梁预应力筋的国家。1988 年，CFRP 绞线首先在日本 249 号国道位于石川县的先张预应力混凝土板式公路桥新宫桥上作预应力筋[209]。而后，几个发达国家相继建成了一些 CFRP 索预应力桥梁。迄今为止，世界上已经拥有 50 多座此类结构(以桥梁为主)。

3. CFRP 其他特性在工程中的探索与应用

CFRP 材料具有导电性，研究发现通过测试其受力过程中的电阻变化规律可以获得构件的应力-应变信息。另外，在 CFRP 材料生产过程中将光纤传感器置于纤维和树脂之中，利用光纤传感器可进行实时检测[210-211]。可以预见，随着研究技术的成熟，CFRP 的这些特性将在 CFRP 桥梁或其他建筑结构的健康监测与诊断中得到应用。

CFRP 在土木工程中的应用取得了一定成就，还有巨大的发展潜力，有待于进一步研究。

但这种加固方法的加固效果完全取决于黏结质量的好坏，胶层-混凝土和胶层-FRP 两个界面比较薄弱，容易发生黏结失效破坏，加固构件的承载力最终取决于界面黏结强度。由于复合材料的生产制作工艺较复杂，一般需要专门的长线挤拉台座才能完成，因此采用这种加固方法造价非常昂贵。另外，FRP 筋虽可制成任意形状，但由于在生产 FRP 筋时均采用热固性树脂制作，因而一旦成形后，在施工现场将难以改变其形状。

近年来，随着对螺旋肋钢丝的研究不断完善，将其嵌入混凝土梁表层预先开好的槽道内，灌封专用的树脂胶黏剂，对既有混凝土结构进行抗弯加固，进而改善所加固混凝土梁的工作性能，提高其承载能力，是一种简便有效的加固方法。

1.4　螺旋肋钢丝的特点及研究现状

1.4.1　螺旋肋钢丝的特点

螺旋肋钢丝是一种抗拉强度高、韧性指标良好、抗疲劳性好的高效钢材，用于预应力混凝土构件做补强配筋，增加混凝土与螺旋肋钢丝的握裹力。

螺旋肋钢丝是采用优质碳素钢丝或合金钢丝通过特制的螺旋模拉拔成型，并经电磁感应回火处理后形成的具有螺旋状纵肋的一种高强钢丝。在拔模过程中，钢丝表面沿轴向均匀地形成四条连续的与钢丝基体成一体的凸起的螺旋肋，其外形如图 1-3 所示。其力学性能优于光面预应力钢丝，与混凝土的握裹力大于刻痕预应力钢丝与混凝土的握裹力，是刻痕预应力钢丝的替代产品。

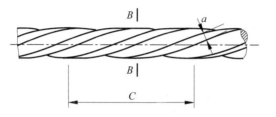

图 1-3 螺旋肋钢丝表面形状

C—螺旋导程；D—含筋外圆直径；D_1—基圆直径；a—肋宽

预应力钢丝经矫直回火后,可消除钢丝冷拔过程中产生的残余应力,其比例极限、屈服强度和弹性模量等也会有所提高,塑性也有所改善。这种钢丝通常被称为消除应力钢丝。消除应力钢丝的松弛损失虽比消除应力前低一些,但仍然较高。于是又发展了一种叫作"稳定化"的特殊生产工艺,即在一定温度和拉应力下进行应力消除回火处理,然后冷却至常温。经"稳定化"处理后,钢丝的松弛值仅为普通钢丝的 25%～33%,这种钢丝被称为低松弛钢丝[212]。螺旋肋钢丝就是一种具有高强度和良好的低松弛性能的钢丝。

螺旋肋钢丝具有比 FRP 筋材更好的锚固性能,是一种非常理想的建筑结构加固材料。螺旋肋钢丝与几种常见 FRP 预应力筋的力学性能对比[213-214]见表 1-3。

表 1-3 螺旋肋钢丝与 FRP 材料力学性能对比

材 料 类 别	密度/(t/m³)	弹性模量/MPa	抗拉强度/MPa	极限应变/%
普通变形钢筋	7.85	2.1×10^5	400	10.0
螺旋肋钢丝	7.85	2.05×10^5	1860	4
GFRP	2.00	5.1×10^4	1670	3.3
CFRP	1.50	1.5×10^5	1700	1.1
AFRP	1.30	6.4×10^4	1610	2.5

螺旋肋钢丝的主要特点如下[215-217]:

1) 独特的外部形状

螺旋肋钢丝由于采取了螺旋肋外形,锚固性能优良,基圆面积相对较大,其强度及伸长率指标与冷轧带肋钢筋相同。这种独特的外部形状使其比刻痕钢丝和带肋钢丝具有更为优良的性能,而且螺旋肋的横截面尺寸在任意位置完全一致,这个特点以前一直为光面钢丝所独有,也是其他钢丝品种无法弥补的一个缺憾。

2) 优良的力学性能指标

螺旋肋钢丝具有与钢绞线相同的高强度和低松弛性能。螺旋肋钢丝的抗拉强度不仅可高达 1800MPa 以上,能与光面钢丝媲美,而且其延伸率和弯曲次数也与光面钢丝相当,并明显优于三面刻痕钢丝,经稳定化处理可达低松弛要求。

3) 良好的握裹力

由螺旋产生的轴向力和径向力也同时增大了螺旋肋钢丝的运动阻力,从而增大了螺旋肋钢丝与混凝土之间的握裹力。螺旋状的咬合齿是连续的,不会被切断,因此锚固延性很好。随着滑移加大,螺旋肋钢丝与混凝土间的黏结不但没有破坏,反而由于相互搓动使结合处的混凝土更加密实,锚固应力不仅不衰减反而提高。同时螺旋肋钢丝兼有等高肋钢丝和旋扭钢丝的特点,它不仅有横肋挤压,而且咬合齿宽大且为连续螺旋状,因此锚固刚度、强度和延性都较好,克服了冷拔钢丝易发生滑丝的弱点,控制裂缝性能得到很大改善,裂缝细而密,宽度始终较小,是一种非常理想的加固材料。

4) 较好的连接性能

螺旋肋钢丝可以通过特制的螺旋套筒互相连接,大大方便了施工,具有较好的连接性能,有可能代替机械连接接头用于工程,具有非常广泛的用途。目前,螺旋肋钢丝以及螺旋肋钢丝混凝土结构的力学性能仍处于研究或试验阶段,但可以断言,螺旋肋钢丝在未来将具有广阔的应用前景。

5) 经济性

螺旋肋钢丝来源广阔,造价远远低于 FRP 材料,施加预应力也不需要专门的张锚系统,因此是一种非常理想的加固材料。

1.4.2　螺旋肋钢丝的黏结锚固性能

(1) 锚固强度高,锚固承载力大[218]。螺旋肋钢丝的锚固强度明显高于其他类型的钢筋,这是因为其表面凸起的多条螺旋肋使其挤压面积大,相对肋面积值高,劈裂力均匀无方向性,混凝土咬合齿宽厚连续不易破碎等原因形成的。与同条件的任何其他外形的钢丝相比,其具有最高的锚固强度,因此锚固长度也可以缩短。

(2) 锚固刚度好,滑移较小。由于螺旋凸肋倾角为 90°(垂直),早期滑移不大。即使肋前破碎堆积造成滑移面倾斜,其角度也较陡(45°左右),比一般带肋钢筋相应角度(20°左右)大,故滑移相对较小。使滑移减小的其他原因是相对肋面积大,咬合齿宽厚,故咬合作用明显且滑移减小。在本构关系上表现为曲线较陡,即锚固刚度加大。

(3) 锚固延性好,大滑移时仍有相当锚固力。一般带肋钢筋横肋间的咬合齿分散单薄,易被挤碎切断,滑移较大时即丧失锚固承载力。螺旋肋钢丝曲线下降段相当平缓,即在很大的滑移时仍有相当的锚固力。这是由于螺旋肋钢丝的咬合齿宽厚,不易挤碎剪断;肋的旋角较小,容易以旋转的方式吸收较大滑移。在动荷载情况下(如抗震)保持必要的承载力,即具有较好的锚固延性。

1.4.3　螺旋肋钢丝的研究现状

螺旋肋钢丝作为一种新型建筑钢材,不仅具有良好的抗拉、抗剪强度和低松弛性能,而且具有比 CFRP 材料更好的锚固性能。螺旋肋钢丝由于采取了螺旋肋外形,锚固性能优良,基圆面积相对较大,其强度及伸长率指标与冷轧带肋钢筋相同。螺旋肋钢丝的抗拉强度不仅可高达 1800MPa 以上,能与光面钢丝媲美,而且其延伸率和弯曲次数也与光面钢丝相当,并明显优于三面刻痕钢丝,经稳定化处理可达低松弛要求,且由螺旋产生的轴向力和径向力也同时增大了螺旋肋钢丝的运动阻力,从而增大了螺旋肋钢丝与混凝土之间的握裹力。螺旋状的咬合齿是连续的,不会被切断,因此锚固延性很好。随着滑移加大,螺旋肋钢丝与胶黏剂的黏结不但没有被破坏,反而由于相互搓动使结合处的胶黏剂更加密实,锚固应力不仅不衰减反而提高。同时螺旋肋钢丝兼有等高肋筋和旋扭筋的特点,它有横肋挤压,咬合齿宽大且为连续螺旋状,因此锚固刚度、强度和延性都较好,克服了冷拔钢丝易发生滑丝的弱点,控制裂缝性能得到很大改善,裂缝细而密,宽度始终较小。而且螺旋肋钢丝来源广阔,造价远远低于 CFRP 材料,施加预应力也不需要专门的张锚系统,因此是一种非常理想的加固材料。

螺旋肋钢丝在英、法、德、日等国家已大量生产,并且很好地应用于预制构件中。我国国家标准《预应力混凝土用钢丝》(GB/T 5223—2014)中已列入了消除应力钢丝和螺旋肋钢丝的各项力学性能指标和产品规格,日本标准 JISG3538、中国台湾标准 CNCG3168-71、韩国标准 KSD7009-87 及美国标准 ASTMA722-90 中均有相关的内容。通常螺旋肋钢丝作为高效预应力钢筋以预制预应力构件形式用于装配式结构。其具有大跨、重载、抗裂性能高、裂缝控制性能好(细而密)、恢复性能强(卸载后挠曲回复,裂缝闭合)、延性好(从不发生脆断破坏)的优点,是理想的"韧性构件"。

目前国内不少学者和工程专家对这种新型钢丝的材料性能及黏结锚固性能进行了深入的研究。黄双华、赵世春等[219]对冷拔螺旋钢筋的黏结锚固性能进行了试验研究,并提出了冷拔螺旋钢筋的平均黏结强度公式,为在混凝土结构加固中推广和应用高强螺旋肋钢丝提供了必要的技术条件。中国建筑科学研究院徐有邻[220]研究员对螺旋肋钢丝的锚固性能及预应力传递性能进行了深入的研究,认为螺旋肋钢丝的独特外形特征决定了其优良的黏结锚固性能[221]。

与 FRP 材料加固混凝土梁相比,对采用高强螺旋肋钢丝加固构件的研究相对较少。但因螺旋肋钢丝具有抗拉/抗剪强度高、取材方便、施工简单、弹性模量高的特点,近年来,该加固技术引起了加固领域专业人士越来越多的关注。河南理工大学的赵晋进行了 20 根内嵌非预应力螺旋肋钢筋加固混凝土梁的试验研究[222]。结果表明,内嵌非预应力螺旋肋钢丝加固混凝土梁能大幅提高被加固构件的极限承载力,但对加固梁的开裂荷载、屈服荷载基本没有影响,且在加固梁破坏时,所有加固材料都没有屈服,材料强度没有得到充分利用,刚度提高很小。

1.5　内嵌法加固技术研究现状

1.5.1　内嵌非预应力 FRP 加固技术研究

内嵌加固法(near-surface mounted,NSM)是近年来发展起来的新型加固技术[223],得到学术界和工程界的高度关注,即在加固构件受拉区混凝土保护层开槽,将 FRP 筋或 FRP 板条嵌入槽内,灌注环氧树脂等结构胶以加固构件的一种加固方法。内嵌 FRP 加固法不仅具有外贴 FRP 加固法高效高强、耐腐蚀等优点,还具有良好的抗冲击性、耐久性、防火性,以及表面处理工作减少,更易用于负弯矩区加固等优点。目前这种新型加固方法已广泛应用于实际工程中。内嵌加固法示意图如图 1-4 所示,现场内嵌加固法施工工艺如图 1-5 所示,工程实例见图 1-6。

关于内嵌加固方法的研究,目前国内外研究人员主要集中研究加固构件的抗弯性能、抗剪性能、黏结性能和进行有限元分析等,而内嵌 FRP 板条、FRP 筋、FRP 条等加固材料加固构件研究最多。

De Lorenzis 和 J. G. Teng[224]详细综述了内嵌 FRP 加固技术的研究现状,主要包括内嵌 FRP 加固构件的抗弯性能、抗剪性能、黏结性能等方面的研究,指出内嵌 FRP 加固技术的广度及深度有待进一步深入研究。

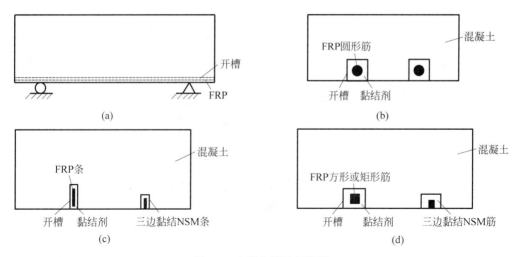

图 1-4　内嵌加固法示意图

图 1-5　现场内嵌加固法施工工艺图

（a）开槽；（b）灌胶；（c）嵌筋

图 1-6　内嵌加固法工程实例图

（a）工程实例 1；（b）工程实例 2；（c）工程实例 3

De Lorenzis 和 Nanni[225]提出了内嵌 FRP 加固混凝土梁的抗弯性能和抗剪性能的设计程序，基于内嵌 FRP 与混凝土间的黏结机理，计算了内嵌 FRP 筋材的黏结锚固长度。

Andrea Rizzo 和 De Lorenzis[226]通过建立 generalized ideally plastic（GIP）和 local bond-slip 两种黏结破坏模型，理论分析并计算了内嵌 FRP 加固混凝土梁剪切破坏承载力，基于前人的研究，评价了箍筋及 FRP 对加固梁的抗剪作用。

Rizkalla 和 Hassan[148]通过 17 根内嵌 FRP 筋和 FRP 板条加固混凝土梁静载试验，理论分析并计算了内嵌筋材的剪应力及最小锚固长度，分析对比了不同加固技术的成本，并讨论了内嵌预应力 FRP 筋材加固混凝土梁的可行性。

El-Hacha 和 Rizkalla[227]通过对 4 根内嵌 FRP 和 3 根外贴 FRP 加固的 T 形混凝土梁进行试验研究，包括 CFRP 和 GFRP 两种 FRP 材料，对比了加固梁的加固性能及破坏模式，得出内嵌 FRP 加固技术相对外贴 FRP 加固技术有明显优势的结论。

Rami A. Hawileh[228]利用 3D 有限元软件 ANSYS 模拟了内嵌 FRP 加固混凝土梁在三点弯加载下的整个试验过程，并与试验结果对比，两者吻合较好，表明 ANSYS 有限元软件能有效模拟内嵌 FRP 加固混凝土梁的加固性能。

香港理工大学的李荣等[229]较为详细地概述了内嵌式加固法的研究现状，从内嵌加固材料、内嵌加固黏结性能及抗弯性能等的试验研究、黏结性能、抗弯加固设计及其他领域的研究和应用进行论述，表明内嵌加固是一种非常有效的结构加固方法，明显优于外贴加固。

浙江大学的周延阳等[127]主要论述了现有国内外内嵌 FRP 筋、FRP 板条与混凝土的黏结机理研究，从试验研究、理论分析及设计应用方法三方面进行概述，并指出影响内嵌筋材黏结性能的因素及以后发展方向。

清华大学的陆新征、叶列平等[230]在前人研究基础上提出基于细观单元的黏结-滑移界面模型，通过大量试验证明建立的模型明显优于其他模型，能有效地分析 FRP 加固构件的剥离行为。

武汉大学的王天稳[125]根据各材料本构关系及应变协调原理，理论推导并计算了二次受力下内嵌 FRP 加固混凝土梁的承载力，通过实例分析二次受力对加固梁极限抗弯承载力的影响。结果表明：二次受力对内嵌 FRP 加固混凝土梁正截面极限抗弯承载力影响较小。

东南大学的罗云标、吴刚等[231]根据平截面假定及力的平衡，提出了钢-连续纤维复合筋嵌入式加固混凝土梁非黏结破坏时的受弯承载力计算方法，理论分析了加固 RC 梁自加载点附近开始的剥离破坏现象及极限承载力的计算方法，并与试验结果对比，均具有较好的精度。

中南大学的贺学军等[232]通过 3 根内嵌 CFRP 板条和 2 根外贴 CFRP 板条加固混凝土梁的试验研究，对内嵌 CFRP 加固混凝土抗弯承载力进行理论分析计算，并考虑预载的影响。试验结果表明，内嵌 CFRP 板条加固梁抗弯加固性能优于相应的外贴加固梁，预载加固将会降低内嵌 CFRP 板条的加固效果，按照文中推导的计算公式计算内嵌 CFRP 板条加固梁抗弯承载力，其结果与作者及国内外已有的试验实测值吻合较好，可应用于实际工程加固设计中。

河南理工大学的王兴国等[233]基于已做的试验，考虑初始荷载对结构的影响，对内嵌 FRP 加固混凝土梁从加载至破坏全过程进行非线性分析，得出加固混凝土梁的荷载-挠度曲线，并与试验结果对比，两者吻合较好。

由于篇幅有限,这里不再一一阐述。综合上述研究表明:内嵌 FRP 加固构件虽由于开槽原因稍微降低其开裂荷载,但可以明显提高加固构件的极限承载力,一定程度上提高加固构件刚度;二次受力加固构件承载力与一次受力加固构件承载力相差不大,说明实际工程应用中,为简化计算可以忽略二次受力的影响;加固梁跨中截面平均应力-应变符合平截面假定;内嵌加固构件仍易发生黏结破坏,材料性能不能充分发挥;ANSYS 可有效模拟内嵌加固构件的力学性能。

尽管内嵌 FRP 加固法与外贴 FRP 加固法相比有许多优点,但在内嵌 FRP 加固构件试验中,很多试件仍发生了黏结层劈裂破坏、FRP 材料剥离破坏,材料高强性能并没有得到充分发挥,且非预应力 FRP 存在应变滞后现象,国外大量研究和工程应用以及国内的试验研究均已证实了这一结论。因此,探寻更为有效的加固方法成为工程界的研究热点。而对嵌入构件内的 FRP 筋材施加预应力,则可克服 FRP 材料强度发挥过低的弊端,显著提高正常使用条件下构件的各项力学性能,有效减少 FRP 加固构件的挠度变形,还可以推迟裂缝的出现和延缓裂缝开展,解决非预应力 FRP 材料加固后应变滞后引起的不经济问题。

1.5.2　内嵌预应力 FRP 加固技术研究

内嵌预应力 FRP 加固法能充分利用材料性能,大幅提高加固构件的开裂荷载,极大提高加固构件使用寿命,大大提高加固构件的屈服荷载、极限荷载及抗变形能力,目前国内外都已进行研究。

Häkan 和 Björn[234]首先对 10 根内嵌预应力 CFRP 筋加固混凝土梁、4 根内嵌非预应力加固混凝土梁和 1 根对比梁的抗弯性能进行试验研究,以黏结长度、CFRP 材料弹性模量及预应力水平为试验参数,开槽尺寸为 15mm×15mm。试验结果表明:内嵌预应力 CFRP 筋加固混凝土梁可极大地提高开裂荷载和屈服荷载。其开裂荷载比非预应力 CFRP 加固梁开裂荷载提高 50%;屈服强度比未加固梁提高 50%,比非预应力 CFRP 加固梁提高 25%;所有内嵌预应力 CFRP 筋加固梁均发生 CFRP 受拉断裂破坏,材料性能得到充分发挥;研究其预应力损失,表明端部损失严重,端部采用机械锚固措施可减小预应力损失。试验所用预应力张拉设备如图 1-7 所示。

图 1-7　预应力张拉设备示意图

Badawi 和 Soudki[235]对 2 根内嵌预应力 CFRP 筋加固梁、1 根内嵌非预应力 CFRP 筋加固梁和 1 根对比梁进行试验及理论研究,试验参数为预应力控制应力(40%和 60%CFRP 筋极限强度),开槽尺寸为 15mm×25mm。试验结果表明:内嵌非预应力 CFRP 加固梁开裂荷载相比对比梁几乎未增加,屈服荷载提高 26%,极限荷载提高 50%,而延性减小 30.6%;预应力度为 40%的内嵌预应力 CFRP 加固梁相比对比梁,开裂荷载提高 3~4 倍,屈服荷载提高 72.4%,极限荷载提高 79.2%,而延性减小 47.2%;预应力度为 60%的内嵌预应力 CFRP 加固梁相比对比梁,开裂荷载提高 3~4 倍,屈服荷载提高 90.6%,极限荷载提高 76.6%,而延性减小 63.9%;内嵌预应力 CFRP 筋加固梁均发生 CFRP 断裂破坏,材料性能充分利用。同时建立理论模型分析加固梁的抗弯性能,表明内嵌预应力 CFRP 加固梁可明显提高抗弯强度,减小挠度,增强加固梁使用性能,降低加固梁的延性且延性随预应力增大而减小更快。

随后 Badawi 等[236]又对 22 根内嵌预应力 CFRP 筋加固混凝土梁及 2 根对比梁进行试验研究和理论分析。试验以不同预应力水平(40%、45%、50%和 60%CFRP 筋极限抗拉强度)和不同材料类型(螺旋和喷砂 CFRP 筋)为试验参数,开槽尺寸为 15mm×25mm,目的是研究加固梁预应力传递长度。结果表明以环氧树脂胶为结构胶的内嵌预应力 CFRP 筋传递长度较短,约为 CFRP 筋直径的 35 倍;试验中螺旋和喷砂 CFRP 筋传递长度内最大黏结应力变化幅度分别为 12~28MPa、10~16MPa。最后通过理论分析,推导了沿加固梁长度的 CFRP 筋预应力公式。其张拉设备如图 1-8 所示。

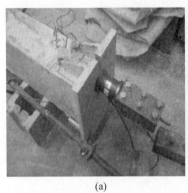 

(a)　　　　　　　　　　　(b)

图 1-8　预应力张拉设备

(a)锚固端;(b)张拉端

河南理工大学的曾宪桃等[153]在研究外贴预应力 CFRP 片材施加预应力方法和内嵌纤维板条试验研究的基础上,对 CFRP 筋先施加预应力,再嵌入混凝土中预先开的槽内,并灌注环氧树脂胶黏剂同时辅以 CFRP 片材表层局部粘贴,对内嵌预应力 CFRP 筋加固梁受弯承载力进行大量试验研究,理论推导不同阶段及破坏模式对应的抗弯承载力计算公式,较早进行了内嵌预应力 CFRP 研究。

河南理工大学的丁亚红[237]通过 3 根内嵌非预应力 CFRP 筋加固混凝土梁、9 根内嵌预应力 CFRP 筋加固混凝土梁的抗弯性能试验,对其开裂荷载、屈服荷载、极限荷载、裂缝和变形情况等进行了系统的研究与分析。结果表明:内嵌非预应力 CFRP 筋加固混凝土梁极限荷载显著提高,最大提高 81.89%,但开裂荷载和屈服荷载变化较小;内嵌预应力 CFRP

筋加固混凝土梁显著提高开裂荷载和屈服荷载,提高幅度最大分别为 321.26%、155.60%;试验结果没有发生剥离破坏,且加固梁裂缝宽度较小,挠度变形也相对较小,加固效果较好。

武汉理工大学的宋江[238]对内嵌预应力 FRP 筋加固方法的施工工艺进行了简要说明,推导出了不同破坏模式下加固梁受弯承载力计算公式,并结合工程实例运用 UCFyber 软件模拟加固梁跨中截面特性,验证了理论推导的正确性。

综上所述,FRP 材料已广泛应用到加固构件的各个领域,国内外学者及专家都进行了大量的研究。研究结果表明,无论外贴还是内嵌 FRP 加固构件均存在一些缺点:①FRP 材料是一种线弹性材料,无明显的屈服点,材料拉断破坏时,呈现脆性破坏;②外贴和内嵌FRP 加固法对改善使用阶段性能作用有限,加固构件易发生黏结失效破坏,材料性能得不到充分发挥,且非预应力 FRP 存在应变延迟现象;③FRP 材料的抗剪强度低,通常不超过其抗拉强度的 10%,将 FRP 用作预应力筋时,需研制专门配套的锚、夹具,且重复利用率低,造价高;④从加固成本方面可以看出,FRP 加固工程的原材料成本相对较高,目前基本上依赖进口,总加固成本较高。为弥补 FRP 加固的这些不足,具有良好的抗拉、抗剪强度和低松弛性能且比 FRP 材料有更好锚固性能的螺旋肋钢丝作为一种新型建筑钢材被提出,且由于这种材料来源广泛,成本较低,已逐渐应用于实际工程中。

1.5.3 内嵌螺旋肋钢丝加固技术研究

螺旋肋钢丝具有独特的螺旋肋外形,可以增大螺旋肋钢丝与混凝土之间的握裹力。且螺旋肋的咬合齿是连续的,锚固延性好,随着滑移加大,螺旋肋钢丝与胶黏剂的黏结由于相互搓动使结合处的胶黏剂更加密实,锚固应力提高。另外,螺旋肋钢丝兼有等高肋和旋扭筋的特点,而且螺旋肋钢丝来源广阔,造价远远低于 CFRP 材料,施加预应力也不需要专门的张锚系统,因此是一种非常理想的加固材料。螺旋肋钢丝已被应用于预制构件中,如美国、日本、韩国等将螺旋肋钢丝作为一种高效预应力钢筋应用于装配结构中。目前国内不少学者及专家对这种新型钢丝的材料性能及黏结锚固性能进行了深入的研究。

中国建筑科学研究院的徐有邻等[239]对螺旋肋钢丝预应力传递长度进行了试验研究,通过测量张拉前后混凝土应变沿长度方向的变化确定预应力传递长度范围,以钢丝直径、放张位置、混凝土强度、张拉应力、时效及保护层厚度为试验参数进行试验研究,得出螺旋肋钢丝预应力传递长度较其他钢丝小的结果,他们认为是因为受到混凝土强度等参数的影响。随后徐有邻等[218]通过 16 组拉拔试件试验,研究钢丝直径、混凝土强度、保护层厚度及锚固长度对螺旋肋钢丝黏结锚固性能的影响,同时还设计光面钢丝、刻痕钢丝和带肋钢丝试件进行对比试验。试验表明螺旋肋钢丝黏结锚固性能较好,即使发生较大的滑移,仍有相当的锚固承载力。同时还提出其合适的锚固长度设计值,为螺旋肋钢丝在混凝土结构加固中推广和应用提供了必要的技术条件。

大连理工大学的王清湘等[240]对预应力筋包括钢筋、螺旋肋钢丝、异形钢棒、钢绞线等的黏结性能进行了试验研究,通过描绘荷载-滑移曲线对结果进行分析,表明螺旋肋钢丝黏结性能最好,且作为预应力筋时,周围混凝土不发生劈裂破坏。

华北水利水电学院的解伟等[241]通过 112 个拉拔试件对螺旋肋钢丝、异形钢棒和光圆钢棒的黏结锚固性能进行了试验研究,研究钢筋外形和直径、混凝土强度、保护层厚度、横向配筋及黏结长度等试验参数对黏结锚固性能的影响,并得到螺旋状高强预应力钢筋统一的极限黏结强度计算公式。结果表明螺旋肋钢丝和异形钢棒的黏结性能比光圆钢棒强而可靠，且锚固延性好，即使滑移很大时，仍能维持相当的锚固力。

河南理工大学的丁亚红等[242]对6根内嵌螺旋肋钢丝加固混凝土梁和1根对比梁进行试验研究，以不同加固量为试验参数研究加固梁受弯性能。试验结果表明：加固梁破坏模式均为黏结剥离破坏；内嵌螺旋肋钢丝可极大提高加固梁的极限承载力，最大提高144.2%，但对开裂荷载和屈服荷载影响较小；承载力随加固量增大而增大，但内嵌3根螺旋肋钢丝加固梁破坏时出现脆性破坏，影响加固梁的使用性能，即加固构件存在适度的加固量，目前研究表明内嵌2根螺旋肋钢丝加固效果最好。

上述研究表明抗拉强度高、锚固性能好、价格低廉的螺旋肋钢丝是一种非常经济实用的加固材料，其比较适合用作预应力筋且不需要专门的锚具。因此一种既能极大提高极限承载力，又能提高开裂荷载、加固构件的刚度等性能的内嵌预应力螺旋肋钢丝加固技术被提出[237]。

1.5.4　内嵌预应力螺旋肋钢丝加固技术研究

河南理工大学的丁亚红教授[237]进行了9根内嵌预应力螺旋肋钢丝加固混凝土梁试验研究，系统研究了加固梁的受力过程、抗弯承载力、裂缝和变形性能。在此基础上推导了加固梁正截面承载力计算公式、延性计算公式、不同受力阶段的抗弯刚度计算公式，研发了预应力螺旋肋钢丝张拉锚固体系，同时测试并分析了试验过程中预应力损失情况[243]。试验结果均表明内嵌预应力螺旋肋钢丝加固技术能极大改善加固梁各方面性能，即开裂荷载、屈服荷载、极限荷载、抗弯刚度及裂缝发展情况等，为该新型加固技术在工程中的应用提供了理论依据。

1.6　结构可靠性理论国内外研究现状

1.6.1　结构可靠性理论国外研究现状

工程结构可靠性的研究始于20世纪30年代，当时主要是围绕飞机失效进行的研究。从20世纪50年代开始，美国国防部专门建立了可靠度研究机构AGREE（电子设备可靠性咨询组），而在结构设计中的应用则始于20世纪40年代。在理论研究方面，1947年费罗伊詹特（Freudenthal）发表题为 *The Safety of Structures* 的论文[244]，开始较集中地讨论可靠度的问题。在结构静力可靠度计算理论研究与应用发展过程中，Cornell在苏联的尔然尼钦提出的一次二阶矩理论的基本概念基础上，于1969年提出了与结构失效概率相关的可靠指针作为衡量结构安全度的一种统一数量指标，并且建立了结构安全度的二阶矩模式[245]。1976年国际"结构安全度联合委员会"（JCSS）采用Rackwitz和Fiessler等提出的通过当量正态法考虑随机变量实际分布的二阶矩模式，提出验算点法和改进的验算点法，简称R-F或JC法[245]，至此，二阶矩模式的可靠度表达与设计方法开始进入实用阶段。近年来由于计算技术的迅速发展，结构体系可靠度理论得到了深入的研究。1951年 西格特（Siegert）等在Rice理论的基础上提出了结构反应为连续马氏过程的首次超越概率的计算方法[245]，推导出了首次超越概率的Laplace变换。

国外的Plevris等[246]在1995年对CFRP加固钢筋混凝土梁的可靠度进行了研究，分析了混凝土梁的 3 种失效破坏模式,采用蒙特卡罗(Monte Carlo)法,得出对抗弯强度的概率分布影响最为明显的为混凝土强度、CFRP 极限拉应变及 CFRP 配筋率。最后建议了 2 套强度折减系数和材料折减系数,但是在校准这些数值时采用的可靠指标 β_T 偏低。

Okeil 等[247]在对 CFRP 加固受损混凝土梁的正截面承载力可靠性分析中,考虑了叠合构件两阶段受力特点和不同受损程度的影响。结果表明,可靠指标 β 随着 FRP 加固量的提高而大幅提高。

Monti 和 Santini[248]通过对 FRP 片材加固混凝土梁可靠性的研究,提出了 FRP 片材加固混凝土构件的通用可靠度校核方法,该方法几乎包含所有可能的失效模式,又对该失效模式下的失效概率和目标失效概率进行了评估,得出校核方法在实际应用中可操作性不强的结论。

Val[249]在对 FRP 片材约束混凝土柱强度的可靠性研究中,建立了 FRP 约束混凝土柱的应力-应变关系模型,并对模型中两个关键参数 k_1 和 k_2 进行拟合,得出相应参数的均值和标准差。采用蒙特卡罗方法建议了一个与约束系数相关的截面抗力折减系数 ϕ。

Rebecca[250]基于材料的可变性对 FRP 加固桥面板进行了可靠性分析,通过采用树脂浸渍的增强材料碳纤维织物进行加固修复桥面板,研究在桥面板制作和修复过程中材料特性的变化情况。研究结果表明,采用蒙特卡罗法对结构进行可靠性分析,其变化规律取决于钢筋、混凝土和 FRP 材料的统计说明。

Pham 等[251]对 FRP 加固钢筋混凝土桥梁的可靠性进行了分析,讨论了三种破坏模式下采用蒙特卡罗法模拟加固梁受弯承载力的变化规律,最后得出三种破坏模式下截面抗力的折减系数。

1.6.2 结构可靠性理论国内研究现状

与国外相比,我国对结构可靠度的研究较晚。20 世纪 60 年代曾广泛开展结构安全度的研究和讨论,70 年代开始把半经验半概率的方法(水平 I)用于 6 种结构的设计规范,并对其中的有关理论进行了研究。在结构静力可靠度研究方面,提出可靠度近似计算方法,建立安全经济设计和可靠度设计概念,使可靠度理论与工程实际相结合,并提出了具体的分析方法[245],建立了广义可靠度理论及结合工程实际的动态可靠性与维修理论。在结构动力可靠性理论及应用方面,提出了地震运动的非平稳随机过程和动力可靠性理论及有关计算原理[252]。其中,对随机结构时变动力可靠度分析方法的研究,已被推广到考虑非线性非平稳及模糊性和模糊性阶段[245]。

在工程结构可靠性设计方法应用研究方面,我国已经形成了以《工程结构可靠性设计统一标准》(GB 50153—2008)[253]为第一层次,根据各部门专业特点制定的国家标准[254]为第二层次,以具体结构设计规范[255]为第三层次的基于近似概率法(水平 II)的统一设计规范。

朱剑俊[256]在碳纤维加固钢筋混凝土梁试验研究的基础上,通过对碳纤维的力学性能、破坏模式、极限应变及加固后钢筋混凝土构件的可靠性等问题的研究分析,提出了碳纤维加固钢筋混凝土构件可靠度分析的两种方法:中心点法和验算点法。结果表明,加固后钢筋混凝土构件的可靠指标满足二级延性破坏的要求。但是该研究仅针对混凝土压碎模式,而且未考虑混凝土材料的随机性。

刘海涛[257]以前人的研究结果为基础,采用系统概率理论的方法对粘贴 FRP 加固混凝土进行了分析,推导了加固梁正截面抗弯承载力及裂缝宽度的理论计算公式,并对加固梁正截面抗弯承载力的可靠性及其影响因素进行了分析,最后得出了不同破坏模式和环境影响因素下的加固梁正截面承载力可靠指标计算公式,并验证了其正确性和适用性。

王永胜[258]采用响应面法和蒙特卡罗法对钢筋混凝土构件的正常使用极限状态和承载能力极限状态进行了可靠性分析,最后得出结论:蒙特卡罗法计算精确但计算次数较多,一般适用于显性表达式的结构功能函数的可靠性计算,而响应面法可以计算隐式函数表达式的可靠性。最后得出相应的可靠指标和影响因素。

同济大学的张宇等[259]依据规范标准和 Chen-Teng 模型建立了粘钢加固钢筋混凝土梁的极限状态方程,采用一次二阶矩法对加固梁的可靠指标进行了计算,结果表明该方法计算所得的可靠指标满足规范标准的要求。

孙晓燕等[260]通过对国内外大量碳纤维布加固混凝土构件进行分析计算,得到了钢筋混凝土矩形构件受弯加固的计算模式不定性系数的统计参数,为加固后既有桥梁可靠性分析提供了计算依据。

那明宇[261]依据 CFRP 加固砌体柱的试验研究,建立了加固柱的可靠性计算公式,采用 MATLAB 编程对其可靠度进行了分析,并在不同荷载分项系数组合下,对比分析了可靠指标与荷载效应比 ρ。

西南科技大学的初文荣[262]在国内外大量试验研究的基础上,对受压钢管混凝土结构的可靠性进行了分析,提出了符合工程设计的计算公式,并采用计算程序及 ANSYS 分析对新公式进行了校核,为工程的实际应用提供了依据。

李杰、范文亮[263]推导了结构静力非线性发展过程的概率密度演化过程,通过采用纤维梁柱单元进行结构非线性分析,对钢筋混凝土框架结构体系的可靠度进行研究,并与蒙特卡罗法进行对比分析。研究结果表明概率密度演化理论对结构体系可靠度分析的适用性。

闫磊等[264]通过建立荷载效应概率模型,采用可靠度方法对在役混凝土桥梁的结构抗力时变性能进行了分析,并结合工程实例得出结构可靠指标的时变规律与抗弯抗衰减规律一致,说明该方法为工程的实际应用提供了一定的科学依据。

卢少微、谢怀勤[265]根据模糊数学与可靠性理论,利用 MATLAB 直接产生随机变量数组,使得基于 MATLAB 的 Monte Carlo 计算程序简便高效,并且得出试验梁可靠性指标与 FOSM 法接近一致。

杜斌、赵人达[266]通过《公路钢筋混凝土及预应力混凝土桥涵设计规范》(JTG D62—2004)和 Chen-Teng 模型建立了碳纤维布加固桥梁的极限状态方程,采用一次二阶矩法计算了桥梁加固正截面抗弯可靠指标,结果表明,计算的可靠指标满足《公路工程结构可靠度设计统一标准》(GB/T 50283—1999)的要求。

闫磊、任伟[267]基于加固规范给出的加固后结构抗力概率模型,采用蒙特卡罗法得出加固后结构抗力的统计参数;对于不同的构件,以恒载与活载不同组合效应提高系数为参数,研究了 FRP 加固受弯构件的可靠度,研究结果表明,加固后结构可靠指标略低于规范中规定的可靠指标。

陈爽等[268]通过对混凝土强度等级不同的 6 根 CFRP 加固钢筋混凝土梁进行试验研究,分析了不同混凝土强度等级对加固梁的可靠度的影响。结果表明,加固梁的可靠度随着混凝土强度等级的提高而增大,且混凝土强度等级越高加固梁的可靠度增大越明显。

1.6.3　预应力混凝土结构的可靠性研究与发展

预应力混凝土最早出现在 20 世纪 40 年代的西欧,而我国是在 20 世纪 50 年代发展起来的。预应力混凝土技术在桥梁工程中发展最快,我国在 20 世纪 70 年代后期修建的各类大桥几乎全都是预应力混凝土结构。与钢筋混凝土结构相比,预应力混凝土结构可以提高构件的抗裂性和刚度,减小混凝土梁的剪力和主拉应力,并且可以节省材料、减轻自重。由于这些优点,预应力混凝土在大跨度或重荷载结构,以及不允许开裂的结构中得到了广泛的应用。

同济大学的张俊芝[269-270]以 Bayesian 方法为基础建立了钢筋混凝土结构的抗力随机时变模型,建立了在役工程结构荷载概率模型,基于一次二阶矩方法,研究了广义随机空间的拟对数正态分布验算点法的计算原理、公式和计算步骤等,提出了在役工程结构时变动力可靠性的分析方法,比较系统地研究了无黏结预应力混凝土构件和结构的可靠性。

张德峰等[271]对框架楼面梁的配筋进行了计算,并采用规范中的两种计算方法对其相应的裂缝宽度进行计算,结果表明两种侵蚀环境下的裂缝宽度均满足要求,证明了这两种方法的安全有效性。

桂林工学院的赵军[272]通过对反向载入条件下碳纤维加固前后混凝土梁的可靠性进行分析与比较,得出结论:在相同的加固量下,随着反向加载的增大,混凝土结构的可靠度也增大;如果加大碳纤维用量,会使反向加载效果更加明显。该加载方式充分利用了 CFRP 片材的强度,但是过多的加固量可能会改变原结构的受力状态。

陶静、刘忠等[273]在大量试验资料的基础上,提出了基于可靠度的无黏结预应力筋极限应力分析流程,依据现行规范,深入分析了各类不确定性的影响,建立了规范规定的目标可靠度下的无黏结预应力混凝土预应力筋的极限表达式,并且已通过检验验证。

东南大学的杨威[274]通过对 CFRP 加固钢筋混凝土梁进行抗弯可靠性及弯曲疲劳试验研究,采用验算点法对不同 CFRP 布分项系数 γ_f 下的可靠指标进行计算,得出当 γ_f 为 1.2 和 1.25 时,其可靠指标与目标可靠指标最接近,且满足可靠度设计要求;在疲劳荷载加载下,预应力 CFRP 布加固可以有效改善混凝土梁的抗裂性能和抗变形能力。

长沙理工大学的沈维成[275]通过对预应力碳纤维加固混凝土梁的承载能力极限状态进行分析,得出各随机变量的统计参数和概率分布函数,采用重要抽样法对加固梁的可靠度进行了计算,最后又进一步计算了抗力及荷载分项系数。

1.7　现有研究的不足

界面黏结问题一直是加固技术的一个重要问题,是影响加固效果的最重要因素。纤维复合材料与混凝土间黏结性能是 FRP 筋在混凝土结构中最基本的力学行为,也是影响 FRP 筋加固混凝土构件承载力、裂缝宽度、变形能力、破坏模式以及结构分析、设计的主要因素,因此,纤维复合材料与混凝土间黏结性能的研究一直是 FRP 加固混凝土结构的重要内容。在正常使用极限状态下,FRP 筋的性能能否得到合理的发挥取决于其与混凝土黏结的有效程度。外贴 FRP 加固易发生黏结失效破坏,内嵌 FRP 加固也可能发生这种破坏模式。影响内嵌加固黏结性能的因素很多,如 FRP 材料种类、FRP 筋表面形状、黏结材料类型、开槽尺寸、黏结长度、混凝土强度等。从理论上讲,内嵌加固黏结性能研究的是不同材料在荷载作用下的协同作用。荷载传递路线是混凝土→混凝土-黏结剂界面→黏结剂→FRP材料-黏结剂界面→FRP材料。内嵌加固法的原理就是让部分荷载由高强的FRP材料进行承担。在荷载作用过程中,同种材料由于力学性能相同,传递的荷载较为均匀。但界面处是两种不同材料黏结在一起,其力学性能不同,传递的荷载较不均匀,易产生应力集中,是受力的薄弱处。因此,加固质量一般取决于FRP材料-黏结剂界面、黏结剂-混凝土界面的黏结性能。一旦黏结界面理论得以建立,就能够为工程实际提供实用的锚固长度、破坏模式及理论承载力。对内嵌FRP加固法黏结性能的研究很有必要。

目前国内外对内嵌预应力CFRP筋加固混凝土构件的研究已开展十几年,内嵌CFRP技术能够更有效地利用CFRP筋的高强性能,加强CFRP筋与混凝土之间的黏结性能并有效防止外界因素(如火灾)对CFRP筋的损害。对CFRP筋施加预应力后能更有效地提高CFRP筋的利用效率,提高加固构件的承载能力和开裂荷载等。虽然CFRP筋具有高强、质轻、耐腐蚀等众多优点,是替代钢筋和高强钢绞线的潜在材料,但由于CFRP筋材料的特性,内嵌预应力CFRP筋加固混凝土构件时应注意以下问题:①内嵌预应力CFRP筋的加固量确定问题。过大或过小的加固量都会对被加固构件产生较大影响。②内嵌预应力CFRP筋的锚固问题。由于CFRP筋横向抗剪强度低,不能使用传统的锚具,需研发专门的锚具。③预应力CFRP筋张拉问题。CFRP筋的弹性模量低于高强钢筋,张拉时CFRP筋的伸长量大,容易造成张拉设备行程不足的问题,因此实际应用时需注意施工工艺和器械是否能满足要求。④张拉过程中的转折角和对中问题。CFRP筋横向抗剪强度低,导致CFRP筋的抗折性能差,而且过大的转折角还会降低材料的强度,容易发生徐变断裂。⑤CFRP筋的温度影响问题。CFRP筋的温度膨胀系数与混凝土存在着一定差别,且CFRP筋耐热性差,当温度超过60℃时CFRP筋的强度会有所降低,超过120℃强度会显著降低,当温度影响较大时应在计算预应力损失、确定初始张拉力时考虑温度影响。⑥老化问题。虽然CFRP筋耐腐蚀性好,但也存在着一定的老化问题,当CFRP筋受到水浸泡、紫外线照射、化学介质等因素影响时,其强度会有不同程度的降低[201]。此外,内嵌CFRP筋在施工工艺和机具等方面还需要做大量的研究开发,同时CFRP筋容易由于受到人为破坏等外部影响而发生断裂,因此在防火、防护措施等方面应特别注意。

目前国内外无论是进行试验研究还是工程实践,在嵌入法加固这一领域使用的材料基本都为碳纤维筋、板条(CFRP)或玻璃钢板,而对螺旋肋钢丝却很少涉及。本书研究内容意欲填补国内螺旋肋钢丝加固混凝土结构研究这项空白,选用螺旋肋钢丝作为加固材料,以期在采用表层内嵌式加固法时加固材料提出更多的选择,进一步推广和应用螺旋肋钢丝。在以往对螺旋肋钢丝力学性能、黏结锚固性能和部分试验研究的基础上,对表层内嵌螺旋肋钢丝加固混凝土梁进行抗弯补强试验研究。

不管采用什么加固方法,目的都是提高结构的承载力,进而保证结构的安全性,也就是结构的可靠性。目前对FRP加固钢筋混凝土结构的可靠度研究相对较少,特别是对预应力CFRP筋加固后的可靠度研究更为少见,而已有的可靠度研究都是建立在试验基础上的,并将理论与经验结合起来,忽略了加固后结构构件可靠度的时变性,进而所得结果不能很好地满足规范要求。

综上所述,针对工程结构加固技术虽然取得了大量的研究和应用成果,但目前这些加固技术还存在以下不足之处：

（1）外贴纤维复合材料片材加固（包括预应力 FRP 片材加固）构件存在一个突出问题，即容易发生因粘贴失效引起的剥离破坏，纤维片材的强度发挥不充分，对挠度过大的受弯构件或开裂严重的混凝土构件难以有效地增强刚度，改善其适用性，对正常使用极限状态难以发挥应有的作用。

（2）尽管嵌入 FRP 材料与外贴 FRP 片材相比有许多优点，但在嵌入 FRP 材料加固混凝土梁中，大部分试件仍以黏结材料层发生劈裂破坏为控制破坏模式，FRP 材料的高强性能并没有得到充分发挥，被加固构件的开裂荷载、屈服荷载、极限承载力均提高不大。

（3）有关 FRP 材料张拉锚固技术的研究还没有发展成熟，相比普通 CFRP 片材加固受弯构件，多数张锚方法需要特别的设备。对 CFRP 材料进行张拉的初衷之一是充分利用其高强性能以达到节省材料费用的目的，然而目前多数方法中张拉装置的设备费、施工中的人工费和锚具费用等总和将远远大于节省 CFRP 片材的费用，并没有实现费用节省。

（4）虽然内嵌高强螺旋肋钢丝加固混凝土构件能够大幅提高被加固构件的极限承载能力，但对其开裂荷载、屈服荷载基本没有影响，且材料强度未被充分利用。近年来国内外很多学者对新型加固材料——螺旋肋钢丝的黏结性能和力学性能做了大量试验研究，但对该材料加固混凝土梁的可靠度研究较少。因此本书在试验研究的基础上，基于可靠度基本理论，提出了内嵌预应力筋材加固混凝土梁的可靠度研究。

1.8 本书主要内容

本书以常用钢筋混凝土梁为研究对象，用碳纤维增强复合材料（CFRP）筋和螺旋肋钢丝为加固材料，以专用环氧树脂为胶黏剂，采用理论分析与室内试验相结合的方法，开展以下几个方面的研究：

（1）基于非线性分析原理，开展内嵌预应力筋材加固混凝土梁端部界面力学行为分析，结合直接拔出试验和不同强度混凝土的双面剪切试验，以及相关的理论分析，研究复合材料条件下预应力筋与结构胶、结构胶与混凝土之间的黏结机理，求取合适的张拉控制应力。

（2）开展内嵌预应力 CFRP 筋和螺旋肋钢丝加固混凝土梁弹塑性分析，研究加固梁在不同受力阶段的弯矩-曲率关系，编制内嵌预应力筋材加固梁荷载-挠度计算程序，绘制荷载-挠度曲线，计算加固梁特征荷载值，分析影响承载能力的主要因素，并与试验结果进行对比；给出加固梁延性计算方法，计算并分析影响加固梁延性的因素；开展内嵌预应力筋材加固梁变形和裂缝方面的研究，对影响加固梁变形的主要因素即刚度进行深入分析，提出加固梁在不同受力阶段的刚度表达式，验算加固梁在正常使用极限状态下的变形，以及在承载能力极限状态下的裂缝宽度，并与试验结果进行比较。

（3）研发了预应力 CFRP 筋张锚技术，提出合适的内嵌预应力 CFRP 筋以及预应力螺旋肋钢丝加固混凝土梁的施工工艺。进行内嵌预应力筋材加固混凝土梁开裂前后截面内力分析，分析加固梁合理的正截面承载力计算方法，提出合适的预应力筋材加固量。开展内嵌预应力 CFRP 筋和螺旋肋钢丝加固混凝土梁受弯性能试验研究，探索不同初始预应力水平、不同加固量、不同加固方式及不同筋材情况下被加固混凝土梁的受力过程、破坏模式、承载能力、变形、裂缝开展等情况，分析各种参数对梁受弯性能的影响，提出合理的内嵌预应力筋材加固混凝土梁试验参数,为工程设计提供依据。

(4)基于计算基本假定和试验特点,推导了内嵌预应力筋材正截面承载力计算公式,并结合结构构件抗力和荷载的统计参数及概率分布类型,计算了结构构件抗力和荷载效应的均值和标准差。采用一次二阶矩的验算点法进行迭代求解各试验梁的可靠指标,对理论计算结果进行分析,得出最优的加固方案,且加固后各试验梁的可靠指标均能满足规范规定的要求。利用试验梁的跨中荷载-挠度曲线、钢筋和加固筋材的应力-应变曲线,以及根据裂缝开展情况对内嵌预应力筋材加固混凝土梁进行了可靠度试验分析,得出了试验研究的合理加固方案,与计算结果对比分析可知,两者吻合较好。

第1篇

内嵌预应力筋材加固混凝土梁界面力学行为及黏结性能分析

第2章

内嵌预应力筋材加固混凝土梁材料力学性能

2.1 CFRP 筋的力学性能

CFRP 筋的力学性能指标是建立相关设计、分析理论，评估结构加固效果的重要参数，对其进行试验测试对后期工作的开展非常必要。国家标准《定向纤维增强聚合物基复合材料拉伸性能试验方法》（GB/T 3354—2014）[276] 及《纤维增强塑料性能试验方法总则》（GB/T 1446—2005）[277] 提供了对纤维增强复合材料的力学和物理性能的标准测试方法，由于 CFRP 筋中混杂有大量的结构胶，纤维含量约占总体积的 65%，因此国标中的测试方法并不适用于 CFRP 筋力学性能的测试。试验中作者利用自行研发的夹片式锚具在试验机上对南京某厂家提供的 CFRP 筋进行了测试，结果如下：弹性模量 $E_p = 114\text{GPa}$，极限抗拉强度 $f_p = 1746\text{MPa}$。拉伸时的实物图如图 2-1 所示。

图 2-1 CFRP 筋张拉测试装置

2.2 螺旋肋钢丝的力学性能

试验中采用的螺旋肋钢丝是河南省向阳预应力钢丝有限公司提供的低松弛螺旋肋预应力钢丝，直径为 7.00mm，抗拉强度为 1570MPa，其标记为：预应力钢丝 7.00-1570-WLR-H-GB/T 5223—2014。表 2-1 示出试验用螺旋肋钢丝的力学性能指标。

表 2-1 螺旋肋钢丝的力学性能

公称直径/mm	抗拉强度/MPa	屈服强度/MPa	弹性模量/GPa	伸长率 δ_{gt}/%
7.00	1570	1380	205	3.5

螺旋肋钢丝抗拉强度的测定是按照《金属材料 拉伸试验 第 1 部分：室温试验方法》（ISO 6892-1：2019）[278] 的规定进行的，螺旋肋钢丝受拉试件如图 2-2 所示。

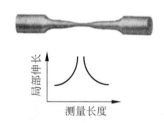

图 2-2　螺旋肋钢丝受拉试件几何形状图

2.3　结构胶黏剂的力学性能

　　表层内嵌筋材的加固方法与外贴纤维增强复合材料一样,结构胶黏剂与筋材、混凝土梁的粘贴质量对加固效果起着决定性的作用。国外对结构加固的试验研究与工程实践大都采用具有高黏结强度的黏结材料,这样不但可以使胶黏剂与筋材、胶黏剂与混凝土之间有较高的黏结强度,还有利于施工。在实际工程中也可以采用水泥砂浆代替树脂,但水泥砂浆的黏结性能不如树脂好,而且容易出现细小裂缝。瑞典学者 Häkan 在试验中分别用水泥砂浆和树脂作为黏结材料,其结果表明,用水泥砂浆时梁的极限承载力提高了 56.3%,而采用树脂时梁的极限承载力提高了 77.2%[133]。

　　树脂结构胶黏剂可以满足一般加固梁的研究和应用。当然,结构胶黏剂的选取还必须结合混凝土梁的劣损情况、荷载情况、梁体所处的环境以及被加固梁使用年限等因素来综合考虑,以便达到预期的设计目的。

　　我国于 20 世纪 80 年代初开始研制结构胶黏剂,并将之用于结构试验和工程应用中,目前用得较多的胶种为中国科学院大连化学物理研究所研制的 JGN 系列结构胶、冶金建筑研究院总院研制的 YJS 系列结构胶、苏州混凝土制品研究所研制的 ET 型结构胶以及武汉水利电力大学研制的 WSJ 建筑结构胶,这些结构胶大多适用于 −30~80℃的潮湿界面。

　　混凝土结构加固用胶须具有强度高、粘贴力强、耐老化、弹性模量高、线膨胀系数小等特点,除此之外,为防止混凝土中裂缝引起胶黏层脆性破坏,胶黏剂还应具有良好的韧性。除高强混凝土外,胶本身的强度及其黏结强度总是大于混凝土强度,然而胶的弹性模量仅为混凝土的几十分之一到几分之一,线膨胀系数却为混凝土的 6~7 倍;另外,其性能受多方面因素的影响,除原材料、配方及工艺条件外,还与被黏结结构的材料种类、试件尺寸、测试方法等密切相关。

　　本次试验采用的结构胶黏剂是中国科学院大连化学物理研究所生产的 JGN 型环氧树脂类建筑结构胶。该胶拉伸、剪切强度高,抗冲击、耐老化、耐疲劳性能优良;经国检中心认证检验,JGN 型建筑结构胶的各项技术指标均满足《混凝土结构加固设计规范》(GB 50367—2013)[279] 的要求。JGN 型建筑结构胶检测结果如表 2-2 所示。

表 2-2　JGN 型建筑结构胶检测结果

序号	项目名称	检测条件	性能指标	检测结果	结果评定
1	胶体轴心抗拉强度/MPa	(25±2)℃	≥33	33.1	合格
2	胶体抗拉弹性模量/MPa	(25±2)℃	≥3.6×10³	3.8×10³	合格
3	胶体拉伸断裂伸长率/%	(25±2)℃	≥1.5	2.4	合格

续表

序号	项目名称	检测条件	性能指标	检测结果	结果评定
4	胶体抗压强度/MPa	(25±2)℃	≥65	78.8	合格
5	胶体弯曲强度/MPa	(25±2)℃	≥45	46.9	合格
6	拉伸剪切强度/MPa	(25±2)℃,钢/钢	≥18	19.4	合格
7	正拉黏结强度/MPa	(25±2)℃,钢/混凝土	≥2.5	3.6	合格

注：在钢板和混凝土的正拉黏结强度试验中,均为混凝土破坏。混凝土强度等级为C60。

2.4　钢筋与混凝土的力学性能

试验用钢筋的力学性能指标如表2-3所示。

表 2-3　钢筋的主要力学指标

钢筋类型	屈服强度/MPa	极限强度/MPa	伸长率/%
Φ8	325	490	23
Φ14	378	556	54

试验中选取的混凝土强度等级为C30,试验梁分4批浇注,每批浇注时分别选取3个混凝土试件,制作了4组150mm×150mm×150mm的立方体标准试件,以与试验梁同样的条件养护28天后进行混凝土立方体抗压强度测定,并取其平均值作为混凝土的立方体抗压强度 f_{cu},混凝土试块养护28天后在北京三宇伟业试验机有限公司生产的SYE-2000型压力试验机(精度等级Ⅰ)上进行试压。试压时,试块表面不涂润滑剂,全截面受力,加荷速度为3～5kN/s,试块加压至破坏时,所测得的极限承载力如表2-4所示。

表 2-4　混凝土的主要力学性能指标

组号	试件编号	力值/kN	立方体抗压强度/MPa	平均值/MPa
1	1	824.87	36.67	
	2	937.71	41.68	39.82
	3	925.11	41.11	
2	1	875.05	38.89	
	2	957.95	42.58	41.00
	3	934.70	41.54	
3	1	839.84	37.33	
	2	952.48	42.33	38.62
	3	814.56	36.20	
4	1	861.08	38.27	
	2	1009.3	44.86	41.01
	3	897.91	39.91	

2.5　本章小结

本章主要介绍了内嵌预应力筋材、结构胶黏剂、钢筋及混凝土的力学性能,为后期的内嵌预应力筋材加固混凝土梁界面力学行为及黏结性能试验研究提供基础。

第3章

内嵌预应力筋材加固混凝土梁界面力学行为

影响内嵌预应力筋加固混凝土梁加固效果的因素很多,其中最主要的是初始预应力水平和预应力筋加固量。如果施加预应力过小,则起不到预期加固效果;施加预应力过大,加固梁端部将发生由于预应力筋放张而引起的剥离破坏。如果加固量过小,也将起不到预期加固效果;反之,加固量过大,可能会引起黏结破坏、超筋破坏等早期破坏模式,而且还会浪费材料,造成不必要的损失。因此,加固设计也要考虑加固量的多少。为此,本章将利用理论分析的方法对内嵌预应力筋材加固混凝土梁的界面力学行为及正截面内力进行分析,以确定合适的初始预应力水平和加固量,为实际工程加固方案设计提供理论依据。

3.1 黏结滑移本构模型

内嵌预应力筋材加固混凝土梁的施工过程中,首先应对筋材施加预应力,然后放张,在放张过程中,在预应力筋材端部将产生应力集中,即产生较大的黏结剪应力和正应力,如图 3-1 所示。黏结剪应力与黏结正应力通过下式联系起来:

$$\sigma(x) = \tau(x)\tan\alpha \tag{3-1}$$

式中:$\sigma(x)$——黏结正应力;

$\tau(x)$——黏结剪应力;

α——内摩擦角。

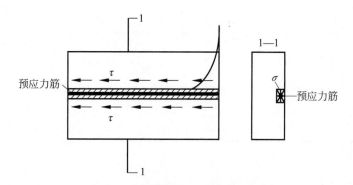

图 3-1 加固梁黏结界面应力分布

当剪应力超过混凝土的强度时,常使混凝土局部开裂;当正应力超过胶黏层或混凝土的强度时,预应力筋将剥离胶黏层而失去加固作用。当胶黏层的强度大于混凝土抗拉强度时,也可能使胶黏层同混凝土保护层一起从梁体上剥离,从而导致加固梁破坏。这些破坏是由于预应力筋端部的局部应力集中引起的,这种破坏方式属于早期破坏,会严重影响加固效果,因此在设计中必须加以考虑。因此,预应力筋与胶黏剂、胶黏剂与混凝土界面之间的黏结应力分布规律及预应力筋初始预应力大小是制约加固效果的重要因素。基于上述破坏机理的分析,本章对加固梁可能发生早期破坏的界面力学行为进行研究,从而得出在不发生界面黏结破坏的情况下最大可施加的预应力值。

要建立内嵌法加固混凝土构件相应的设计计算方法,安全可靠地运用这项加固技术,就必须研究出界面黏结滑移本构模型。

De Lorenzis 进行了一系列 FRP 筋嵌入式加固试验,分析得出当试件的破坏形式为劈裂破坏时,它们的界面黏结滑移关系可以很好地用 BPE(Berteo-Popoy-Eligenhausen)[280] 关系曲线的上升段来解释:

$$\tau_s = \tau_u \left(\frac{s}{s_u}\right)^\alpha = c s^\alpha, \quad 0 \leqslant s \leqslant s_u \tag{3-2}$$

发生黏结剂与混凝土界面黏结破坏的试件,其黏结力-滑移关系上升段仍可以很好地用式(3-2)来解释。其曲线方程如下。

上升段:

$$\tau_s = \tau_u \left(\frac{s}{s_u}\right)^\alpha = c s^\alpha, \quad 0 \leqslant s \leqslant s_u \tag{3-3}$$

下降段:

$$\tau_s = \tau_u \left(\frac{s}{s_u}\right)^{\alpha'} = c' s^{\alpha'}, \quad s \geqslant s_u \tag{3-4}$$

式中:τ_s——局部黏结力;

　　　s——局部位移;

　　　τ_u、s_u——峰值点的黏结强度和相应位移;

　　　α——介于 0 和 1 之间的参数;

　　　α'——介于 -1 和 0 之间的参数。

其曲线形状如图 3-2(a)所示。

香港理工大学李荣[281] 等通过对内嵌 CFRP 板条的混凝土试件进行拉拔试验,测量了在黏结长度范围内 CFRP 板条上各测量点的应变,理论推导了界面黏结滑移关系曲线。他们将界面黏结滑移曲线分为三段:上升段、下降段和水平段,其曲线如图 3-2(b)所示。

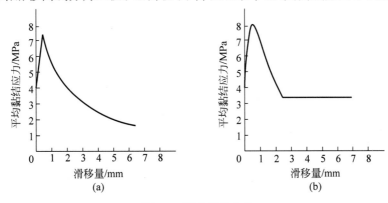

图 3-2　黏结滑移曲线

中南大学的李蓓[282]通过大量的试验数据分析,得出内嵌 CFRP 板条加固混凝土结构中,破坏界面黏结滑移本构曲线基本形状和 De Lorenzis 的基本一样,根据试验结果总结出 $\alpha = 0.5$。其上升段的界面黏结滑移关系为

$$\tau_s = \tau_u \left(\frac{s}{s_u}\right)^{0.5}, \quad 0 \leqslant s \leqslant s_u \tag{3-5}$$

如果破坏形式是黏结材料与混凝土界面黏结破坏,则其黏结滑移关系曲线分为两段,如图 3-2(a)所示。其上升段的界面黏结滑移关系为

$$\tau_s = \tau_u \left(\frac{s}{s_u}\right)^{0.5}, \quad 0 \leqslant s \leqslant s_u \tag{3-6}$$

下降段的界面黏结滑移关系为

$$\tau_s = \tau_u \left(\frac{s}{s_u}\right)^{-0.5}, \quad s > s_u \tag{3-7}$$

式中：τ_s——局部黏结力;

　　　s——局部位移;

　　　τ_u、s_u——峰值点的黏结强度和相应位移。

3.2　内嵌预应力筋材加固梁界面力学分析

预应力筋的张拉及放张施工工艺如图 3-3 所示,即首先对筋材施加所需要的张拉应力,然后向槽内注胶、抹平,72h 后,结构胶凝固,再放张预应力,剪断两端多余筋材,详细施工工艺见 9.2.3 节。

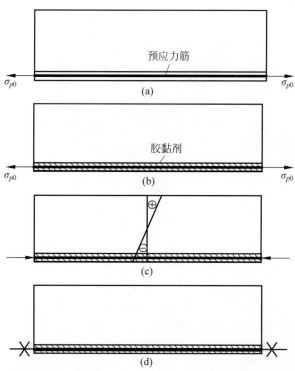

图 3-3　内嵌预应力筋张拉及放张施工工艺示意图

(a) 预应力筋的张拉;(b) 注胶、养护;(c) 放张预应力;(d) 切断

下面通过理论推导来研究预应力筋放张过程中加固梁的界面力学行为。加固梁的长度、高度和宽度分别为 L、h 和 b，预应力筋的直径为 d，预应力筋沿梁长嵌贴。混凝土和预应力筋的弹性模量分别为 E_c 和 E_p。

分析时只取半结构，将原点选在预应力筋端部，如图 3-4 所示。取出 1—1 截面作为研究对象，如图 3-5 所示。

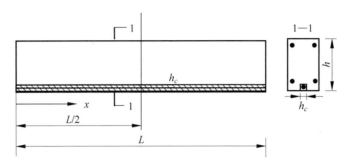

图 3-4　内嵌预应力筋材加固混凝土梁界面分析示意图

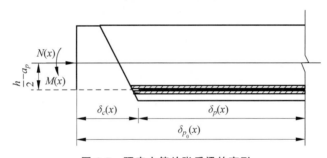

图 3-5　预应力筋放张后梁的变形

图 3-5 中虚线和实线分别表示预应力筋张拉端释放前后的结构外形。预应力筋中初始拉应力为 σ_{p0}，张拉端预应力释放后预应力筋中的拉应力降为 $\sigma_p(x)$，并使梁底面混凝土的压应力达到 $\sigma_c(x)$；预应力筋初始张拉后，长度为 $\delta_{p0}(x)$，张拉端预应力释放后，长度为 $\delta_p(x)$，由于预应力的作用而使梁底面混凝土的缩短量为 $\delta_c(x)$；张拉端预应力释放后预应力筋中的轴力为 $N_p = \sigma_p(x)\dfrac{\pi d^2}{4}$，由于预应力作用，混凝土梁的轴力和弯矩分别为 $N_c = \sigma_p(x)\dfrac{\pi d^2}{4}$，$M_c = N_p(x)\left(\dfrac{h}{2}-a_p\right)$。

3.2.1　基本假定

在理论推导中，采用以下三点假设：

（1）混凝土和预应力筋是均质的、线弹性材料。

（2）黏结界面层在混凝土和预应力筋之间仅起传递剪应力的作用。

（3）胶黏层的力学行为依赖于混凝土和预应力筋之间的相对滑移，具体遵循如图 3-6 所示的本构关系：双线性软化模型。其中，δ 为混凝土和预应力筋之间的相对滑移；τ_p 为面剪切强度；S 为图 3-6 所示曲线与 X 轴所围面积，代表单位面积的黏结单元剥离所需要的能量；δ_1 和 δ_p 分别为相应于剪切强度和剥离破坏的相对滑移。

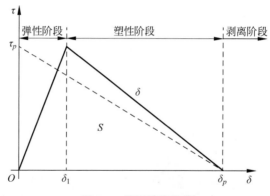

图 3-6 界面黏结特性

如图 3-6 所示,在达到界面剪切强度 τ_p 或临界滑移位移 δ_1 前,应力-滑移曲线随相对滑移的增大而线性增加;其后,随相对位移的增加而线性减小直至为零。该模型考虑了界面的软化行为,认为一旦达到界面的剪切强度 τ_p,黏结界面就开始出现微裂缝,直至剪应力完全降为零,称为宏观裂缝或完全剥离破坏。双线性软化模型见式(3-8)。

$$\tau(\delta) = \begin{cases} \dfrac{\tau_p}{\delta_1}\delta, & 0 \leqslant \delta < \delta_1 \\[2mm] \dfrac{\tau_p}{\delta_p - \delta_1}(\delta_p - \delta), & \delta_1 < \delta \leqslant \delta_p \\[2mm] 0, & \delta > \delta_p \end{cases} \tag{3-8}$$

3.2.2 理论分析

图 3-7 给出了图 3-5 所示的双线性软化模型的界面应力传递示意图。

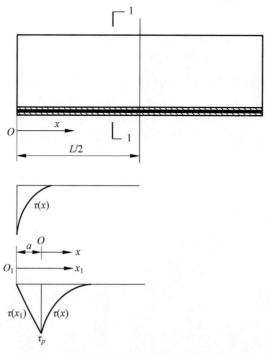

图 3-7 双线性软化模型界面应力传递示意图

1. 线性上升段

如图 3-5 所示,相对滑移可表示为

$$\delta = \delta_{p0}(x) - \delta_p(x) - \delta_c(x) \tag{3-9}$$

由式(3-8)可知,界面剪应力在 $0 \leqslant \delta \leqslant \delta_1$ 区间时,可表示为

$$\tau(x) = \frac{\tau}{\delta_1}[\delta_{p0}(x) - \delta_p(x) - \delta_c(x)] \tag{3-10}$$

上式两端对 x 求一次导,可得

$$\frac{d\tau(x)}{dx} = \frac{\tau_p}{\delta_1}\left[\frac{d\delta_{p0}(x)}{dx} - \frac{d\delta_p(x)}{dx} - \frac{d\delta_c(x)}{dx}\right]$$
$$= \frac{\tau_p}{\delta_1}\left[\frac{\delta_{p0}}{E_p} - \frac{\delta_p(x)}{E_p} - \frac{\delta_c(x)}{E_c}\right] \tag{3-11}$$

混凝土梁底混凝土的压应变为

$$\varepsilon_c = \frac{\sigma_c(x)}{E_c} = -\frac{1}{E_c}\left[\frac{N_c(x)}{bh} + \frac{M_c(x)}{2I_0}\right]$$
$$= -\frac{1}{E_c}\left[\frac{\sigma_p(x)\pi d^2}{4bh} + \frac{\sigma_p(x)\left(\frac{\pi d^2 h}{8} - \frac{\pi d^2 a_p}{4}\right)h}{2I_0}\right]$$
$$= -\frac{E_p \pi d^2}{E_c}\left(\frac{1}{4bh} + \frac{h^2 + 2a_p h}{16I_0}\right)\frac{\sigma_p(x)}{E_p} \tag{3-12}$$

令

$$k_1 = -\frac{E_p \pi d^2}{E_c}\left(\frac{1}{4bh} + \frac{h^2 + 2a_p h}{16I_0}\right) \tag{3-13}$$

则

$$\frac{\sigma_c(x)}{E_c} = -k_1 \frac{\sigma_p(x)}{E_p} \tag{3-14}$$

式中:I_0——混凝土梁截面组合惯性矩。

将式(3-14)代入式(3-11)可得

$$\frac{d\tau(x)}{dx} = \frac{\tau_p}{\delta_1}\left[\frac{\sigma_{p0}}{E_p} - \frac{\sigma_p(x)}{E_p} + k_1\frac{\sigma_p(x)}{E_p}\right]$$
$$= \frac{\tau_p}{\delta_1 E_p}[\sigma_{p0} - (1-k_1)\sigma_p(x)] \tag{3-15}$$

上式两端对 x 求导,可得

$$\frac{d^2\tau(x)}{dx^2} = -\frac{\tau_p}{\delta_1 E_p}(1-k_1)\frac{d\sigma_p(x)}{dx} \tag{3-16}$$

对图 3-5 所示微元体进行分析,可得

$$\frac{d\sigma_p(x)}{dx} = -\frac{4\tau(x)}{d} \tag{3-17}$$

代入式(3-16)得

$$\frac{d^2\tau(x)}{dx^2} = \left[\frac{4\tau_p}{\delta_1 E_p d}(1-k_1)\right]^2 \tau(x) \tag{3-18}$$

令

$$k_2 = \frac{4\tau_p}{\delta_1 E_p d}(1 - k_1) \tag{3-19}$$

则有

$$\frac{\mathrm{d}^2 \tau(x)}{\mathrm{d}x^2} = k_2^2 \tau(x) \tag{3-20}$$

求解式(3-20),其通解为

$$\tau(x) = A_1 \cosh(k_2 x) + A_2 \sinh(k_2 x) \tag{3-21}$$

将式(3-21)两端对 x 求一次导,可得

$$\frac{\mathrm{d}\tau(x)}{\mathrm{d}x} = k_2 [A_1 \sinh(k_2 x) + A_2 \cosh(k_2 x)] \tag{3-22}$$

将上式代入式(3-15),可得

$$\sigma_p(x) = \frac{1}{1 - k_1} \left\{ \sigma_{p0} - \frac{\delta_1 E_p}{\tau_p} k_2 [A_1 \sinh(k_2 x) + A_2 \cosh(k_2 x)] \right\} \tag{3-23}$$

将边界条件

$$\tau(x)_{x=\frac{L}{2}} = 0 \tag{3-24}$$

$$\sigma_p(x)_{x=0} = 0 \tag{3-25}$$

代入式(3-21)和式(3-23)中,即可确定系数:

$$A_1 = -A_2 \tanh \frac{k_2 L}{2} = -\frac{\tau_p}{\delta_1 E_p k_2} \sigma_{p0} \tanh \frac{k_2 L}{2} \tag{3-26}$$

$$A_2 = \frac{\tau_p}{\delta_1 E_p k_2} \sigma_{p0} \tag{3-27}$$

由此可得此时的应力分布为

$$\tau(x) = -\frac{\sigma_{p0} \tau_p}{\delta_1 E_p k_2} \left[\tanh \frac{k_2 L}{2} \cosh(k_2 x) - \sinh(k_2 x) \right] \tag{3-28}$$

$$\sigma_p(x) = \frac{\sigma_{p0}}{1 - k_1} \left[1 + \tanh \frac{k_2 L}{2} \sinh(k_2 x) - \cosh(k_2 x) \right] \tag{3-29}$$

$\tau(x)_{x=0} = \tau_p$ 时,由式(3-28),可求得在端部不发生界面剥离破坏的情况下最大可施加的预应力为

$$\sigma_{p0\max} = -\frac{\delta_1 E_p k_2}{\tanh \frac{k_2 L}{2}} \tag{3-30}$$

2. 线性软化段

根据式(3-8),界面剪应力在 $\delta_1 \leqslant \delta \leqslant \delta_p$ 区间可表示为

$$\tau(x_1) = \frac{\tau_p}{\delta_p - \delta_1} \{ \delta_p - [\delta_{p0}(x_1) - \delta_c(x_1) - \delta_p(x_1)] \} \tag{3-31}$$

类似地,上式两端分别对 x_1 求一次导和二次导,可得

$$\frac{\mathrm{d}\tau(x_1)}{\mathrm{d}x} = -\frac{\tau_p}{(\delta_p - \delta_1)E_p} [\delta_{p0} - (1 - k_1)\delta_p(x_1)] \tag{3-32}$$

$$\frac{\mathrm{d}^2\tau(x_1)}{\mathrm{d}x_1^2} = -\frac{\tau_p}{(\delta_p - \delta_1)E_p}(1-k_1)\frac{\mathrm{d}\sigma_p(x_1)}{\mathrm{d}x_1} \tag{3-33}$$

若不考虑初始预应力和预应力筋直径变化的话,式(3-33)可简化为

$$\frac{\mathrm{d}^2\tau(x_1)}{\mathrm{d}x_1^2} = \left[\frac{4\tau_p}{(\delta_p - \delta_1)E_p d}(1-k_1)\right]^2 \tau(x_1) \tag{3-34}$$

令

$$k_3 = \frac{4\tau_p}{(\delta_p - \delta_1)E_p d}(1-k_1) \tag{3-35}$$

则有

$$\frac{\mathrm{d}^2\tau(x_1)}{\mathrm{d}x_1^2} = k_3^2 \tau(x_1) \tag{3-36}$$

求解式(3-36),其通解为

$$\tau(x_1) = A_3\cos(k_3 x_1) + A\sin(k_3 x_1) \tag{3-37}$$

将式(3-37)两端对 x 求一次导,可得

$$\frac{\mathrm{d}\tau(x_1)}{\mathrm{d}x_1} = -k_3[A_3\sin(k_3 x_1) + A\cos(k_3 x_1)] \tag{3-38}$$

将式(3-28)代入式(3-32),可得

$$\sigma_p(x_1) = \frac{1}{1-k}\left\{\sigma_{p0} - \frac{(\delta_p - \delta_1)E_p}{\tau_p}k_3[A_3\sin(k_3 x_1) + A\cos(k_3 x_1)]\right\} \tag{3-39}$$

将边界条件

$$\tau(x)_{x=\frac{L}{2}} = 0 \tag{3-40}$$

$$\tau(x)_{x=0} = \tau(x_1)_{x_1=a} = \tau_p \tag{3-41}$$

$$\sigma_2(x)_{x=0} = \sigma_2(x_1)_{x=a} \tag{3-42}$$

$$\sigma_2(x_1)_{x_1=0} = 0 \tag{3-43}$$

代入式(3-21)、式(3-23)和式(3-37)、式(3-39)可得到待定系数和应力分布如下。

(1) 对于 $0 \leqslant x \leqslant \dfrac{L}{2} - a$ 区间:

$$A_1 = \tau_p \tag{3-44}$$

$$A_2 = -\frac{\tau_p}{\tanh\left[k_2\left(\dfrac{L}{2} - a\right)\right]} \tag{3-45}$$

将 A_1、A_2 代入式(3-21)、式(3-23),可得

$$\tau(x) = \tau_p\left\{\cosh(k_2 x) - \frac{\sinh(k_2 x)}{\tanh\left[k_2\left(\dfrac{L}{2} - a\right)\right]}\right\} \tag{3-46}$$

$$\sigma_p(x) = \frac{1}{1-k_1}\left\{\sigma_{p0} - \delta_1 E_p k_2\left[\sinh(k_2 x) - \frac{\cosh(k_2 x)}{\tanh\left[k_2\left(\dfrac{L}{2} - a\right)\right]}\right]\right\} \tag{3-47}$$

（2）对于 $0 \leqslant x_1 \leqslant a$ 或 $-a \leqslant x \leqslant 0$ 区间：

$$A_3 = \tau_p \left\{ \cos(k_3 a) - \frac{\delta_1 k_2}{(\delta_p - \delta_1) k_3} \frac{\sin(k_3 x)}{\tanh\left[k_2 \left(\frac{L}{2} - a\right)\right]} \right\} \quad (3\text{-}48)$$

$$A_4 = \tau_p \left\{ \sin(k_3 a) + \frac{\delta_1 k_2}{(\delta_p - \delta_1) k_3} \frac{\cos(k_3 x)}{\tanh\left[k_2 \left(\frac{L}{2} - a\right)\right]} \right\} \quad (3\text{-}49)$$

将 A_3、A_4 代入式(3-37)、式(3-39)，可得

$$\tau(x_1) = \tau_p \left\{ \cos(k_3 a) - \frac{\delta_1 k_2}{(\delta_p - \delta_1) k_3} \frac{\sin(k_3 x)}{\tanh\left[k_2 \left(\frac{L}{2} - a\right)\right]} \right\} \cos(k_3 x_1) +$$

$$\tau_p \left\{ \sin(k_3 a) + \frac{\delta_1 k_2}{(\delta_p - \delta_1) k_3} \frac{\cos(k_3 x)}{\tanh\left[k_2 \left(\frac{L}{2} - a\right)\right]} \right\} \sin(k_3 x_1) \quad (3\text{-}50)$$

$$\sigma_p(x) = \frac{1}{1-k} \left\{ \sigma_{p0} - (\delta_p - \delta_1) E_p k_3 \cos(k_3 a) \sin(k_3 x_1) + \frac{\delta_1 E_p k_2 \sin(k_3 a)}{\tanh\left[k_2 \left(\frac{L}{2} - a\right)\right]} \sin(k_3 x_1) + \right.$$

$$\left. (\delta_p - \delta_1) E_p k_3 \sin(k_3 a) \cos(k_3 x_1) + \frac{\delta_1 E_p k_2 \cos(k_3 a)}{\tanh\left[k_2 \left(\frac{L}{2} - a\right)\right]} \cos(k_3 x_1) \right\} \quad (3\text{-}51)$$

式中：a——软化区长度。

在界面剥离破坏发生之前，a 随预应力 σ_{p0} 的增大而增大，可由下式确定：

$$\sigma_{p0} = -\frac{\delta_1 E_p k_2}{\tanh\left[k_2 \left(\frac{L}{2} - a\right)\right]} \cos(k_3 a) - (\delta_p - \delta_1) E_p k_3 \sin(k_3 a) \quad (3\text{-}52)$$

很明显，当 $\dfrac{\mathrm{d}\sigma_{p0}}{\mathrm{d}a} = 0$ 时，σ_{p0} 达到最大值，此时有

$$\tan(k_3 a_{\max}) = \frac{k_2}{k_3} \frac{1}{\tanh\left[k\left(\frac{L}{2} - a_{\max}\right)\right]} \quad (3\text{-}53)$$

将式(3-53)代入式(3-52)，得到可施加的最大预应力为

$$\sigma_{p0} = -\delta_p E_p k_3 \sin(k_3 a_{\max}) \quad (3\text{-}54)$$

在此将有效传递长度 l_e 定义为能够传递最大可施加 97% 预应力水平的长度，这样由式(3-50)和式(3-51)可得

$$l_e = a_{\max} + \frac{1}{2k_2} \ln \frac{k_3 \tan(k_3 a_{\max}) + k_2}{k_3 \tan(k_3 a_{\max}) - k_2} \quad (3\text{-}55)$$

式中：

$$a_{max} = \frac{1}{k_3} \arcsin\left(0.97\sqrt{\frac{\delta_p - \delta_1}{\delta_p}}\right) \tag{3-56}$$

3.3 本章小结

本章对影响内嵌预应力筋材加固混凝土梁初始预应力水平和加固量的黏结界面力学行为及加固梁受弯性能进行了研究。通过对国内外内嵌法加固梁黏结模型的分析,提出了利用双线性软化模型研究内嵌预应力筋材加固混凝土梁黏结界面力学行为,并在一定假定的基础上推导出了加固梁的黏结剪应力和正应力计算公式,以此为基础,利用相关边界条件,推导出了在不发生黏结破坏时所能施加的最大张拉控制应力计算公式。

本章的研究结果为内嵌预应力筋材加固法在实际工程中的应用提供了理论设计依据。

第4章

内嵌CFRP筋加固混凝土试件黏结性能研究

4.1　试验方案设计

对于黏结性能的研究,常用的试验方法是梁式拉拔试验或直接拔出试验。梁式拔出法通常选用的是普通简支梁或者中间用钢臂连接的两个小梁,采用四点弯曲加载的方式。该方法的优点是在荷载的作用下,梁的黏结破坏与工程实际更为接近。但是,试验过程中所花费的人力、物力较多,试验可操作难度较大。目前常用的还有小试件直接拔出法,该方法通常选用 C 形试件或较短的矩形试件,长度为 80～600mm。这是由于试件越长,黏结应力的分布就会越不均匀,平均应力将会低于短黏结试件,不利于得出黏结滑移曲线,这一观点已被证实[174,179]。内嵌加固中,FRP 筋材加固混凝土的黏结力是通过两个黏结界面传递的,一个是结构胶与混凝土界面,另一个是结构胶与 FRP 筋界面[127];内嵌加固存在三种材料。因此研究黏结性能最重要的就是考虑界面黏结和材料性能,FRP 筋材黏结试验的目的就是研究这三种材料和两个界面的共同工作性能[155]。

本章采用直接拔出试验方案,试件的长度为 500mm。该方案是将梁式开裂过程中的拉应力用直接拔出力模拟,试件尺寸较小,方案操作简便,可通过注胶长度的长短确定要测的数据。另制作不同强度,边长为 100mm 的立方体试块,将同强度的三块试块黏结在一起,进行双面剪切试验。该试验可测得胶与混凝土界面的剪应力,为混凝土强度对黏结性能的影响提供参考。

1. 直接拔出试验

直接拔出试验是将一根表面粘贴应变片的 CFRP 筋嵌贴在两块混凝土试块的槽内,注胶养护后,采用千斤顶水平加载,使 CFRP 筋与试块产生黏结破坏,用应变仪采集应变数据,千分表采集位移数据。图 4-1 所示为试件的开槽截面尺寸及黏结示意图。

2. 混凝土双面剪切试验

混凝土双面剪切试验是以混凝土强度为试验参数研究胶与混凝土的黏结性能,用以分析拉拔试验中发生胶与混凝土界面破坏时,混凝土强度对黏结性能的影响。将强度相同的三块边长为 100mm 的混凝土试块,按图 4-2 所示黏结在一起,然后将黏结好的试块放置在试验机上,做混凝土与结构胶的剪切试验。试验采用的混凝土强度等级分别为 C30、C35、C40。

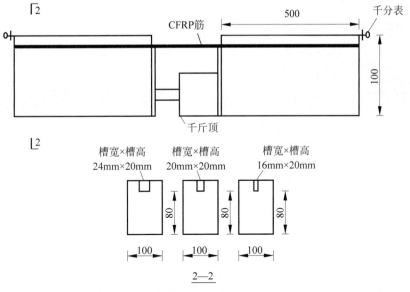

图 4-1　开槽和黏结示意图(单位：mm)

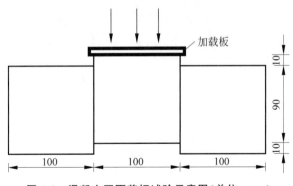

图 4-2　混凝土双面剪切试验示意图(单位：mm)

4.2　试件的设计与制作

本次试验的目的是希望通过拔出 14 根嵌贴在混凝土试件中的 CFRP 筋,研究 CFRP 筋与混凝土试件的开裂方式,确定试件的黏结破坏模式,测定最大滑移量的取值范围,分析黏结剪应力的分布及变化规律,有效黏结长度取值范围,以及混凝土强度、开槽尺寸、黏结长度对黏结强度的影响,且通过双面剪切试验研究混凝土强度对黏结性能的影响,最后确定黏结滑移曲线及拟合曲线。

4.2.1　直接拔出试验试件的制作与试验

(1)试件浇筑。根据试验目的将试件设计为矩形混凝土试件,尺寸为 500mm×100mm×100mm,共制作 28 根,其中 20 根 C30、4 根 C35 和 4 根 C40 的试件。同时浇筑同批次的 C30、C35 及 C40 的 100mm×100mm×100mm 的立方体试块,取每组 3 块用以测得混凝土的强度(见图4-3),确保强度达到试验要求。

(a)   (b)

图 4-3   混凝土试件

(a) 立方体试块;(b) 棱柱体试块

图 4-4   开槽

(2) 开槽。将制作好的矩形试件用切割机开槽,开槽尺寸分别为 500mm × 16mm × 20mm、500mm × 20mm × 20mm、500mm × 24mm × 20mm,清水洗槽,晾干,见图4-4。

在 CFRP 筋的表面粘贴应变片,应变片的规格为 2mm × 3mm。用砂纸打磨 CFRP 筋表面,再用脱脂棉蘸取丙酮擦拭粘贴应变片的位置,待其干燥后,涂 502 胶粘贴应变片,确保粘贴牢固,无气泡、起皱。再用电烙铁将应变片与导线焊接在一起,并用防水胶带固定。应变片的黏结间距如图 4-5 所示。

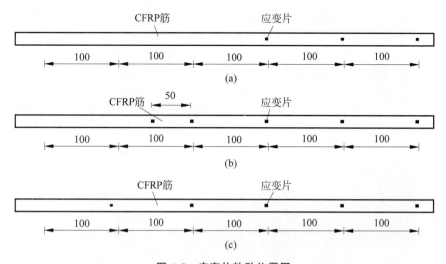

图 4-5   应变片粘贴位置图

(a) 黏结长度为 200mm 的试件;(b) 黏结长度为 350mm 的试件;(c) 黏结长度为 500mm 的试件

（3）注胶。将晾干后的试件每两根分为一组准备注胶。按比例配制环氧树脂和固化剂，根据试验方案确定注胶的长度，在试件的槽内注胶，把 CFRP 筋压入胶内，尽量使其处于槽内居中位置，最后将已完成注胶的试件放置在阴凉通风处，常温下养护 7 天。注胶见图 4-6。

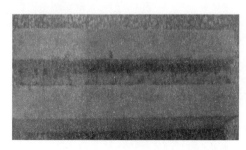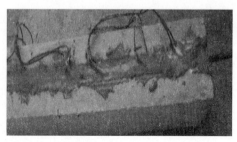

图 4-6　注胶

（4）加载。将养护好的试块置于反力架台上，用圆形滚轴将试块与反力架间的空隙填满，用手动油泵加载，每级 1MPa，压力表控制加载力，千斤顶采用的是河南宇建矿业技术有限公司提供的额定张拉应力为 230kN 的穿心式千斤顶，见图 4-7(a)。

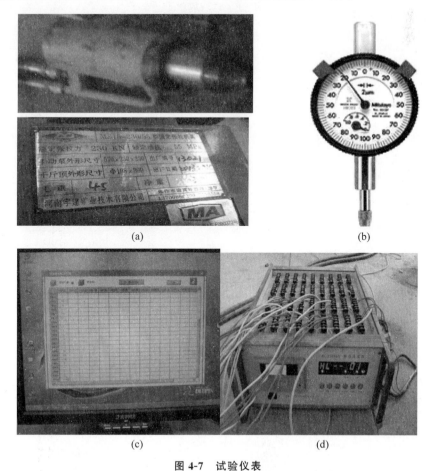

(a) (b)

(c) (d)

图 4-7　试验仪表

(a) 千斤顶；(b) 千分表；(c) 应变记录；(d) 应变仪

（5）测试及记录。采用 XL-20101B5 数字静态应变仪采集 CFRP 筋的应变数据。在试件的加载末端,安置千分表采集加载过程中 CFRP 筋与试块的相对位移,千分表见图 4-7(b)。采用测宽仪量测试块开裂后的裂缝宽度。数据采集仪见图 4-7(c)、(d)。试块加载见图 4-8,其编号、开槽尺寸及黏结长度见表 4-1。

图 4-8　试块加载图

表 4-1　试验方案

编　　号	混凝土等级	黏结长度/mm	开槽尺寸/(mm×mm×mm)
C30L200K20	C30	200	500×20×20
C30L350K20	C30	350	500×20×20
C30L500K20	C30	500	500×20×20
C30L500K16	C30	500	500×16×20
C30L500K24	C30	500	500×24×20
C35L500K20	C35	500	500×20×20
C40L500K20	C40	500	500×20×20

注:C 为混凝土的强度等级;L 为黏结长度;K 为开槽尺寸。

4.2.2　混凝土双面剪切试验试件的制作与试验

图 4-9　双面剪切试验图

（1）浇筑试件。根据试验方案浇筑边长为 100mm 的立方体试块,混凝土强度等级分别为 C30、C35 及 C40,各 9 块,同强度三块为一组黏结试块,每个强度共三组黏结试块。浇筑好,养护 28 天。

（2）混凝土表面处理。将混凝土的黏结面,轻凿去除松动的混凝土,使粗骨料外露 20% 左右,采用灌砂法控制,再用清水冲洗,晾干。

（3）注胶。用结构胶将三块混凝土试块以图 4-9 的方式黏结在一起,再将黏结好的试块放置在阴凉通风处养护 7 天,用于测试。

（4）测试、记录。将试块放置在试验机上，以 0.2kN/s 的速度加载，记录破坏荷载。

4.3　试验方案的优点

内嵌加固 CFRP 筋加固混凝土试件局部黏结应力的黏结滑移关系通常可以通过三种方法获得：直接测量 FRP 筋的应变、测量 FRP 平均黏结剪应力以及数值计算。直接测量 FRP 筋的应变会受到实际测点密度的限制。应变片布置过密，筋与胶的黏结性能会受到影响；过疏，由差分 df/dx 得到的黏结应力误差就会很大。为了得到平均黏结应力以及局部黏结滑移曲线，通常会选择黏结长度较短的试块做微元体分析。但是试块一旦发生破坏，FRP 筋的瞬间滑移量会很大，这是因为达到极限荷载时，试件会产生突然破坏，胶与混凝土的剪切破坏更是如此[159]。因此，较难通过短试件测定最大黏结滑移量。

为了较好地测得最大黏结滑移量，课题组欲采用自制反力架，选取黏结长度较长的试件进行测定，试验装置由反力架及滚轴组成。将混凝土试件放置在两个对称的反力架台上，在反力架顶、试件间的空隙处放置圆柱形滚轴，滚轴长 100mm，滚轴距加载端 300mm，滚轴及反力架位置如图 4-10 所示。

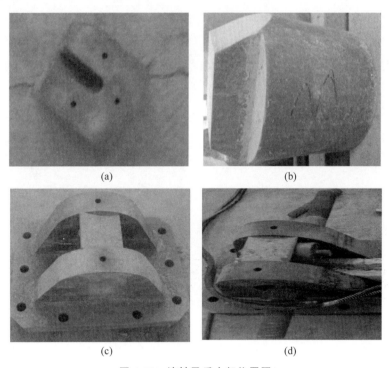

(a)　　　　　　　　　　　(b)

(c)　　　　　　　　　　　(d)

图 4-10　滚轴及反力架位置图

（a）加载片；（b）滚轴；（c）反力架 1；（d）反力架 2

在混凝土试件加载处放置加载片，并用千斤顶顶住加载片。试件放置好后用千斤顶开始加载，试件受力如图 4-11 所示。试件受到千斤顶的水平压力为 F_1，滚轴对试件的竖向压力为 F_2，反力架台对试件向上的支持力为 F_3，黏结力为 F_4。作用力对试件的结构胶形心取矩，力矩 $M_1 = F_1 S_1$，力矩 $M_2 = F_2 S_2$，根据力系平衡原理：

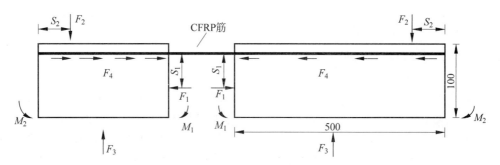

图 4-11　试件受力分析图

$$F_2 = F_3 \tag{4-1}$$

$$M_1 = M_2 \tag{4-2}$$

可得

$$F_1 = F_4 \tag{4-3}$$

　　开始加载时,滚轴对试件产生向下的压力 F_2。随着荷载的增大,弯矩 M_1 增大,弯矩 M_2 应与 M_1 相等。因此,M_2 也会增大,在 S_2 值不变情况下,滚轴向下的压力 F_2 随之增大,滚轴对试件表面的摩擦力会增大。水平作用力为千斤顶的压力和黏结力,千斤顶的压力增大,黏结力也随之增大,当压力大于部分材料的黏结应力时,CFRP 筋产生变形,黏结界面出现滑移,混凝土会出现部分开裂,这能够释放部分黏结作用的能量。继续施加荷载,筋的变形、界面滑移量以及裂缝的宽度会随之增大。当试件达到破坏时,黏结力会突然失效,但是由于试件的黏结长度较长,滚轴对试件表面的摩擦力以及试件与反力架台的摩擦力的限制作用,对试件产生了一定的锁固作用。当试件破坏时,黏结作用能量被全部释放出来,在滚轴的作用下,混凝土与胶层界面的摩擦力增大,会限制胶与试块的滑移量,这对最大黏结滑移量的测定提供了便利。加载示意图见图 4-12。该方案具有以下优点:

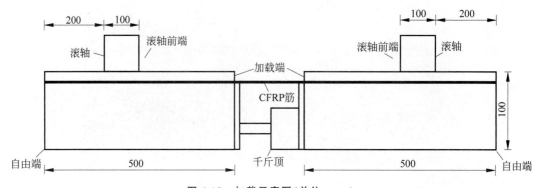

图 4-12　加载示意图(单位:mm)

　　(1) 混凝土试块受千斤顶的压力,力的传递方式是混凝土→结构胶→CFRP 筋。当试件产生黏结滑移时,混凝土的质量较大,不易产生较大的位移量。

　　(2) 滚轴放置在反力架顶部与混凝土上表面的空隙处,千斤顶水平加载时,滚轴施加在混凝土上的压力会随着荷载的增大而增大。当发生滑移破坏时,滚轴对结构胶面的摩擦力作用,致使混凝土与胶层表面不会产生过大的位移。

（3）加载采用千斤顶实现，由油表控制加载力。当试件破坏后，油表的值会迅速下降到一定的数值，继续加载时，千斤顶的油压数值稳定，这有利于对试件的破坏进行判定。

（4）在CFRP筋的外露表面涂有红色油漆，便于观察胶与筋的滑移及裂缝，自由端安放千分表，用于观测自由端的滑移量。

4.4　内嵌CFRP筋加固试件黏结试验的现象与结果

试验现象是反映试件在加载过程中出现的一切现象，包括试件加载等级、试件开裂的声音、裂缝宽度以及破坏后的状态。这对研究黏结破坏的过程具有重要意义，可以为确定破坏模式、理论分析提供事实依据。

4.4.1　试验过程

试件的开裂过程可以直接反映混凝土试块与结构胶、结构胶与CFRP筋界面的黏结性能，对黏结破坏模式的判定以及黏结性能的影响因素的分析有重要的意义。不同参数试件的受力破坏及开裂情况如下。

1. C30L200K20系列试件

C30L200K20系列试件是混凝土强度等级为C30，黏结长度为200mm，开槽尺寸为500mm×20mm×20mm的试件。加载到5MPa时，能听到吱吱响声，可以确定是试件开裂的声音。此时，试件加载端与CFRP筋黏结的胶头表面出现能用肉眼识别的细微裂缝，裂缝的延伸长度很短。继续加载到6～7MPa时均能听到响声，裂缝继续开展，同时也有新裂缝的产生。当千斤顶加载到8MPa时，便听到一声闷响，确定是试件破坏的响声，随即千斤顶表盘的读数迅速下降，油压读数降至3MPa左右，并在该处稳定。出油杆端的试件破坏较为严重，试件表面出现较多的裂缝，通过DJCK-2裂缝测宽仪测得上表面胶内最大横向裂缝为0.25mm，混凝土第一道裂缝距离加载端83mm，最远裂缝距离加载端163mm。另一端的胶面出现角度较小的斜裂缝，裂缝宽度为0.2mm左右。裂缝测宽仪如图4-13所示。

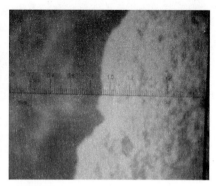

图4-13　裂缝测宽仪

2. C30L350K20系列试件

C30L350K20系列试件是混凝土强度等级为C30，黏结长度为350mm，开槽尺寸为500mm×20mm×20mm的试件。加载到6～7MPa时，初次听到试件开裂的响声，可以观测到加载端试件的胶层表面出现细微裂缝,随着荷载的增加,裂缝逐渐向混凝土表面开展。最后听到响声时油表读数为9MPa。当试件发生黏结破坏后,千斤顶油压迅速降到3.2MPa左右,并在该处稳定。出油杆端试件胶中最大横向裂缝为0.46mm,可观测最小裂缝为0.02mm,混凝土斜向裂缝0.25mm,胶中第一道主裂缝(最大的横向或斜向裂缝末端)距离试件加载端102mm,最远端裂缝距离加载端175mm,侧面和加载面均出现一条斜向裂缝,其中一试件出现了混凝土三棱锥剥离破坏。另一端有细微裂缝,裂缝的宽度较小。

3. C30L500K20 系列试件

C30L500K20系列试件是混凝土强度等级为C30,黏结长度为500mm,开槽尺寸为500mm×20mm×20mm的试件。初次听到响声是试块被加载到6～7MPa时,此时试件加载处的胶面上出现裂缝,裂缝宽度为0.11～0.47mm,长度为1～6mm。随着荷载的增大,裂缝延伸到混凝土中。最后听到响声是加载到9.8MPa时,试件胶层出现较大的斜裂缝,部分混凝土剥离。试件发生黏结破坏后,千斤顶油压表数值稳定在3.3MPa左右。出油杆端试件结构胶中最大斜向裂缝0.65mm,出现了混凝土三棱锥剥离,剥离末端距加载端最大距离为197mm。另一端试块上表面出现斜向裂缝,裂缝宽度较小。

4. C30L500K16 系列试件

C30L500K16系列试件是混凝土强度等级为C30,黏结长度为500mm,开槽尺寸为500mm×16mm×20mm的试件。初次听到响声是试件被加载到5～6MPa时,最后听到响声是加载到9.5MPa时,发生试件黏结破坏后,千斤顶油压数值迅速降到3.1MPa左右,并在该处保持稳定。出油杆端试件的结构胶内出现了最大的横向裂缝,该裂缝距加载端距离为109mm,且裂缝宽度为1.6mm,与最大的胶裂缝相接的混凝土裂缝宽度为1.4mm,出现混凝土三棱锥剥离破坏。另一端出现结构胶与混凝土的斜向裂缝,裂缝较短,宽度为0.21mm。

5. C30L500K24 系列试件

C30L500K24系列试件是混凝土强度等级为C30,黏结长度为500mm,开槽尺寸为500mm×24mm×20mm的试件。初次听到响声是试件被加载到6～7MPa时,最后听到响声是加载到10.5MPa时,试件产生破坏后,千斤顶的油压数值迅速降到3.5MPa左右,并在该处稳定。出油杆端试件内出现最大的斜裂缝为0.87mm,且混凝土上斜裂缝较多,与横向大致成15°～35°,主裂缝距离试件加载端142mm。

6. C35L500K20 系列试件

C35L500K20系列试件是混凝土强度等级为C35,黏结长度为500mm,开槽尺寸为500mm×20mm×20mm的试件。初次听到响声是试件被加载到6MPa左右,最后听到响声是加载到9.7MPa时。试件发生黏结破坏后,千斤顶表盘油压读数迅速下降到3.2MPa左右,并在该处稳定。出油杆端的试件端头出现了许多横向裂缝,最大裂缝宽度为2mm,第一道主裂缝距离试件加载端为95mm,最远处裂缝距离加载端为136mm。

7. C40L500K20 系列试件

C40L500K20系列试件是混凝土强度等级为C40,黏结长度为500mm,开槽尺寸为500mm×20mm×20mm的试件。初次听到响声是试件被加载到6MPa时,最后听到响声是加载到10MPa时。试件发生黏结破坏后,千斤顶表盘油压读数迅速降到3.4MPa左右,并在该处稳定。出油杆端试件均产生了与横向成45°的斜向裂缝,裂缝宽度较大,且普遍是胶中的裂缝向混凝土中发展,最大裂缝宽度为 1.5mm,第一道主裂缝距离试件的加载端部为 81mm,最远处裂缝距离加载端 172mm。

4.4.2 试验结果

1. 直接拉拔试验结果

直接拉拔试验结果汇总见表 4-2,试验过程中在低荷载作用下,试件主要在加载端的胶头或混凝土表面出现微细裂缝,裂缝的走向以斜向或横向为主,见图 4-14(a)。随着荷载的增大,裂缝的宽度也增大,走向也越来越清晰,胶中部分斜向裂缝向混凝土中开展,见图 4-14(b)。继续加载时,较早出现混凝土裂缝的试件,裂缝继续开展并导致试件黏结破坏,加载端的混凝土剥离,见图 4-14(c-1)。对于出现结构胶裂缝的试件,裂缝继续发展,导致胶的开裂破坏,见图 4-14(c-2)。或者裂缝从胶层向混凝土中延伸,致使混凝土和胶共同开裂破坏,混凝土出现三棱锥体破坏,见图 4-14(c3)、(c4)。

表 4-2 试验结果汇总

编 号	k 值(b_g/d_b)	破坏荷载/MPa	破坏模式
C30L200K20	2.5	8	b,c
C30L350K20	2.5	9	b,c
C30L500K20	2.5	9.8	a,b
C30L500K16	2	9.5	b,c
C30L500K24	3	10.6	a,b,c
C35L500K20	2.5	10.7	c
C40L500K20	2.5	11	c

注:a 表示混凝土槽表面开裂破坏;b 表示拉剪破坏;c 表示剪切和劈裂破坏;$k = b_g/d_b$,b_g 为槽的宽度,d_b 为 FRP 筋的直径。

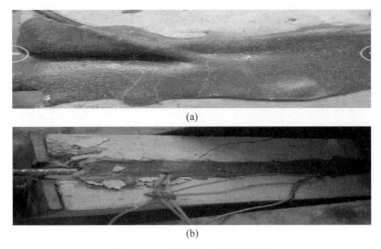

(a)

(b)

图 4-14 试件开裂破坏的过程

(a) 加载初期,胶层表面的裂纹;(b) 加载中,试件开裂;(c-1) 混凝土开裂破坏;(c-2) 胶断裂破坏;
(c-3) 短黏结,胶和混凝土开裂破坏;(c-4) 长黏结,胶和混凝土开裂破坏

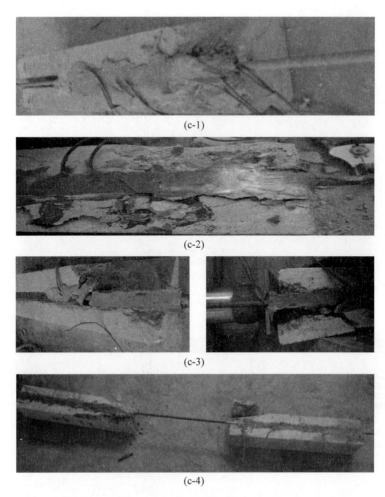

(c-1)

(c-2)

(c-3)

(c-4)

图 4-14 （续）

2. 混凝土双面剪切试验结果

混凝土双面剪切试验结果见表 4-3。平均剪切强度为每组三个数据的平均值。当加载到一定荷载后，试件从底部结构胶与混凝土的黏结面开裂，裂缝竖向向上发展，最后伴随着一声闷响，压力机读数迅速下降，试件破坏。这时可看到混凝土与结构胶错开，甚至完全分离，黏结界面破坏规整，破坏试件见图 4-15。

表 4-3　双面剪切试验结果

混凝土强度	编　　号	实测剪切强度/MPa	平均剪切强度/MPa
C30	C30-3-1	7.68	7.65
	C30-3-2	7.32	
	C30-3-3	7.95	
C35	C35-3-1	10.03	10.14
	C35-3-2	9.83	
	C35-3-3	10.57	

续表

混凝土强度	编　　号	实测剪切强度/MPa	平均剪切强度/MPa
C40	C40-3-1	13.44	13.76
	C40-3-2	13.64	
	C40-3-3	14.20	

图 4-15　双面剪切破坏图

4.5　内嵌 CFRP 筋加固试件的黏结试验结果分析

4.5.1　黏结机理

黏结机理是不同材料黏结成为一体后,在一定的受力状态下,各种材料力的传递规律。土木工程钢筋混凝土结构中,混凝土与钢筋间力的传递机理是最为人所熟知的。通过黏结机理的研究可以从本质上把握结构的整体变形、受力状态以及黏结承载力等。内嵌加固法是新兴的加固方法,为使其能在工程上得到有效的应用,需满足承载力极限状态和正常使用极限状态、耐久性的要求,因此对黏结机理应进行深入研究。

试验中 CFRP 筋位于混凝土槽中,周围的混凝土、结构胶对其形成半封闭状态,该状态与体内增强体系(封闭约束状态,如钢筋混凝土试件)和体表增强体系不同(开放式约束状态,如外贴 FRP 加固试件),但介于这两种状态之间,因此试件的黏结机理也有与其相似的地方。内嵌 CFRP 筋加固试件的黏结强度主要由胶的黏结力、摩阻力和机械咬合力确定。

(1)胶的黏结力主要取决于结构胶的黏结性能、CFRP 筋和混凝土表面的粗糙程度以及其他影响因素。试件在加载过程中,结构胶优越的黏结性能是保证 CFRP 筋和混凝土共同工作的前提。

(2)摩阻力。随着加载强度的增加,试件内部产生裂缝,裂缝的开展使结构胶的黏结性能逐渐丧失,在压力作用下不同材料间的摩阻力随之增大,该力继续抵抗试件的破坏。对于光面筋来说,黏结性能取决于胶结力和摩擦力。

（3）机械咬合力主要由 CFRP 筋表面的处理情况决定。筋表面处理有压痕、螺纹、黏砂、肋纹等。CFRP 筋受拉时，表面的螺纹可以咬合粘贴在螺纹内胶粒，阻止筋在胶内滑动，增强试件的黏结力，机械咬合力的大小主要与螺纹的高度、宽度和螺纹距有关。试件破坏时会在胶中产生倾斜于螺纹的斜裂缝，部分试件中的斜裂缝向混凝土中延伸。

4.5.2　破坏模式

结合周延阳等[127]给出的破坏模式和图片，以及本试验结果可知，主要存在以下三种破坏模式。如图 4-16 所示。

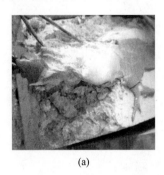 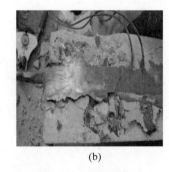 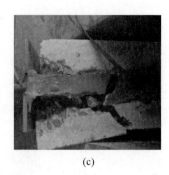

(a)　　　　　　　　　　　(b)　　　　　　　　　　　(c)

图 4-16　破坏模式

（a）混凝土槽表面开裂破坏；（b）拉剪破坏；（c）剪切-劈裂破坏

（1）混凝土槽表面开裂破坏。该破坏是由于出油杆端的加载面积小，试件受力不均匀造成的。千斤顶出油杆加载处的混凝土受压，槽口混凝土、结构胶和 CFRP 筋受拉，拉力超过混凝土的抗拉强度，导致该处混凝土较早产生剪切裂缝。裂缝的宽度随着荷载的增大而扩展，当扩展到胶界面时，导致混凝土-结构胶界面破坏。这种破坏产生时，试件的混凝土强度较低。

（2）拉剪破坏，主要发生在千斤顶尾部。千斤顶尾部面积较大，因此，该处的混凝土受力较为均匀。随外荷载增加，CFRP 筋所受拉力逐渐增大，筋表面的螺纹挤压槽内的结构胶，形成机械咬合力，胶内部出现细微裂纹，裂纹在胶层的薄弱处发展成一条横向或斜向的主裂缝，同时在剪应力的作用下，混凝土与结构胶界面开裂，最终导致试件破坏。

（3）剪切-劈裂破坏。在剪应力的作用下，混凝土与胶的界面出现竖向裂缝。在筋的螺纹和拉应力作用下，胶内出现了横向或斜向裂缝[283]。当横向或斜向裂缝发展到混凝土槽内后，引起裂缝由槽内向表面扩展的劈裂破坏。这种破坏模式能充分发挥胶与混凝土的强度。

从上述三种破坏模式中可以看出筋的正应力、剪应力共同作用是试件开裂的主要原因。裂缝的产生及绵延最终导致试件破坏。

4.5.3　承载力分析

表 4-4 所示为各试件开裂荷载、极限荷载的实测值。图 4-17 所示为各试件特征荷载的对比图。

表 4-4　试件特征荷载

编　号	k 值(b_g/d_h)	开裂荷载/MPa	极限荷载/MPa
C30L200K20	2.5	5	8
C30L350K20	2.5	6	9
C30L500K20	2.5	6	9.8
C30L500K16	2	5	9.5
C30L500K24	3	6	10.6
C35L500K20	2.5	6	10.7
C40L500K20	2.5	7	11

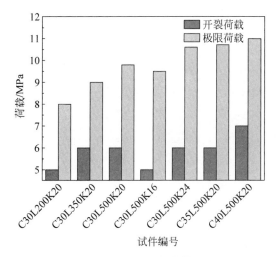

图 4-17　试件特征荷载图

（1）开裂荷载。通过对比表 4-4 所示试件的特征荷载及图 4-17 所示试件的开裂荷载图可以发现，以黏结长度为参数，其他因素不变情况下，长黏结试件的开裂荷载与短黏结相比有一定的提高，其中黏结长度为 350mm、500mm 的开裂荷载为 6MPa，是黏结长度为 200mm 的 1.2 倍。以开槽尺寸为参数，其他因素不变情况下，试件 C30L500K20 和 C30L500K24 的开裂荷载均为 6MPa，C30L500K16 的开裂荷载为 5MPa，说明开槽宽度对试件开裂荷载有一定的影响。以混凝土强度为影响因素，其他因素不变情况下，从图 4-17 中可以看出试件的开裂荷载呈阶梯形变化，由 5MPa 增加到 6MPa，开裂荷载随着混凝土强度的提高而增加，其中试件 C40L500K20 的开裂荷载提高到 7MPa，增幅达 40%。

（2）极限荷载。以黏结长度为变化因素，其他因素不变，极限荷载随着黏结长度的增加而增加，试件 C30L500K20 的极限荷载为 9.8MPa，比 C30L200K20 提高了 22%，比 C30L350K20 提高了 8.8%，增幅随着黏结长度的增加而降低。这与双线性模型假定中黏结长度大于锚固长度，黏结长度对黏结强度的影响不大相符。以开槽尺寸为变化因素，开槽宽度 16mm 的试件的极限荷载为 9.5MPa，比开槽宽度 20mm 的试件低 0.3MPa，比槽宽 24mm 的试件低 1.1MPa。随着槽宽的增大极限荷载也增加，这与文献中所述槽的边沿宽度 b_g 和 h_g 不应小于 $1.5d_b$ 的变化趋势一致。当混凝土的强度等级提高时，试件的极限荷载也随之增加,但增加的幅度不大,C40L500K20 试件的极限荷载比 C35L500K20 增大了 2.8%,比 C30L500K20 增大了 3.7%。

综上分析,黏结长度对内嵌加固 CFRP 筋混凝土试件的开裂荷载、极限荷载影响较大,黏结长度长时,试件的开裂荷载、极限荷载均有较大的提高。槽宽对试件的开裂荷载影响较大,极限荷载受槽边沿宽度的影响。混凝土的强度对开裂荷载影响较小,对极限荷载有一定的影响,随着混凝土强度的增大极限荷载也增加,但增加的幅度不大。

4.5.4 剪应力分析

根据材料力学知识,剪应力定义为单位面积上所承受的力,其计算公式为

$$\tau = \frac{p}{s} \tag{4-4}$$

式中：p——荷载,kN;

s——受力面积,m^2。

1. 平均剪应力

平均黏结强度的计算与破坏模式有关,当发生胶与混凝土界面破坏时,受力面积为槽面积,平均黏结强度的计算公式为

$$\tau_{av1e} = \frac{p_{max}}{(40 + d_g)l_b} \tag{4-5}$$

式中：p_{max}——极限荷载,kN;

d_g——槽的宽度,mm;

l_b——黏结长度,mm。

该破坏模式下,试件的黏结强度实际上是结构胶和混凝土间的黏结力、摩擦力的和。

对于发生筋与结构胶界面破坏以及混凝土的劈裂破坏,平均黏结强度来源于筋与结构胶的界面,受力面积为筋的表面积,平均黏结强度的计算公式为

$$\tau_{av2e} = \frac{p_{max}}{\pi d l_b} \tag{4-6}$$

式中：d——CFRP 筋的直径,mm;

l_b——黏结长度,mm。

2. 最大剪应力

对比表 4-5 中数据可以得知,以黏结长度为变量,黏结长度增大,破坏荷载(即极限荷载)也增大。试件 C30L500K20 破坏荷载的平均值是 C30L350K20 的 1.09 倍,是试件 C30L200K20 的 1.225 倍。破坏荷载随着槽宽的增大也变大,但增值幅度较小。从破坏荷载值的变化可以直观地得到最大黏结强度值。但是对于试件的黏结性能以及破坏的发生、开展过程,不能直接观测得出,需要通过对数据进行分析处理,本次采用面内剪应力分析的方法。选取 CFRP 筋任意微元体进行受力分析,见图 4-18。根据平衡关系,得出 CFRP 筋上的黏结应力变化。取微元 dx 为研究对象,以 CFRP 筋加载端为 x 轴,则 CFRP 筋微元体的静力平衡关系为

$$A_f d\sigma(x) - \pi D\tau(x)dx = 0 \tag{4-7}$$

式中：A_f——CFRP 筋的横截面面积,mm^2;

D——CFRP 筋直径,mm;

$\sigma(x)$——横截面正应力, MPa;

$\tau(x)$——黏结剪应力, MPa。

表 4-5　试件黏结性能指标结果

编　号	黏结长度 l_b/mm	$(40+d_g)$/mm	τ_{av1e}/MPa	τ_{av2e}/MPa	极限荷载/kN	破坏模式
C30L200K20	200	60	—	15.92	80	b, c
C30L350K20	350	60	—	10.24	90	b, c
C30L500K20	500	60	3.27	7.80	98	a, b
C30L500K16	500	56	—	7.56	95	b, c
C30L500K24	500	64	3.31	8.44	106	a, b, c
C35L500K20	500	60	3.57	8.51	107	c
C40L500K20	500	60	3.67	8.76	110	c

注:a 表示槽表面开裂破坏;b 表示拉剪破坏;c 表示剪切和劈裂破坏。

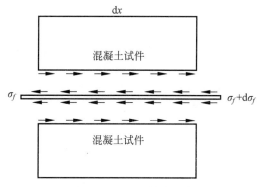

图 4-18　CFRP 筋微元体

假定 CFRP 筋为理想的弹性材料,则

$$\sigma(x) = E_f \varepsilon(x) \tag{4-8}$$

式中:E_f——CFRP 筋的抗拉弹性模量;

$\sigma(x)$、$\varepsilon(x)$——CFRP 筋横截面正应力和纵向应变。

将式(4-8)代入式(4-7)中得剪应力与 CFRP 筋的纵向应变关系式:

$$\tau(x) = \frac{A_f E_f \, d\varepsilon(x)}{\pi D \, dx} \tag{4-9}$$

将 CFRP 筋直径 8mm 代入式(4-9)得

$$\tau(x) = 4E_f \frac{d\varepsilon(x)}{dx} \tag{4-10}$$

试验中在 CFRP 筋的表面粘贴应变片,利用 XL-20101B5 数字静态应变仪进行应变数据采集。将采集的应变值代入两点数值微分公式计算黏结剪应力的值,计算公式如下[284]:

$$\tau\left(\frac{x_{i+1}+x_i}{2}\right) = 4E_f \frac{\varepsilon_{i+1}-\varepsilon_i}{x_{i+1}-x_i}, \quad i=0,1,2,\cdots \tag{4-11}$$

式中,x_i、x_{i+1}——CFRP 筋上相邻应变片的坐标,x_{i+1} 靠近加载端,x_i 靠近自由端;

ε_i、ε_{i+1}——CFRP 筋上相邻应变片的应变值。

图 4-19 所示为试件的剪应力分布图,其中 0mm 处为试件的加载端,500mm 处为试件的自由端。加载到 3MPa 时,试件剪应力的最大值出现在 50mm 处。此时,200mm、

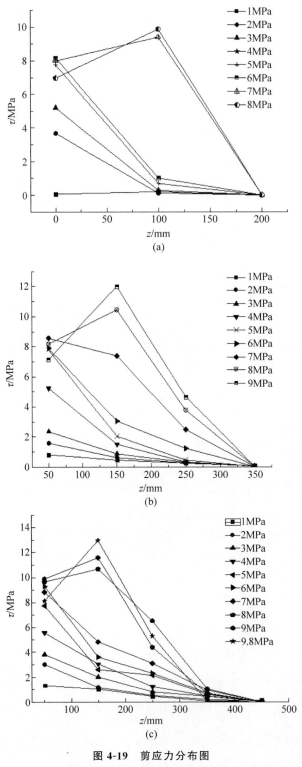

图 4-19　剪应力分布图

(a) C30L200K20;(b) C30L350K20;(c) C30L500K20

350mm、500mm 处的剪应力几乎为 0MPa,200～400mm 处剪应力较低。3～6MPa 范围内,剪应力随荷载的增大而增大,200mm、350mm、500mm 处的剪应力较小,200～400mm 处的剪应力有所增长。当荷载增大到 7～8MPa 时,剪应力的最大值出现在 100～200mm 之间,且随荷载的增大而增大,50mm 处剪应力随荷载的增大而减小;当试件破坏时,该处达到最大剪应力。

　　加载到 1MPa 时,黏结长度不同的试件的剪应力值变化不大;加载到 2MPa 时,C30L200K20 试件的剪应力值分布都高于 C30L350K20,C30L350K20 试件的剪应力值分布都高于 C30L500K20,3～5MPa 时剪应力分布也如此。

　　研究结果表明:试件在低荷载作用下,剪应力的峰值出现在加载端,并随着荷载的增大而增大,但黏结长度短的试件的剪应力值大于黏结长度长的。这是因为在低荷载时,该处拉力大,剪应力在端部集中;黏结长度较短的试件 CFRP 筋受到胶的阻力较小,因此在同一级荷载下,其剪应力大于长试件。在高荷载作用下,剪应力和主应力共同作用达到材料的抗拉强度,开始出现裂缝,试件的开裂释放了部分加载端部的能量。因此,剪应力峰值向后偏移。极限荷载曲线的走向与钢筋混凝土黏结性能的横截面剪应力走势相同,破坏时,正应力可通过摩尔破坏准则(忽略内聚力)联系起来,见图 4-20。

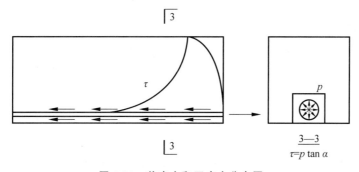

图 4-20　剪应力和正应力分布图

4.6　影响因素分析

4.6.1　混凝土强度等级对黏结强度的影响

　　Soliman[285]给出了强度等级为 C20(f_{cu}＝19MPa)的混凝土拉拔试验的破坏模式为混凝土与胶的界面破坏。Achillides[286]给出了采用 C 型拉拔试验,混凝土强度为 f_{cu}＝15MPa时的试验结果,结果表明当混凝土强度较低时,FRP 筋的黏结破坏形式与变形筋相似,主要是肋纹压碎胶和槽内壁混凝土,筋被拔出,槽内壁产生较长的竖向裂缝,黏结强度主要由混凝土的抗剪强度控制。Firas[172]采用混凝土强度为 f_{cu}＝60MPa 的 CFRP 筋进行拉拔试验,试验结果显示 CFRP 筋被拔出,混凝土未发生破坏。

　　试验采用的混凝土强度等级分别是 C30、C35 和 C40。本次试验混凝土双面剪切数据表明,C30 混凝土的剪切强度为 7.65MPa,C35 混凝土比 C30 混凝土提高了 32.5%,C40 混凝土比 C35 混凝土提高了 25.8%,C40 混凝土比 C30 混凝土提高了 66%。根据表 4-5 中数据作出图 4-21。从图中可以看出,剪切强度随着混凝土强度的提高而提高,从剪应力的增幅来看,在其他条件相同的情况下,C40 混凝土剪切强度提高幅度较小。这说明,剪切强度并非随着混凝土强度的提高无限制提高。

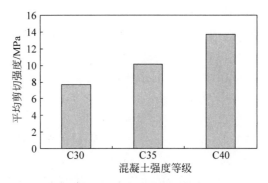

图 4-21　混凝土双面剪切强度图

从图 4-22(a)中可以看出,直接拔出试件 C40L500K20、C35L500K20 及 C30L500K20 都发生拉剪或剪切劈裂破坏时,剪应力随混凝土强度的增大而增大。从图 4-22(b)中可以看出,试件发生拉剪或拉剪劈裂破坏的平均剪应力比发生混凝土压碎破坏时高出 50%左右。

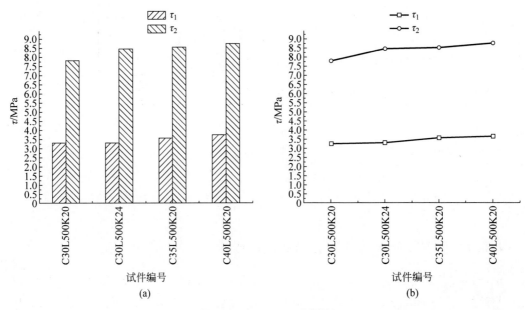

(a)　　　　　　　　　　　　　　(b)

图 4-22　τ_{av1e}、τ_{av2e} 对比图

直接拔出试验的结果表明,当发生混凝土与胶界面破坏时,随着混凝土强度的增大,黏结强度有所提高;当发生 CFRP 筋拔出破坏时,混凝土强度提高将不再影响黏结强度。这是因为当发生混凝土与胶的界面破坏时,破坏面主要在胶与混凝土界面附近的混凝土表层,黏结性能由混凝土的强度决定;发生劈裂破坏时,混凝土的强度越高,其抗拉强度越大,因此黏结强度有所提高;发生筋拔出破坏时,黏结性能由胶与 CFRP 筋的黏结强度决定。试件参数相同情况下,破坏模式不同,平均剪应力不同。发生拉剪或拉剪劈裂破坏能充分地发挥结构胶的抗拉承载力,破坏时平均剪应力大,破坏具有一定的延性。

4.6.2 开槽尺寸对黏结强度的影响

槽是混凝土与结构胶的分界面,也是传递剪力的重要界面。槽的形状、尺寸和表面粗糙程度以及是否预制对黏结性能具有重要的影响。槽形状通常为矩形、方形,也有圆形、梯形。De Lorenzis[287-288]通过定义 $k = b_g/d_b$(b_g 为槽的宽度,d_b 为 FRP 筋的直径)分析槽尺寸对黏结性能的影响,对于光圆轻沙处理筋,提出最小值 $k = 1.5$,变形筋 $k = 2.0$。预制槽易发生胶与混凝土的界面破坏,Hassan[289]等研究表明 5mm×25mm(宽×深)的开槽尺寸可有效避免环氧树脂结构胶的劈裂破坏,槽内表面提高结构胶与混凝土的接触面积,提高黏结强度。

本次试验先浇筑混凝土试块,养护 28 天后,再用切割机在其表面开槽,开槽尺寸分别为 500mm×20mm×16mm,500mm×20mm×20mm,500mm×20mm×24mm,槽内壁凿毛,采用灌砂法控制槽内粗糙程度,槽内表面粗骨料外露 20% 左右。

从图 4-23 中可以看出,当发生拉剪或拉剪劈裂破坏时,随着槽宽的增大,试件的极限荷载和剪应力都增大。试件 C30L500K24(k 值为 3)的极限荷载比 C30L500K20(k 值为 2.5)增大了 8.16%,增幅为 8kN;比 C30L500K16(k 值为 2)增大了 11.58%,增幅为 11kN。其剪应力比 C30L500K20 增大了 8.21%,增幅 0.64MPa;比 C30L500K16 增大了 11.64%,增幅 0.88MPa。试件 C30L500K20 的荷载比 C30L500K16 增大了 3.15%,增幅 3kN;该试件的剪应力比 C30L500K16 增大了 3.17%,增幅 0.24MPa。

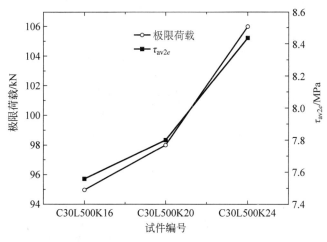

图 4-23 试件极限荷载、τ_{av2e} 图

试验结果显示,开槽宽度为 24mm 或 20mm 的试件,CFRP 筋与结构胶的黏结性能好,发生了混凝土开裂导致的破坏,这种开裂始于加载端并向自由端发展,一旦斜向裂缝贯通混凝土,就会出现三棱锥混凝土破坏。开槽宽度为 16mm 或 20mm 的试件发生胶层开裂,或发生剪切-劈裂破坏。这是由于结构胶的强度一般比混凝土的强度高。本试验中胶的覆盖层厚度相对较薄,只有 6mm,混凝土开槽最小的厚度为 38mm。当槽深不变,槽宽增大时,胶和筋的整体性能相对较好,荷载达到混凝土槽的抗压强度时会导致混凝土压碎破坏;槽宽减小时,混凝土的整体性相对较好,胶层的厚度相对较小,胶的两个界面同时传递力,当力达到胶的强度时,胶的断裂和剪切劈裂破坏就会发生。随着槽宽的增大,试件的荷载和剪应力都会增大,但是极限荷载的增幅较大,剪应力的增幅较小。当极限荷载的增幅很大而剪应力的增幅很小时,需开槽的槽宽较大,这会使混凝土边缘的厚度降低,会造成槽周围的混凝土先开裂,从而引起混凝土槽开裂破坏;当极限荷载的增幅很小而剪应力的增幅很大时,试件的黏结承载力会较小,降低试件的承载能力。因此,槽宽在 20~24mm 间存在一个最适宜宽度,该宽度可使试件的极限荷载和剪应力的增幅相同,且槽宽可充分发挥试件的黏结性能,不应开槽过宽,以免对槽周围混凝土产生大的扰动而使槽开裂破坏。

4.6.3 黏结长度对黏结性能的影响

从表 4-5 所示试件黏结性能指标结果和图 4-24 所示试件不同黏结长度对应的平均剪应力可以看出,试件发生拉剪或拉剪-劈裂破坏时,试件 C30L200K20 的平均剪应力是 C30L350K20 的 1.55 倍,是 C30L500K20 的 2.04 倍;试件 C30L350K20 的平均剪应力是 C30L500K20 的 1.3 倍。随着黏结长度的增加,平均剪应力柱状图呈下降的趋势。从表 4-5、图 4-24 中可以看出,试件 C30L500K20 的最大剪应力是 C30L350K 20 的 1.08 倍,是 C30L200K20 的 1.3 倍;试件 C30L350K20 的最大剪应力是 C30L200K20 的 1.22 倍。随着黏结长度的增加,最大剪应力呈上升趋势。

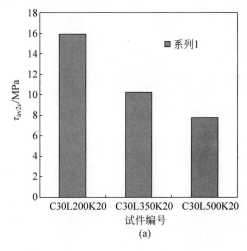

(a)

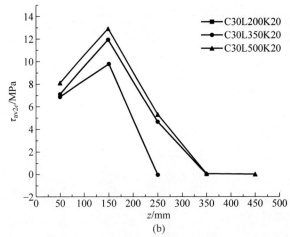

(b)

图 4-24 试件不同黏结长度对应的 τ_{av2e}

由此可见,在给定槽尺寸和混凝土强度等级的情况下,选取黏结长度为变化参数,黏结长度越长极限荷载值越大。平均黏结强度会随着黏结长度的增加而降低。局部剪应力在黏结长度上分布不均匀,黏结长度越长则最大剪应力值越大。

4.7　黏结滑移量分析

4.7.1　最大黏结滑移量分析

FRP-混凝土黏结界面的破坏主要由三个参数决定,分别是 FRP-混凝土的最大黏结滑移量、最大黏结剪应力及其对应的黏结滑移量[290]。对于最大黏结剪应力和其对应的黏结滑移量的研究较多。既有试验方法可较准确地测定最大黏结剪应力和 FRP-混凝土的相对滑移量,而对最大黏结滑移量的研究相对较少,笔者尚未见到能较准确测定最大黏结滑移量的试验方案。这是因为当 FRP-混凝土的相对滑移量超过最大滑移量时,试件会发生突然破坏,影响最大滑移量的测定。为此,要想准确地测定最大滑移量,首先要使试件在发生破坏时,CFRP 筋与混凝土的破坏缓慢进行。这需要 CFRP 筋与混凝土的位移有一定的测定时间,使位移便于测量。因此,试验采用长黏结试块以及自制加载反力架研究最大黏结滑移量。

黏结长度是影响黏结性能的重要因素,黏结长度较短时,能较好地建立局部黏结滑移模型,易得出黏结滑移曲线。黏结长度越长,应力分布就越不均匀,平均应力也低于短黏结,这一观点已被证实[173,291]。本试验中,滚轴的长度为 100mm,放置在距加载端 300mm 处,如图 4-8 加载示意图所示。当黏结长度为 500mm 时,滚轴可以压到部分胶面上,增大了该处的压力,但对滚轴前段的黏结影响不大。CFRP 筋在胶内的受力分为拉、压两段,滚轴前端到试块的加载端处 CFRP 筋受拉,滚轴处到自由端处 CFRP 筋受压。滑移量主要由筋的受拉变形和筋在胶内的滑动决定,筋的变形 ε 通过应变片测定,CFRP 筋的变形量由筋应变的积分公式得到。筋在胶内的滑动通过安放在试件端部的位移计测得,最终的滑移量计算公式见式(4-12)~式(4-15)[292]。试验测得的滑移量见表 4-6。

表 4-6　滑移量汇总表

编　号	黏结长度/mm	滚轴所压部位至加载端的距离/mm	自由端滑移量/mm	s_f/mm	最大滑移量/mm
C30L350K20	350	300	0.047	0.311	0.358
C30L500K20	500	350	0.032	0.257	0.289
C30L500K16	500	350	0.036	0.151	0.187
C30L500K24	500	350	0.033	0.216	0.249
C35L500K20	500	350	0.037	0.201	0.238
C40L500K20	500	350	0.021	0.210	0.232

$$s = s_f + s_0 \tag{4-12}$$

$$\varepsilon = \frac{\mathrm{d}s_l}{\mathrm{d}x} \tag{4-13}$$

$$s_f = \int_0^x \varepsilon(x)\,\mathrm{d}x \tag{4-14}$$

$$s = \int \varepsilon(x) + s_0 \tag{4-15}$$

式中：s_l——黏结滑移量，mm；

　　　s_f——CFRP 筋的变形量，mm；

　　　s_0——自由端滑移量，mm；

　　　ε——CFRP 筋的应变。

试验中最大滑移量取的是同编号下的最大值。试验结果显示，当试验中发生混凝土压碎引起的破坏时，最大滑移量的测量值很小，自由端的千分表读数很小，这是因为 CFRP 筋的拉力未对试件末端造成破坏时，试件就已经破坏；当发生结构胶的拉剪破坏时，位移量相对较大。为避免发生混凝土压碎破坏，结构胶的强度较高时，其黏结长度应适当减少。已有研究表明，测试方法不同，CFRP 最大滑移量有所差异。Cao[293] 通过 ESPI 测得最大滑移量约为 0.15mm，Nakaba[180] 推测最大滑移量在 0.4～0.6mm 之间，Lu[182] 推测最大滑移量约 0.2mm，杨奇飞[290] 推测最大滑移量在 0.405～0.515mm 之间。本试验试件最大滑移量的平均值为 0.254mm，与 Lu 推测的值接近，与杨奇飞推测的值相差较多。这是由于研究者主要基于破坏能 G_f 对最大滑移量进行研究，当各自推得的破坏能不一致时，结果相差较大。另外，ESPI 技术精度高，对试验要求严格，但是这种技术没有考虑混凝土自身的滑移，测的仅是 FRP 的水平滑移量，而在实际操作中我们要求测量的是 FRP-混凝土的相对滑移量。

4.7.2　局部黏结滑移量分析

局部黏结滑移量反映了筋在荷载作用下，试件局部位置筋的变形和滑动情况。试件在极限荷载作用下，筋的应变和自由端滑移量采用一阶牛顿-科茨公式处理，计算公式如下：

$$s(x_i) = s(x_0) + \frac{x_{i+1} - x_i}{2}(\varepsilon_{i+1} + \varepsilon_i), \quad i = 1, 2, 3, \cdots \tag{4-16}$$

通过插值得相邻的应变片中点位置处的滑移量，其分布如图 4-25 所示，试件的滑移量曲线由加载端向自由端逐渐下降，且曲线的斜率也随之降低，滑移量降低幅度逐渐减小。

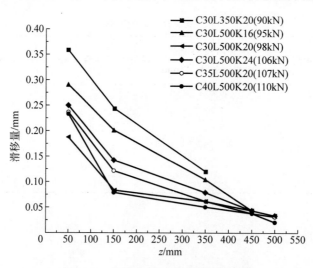

图 4-25　极限荷载下试件局部滑移量

4.8 剪切-滑移关系分析

将试件各处黏结剪应力与滑移量相结合,即可得到各处的局部剪切-滑移曲线。其中图 4-26(a)为选取试件 C30L350K20 两个应变测点的局部黏结剪应力-滑移曲线。由图 4-26(a)可以看到该试件滑移初期,剪应力与滑移量曲线呈线性上升关系。此时,试件黏结完好。随着滑移量增大,结构胶中产生横向或斜向裂缝,胶-筋界面处,裂缝由加载端向自由端开展,表现为黏滑曲线斜率下降,直至斜率为 0。此时,黏结剪应力达到峰值。在黏滑曲线的下降段,由于残余摩擦应力和机械咬合的存在,剪应力仍较大。随着荷载的增大,滑移增加界面逐渐完全开裂致使界面剪应力不断减小,直至界面破坏,界面剪应力趋于一非零定值。图 4-26(b)、(c)分别为试件 C30L500K20、C35L500K20 的局部黏结剪应力-滑移关系曲线。

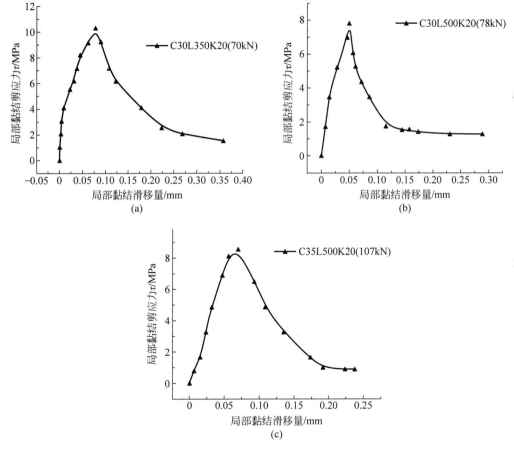

图 4-26 试件局部滑移-剪应力图

该试验中各个试件对应测点的黏滑曲线共有两种形式:一种是应力峰值后没有或较少有平滑段(图 4-26(a)),这在短黏结试件的测点可以观测到。在以前的研究中因为黏结长度较短,因此很难得到黏滑曲线的下降段,这也是该研究选用较长黏结长度的原因。另一种有明显的平滑段(图 4-26(b)、(c)),这在长黏结试件中表现明显。对于本试验研究,黏结长度都较长,所以通过试验数据拟合的黏结滑移曲线几乎都存在平滑段。

4.8.1 拟合模型

通过本次试验的局部黏结滑移曲线图可以看出曲线的走向更接近于 Wang 等[292] 描述的改进 BPE 模型Ⅰ、Ⅱ。因此,本试验采用该模型进行参数拟合。

改进的 BPE 模型Ⅰ(图 4-27(a)):

$$\tau = \begin{cases} \tau_m \left(\dfrac{s}{s_m}\right)^{\alpha}, & 0 < s \leqslant s_m \\ (\tau_m - \tau_p)\left(\dfrac{s}{s_m}\right)^{\alpha'} + \tau_p, & s > s_m \end{cases} \tag{4-17}$$

式中:τ——局部黏结剪应力;

　　s——局部黏结滑移量;

　　τ_m——最大局部黏结剪应力;

　　s_m——最大局部剪应力对应的滑移量;

　　τ_p——残余局部黏结剪应力;

　　α——上升段曲线参数;

　　α'——下降段曲线参数。

改进的 BPE 模型Ⅱ(图 4-27(b)):

$$\tau = \begin{cases} \tau_m \left(\dfrac{s}{s_m}\right)^{\alpha}, & 0 < s \leqslant s_m \\ \tau_m \left(1 + p - p\dfrac{s}{s_m}\right), & s_m < s \leqslant s_p \\ \tau_m, & s > s_p \end{cases} \tag{4-18}$$

式中:s_p——τ_p 对应的最小滑移量;

　　p——下降段直线系数,其值大于 0;

　　α、α'——上升段和下降段的曲线系数,其中 $0<\alpha<1$,$-1<\alpha'<0$。

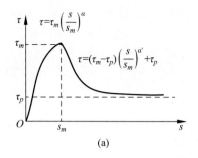 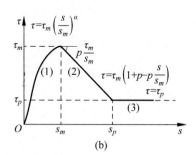

(a)　　　　　　　　　(b)

图 4-27　两种改进 BPE 模型示意图[51]

(a) 改进 BPE 模型Ⅰ;(b) 改进 BPE 模型Ⅱ

4.8.2 拟合参数

本试验采用最小二乘法对曲线的各个参数进行拟合。拟合参数见表 4-7,其中最大剪应力采用的是拉剪或剪切-劈裂模式的计算值;最大滑移量是 CFRP 筋与混凝土的最大相对滑移量,选用的是同系列试件的最大值;拟合曲线下降到平滑段对应的剪应力取的是最大荷载对应的最小剪应力。

表 4-7　局部黏结剪应力-滑移曲线拟合参数

试 件 编 号	s_m/mm	τ_m/MPa	α	s_p/mm	τ_p	p
C30L500K16	0.056	12.4	0.54	0.187	1.294	0.304
C30L500K20	0.051	13.0	0.59	0.289	1.125	0.354
C30L500K24	0.042	13.6	0.56	0.249	0.858	0.342
C35L500K20	0.045	13.3	0.54	0.238	0.968	0.346
C40L500K20	0.052	13.8	0.49	0.232	1.210	0.356

4.8.3　拟合曲线

对不同开槽尺寸试件的黏结滑移参数进行拟合,如图 4-28、图 4-29 所示,各黏滑曲线参数相差不大,其中差距较大的是下降到平滑段的起始滑移量(s_p),试件 C30L500K16 的 s_p 为 0.187mm,C30L500K20 的 s_p 为 0.289mm,C30L500K24 的 s_p 为 0.249mm。

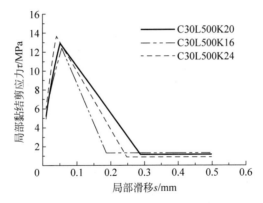

图 4-28　不同开槽尺寸的试件局部黏滑曲线拟合结果图

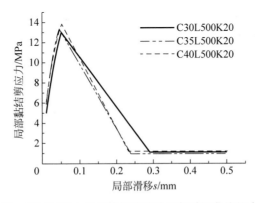

图 4-29　不同混凝土强度等级的试件局部黏滑曲线拟合结果

对于不同混凝土强度等级试件的黏结滑移参数进行拟合,如图 4-29 所示,各黏滑曲线参数相差不大,其中差距较大的也是下降到平滑段的起始滑移量(s_p),试件 C30L500K20 的

s_p 为 0.289mm，C35L500K20 的 s_p 为 0.238mm，C40L500K20 的 s_p 为 0.232mm。对于 s_p 需要进一步研究。

4.9　有效黏结长度分析

有效黏结长度就是临界黏结长度，超过这个临界点，界面承载力就不会增加[294]。从筋的变形来看，就是当荷载增加时，CFRP 筋上的应变值变化不大。对于有效黏结长度，目前没有适宜的办法直接通过试验测定，通常是根据残余应力的非线性曲线拟合或数值方法推导公式计算得出。本次试验通过观测 CFRP 筋在各级荷载下，筋的应变在该处不变或变化较小来判定有效黏结长度。

试验中假定加载端为 0mm，自由端分别为 200mm、350mm、500mm。从图 4-30 所示荷载-应变图可以看出，C30L200K20 试块在 0mm 处的应变值随荷载的增大而增大，当荷载增大到 8MPa 时，达到最大应变。沿筋的长度从 100mm 到 200mm 处，随着荷载的增加，应变

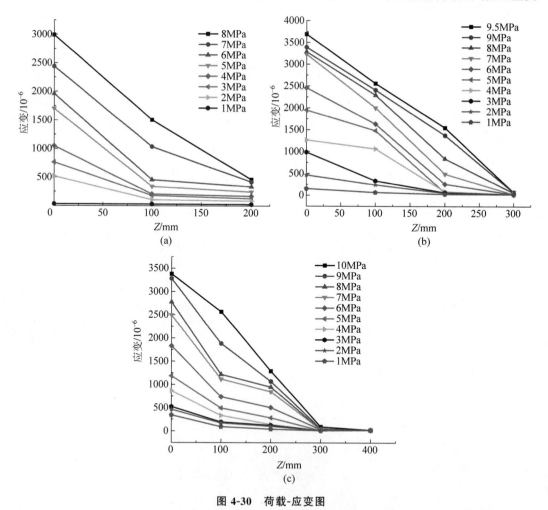

图 4-30　荷载-应变图

(a) C30L200K20；(b) C30L350K20；(c) C30L500K20

值增加的幅度下降；在长度为 200mm 时，各级荷载对应的应变值在该处变化幅度不大，但是还没有达到稳定的最小值。C30L350K20 试块的 CFRP 筋的变化在 0～200mm 处与 C30L200K20 试块内嵌筋的变化相同，在各级荷载下，沿筋长 300mm 位置处的应变值达到 0～100$\mu\varepsilon$[①] 内；C30L500K20 试块的应变值在沿筋长 300mm 位置处的应变值收敛到 0～200$\mu\varepsilon$ 内。荷载-应变曲线见图 4-30。由此可以粗略地估算出直径为 8mm 的螺旋肋 CFRP 筋的有效黏结长度为 300mm。Francesco Focacci 等[295]研究得出黏结的锚固长度大约为 240mm，Seracino[296]给出的有效黏结长度的计算公式为

$$L_{per} = 2d_f + b_f \tag{4-19}$$

式中：d_f——垂直于混凝土表面的破坏面长度；

b_f——平行于混凝土表面的破坏面长度。

经计算得黏结长度的理论值为 200～220mm，与估测的值相差 26.6%～33.3%，试验估测结果偏于安全。

4.10　本章小结

本章首先介绍了黏结试验的目的、试件的设计、材料的力学性能及试验方案的确定。主要介绍内嵌 CFRP 筋加固混凝土试件的整个试验过程，包括混凝土试件的浇筑、CFRP 筋表面张贴应变片位置，浇筑结构胶、养护试件及试验前期准备、试验加载等过程；混凝土双面剪切试验的设计、试件的制作和测试；记录了 CFRP 筋的应变、混凝土的裂缝扩展情况、最大黏结滑移量和破坏模式等情况。

其次介绍了各系列试件在拔出试验中的开裂过程、破坏荷载、试验结果及混凝土双面剪切试验的试验过程和破坏结果。分别介绍了拔出试件在低荷载的作用下，试件裂缝出现的位置；在较高荷载作用下，裂缝的开展和走向；在破坏荷载作用下，试件的破坏形态及黏结承载力，为试验结果的分析提供依据。

最后分析了试件的黏结机理、破坏模式、承载力、剪应力、黏结滑移曲线及有效黏结长度。通过分析提出了三种破坏模式，给出了不同因素分别对试件的开裂荷载、极限荷载及剪应力的影响。依据试验数据计算了试件的平均剪应力、局部剪应力及黏结滑移量，并给出了最大黏结滑移量，拟合出了局部黏结滑移曲线。

① $1\mu\varepsilon = 10^{-6}$

第2篇

内嵌预应力筋材加固混凝土梁
受弯性能理论分析

第5章 内嵌预应力筋材加固混凝土梁弯矩-曲率关系分析

混凝土结构的设计必须满足正常使用和安全性两个准则。为了保证结构的正常使用状态,需要准确预测混凝土结构在正常使用荷载下的裂缝和挠度;为了评估结构的安全性,必须准确预测结构的极限荷载。为了评估结构的强度、刚度以及延性,则需要进行受力分析。试验梁的受力分析是基于梁截面的弯矩-曲率关系进行的,因为截面曲率体现了梁的刚度、变形和延性。而梁的弯矩-曲率关系主要通过以下几个特征点来模拟:放张预应力、截面受拉边缘混凝土开裂,非预应力筋屈服、预应力筋屈服以及截面受压边缘混凝土压碎或预应力筋拉断的极限点。在截面内力分析的基础上对内嵌预应力筋材加固混凝土梁受力性能进行理论研究,将理论计算与试验结果进行比较,以验证理论分析的准确度,为实际工程方案设计提供理论计算体系。并根据理论计算结果对影响加固梁承载能力和延性的主要因素——加固量、初始预应力水平及加固方式进行分析,以期从理论方面得到合适的加固方法。

5.1 基本假定

试验研究结果证明:内嵌预应力筋加固的钢筋混凝土梁在纵向受拉钢筋的应力达到屈服强度之前及达到的瞬间,截面的平均应变基本符合平截面假定。因此,内嵌预应力筋加固混凝土梁的受弯性能可以用平截面假定相当准确地预测。所以本章试用传统的平截面假定对内嵌预应力筋加固混凝土梁的受弯性能进行分析。

在对内嵌预应力筋加固混凝土梁进行分析计算时,作如下假定:

(1) 截面变形符合平截面假定,试验结果也验证了这一假设成立;

(2) 受力钢筋与混凝土之间以及混凝土与预应力筋之间没有滑移,应力-应变连续;

(3) 纯弯段任一截面混凝土和钢筋的应变相等,即截面曲率在纯弯段不变;

(4) 预应力筋为弹性材料,其应力-应变关系为线性;

(5) 钢筋为理想弹塑性材料,不考虑其强化部分提高的强度,按照《混凝土结构设计标准(2024年版)》(GB 50010—2010)采用;

(6) 混凝土应力-应变关系采用《混凝土结构设计标准(2024年版)》(GB 50010—2010)中假定的应力-应变关系;

(7) 混凝土开裂后,不考虑混凝土及胶黏剂受拉的影响。

基于上述基本假定,编制了加载段相应的分析程序。截面开裂前,采用弹性理论进行分析；截面开裂后，截面的弯矩-曲率关系由几何条件、物理条件、截面的平衡条件得到。本章分析式中，第一个下标符号表示材料：p 表示预应力筋，s 表示普通钢筋，c 表示混凝土，j 表示结构胶；第二个下标符号表示加载阶段：0 表示放张预应力，n 表示预应力消压阶段，cr 表示混凝土开裂，s 表示钢筋屈服，p 表示预应力筋屈服，m 表示最大或极限状态；第三个下标符号表示应力、应变的位置：c 表示梁底，t 表示梁顶。

5.2 预应力筋放张时加固梁弯矩-曲率关系

放张预应力后，当受拉边缘混凝土应力尚小于其抗拉强度 f_t 时，截面并未开裂，混凝土及钢筋均处于弹性受力阶段。这时加固梁的截面应力分布与连续、匀质材料梁相似，区别只在于截面内存在另外三种材料——钢筋、预应力筋及结构胶。根据钢筋、预应力筋及结构胶与外围混凝土应变相同的条件，可有：

$$\varepsilon_c = \frac{\sigma_c}{E_c} = \varepsilon_s = \frac{\sigma_s}{E_s}, \quad \varepsilon_p = \frac{\sigma_p}{E_p} = \varepsilon_j = \frac{\sigma_j}{E_j} \tag{5-1}$$

设受拉区钢筋与混凝土弹性模量的比值 $\alpha_E = E_s/E_c$，受压区钢筋弹性模量与混凝土弹性模量之比 $\alpha'_E = E'_s/E_c$，预应力筋弹性模量与混凝土弹性模量之比 $\alpha_{pE} = E_p/E_c$，结构胶弹性模量与混凝土弹性模量之比 $\alpha_{jE} = E_j/E_c$，则有：

$N_s = \sigma_s A_s = \alpha_E \sigma_c A_s = \sigma_c(\alpha_E A_s)$，$N_s$ 为受拉钢筋的总拉力；

$N'_s = \sigma'_s A'_s = \alpha'_E \sigma_c A'_s = \sigma_c(\alpha'_E A'_s)$，$N'_s$ 为受压钢筋的总拉力；

$N_p = \sigma_p A_p = \alpha_{pE} \sigma_c A_p = \sigma_c(\alpha_{pE} A_p)$，$N_p$ 为预应力筋的总拉力；

$N_j = \sigma_j A_j = \alpha_{jE} \sigma_c A_j = \sigma_c(\alpha_{jE} A_j)$，$N_j$ 为结构胶的总拉力。

因此，在保持其形心位置不变的条件下，可将钢筋、预应力筋及结构胶的面积 A_s、A'_s、A_p、A_j 分别换算为 α_E、α'_E、α_{pE}、α_{jE} 倍的混凝土面积，形成如图 5-1 所示由单一材料（混凝土）组成的换算截面。

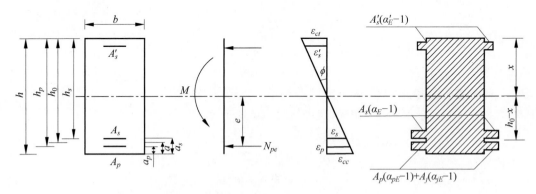

图 5-1 预应力筋放张时截面应力、应变分布

梁换算截面面积为

$$A_0 = bh + (\alpha_E - 1)A_s + (\alpha'_E - 1)A'_s + (\alpha_{pE} - 1)A_p + (\alpha_{jE} - 1)A_j \tag{5-2}$$

式中：A_0——梁换算截面面积；

A_s——受拉区钢筋截面面积；

A'_s——受压区钢筋截面面积；

A_p——预应力筋截面面积；

A_j——结构胶截面面积。

对受压区边缘的静矩为

$$S_0 = bh\frac{h}{2} + (\alpha_E - 1)A_s(h - a_s) + (\alpha'_E - 1)A'_s a'_s +$$

$$(\alpha_{pE} - 1)A_p(h - a_p) + (\alpha_{jE} - 1)A_j(h - a_p) \tag{5-3}$$

式中：S_0——受压区边缘的静矩；

a_s——受拉钢筋截面中心到混凝土梁下边缘的距离；

a'_s——受压钢筋截面中心到混凝土梁上边缘的距离；

a_p——预应力筋截面中心到混凝土梁下边缘的距离。

换算截面形心轴高度 x 及惯性矩的计算方法与单一材料截面相同。换算截面形心轴高度为

$$x = S_0/A_0 \tag{5-4}$$

因此，换算截面的惯性矩为

$$I_0 = \frac{1}{12}bh^3 + bh(h-x)^2 + (\alpha'_s - 1)A'_s(x - a'_s)^2 + (\alpha_E - 1)A_s(h - a_s - x)^2 +$$

$$(\alpha_{pE} - 1)A_p(h - a_p - x)^2 + (\alpha_{jE} - 1)A_j(h - a_p - x)^2 \tag{5-5}$$

放张前预应力筋在预应力作用下的拉应变为 $\varepsilon_p = N_p/(E_p A_p)$，设放张后预应力在混凝土受拉区产生的压应变为 ε_{c0}，则放张后预应力筋有效拉应变为

$$\varepsilon_{pe} = \frac{\sigma_p - \varepsilon_{c0}E_c - \sigma_{l1}}{E_p} \tag{5-6}$$

式中：σ_{l1}——放张引起的预应力损失。

此时钢筋混凝土梁处于偏心受压状态，放张后预应力筋的有效张拉力为 $N_{pe} = \varepsilon_{pe}E_p A_p$，预应力筋拉应力产生的外加弯矩为 $M_{pe} = N_{pe}(h - a_p - x)$。对于换算截面可以引用弹性匀质材料梁的计算公式：

$$\sigma = \frac{My_0}{I_0} \tag{5-7}$$

式中：y_0——截面任意一点应力 σ 所在点至中性轴即换算截面形心轴的距离；

I_0——换算截面对其形心轴的惯性矩。

根据混凝土梁换算面积、惯性矩、初始预应力及截面应力-应变几何关系，见图 5-1，可以求出梁底面、梁顶面、受拉钢筋、受压钢筋、预应力筋及胶黏剂的应力、应变如下。

梁底面混凝土应力、应变：

$$\sigma_{c0c} = -\left[\frac{N_{p0}}{A_0} + \frac{M_{p0}}{I_0}(h - x)\right], \quad \varepsilon_{c0c} = \sigma_{c0c}/E_c \tag{5-8a}$$

梁顶面混凝土应力、应变：

$$\sigma_{c0t} = -\left[\frac{N_{p0}}{A_0} - \frac{M_{p0}}{I_0}(h - x)\right], \quad \varepsilon_{c0t} = \sigma_{c0t}/E_c \tag{5-8b}$$

受拉钢筋应力、应变：

$$\sigma_{s0} = -\alpha_s \left[\frac{N_{p0}}{A_0} + \frac{M_{p0}}{I_0} (h - a_s - x) \right] , \quad \varepsilon_{s0} = \sigma_{s0} / E_s \tag{5-8c}$$

受压钢筋应力、应变：

$$\sigma'_{s0} = -\alpha'_s \left[\frac{N_{p0}}{A_0} - \frac{M_{p0}}{I_0} (x - a'_s) \right] , \quad \varepsilon'_{s0} = \sigma'_{s0} / E'_s \tag{5-8d}$$

预应力筋应力、应变：

$$\sigma_{p0} = \sigma_{pe} = \frac{N_{pe}}{A_p} , \quad \varepsilon_{p0} = \sigma_{pe} / E_p \tag{5-8e}$$

胶黏剂应力、应变：

$$\sigma_{j0} = -\left[\frac{N_{p0}}{A_0} + \frac{M_{p0}}{I_0} (h - x - a_p) \right] , \quad \varepsilon_{j0} = \sigma_{j0} / E_j \tag{5-8f}$$

预应力放张时梁底曲率为

$$\phi_{c0} = \frac{\varepsilon_{c0c}}{h-x} = \frac{\sigma_{j0}}{E_c(h-x)} = -\frac{\left[\frac{N_{p0}}{A_0} + \frac{M_{p0}}{I_0} (h-x) \right]}{E_c(h-x)} \tag{5-9}$$

5.3　预应力筋消压时加固梁弯矩-曲率关系

预应力筋消压状态截面的应力、应变状态如图 5-2 所示。加载之后，弯矩使截面上部受压、下部受拉。当弯矩达到某一特定值时，预应力筋处混凝土应变为零，我们定义此时为消压状态，相对于加载之前，预应力筋处混凝土应变增加了 ε_{c0}。由于跨中截面胶层剪应力为零或很小，可认为预应力筋和梁中混凝土之间不发生滑移，故预应力筋应变也增加了 ε_{c0}。记该特定弯矩为 M_n，称为消压弯矩，则由截面变形协调关系得到此阶段梁底面、梁顶面、受拉钢筋、受压钢筋、预应力筋及胶黏剂的应力、应变如下：

$$\sigma_{cnc} = \sigma_{c0c} + \frac{M_n}{I_0} (h - x) , \quad \varepsilon_{cnc} = \sigma_{cnc} / E_c \tag{5-10a}$$

$$\sigma_{cnt} = \sigma_{c0t} - \frac{M_n}{I_0} x , \quad \varepsilon_{cnt} = \sigma_{cnt} / E_c \tag{5-10b}$$

$$\sigma_{sn} = \sigma_{s0} + \alpha_s \frac{M_n}{I_0} (x + a_s - h) , \quad \varepsilon_{sn} = \sigma_{sn} / E_s \tag{5-10c}$$

$$\sigma'_{sn} = \sigma'_{s0} + \alpha'_s \frac{M_n}{I_0} (x - a'_s) , \quad \varepsilon'_{sn} = \sigma'_{sn} / E'_s \tag{5-10d}$$

$$\sigma_{pn} = \sigma_{pe} + \alpha_{pE} \frac{M_n}{I_0} (a_p - h + x) , \quad \varepsilon_{pn} = \sigma_{pn} / E_p \tag{5-10e}$$

$$\sigma_{jn} = \sigma_{je} + \alpha_{jE} \frac{M_n}{I_0} (a_p - h + x) , \quad \varepsilon_{jn} = \sigma_{jn} / E_j \tag{5-10f}$$

此阶段截面曲率为

$$\phi_{cn} = -\frac{\varepsilon_{cnt}}{h - a_p} = \frac{\sigma_{c0t} - \frac{M_n}{I_0} x}{h - a_p} \tag{5-11}$$

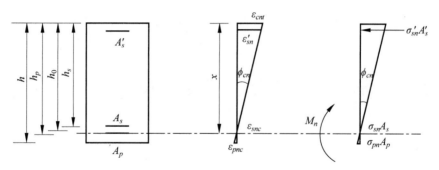

图 5-2　混凝土消压时截面应力、应变分布

5.4　截面开裂时加固梁弯矩-曲率关系

将增加荷载至混凝土受拉区出现裂缝时的弯矩记作 M_{cr}，此时截面受拉边缘混凝土应力达到混凝土抗拉强度 f_t，应变记为 ε_t，这时截面应力、应变分布如图 5-3 所示。由于拉区混凝土塑性变形的发展，其应力分布为曲线，为简化计算，可以近似地取矩形应力分布，其大小为混凝土抗拉强度 f_t，相应时的混凝土变形模量可取 $E'_c = 0.5E_c$，这时受压区混凝土仍处于弹性阶段，混凝土、钢筋、预应力筋的应力、应变如下：

$$\sigma_{crc} = \sigma_{cnc} + \frac{M_{cr}}{I_0}(h - x_{cr}), \quad \varepsilon_{crc} = \frac{\sigma_{crc}}{E'_c} = \frac{\sigma_{crc}}{0.5E_c} = \varepsilon_t \tag{5-12a}$$

$$\sigma_{crt} = \sigma_{cnt} - \frac{M_{cr}}{I_0}x_{cr}, \quad \varepsilon_{crt} = \frac{\sigma_{crt}}{E_c} \tag{5-12b}$$

$$\sigma_{scr} = \sigma_{sn} + \alpha_s \frac{M_{cr}}{I_0}(h - x_{cr} - a_s), \quad \varepsilon_{scr} = \frac{\sigma_{scr}}{E_s} \tag{5-12c}$$

$$\sigma'_{scr} = \sigma'_{sn} - \alpha'_s \frac{M_{cr}}{I_0}(x_{cr} - a'_s), \quad \varepsilon'_{scr} = \frac{\sigma'_{scr}}{E'_s} \tag{5-12d}$$

$$\sigma_{pcr} = \sigma_{pn} + \frac{M_{cr}}{I_0}(h - x_{cr} - a_p), \quad \varepsilon_{pcr} = \frac{\sigma_{pcr}}{E_p} \tag{5-12e}$$

$$\sigma_{jcr} = \sigma_{jn} + \frac{M_{cr}}{I_0}(h - x_{cr} - a_p), \quad \varepsilon_{jcr} = \frac{\sigma_{jcr}}{E_j} \tag{5-12f}$$

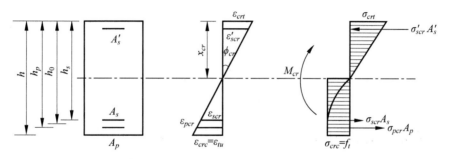

图 5-3　混凝土开裂时截面应力、应变分布

此阶段截面曲率为

$$\phi_{cr} = \frac{\varepsilon_{crc}}{x_{cr}} = \frac{\varepsilon_t}{x_{cr}} \tag{5-13}$$

5.5 钢筋屈服时加固梁弯矩-曲率关系

继续增加荷载至受拉钢筋屈服,此时采用弹性理论方法分析已不适用于开裂后的混凝土截面。截面的弯矩-曲率关系可以由几何条件、物理条件以及静力平衡条件得到。钢筋屈服时截面的应力、应变图形如图 5-4 所示。

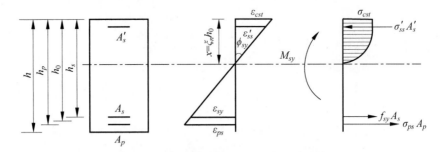

图 5-4　钢筋屈服时截面应力、应变分布

钢筋的屈服应变为 $\varepsilon_{sy} = \dfrac{f_{sy}}{E_s}$,由图 5-4 可得

$$\varepsilon_{cst} = \frac{x}{h - x - a_s}\varepsilon_{sy} \tag{5-14a}$$

$$\varepsilon'_{ss} = \frac{x - a'_s}{h - x - a_s}\varepsilon_{sy} \tag{5-14b}$$

$$\varepsilon_{ps} = \frac{h - x - a_p}{h - x - a_s}\varepsilon_{sy} \tag{5-14c}$$

则此时预应力筋的应力为

$$\sigma_{ps} = \sigma_{pcr} + E_p \varepsilon_{ps} \tag{5-15}$$

由截面静力平衡条件 $\sum N = 0, \sum M = 0$ 可得

$$\int_0^x \sigma_{cs} b \, \mathrm{d}y + \sigma'_{ss} A'_s - f_{sy} A_s - \sigma_{ps} A_p = 0 \tag{5-16}$$

$$\int_0^x \sigma_{cs} by \, \mathrm{d}y + \sigma'_{ss} A'_s (x - a'_s) - f_{sy} A_s (h - x - a_s) - \sigma_{ps} A_p (h - x - a_p) = 0 \tag{5-17}$$

联立上述两式可求出 x。因此,截面曲率为

$$\phi_{sy} = \frac{\varepsilon_{cst}}{x} \tag{5-18}$$

5.6 预应力螺旋肋钢丝屈服时加固梁弯矩-曲率关系

预应力螺旋肋钢丝屈服时的弯矩-曲率关系与前节基本相同。由于预应力筋屈服时钢筋已进入屈服阶段,因此其应力-应变分布如图 5-5 所示,各截面应力-应变计算如下。

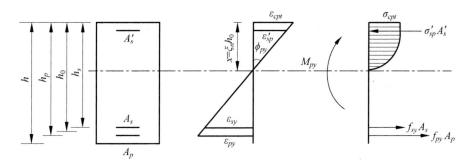

图 5-5　预应力筋屈服时截面应力、应变分布

预应力筋的屈服应变为 ε_{py},屈服应力为 f_{py},由图 5-5 中几何关系可得

$$\varepsilon_{cpt} = \frac{x}{h - x - a_p}\varepsilon_{py} \tag{5-19a}$$

$$\varepsilon_{sp}' = \frac{x - a_s'}{h - x - a_p}\varepsilon_{py} \tag{5-19b}$$

由截面静力平衡条件 $\sum N = 0$, $\sum M = 0$ 可得

$$\int_0^x \sigma_{cp} b\,\mathrm{d}y + \sigma_s'A_s' - f_{sy}A_s - f_{py}A_p = 0 \tag{5-20}$$

$$\int_0^x \sigma_{cp} by\,\mathrm{d}y + \sigma_s'A_s'(x - a_s') - f_{sy}A_s(h - a_s - x) - f_{py}A_p(h - a_p - x) = 0 \tag{5-21}$$

联立上述两式可求出 x。因此,截面曲率为

$$\phi_{py} = \frac{\varepsilon_{cpt}}{x} \tag{5-22}$$

5.7　最大弯矩时加固梁截面弯矩-曲率关系

1. 界限破坏时

界限破坏是指预应力筋断裂的同时,混凝土压碎破坏,此时,截面的应力、应变分布如图 5-6 所示,由应变相容条件可得

$$x = \frac{\varepsilon_{cu}(h - a_p)}{\varepsilon_{pu} - \varepsilon_{pn} + \varepsilon_{cu}} \tag{5-23}$$

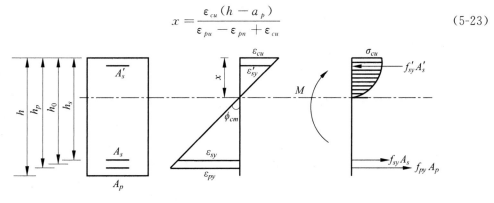

图 5-6　加固梁发生界限破坏时截面应力、应变分布

此时截面曲率为

$$\phi_{cm} = \frac{\varepsilon_{cu}}{x} \tag{5-24}$$

2. 发生混凝土压碎破坏时

当加固梁的破坏模式为梁顶部混凝土压碎时,钢筋未屈服,预应力筋未屈服,也未断,此时,梁顶部边缘混凝土压应变为 ε_{cu},截面任意位置处的应变可以由应变协调方程得到,应力、应变分布见图 5-7(a),有

$$\varepsilon_{sm} = \frac{h - a_s - x}{x}\varepsilon_{cu} \tag{5-25a}$$

$$\varepsilon_{pm} = \frac{h - a_p - x}{x}\varepsilon_{cu} \tag{5-25b}$$

$$\varepsilon'_{sm} = \frac{x - a'_s}{x}\varepsilon_{cu} \tag{5-25c}$$

受拉、受压钢筋及预应力筋的应力分别为

$$\sigma_{sm} = \sigma_{sn} + E_s\varepsilon_{sm} \tag{5-26a}$$

$$\sigma'_{sm} = \sigma'_{sn} + E'_s\varepsilon'_{sm} \tag{5-26b}$$

$$\sigma_{pm} = \sigma_{pn} + E_p\varepsilon_p \tag{5-26c}$$

由截面静力平衡条件 $\sum N = 0, \sum M = 0$ 可得

$$\int_0^x \sigma_{cm}b\mathrm{d}y + \sigma'_{sm}A'_s - \sigma_{sm}A_s - \sigma_{pm}A_p = 0 \tag{5-27}$$

$$\int_0^x \sigma_{cm}by\mathrm{d}y + \sigma'_{sm}A'_s(x - a'_s) - \sigma_{sm}A_s(h - a_s - x) - \sigma_{pm}A_p(h - a_p - x) = 0 \tag{5-28}$$

联立上述两式可求出 x。因此,截面曲率为

$$\phi_{cm} = \frac{\varepsilon_{cu}}{x} \tag{5-29}$$

当加固梁的破坏模式为梁顶部混凝土压碎时,钢筋屈服,而预应力筋未屈服,也未断,此时,梁顶部边缘混凝土压应变为 ε_{cu},受拉钢筋应变为 ε_{sy},截面任意位置处的应变可以由应变协调方程得到,应力、应变分布见图 5-7(b),有

$$\varepsilon_{pm} = \frac{h - a_p - x}{h - a_s - x}\varepsilon_{sy} = \frac{h - a_p - x}{x}\varepsilon_{cu} \tag{5-30a}$$

$$\varepsilon'_{sm} = \frac{x - a'_s}{h - a_s - x}\varepsilon_{sy} = \frac{x - a'_s}{x}\varepsilon_{cu} \tag{5-30b}$$

受压钢筋及预应力筋的应力分别为

$$\sigma_{pm} = \sigma_{pn} + E_p\varepsilon_{pm} \tag{5-31a}$$

$$\sigma'_{sm} = \sigma'_{sn} + E'_s\varepsilon'_{sm} \tag{5-31b}$$

由截面静力平衡条件 $\sum N = 0, \sum M = 0$ 可得

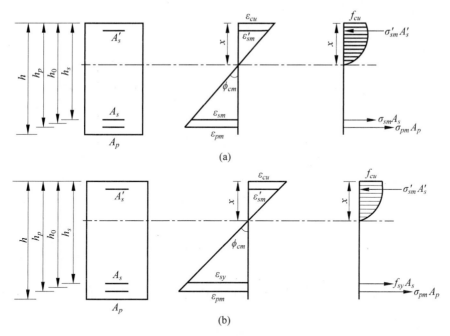

图 5-7　混凝土压碎破坏时截面应力、应变分布

$$\int_0^x \sigma_{cm} b \, \mathrm{d}y + \sigma'_{sm} A'_s - f_{sy} A_s - \sigma_{pm} A_p = 0 \tag{5-32}$$

$$\int_0^x \sigma_{cm} b y \, \mathrm{d}y + \sigma'_{sm} A'_s (x - a'_s) - f_{sy} A_s (h - a_s - x) - \sigma_{pm} A_p (h - a_p - x) = 0 \tag{5-33}$$

联立上述两式可求出 x。因此,截面曲率为

$$\phi_{cm} = \frac{\varepsilon_{cu}}{x} \tag{5-34}$$

3. 发生预应力筋断裂时

当发生钢筋屈服,混凝土未压碎的情况时:$\varepsilon_{sm} = \varepsilon_{sy}$,$\varepsilon_{pm} = \varepsilon_{pu}$,有

$$\varepsilon_{cm} = \frac{x}{h - x - a_p}(\varepsilon_{pu} - \varepsilon_{pn}) = \frac{x}{h - x - a_s}\varepsilon_{sy} \tag{5-35a}$$

$$\varepsilon'_{sm} = \frac{x - a'_s}{h - x - a_s}\varepsilon_{sy} \tag{5-35b}$$

由截面静力平衡条件 $\sum N = 0$,$\sum M = 0$ 可得

$$\int_0^x \sigma_{cm} b \, \mathrm{d}y + \sigma'_{sm} A'_s - f_{sy} A_s - f_{py} A_p = 0 \tag{5-36}$$

$$\int_0^x \sigma_{cm} b y \, \mathrm{d}y + \sigma'_{sm} A'_s (x - a'_s) - f_{sy} A_s (h - a_s - x) - f_{py} A_p (h - a_p - x) = 0 \tag{5-37}$$

联立上述两式可求出 x。因此,截面曲率为

$$\phi = \frac{\varepsilon_{cm}}{x} \tag{5-38}$$

预应力筋断裂破坏时截面应力、应变分布见图 5-8。

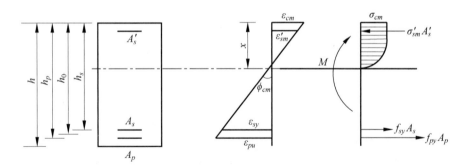

图 5-8　预应力筋断裂破坏时截面应力、应变分布

5.8　内嵌预应力筋材加固混凝土梁弯矩-曲率计算方法

根据以上分析编制相应的分析程序,即可得到内嵌预应力筋材加固混凝土梁的全过程弯矩-曲线关系。

5.8.1　预应力的处理

在数值分析中,对预应力的处理有两种方法[151]:第一种是将预应力看作系统外力,将其作用转化为等效荷载;第二种是将预应力看作系统内力。本书采用第一种方法。加载过程中,等效荷载是不断变化的,迭代过程中需不断调整其数值。计算等效荷载时,预应力应为扣除有关应力损失后的有效预应力。

5.8.2　截面分析的基本方程

弯矩-曲率关系的程序计算,可采用分级加变形或分级加荷载方法进行。采用分级加变形计算时,已知曲率 ϕ 求弯矩,只需调整一个变量 ε;而采用分级加荷载计算时,则需要调整 ε 和 ϕ 两个变量进行试算,以满足截面力和弯矩的平衡方程,此时需采用二元插值法求 ε 和 ϕ。采用后一种计算方法比前一种要麻烦得多,因此,本书采用分级加曲率的方法计算截面弯矩-曲率关系。

开始时,可假定截面几何中心处的平均应变和曲率。根据平截面假定,应变是线性分布的。因此,由初始假定的平均应变和曲率可以确定整个截面上各层元的应变分布规律,再根据材料的应力-应变曲线,即可得到各层元上的应力值,进而求得截面上的轴力与弯矩的计算值。如果求得的计算值与截面上所受的轴力和弯矩相当接近,则可以认为假定正确,便可进行截面刚度计算;但通常情况下求得的计算值与实际值不会很接近,因此要调整取值,直到满足精度要求为止。

图 5-9 所示为内嵌预应力筋加固钢筋混凝土梁正截面受轴力和弯矩共同作用下的应力、应变图。为了能进行数值计算,将混凝土截面分成有限条带[297],并假定每一条带上的应力 $\sigma_{c,i}$ 均匀分布,混凝土、钢筋、预应力筋均以拉力为正。根据平截面假定,截面曲

率为

$$\phi = \frac{\varepsilon_c + \varepsilon_s}{h} \tag{5-39}$$

则截面上任意高度处的条带应变为

$$\varepsilon_{c,i} = \phi y_i \tag{5-40}$$

式中：y_i 为任意条带的中心距截面中心轴($z\text{—}z$)的距离(截面中心轴以上为正,以下为负)。

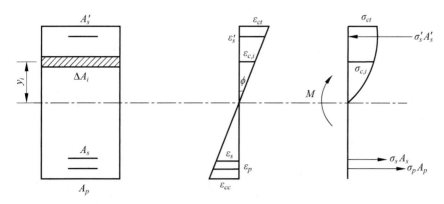

图 5-9 加固梁受力分析图

按照已知的混凝土、钢筋和预应力筋的应力-应变关系,可得截面上任意条带的混凝土、钢筋和预应力筋的应力 $\sigma_{c,i}$、σ_s、σ_s' 及 σ_p。则作用在每一条带上的作用力如下。

混凝土：

$$N_i = bd_i\sigma_{c,i} = \Delta A_i \sigma_{c,i} \tag{5-41a}$$

受拉钢筋：

$$N_s = A_s\sigma_s \tag{5-41b}$$

受压钢筋：

$$N_s' = A_s'\sigma_s' \tag{5-41c}$$

预应力筋：

$$N_p = A_p\sigma_p \tag{5-41d}$$

由于预应力筋存在超前应变,因此将预应力筋的作用力改为

$$N_p = A_p(\sigma_p + \sigma_{cp0}) \tag{5-42}$$

将以上各作用力对截面高度 $h/2$ 处取矩,根据截面力的平衡条件及力矩的平衡条件得

$$N = \sum_i^n \sigma_{c,i}\Delta A_i + A_s'\sigma_s' - A_s\sigma_s - N_p \tag{5-43}$$

$$M = \sum_i^n \sigma_{c,i}\Delta A_i y_i + A_s'\sigma_s'\left(\frac{h}{2} - a_s'\right) - A_s\sigma_s\left(\frac{h}{2} - a_s\right) - N_p\left(\frac{h}{2} - a_p\right) \tag{5-44}$$

5.8.3 弯矩-曲率编程计算

先从弯矩和曲率两者中选定一个作为已知值,然后确定另一个。此处假定曲率为已知,然后求相应的内力,具体步骤如下：

（1）取曲率 $\phi = \phi + \Delta\phi$；

（2）假定构件截面受压区边缘的混凝土应变 ε_c；

（3）求各混凝土条带和钢筋、预应力筋的应变；

（4）按混凝土、钢筋、预应力筋的应力-应变关系求与应变相对应的应力值；

（5）按式（5-43）求内力总和，判别是否满足平衡条件；

（6）若不满足平衡条件，则需调整应变值 ε_c，重复步骤（3）～步骤（5）；

（7）满足平衡条件后，按式（5-44）求内力弯矩，从而得出与 ϕ 所对应的弯矩 M；

（8）循环步骤（1）～步骤（7），直至得出整个结构的 M-ϕ 关系。

在上述计算中存在数值计算的逐次逼近问题，即对 ε_c 进行不断调整，以达到平衡条件。在调整过程中采用二分法，即先假定 ε_c 在一个较大范围内，如 -0.005 至 $+0.005$ 之间，分别取 ε_c 为 -0.005、$+0.005$ 和其中间值 0 按步骤（3）～步骤（5）求出对应的 N_1、N_2 和 N_3，判断 $N = 0$ 时应在哪个半区间，并将区间调整至该半区间，重复以上步骤，直至 N 接近于预定值即可。

对内嵌预应力筋加固梁，在加固梁受荷前嵌贴预应力筋，在预应力筋放张时加固梁会产生反拱现象，在程序中需对这种情况进行处理。处理的方法是反向加曲率，即取 $\phi = \phi - \Delta\phi$，然后按照上述的相应步骤进行计算，直至达到截面弯矩 $M = 0$ 时停止计算，输出相应的 ϕ_0。然后以 ϕ_0 为起点，重新按照上述的步骤对加固梁的弯矩-曲率进行计算。

5.9　内嵌预应力筋材加固混凝土梁荷载-挠度计算方法

5.8 节讨论了弯矩-曲率的计算，在求得各截面处的曲率数值后，不难用数值积分求出杆件任意点的挠度。为了便于数值计算，将梁分成 $m(m \geqslant 16)$ 个小段，每段长度为 Δx，相应有 $m+1$ 个节点，并假定在节点之内的每小段内曲率是按线性变化的。运用虚梁法（或称共轭梁法）可容易地求得任意截面的转角 θ_i 和挠度 $\delta_i(i = 0, 1, \cdots, m)$。

图 5-10 所示为简支梁及其对应的虚梁，根据虚荷载平衡条件得

$$\phi_A = R'_A = \sum_1^m \phi_i \Delta x_i (l - x_i)/l \tag{5-45}$$

$$\delta_{l/2} = M'_{l/2} = R'_A \frac{l}{2} - \sum_1^{m/2} \phi_i \Delta x_i (l - x_i) \tag{5-46}$$

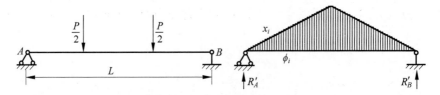

图 5-10　简支梁及其对应的虚梁

按 5.8 节的步骤，先把截面的 M-ϕ 全过程关系计算出来存储在数组中，随时可供调用。这样，已知 M 就可求 ϕ，反过来，知道 ϕ 也可以求 M。若已知 M 值，可从存储的 M-ϕ 关系

中找到 M 的位置 $M_i<M<M_{i+1}$，则采用插值法求得相应的 ϕ：$\phi=\phi_i+(M-M_i)(\phi_{i+1}-\phi_i)/(M_{i+1}-M_i)$。反之亦然。这样在求得各截面曲率后，利用式(5-46)即可求得梁跨中挠度。当然已知 M，对应的荷载 P 很容易求出，也就求出了荷载-挠度关系。

弯矩-曲率曲线计算有分级加荷载和分级加变形的区别，同样，在荷载-挠度曲线的计算中也存在这样的问题。对于加固梁受荷全过程，筋材放张预应力时，混凝土梁存在曲率减小问题，而外加荷载一直是增长的，因此，采用分级加荷载的方法比较简便。对于简支梁以其弯矩最大截面 m 处的弯矩作为控制值，逐级增加弯矩，具体计算步骤如下：

(1) 每一级：$\phi_m=\phi_m+\Delta\phi$；

(2) 由 ϕ_m 确定跨中弯矩 M_m；

(3) 由 M_m 计算 P；

(4) 由 P 计算各截面的 M_i；

(5) 由 M_i 确定 ϕ_i；

(6) 由 ϕ_i 求得挠度 δ_i；

(7) 重复步骤(1)～步骤(6)，直至跨中位移 δ 达到预定值。

根据上述计算程序，在对内嵌预应力螺旋肋钢丝(BPS 系列)和内嵌预应力 CFRP 筋加固混凝土梁(BPF 系列)进行弯矩-曲率计算的基础上，进行了荷载-挠度分析计算，得到了加固梁开裂荷载、屈服荷载及极限荷载值及其对应的挠度值，将其计算结果与试验结果进行了对比，见图 5-11、图 5-12 及表 5-1、表 5-2，图中 C 代表计算值，E 代表试验值，并对影响开裂荷载、屈服荷载及极限荷载值的因素进行了认真分析。上述计算方法同样适用于 BS1P2、BS2P1 及 BF1P2、BF2P1 系列加固梁，在计算时只需把受拉区的预应力筋材面积减小，增加非预应力筋材面积即可，所有计算公式形式不变，计算方法不变。按上述方法对 BS1P2、BS2P1 及 BF1P2、BF2P1 系列加固梁的荷载-挠度进行了计算，计算结果见图 5-13、图 5-14 及表 5-3、表 5-4。

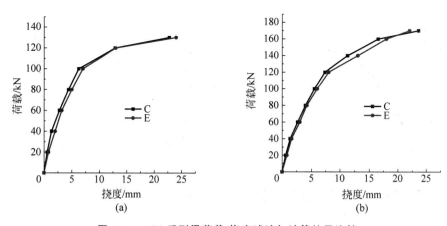

图 5-11 BPS 系列梁荷载-挠度试验与计算结果比较

(a) BPS1-30；(b) BPS2-30；(c) BPS3-30；(d) BPS1-45；(e) BPS2-45；
(f) BPS3-45；(g) BPS1-60；(h) BPS2-60；(i) BPS3-60

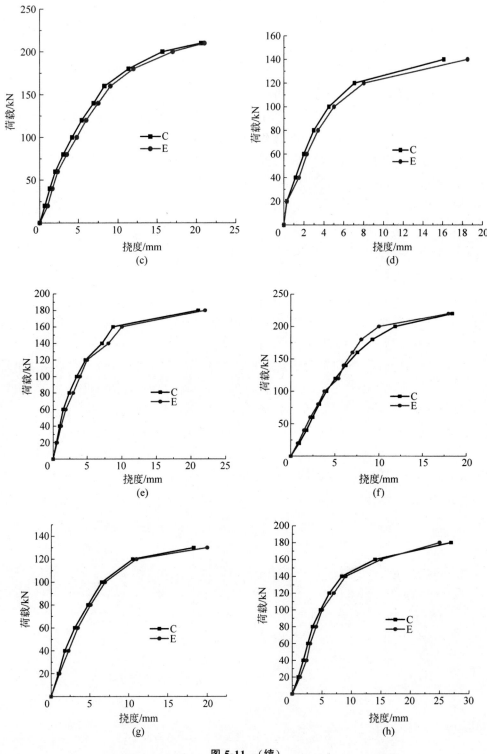

图 5-11 （续）

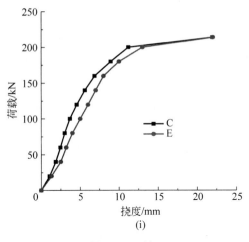

图 5-11 （续）

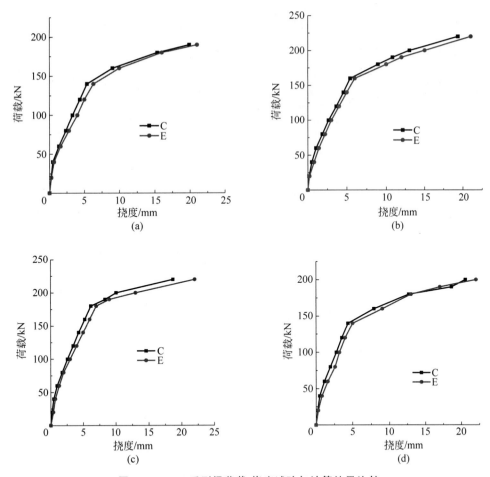

图 5-12 BPF 系列梁荷载-挠度试验与计算结果比较

（a）BPF1-30；（b）BPF2-30；（c）BPF3-30；（d）BPF1-45；（e）BPF2-45；
（f）BPF3-45；（g）BPF1-60；（h）BPF2-60；（i）BPF3-60

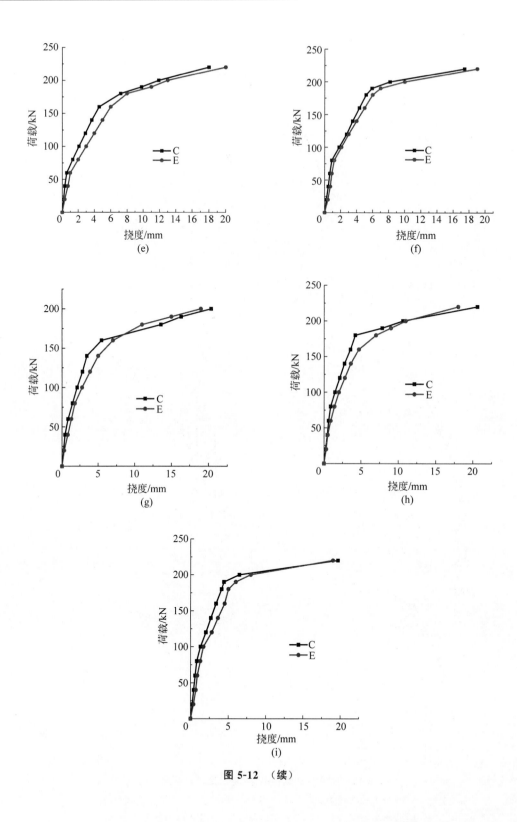

图 5-12 （续）

表 5-1　BPS 系列梁特征荷载-挠度试验与计算结果比较

梁编号	结果	开裂荷载/kN	开裂挠度/mm	屈服荷载/kN	屈服挠度/mm	极限荷载/kN	极限挠度/mm
BPS1-30	试验值	35.40	1.10	100.73	5.28	133.96	30.18
	计算值	36.12	1.13	101.56	5.30	135.02	30.68
BPS2-30	试验值	51.23	1.32	128.83	6.05	181.94	26.19
	计算值	51.89	1.41	129.73	6.58	183.41	26.32
BPS3-30	试验值	61.43	1.86	142.03	6.93	218.88	24.85
	计算值	62.88	1.95	144.57	7.10	218.00	24.68
BPS1-45	试验值	51.23	1.57	101.83	4.48	137.98	24.66
	计算值	53.25	1.52	103.86	4.41	139.48	25.24
BPS2-45	试验值	66.33	2.64	137.03	7.06	182.62	23.99
	计算值	67.54	2.85	139.45	7.32	181.97	23.87
BPS3-45	试验值	81.32	3.21	162.03	7.55	216.83	23.42
	计算值	80.67	3.24	162.00	8.01	215.35	23.98
BPS1-60	试验值	56.33	2.00	104.83	7.53	136.99	30.40
	计算值	58.74	2.68	103.25	8.09	137.25	30.25
BPS2-60	试验值	66.33	2.60	131.93	7.46	172.02	26.93
	计算值	67.56	3.02	133.47	7.82	174.09	27.34
BPS3-60	试验值	86.40	3.00	172.02	7.61	215.82	21.95
	计算值	87.69	3.56	171.92	7.83	216.84	21.68

表 5-2　BPF 系列梁特征荷载-挠度试验与计算结果比较

梁编号	结果	开裂荷载/kN	开裂挠度/mm	屈服荷载/kN	屈服挠度/mm	极限荷载/kN	极限挠度/mm
BPF1-30	试验值	39.56	0.48	138.49	5.38	189.53	19.89
	计算值	40.00	0.42	136.71	5.32	188.45	20.13
BPF2-30	试验值	47.52	0.62	159.00	5.43	220.09	19.35
	计算值	48.81	0.59	160.00	5.65	221.34	19.43
BPF3-30	试验值	52.33	0.66	181.72	6.20	218.78	18.68
	计算值	54.12	0.72	184.32	6.42	220.11	18.56
BPF1-45	试验值	49.62	0.63	148.38	5.06	188.37	20.53
	计算值	51.23	0.67	148.04	5.02	186.38	20.24
BPF2-45	试验值	65.00	0.71	170.09	5.00	225.00	20.35
	计算值	65.08	0.75	172.41	5.08	226.31	20.69
BPF3-45	试验值	78.96	0.88	191.32	5.93	237.92	20.32
	计算值	79.32	1.02	195.01	7.21	240.12	22.35
BPF1-60	试验值	54.37	0.65	154.81	4.09	180.05	20.36
	计算值	56.71	0.87	155.73	4.12	180.00	20.98
BPF2-60	试验值	64.56	0.78	174.08	4.02	228.47	19.13
	计算值	67.15	0.95	176.32	4.23	229.51	19.18
BPF3-60	试验值	82.69	0.96	192.72	5.13	230.56	19.67
	计算值	84.32	1.13	195.40	5.41	233.96	20.08

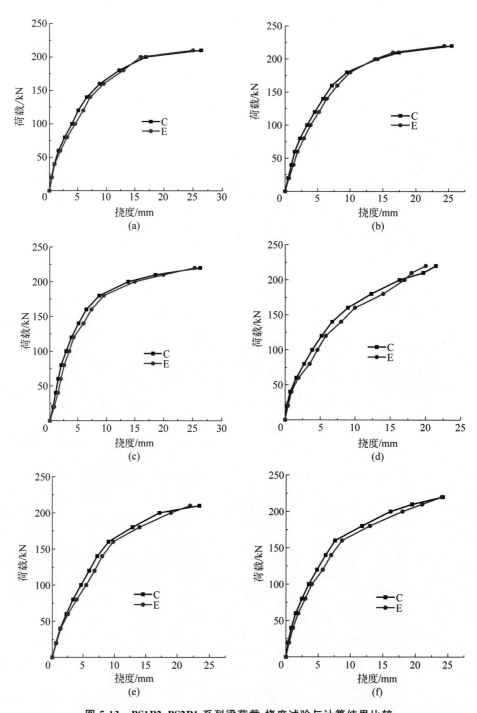

图 5-13　BS1P2、BS2P1 系列梁荷载-挠度试验与计算结果比较

（a）BS1P2-30；（b）BS1P2-45；（c）BS1P2-60；（d）BS2P1-30；（e）BS2P1-45；（f）BS2P1-60

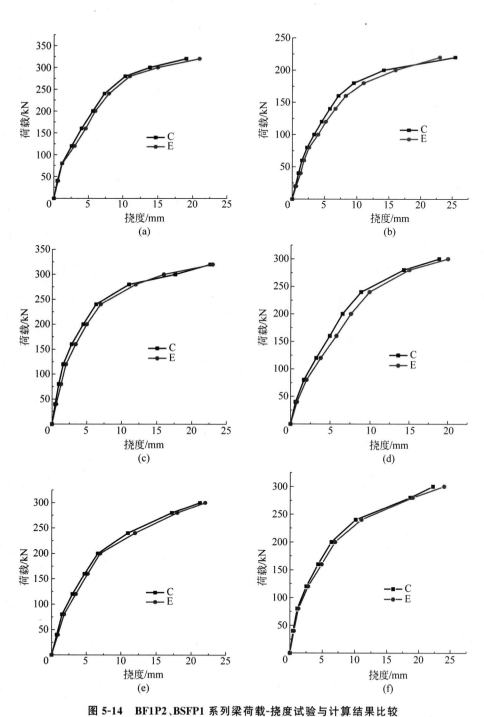

图 5-14　BF1P2、BSFP1 系列梁荷载-挠度试验与计算结果比较

（a）BF1P2-30；（b）BF1P2-45；（c）BF1P2-60；（d）BF2P1-30；（e）BF2P1-45；（f）BF2P1-60

表 5-3　BS1P2、BS2P1 系列梁特征荷载-挠度试验与计算结果比较

梁编号	结果	开裂荷载/kN	开裂挠度/mm	屈服荷载/kN	屈服挠度/mm	极限荷载/kN	极限挠度/mm
BS1P2-30	试验值	46.09	1.03	136.76	6.62	211.35	26.34
	计算值	46.87	0.85	137.91	5.77	211.88	25.05
BS1P2-45	试验值	65.88	1.49	143.56	6.45	216.32	25.44
	计算值	66.03	1.53	144.25	5.65	217.15	24.98
BS1P2-60	试验值	66.33	1.81	163.49	6.68	217.45	26.29
	计算值	66.88	1.88	164.01	6.15	217.00	27.14
BS2P1-30	试验值	35.41	0.57	130.83	5.20	211.47	21.43
	计算值	34.92	0.68	129.79	5.65	211.92	22.00
BS2P1-45	试验值	46.02	1.25	141.08	6.86	206.71	24.28
	计算值	47.15	1.54	141.75	7.74	207.53	24.98
BS2P1-60	试验值	56.34	1.32	143.05	6.83	205.46	22.06
	计算值	56.89	1.28	143.95	7.01	206.27	20.95

表 5-4　BF1P2、BF2P1 系列梁特征荷载-挠度试验与计算结果比较

梁编号	结果	开裂荷载/kN	开裂挠度/mm	屈服荷载/kN	屈服挠度/mm	极限荷载/kN	极限挠度/mm
BF1P2-30	试验值	60.44	1.50	188.96	5.04	337.69	22.31
	计算值	61.32	1.72	188.72	5.10	338.00	22.95
BF1P2-45	试验值	73.06	1.72	226.73	6.13	327.90	21.92
	计算值	73.85	1.89	225.15	6.25	328.10	22.15
BF1P2-60	试验值	85.49	1.86	245.65	6.78	326.57	22.62
	计算值	84.84	2.01	246.07	6.88	326.93	22.71
BF2P1-30	试验值	48.65	1.00	163.25	5.18	291.72	18.85
	计算值	49.05	1.12	164.15	5.20	292.15	19.06
BF2P1-45	试验值	53.23	1.04	184.32	5.94	301.56	21.24
	计算值	54.18	1.24	183.97	6.17	302.00	21.59
BF2P1-60	试验值	76.54	1.59	213.50	7.11	321.56	22.21
	计算值	75.99	1.65	214.00	7.24	322.17	22.85

　　从图 5-11～图 5-14 可以看出,理论计算结果与试验结果吻合较好,说明本书编制的程序可以较好地模拟加固梁的全过程分析。

　　由表 5-1 可以计算出,开裂荷载计算值与试验值比值的平均值为 0.980,标准差为 0.014,变异系数为 0.014;屈服荷载计算值与试验值比值的平均值为 0.993,标准差为 0.011,变异系数为 0.011;极限荷载计算值与试验值比值的平均值为 0.997,标准差为 0.006,变异系数为 0.007。开裂挠度计算值与试验值比值的平均值为 0.972,标准差为 0.132,变异系数为 0.136;屈服挠度计算值与试验值比值的平均值为 1.026,标准差为 0.104,变异系数为 0.101;极限挠度计算值与试验值比值的平均值为 1.006,标准差为 0.037,变异系数为 0.036。由此可见,采用本章方法可以有效地对内嵌预应力螺旋肋钢丝加固混凝土梁承载力进行分析计算,且计算结果与试验结果吻合较好。

　　由表 5-2 可以计算出,开裂荷载计算值与试验值比值的平均值为 0.977,标准差为

0.013,变异系数为 0.014;屈服荷载计算值与试验值比值的平均值为 0.992,标准差为 0.009,变异系数为 0.010;极限荷载计算值与试验值比值的平均值为 0.997,标准差为 0.007,变异系数为 0.007。开裂挠度计算值与试验值比值的平均值为 0.918,标准差为 0.083,变异系数为 0.090;屈服挠度计算值与试验值比值的平均值为 0.964,标准差为 0.029,变异系数为 0.030;极限挠度计算值与试验值比值的平均值为 0.994,标准差为 0.013,变异系数为 0.013。由此可见,采用本章方法可以有效地对内嵌预应力 CFRP 加固混凝土梁承载力进行分析计算,且计算结果与试验结果吻合较好。

由表 5-3 可以计算出,开裂荷载计算值与试验值比值的平均值为 0.992,标准差为 0.011,变异系数为 0.012;屈服荷载计算值与试验值比值的平均值为 0.997,标准差为 0.005,变异系数为 0.005;极限荷载计算值与试验值比值的平均值为 0.997,标准差为 0.002,变异系数为 0.002。开裂挠度计算值与试验值比值的平均值为 0.972,标准差为 0.132,变异系数为 0.136;屈服挠度计算值与试验值比值的平均值为 1.026,标准差为 0.104,变异系数为 0.101;极限挠度计算值与试验值比值的平均值为 1.006,标准差为 0.037,变异系数为 0.036。由此可见,采用本章方法可以有效地对内嵌预应力螺旋肋钢丝加固混凝土梁承载力进行分析计算,且计算结果与试验结果吻合较好。

由表 5-4 可以计算出,开裂荷载计算值与试验值比值的平均值为 0.994,标准差为 0.009,变异系数为 0.009;屈服荷载计算值与试验值比值的平均值为 1.000,标准差为 0.004,变异系数为 0.004;极限荷载计算值与试验值比值的平均值为 0.998,标准差为 0.001,变异系数为 0.001。开裂挠度计算值与试验值比值的平均值为 0.900,标准差为 0.039,变异系数为 0.044;屈服挠度计算值与试验值比值的平均值为 0.983,标准差为 0.010,变异系数为 0.010;极限挠度计算值与试验值比值的平均值为 0.984,标准差为 0.009,变异系数为 0.009。由此可见,采用本章方法可以有效地对内嵌预应力混杂筋材加固混凝土梁承载力进行分析计算,且计算结果与试验结果吻合较好。

5.10 本章小结

本章通过对内嵌预应力筋材加固混凝土梁的不同受力阶段进行分析,得到了加固梁从预应力放张到破坏整个过程不同阶段的弯矩-曲率计算公式,编制了计算流程,并以此编制了荷载-挠度关系计算流程,计算并绘制了加固梁荷载-挠度曲线图,得到了加固梁特征荷载及其相应的挠度。

第6章

内嵌预应力筋材加固混凝土梁承载力分析

第 5 章介绍的计算方法只适用于进行截面分析,直接用来进行截面设计是很不方便的。而设计中最主要的是确定极限强度,因此,很多国家的规范均采用将压区混凝土应力图形化为等效矩形应力图块的实用计算方法,下面介绍的是依据我国《混凝土结构设计标准(2024 年版)》(GB 50010—2010)[①]推导出的内嵌预应力筋材加固混凝土梁的正截面强度计算方法。

6.1　内嵌预应力筋材加固混凝土梁正截面内力分析

试验研究表明,预应力筋为无屈服点的弹性材料,在变形的整个过程中其弹性模量不变,而钢筋在屈服点前发生弹性变形,屈服后具有塑性变形特征。因此对于由钢筋、预应力筋和混凝土共同组成的复合体系,其承载力的计算与普通钢筋混凝土梁是有区别的。本节依据钢筋混凝土正截面内力计算的基本理论,对内嵌预应力筋加固的钢筋混凝土矩形截面梁正截面内力进行理论分析,提出合理的计算方法,并在计算方法中考虑加固筋材的预应力等因素的影响。

6.1.1　基本假定

在对内嵌预应力筋加固混凝土梁进行分析计算时,作如下假定:

(1) 截面变形符合平截面假定。

(2) 受力钢筋与混凝土之间以及混凝土与预应力筋之间没有滑移,应力-应变连续。对于内嵌预应力筋加固混凝土梁,由于不易发生黏结破坏,这一假定较非预应力加固梁更为准确。

(3) 考虑到剪弯段剪切变形的影响,梁的刚度在整个跨度上相等。

(4) 纯弯段任一截面混凝土和钢筋的应变相等,即截面曲率在纯弯段不变。

(5) 预应力筋中心离梁受压边缘的距离为梁高 h 减槽深 h_c 的二分之一。

(6) 预应力筋为弹性材料,其应力-应变关系为线性,如图 6-1(a)、(b)所示。当 $\varepsilon_p \leqslant \varepsilon_{pu}$ 时,

$$\sigma_p = E_p \varepsilon_p \tag{6-1}$$

式中:σ_p——预应力筋的拉应力;

---

① 为简便起见,以下不再写标准号,特指此标准。

ε_p——预应力筋的拉应变；

ε_{pu}——预应力筋的极限拉应变；

E_p——预应力筋的弹性模量。

（7）钢筋视为理想弹塑性材料，不考虑其强化部分提高的强度，按照《混凝土结构设计标准》采用，如图 6-1(c) 所示。

$$\sigma_s = E_s \varepsilon_s，\quad \varepsilon_s \leqslant \varepsilon_{sy} \tag{6-2a}$$

$$\sigma_s = f_{sy}，\quad \varepsilon_s > \varepsilon_{sy} \tag{6-2b}$$

式中：f_{sy}——钢筋的抗拉强度；

σ_s——钢筋拉应变为 ε_s 时的钢筋拉应力；

ε_{sy}——钢筋屈服应变；

E_s——钢筋的弹性模量。

（8）混凝土应力-应变关系采用《混凝土结构设计标准》中假定的应力-应变关系，如图 6-1(d) 所示。其中与混凝土峰值应力对应的应变 ε_0 取 0.002，极限压应变 ε_{cu} 取 0.0033。

受压应力-应变关系：

$$\sigma_c = \begin{cases} f_c \left[2\left(\dfrac{\varepsilon_c}{\varepsilon_0}\right) - \left(\dfrac{\varepsilon_c}{\varepsilon_0}\right)^2 \right]，& 0 \leqslant \varepsilon_c \leqslant \varepsilon_0 \\ f_c，& \varepsilon_0 < \varepsilon_c \leqslant \varepsilon_{cu} \end{cases} \tag{6-3}$$

受拉应力-应变关系：

$$\sigma_t = \begin{cases} E_c \varepsilon，& 0 \leqslant \varepsilon_t \leqslant f_t / E_c \\ 0，& f_t / E_c < \varepsilon_t \end{cases} \tag{6-4}$$

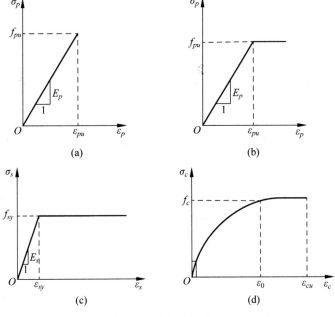

图 6-1　材料本构关系

（a）CFRP 筋；（b）螺旋肋钢丝；（c）钢筋；（d）混凝土

（9）不考虑受拉混凝土。在混凝土开裂前，计算中应计入受拉混凝土的影响，可按全截面进行考虑；在混凝土开裂后，尽管在受拉区仍存在部分受拉混凝土，但该部分面积较小，为简化计算，不考虑该部分混凝土的影响。

6.1.2 混凝土开裂前截面内力

1. 弹性应力

当受拉边缘混凝土应力尚小于其抗拉强度 f_t 时，截面并未开裂，混凝土及钢筋均处于弹性受力阶段。这时加固梁的截面应力分布与连续、匀质材料梁相似，区别只在于截面内存在另外三种材料——钢筋、预应力筋及结构胶。对于换算截面，可以引用弹性匀质材料梁的计算公式：

$$\sigma = \frac{My_0}{I_0} \qquad (6\text{-}5)$$

式中：y_0——截面任意一点应力 σ 所在点至中性轴即换算截面形心轴的距离；

I_0——换算截面对其形心轴的惯性矩。

换算截面形心轴高度 x 及惯性矩的计算方法与单一材料截面相同。

由式 $\varepsilon_c = \dfrac{\sigma_c}{E_c} = \varepsilon_s = \dfrac{\sigma_s}{E_s}, \varepsilon_p = \dfrac{\sigma_p}{E_p} = \varepsilon_j = \dfrac{\sigma_j}{E_j}$，可以求出钢筋、预应力筋、结构胶中的应力。

2. 开裂弯矩 M_{cr}

当 $M = M_{cr}$ 时，截面受拉边缘应变达到混凝土的极限拉应变 ε_{tu}。这时截面应变的几何关系如图 6-2 所示。有

$$\phi = \frac{\varepsilon_{tu}}{h - x_{cr}} = \frac{\varepsilon_c}{x_{cr}} = \frac{\varepsilon_s}{h - x_{cr} - a_s} = \frac{\varepsilon_s'}{x_{cr} - a_s'}$$

$$= \frac{\varepsilon_p}{h - x_{cr} - a_p} = \frac{\varepsilon_j}{h - x_{cr} - a_p} \qquad (6\text{-}6)$$

式中：ϕ——截面曲率；

x_{cr}——混凝土开裂时中性轴高度。

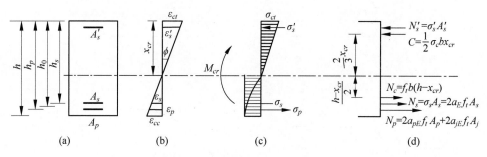

图 6-2 加固梁开裂内力分析

截面应力分布如图 6-2 所示，由于受拉区混凝土塑性变形的发展，其应力分布为曲线形。为简化计算，可近似取为矩形应力分布，其强度为 f_t。相应于 f_t 的混凝土变形模量 $E_c' = 0.5E_c$，这时受压区混凝土仍处于弹性阶段，故应力-应变关系为

$$\begin{cases} f_t = 0.5E_c\varepsilon_{tu}, & \sigma_c = E_c\varepsilon_c, & \sigma_s = E_s\varepsilon_s \\ \sigma_s' = E_c'\varepsilon_s', & \sigma_p = E_p\varepsilon_p, & \sigma_j = E_j\varepsilon_j \end{cases} \qquad (6\text{-}7)$$

由截面内力的平衡关系 $\sum N = 0$，可写出

$$0.5\sigma_c b x_{cr} = f_t b(h - x_{cr}) + \sigma_s A_s - \sigma'_s A'_s + \sigma_p A_p + \sigma_j A_j \tag{6-8}$$

将式(6-6)及式(6-7)代入式(6-8)，并近似取 $\varepsilon_s = \varepsilon_{tu}$。引用 $\alpha_E = E_s/E_c$，$\alpha'_E = E'_s/E_c$，$\alpha_{pE} = E_p/E_c$，$\alpha_{jE} = E_j/E_c$，可导出 x_{cr} 的计算公式为

$$x_{cr} = \frac{\alpha_E A_s h_s + \alpha'_E A'_s a'_s + \alpha_{pE} A_p h_p + \alpha_{jE} A_j h_p + bh^2/2}{\alpha_E A_s + \alpha'_E A'_s + \alpha_p A_p + \alpha_j A_j + bh} \tag{6-9}$$

对混凝土压力合力 C 作用点取矩，可得出开裂弯矩 M_{cr} 的计算公式：

$$M_{cr} = f_t b(h - x_{cr})\left(\frac{h - x_{cr}}{2} + \frac{2x_{cr}}{3}\right) + 2\alpha_E f_t A_s\left(h - a_s - \frac{x_{cr}}{3}\right) + 2\alpha'_p f_t A_p\left(h - a_p - \frac{x_{cr}}{3}\right) +$$

$$2\alpha'_E f_t A'_s\left(\frac{x_{cr}}{3} - a'_s\right) + 2\alpha_{jE} f_t A_j\left(h - a_p - \frac{x_{cr}}{3}\right) \tag{6-10}$$

在一般配筋率情况下，$\alpha_E A_s/bh$、$\alpha'_E A'_s/bh$、$\alpha_{pE} A_p/bh$、$\alpha_{jE} A_j/bh$ 的数值远小于 1，将式(6-9)中分子分母同除以 bh，略去式(6-9)中的分子分母的 $\alpha_E A_s/bh$、$\alpha'_E A'_s/bh$、$\alpha_{pE} A_p/bh$、$\alpha_{jE} A_j/bh$ 项对 x_{cr} 的影响，可近似取 $x_{cr} = 0.5h$。并设 $h_0 = 0.92h$，$\alpha_1 = 2\alpha_E A_s/bh$，则 M_{cr} 的公式可改写为

$$M_{cr} = 0.292(1 + 2.5\alpha_1)f_t bh^2 \tag{6-11}$$

裂缝出现时受拉钢筋中应力 $\sigma_s = E_s \varepsilon_{tu}$ 很小，故受拉钢筋配筋率对加固梁开裂荷载的影响很小。因此内嵌筋材加固混凝土梁对开裂荷载的影响也很小。

6.1.3　混凝土开裂后截面内力

受拉区混凝土开裂后，假定全部拉力由钢筋、预应力筋负担，不考虑混凝土和结构胶参与受拉。设距中性轴为 y 处的任意点混凝土应变为 ε，如图 6-3 所示，则截面应变的协调关系为

$$\phi = \frac{\varepsilon}{y} = \frac{\varepsilon_c}{\xi_n h_0} = \frac{\varepsilon_s}{h - a_s - \xi_n h_0} = \frac{\varepsilon_p}{h - a_p - \xi_n h_0} = \frac{\varepsilon'_s}{\xi_n h_0 - a'_s} \tag{6-12}$$

式中：ξ_n——相对中性轴高度，$\xi_n = \dfrac{x}{h_0}$；

ε_c——受压边缘的混凝土应变；

ε_s——受拉钢筋的应变；

ε'_s——受压钢筋的应变；

ε_p——预应力筋的应变增量。

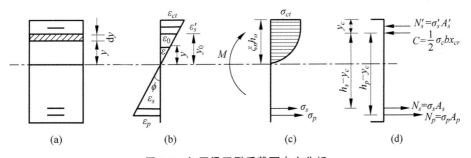

图 6-3　加固梁开裂后截面内力分析

按照已知的混凝土应力-应变关系,受压区混凝土应力可用应变函数来表示:

$$\sigma = \sigma(\varepsilon) \tag{6-13}$$

受压区混凝土的合力 C 可由下列积分式计算:

$$C = \int_0^{\xi_n h_0} \sigma(\varepsilon) b \, \mathrm{d}y \tag{6-14}$$

受拉钢筋的内力

$$N_s = \sigma_s A_s \tag{6-15}$$

当 $\varepsilon_s < \varepsilon_{sy}$ 时,

$$\sigma_s = E_s \varepsilon_s = E_s \varepsilon_c \frac{h - a_s - \xi_n h_0}{\xi_n h_0} \tag{6-15a}$$

当 $\varepsilon_s \geqslant \varepsilon_{sy}$ 时,

$$\sigma_s = f_{sy} \tag{6-15b}$$

受压钢筋的内力

$$N'_s = \sigma'_s A'_s \tag{6-16}$$

当 $\varepsilon'_s < \varepsilon'_{sy}$ 时,

$$\sigma'_s = E'_s \varepsilon'_s = E'_s \varepsilon_c \frac{\xi_n h_0 - a'_s}{\xi_n h_0} \tag{6-16a}$$

当 $\varepsilon'_s \geqslant \varepsilon'_{sy}$ 时,

$$\sigma'_s = f'_{sy} \tag{6-16b}$$

预应力筋的内力

$$N_p = \sigma_p A_p \tag{6-17}$$

当 $\varepsilon_p < \varepsilon_{py}$ 时,

$$\sigma_p = E_p \varepsilon_p = E_p \varepsilon_c \frac{h - a_p - \xi_n h_0}{\xi_n h_0} \tag{6-17a}$$

当 $\varepsilon_p \geqslant \varepsilon_{py}$ 时,

$$\sigma_p = f_{py} \tag{6-17b}$$

截面的中性轴高度 $x = \xi_n h_0$ 可由轴力的平衡关系 $\sum N = 0$ 确定,对于受弯构件即 $C = N_s + N_p + N'_s$:

$$\int_0^{\xi_n h_0} \sigma(\varepsilon) b \, \mathrm{d}y = \sigma_s A_s + \sigma_p A_p + \sigma'_s A'_s \tag{6-18}$$

混凝土应力合力 C 的作用点至受压边的距离 y_c(图 6-3(d))可由下式计算:

$$y_c = \xi_n h_0 - \frac{\int_0^{\xi_n h_0} \sigma(\varepsilon) b y \, \mathrm{d}y}{C} \tag{6-19}$$

由力矩平衡关系 $\sum M = 0$,可写出截面弯矩的计算公式:

$$M = C(h_0 - y_c)$$
$$= N_s(h - a_s - y_c) + N_p(h - a_p - y_c) + N'_s(y_c - a'_s) \tag{6-20}$$

式(6-12)～式(6-20)为开裂后截面内力分析的一般表达式,根据采用的应变函数 $\sigma(\varepsilon)$ 的不同,可应用于梁从开裂直至破坏的各种受力状态的分析。

（1）线性应力-应变关系

当 $\sigma_c \leqslant \dfrac{1}{3}f_c$ 时，可近似取混凝土应力-应变关系为线性关系：

$$\sigma = E_c\varepsilon = E_c\varepsilon_c\frac{y}{\xi_n h_0} = \sigma_c\frac{y}{\xi_n h_0} \tag{6-21}$$

将式（6-21）代入式（6-14）及式（6-19），可得

$$C = \frac{1}{2}\sigma_c\xi_n bh_0, \quad y_c = \frac{1}{3}\xi_n h_0 \tag{6-22}$$

将混凝土内力 C 的表达式代入式（6-18）可导出相对中性轴高度 ξ_n 的计算公式：

$$\xi_n = \sqrt{(\alpha_E u_s + \alpha'_E u'_s + \alpha_{pE} u_p)^2 h_0^2 + 2\alpha_E u_s(h - a_s) +}$$
$$\sqrt{2\alpha'_E u'_s a'_s + 2\alpha_{pE}u_p(h - a_p)} - (\alpha_E u_s + \alpha'_E u'_s + \alpha_{pE}u_p)h_0 \tag{6-23}$$

式中：$\alpha_E = E_s/E_c$，$\alpha'_E = E'_s/E_c$，$\alpha_{pE} = E_p/E_c$，$u_s = A_s/bh_0$，$u'_s = A'_s/bh_0$，$u_p = A_p/bh_0$。

（2）非线性应力-应变关系

当 $\varepsilon_c \leqslant \varepsilon_0$ 时，混凝土应力-应变关系为式（6-3）所示的抛物线关系。将式（6-3）代入式（6-14）及式（6-19），并引用 $\varepsilon = \varepsilon_c y/\xi_n h_0$ 的关系，可得

$$C = f_c\xi_n bh_0\frac{\varepsilon_c}{\varepsilon_0}\left(1 - \frac{\varepsilon_c}{3\varepsilon_0}\right) \tag{6-24}$$

$$y_c = \frac{1 - \dfrac{\varepsilon_c}{4\varepsilon_0}}{3 - \varepsilon_c/\varepsilon_0}\xi_n h_0 \tag{6-25}$$

将式（6-24）式（6-15）～式（6-17）代入 $C = N_s + N_p + N'_s$，求解 ξ_n，如求得的 $\xi_n \leqslant \dfrac{\varepsilon_c}{\varepsilon_c + \varepsilon_{sy}}$，则说明钢筋已达屈服强度，应取 $\sigma_s = f_{sy}$，按式（6-18）重新求解 ξ_n。

（3）非线性应力-应变关系

当 $\varepsilon_c > \varepsilon_0$ 时，混凝土应力-应变曲线为两段式，须分段积分。设 $\varepsilon = \varepsilon_0$ 的点距中性轴的距离为 y_0（图 6-3（b）），将式（6-3）代入式（6-14），可得

$$C = \int_0^{y_0} f_c\left[\frac{2\varepsilon}{\varepsilon_0} - \left(\frac{\varepsilon}{\varepsilon_0}\right)^2\right]b\,\mathrm{d}y + \int_{y_0}^{\xi_n h_0} f_c b\,\mathrm{d}y \tag{6-26}$$

注意到式中 $\dfrac{\varepsilon}{\varepsilon_0} = \dfrac{y}{y_0}$，$y_0 = \dfrac{\varepsilon_0}{\varepsilon_c}\xi_n h_0$，积分后可得

$$C = f_c b\xi_n h_0\left(1 - \frac{1}{3}\frac{\varepsilon_0}{\varepsilon_c}\right) \tag{6-27}$$

同理，将式（6-19）积分后可得

$$y_c = \xi_n h_0\left(1 - \frac{1}{2}\frac{1 - \dfrac{1}{6}\left(\dfrac{\varepsilon_0}{\varepsilon_c}\right)^2}{1 - \dfrac{1}{3}\dfrac{\varepsilon_0}{\varepsilon_c}}\right) \tag{6-28}$$

一般情况下 $\varepsilon_s > \varepsilon_{sy}$，可取 $N_s = f_{sy}A_s$，代入平衡关系 $C = N_s + N_p + N'_s$ 中，可解出 ξ_n。当取 $\varepsilon_c = \varepsilon_{cu}$ 时，根据式（6-27）、式（6-28）及式（6-20）可计算截面的极限弯矩。加固梁开裂后截面内力非线性分析的计算流程如图 6-4 所示。

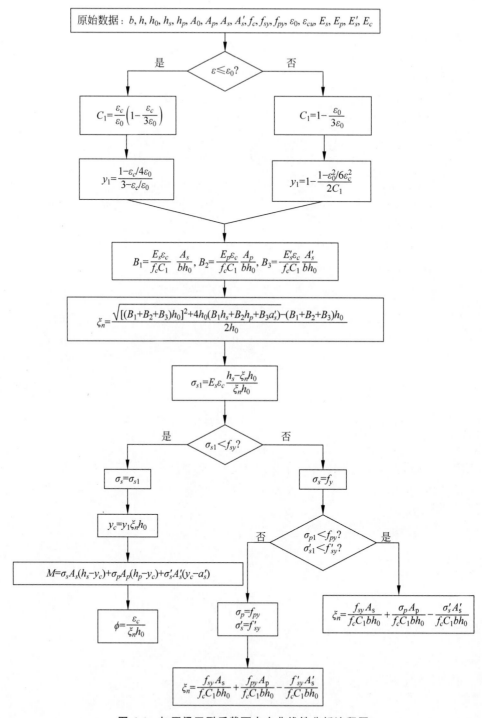

图 6-4   加固梁开裂后截面内力非线性分析流程图

6.2　加固梁受弯破坏类型分析

要计算加固梁正截面承载能力,必须首先分析加固梁的破坏类型。根据国内外相关的试验研究结果及受力分析,结合内嵌预应力筋材加固混凝土梁受弯特点,其弯曲破坏类型大致有:①受拉钢筋屈服破坏。即加固梁的破坏源于钢筋屈服,而混凝土未压坏,预应力筋未屈服,这种情况是由于配筋率过低,或混凝土强度过高造成的。②混凝土压碎破坏。即加固梁的破坏源于混凝土被压碎,而钢筋未屈服,预应力筋未拉断,或混凝土被压碎,钢筋屈服,而预应力筋未拉断,这种破坏类型是由于混凝土强度过低或配筋率高或加固量过高造成的。③预应力筋拉断破坏。即加固梁的破坏源于预应力筋材被拉断,钢筋屈服,而混凝土未压坏,很明显这种破坏是由于加固量过低或混凝土强度过高造成的。④界限破坏。这种破坏类型是一种理想的破坏形态,即混凝土梁的破坏源于钢筋屈服,混凝土压坏,同时预应力筋拉断。⑤黏结破坏。包括预应力筋与胶黏剂界面发生破坏、胶黏剂材料层发生剪拉错层劈裂破坏、胶黏剂与混凝土界面发生破坏、内嵌槽槽边混凝土发生劈裂破坏等,通过实施一些构造措施可以避免发生这种破坏。

6.3　计算假定

(1)截面变形符合平截面假定。

(2)受力钢筋与混凝土之间以及混凝土与预应力筋之间没有滑移。

(3)预应力筋拉断时,受拉钢筋已屈服。在内嵌预应力筋材加固混凝土梁中,预应力筋材在张拉至控制应力后尚有较大的应变余量,所以在一般情况下假定预应力筋拉断时受拉钢筋已屈服。

(4)钢筋、混凝土应力-应变关系按照《混凝土结构设计标准》采用。

(5)预应力筋材按照线弹性材料考虑。

6.4　正截面承载力计算

根据上述可能发生的破坏类型分析,将内嵌预应力筋材加固混凝土梁受弯承载力分为以下几种情况分别进行计算。

6.4.1　钢筋屈服模式下的受弯承载力

加固梁在钢筋屈服时,受压区混凝土一般未达到极限应变,因此,受压区应力曲线尚不饱满。依据《混凝土结构设计标准》中的相关规定,按照合力大小不变,作用点位置不变的原则,将受压区混凝土的应力图形简化为等效的矩形应力图,等效矩形应力大小为 $\alpha_1 f_c$,其中 α_1 为等效矩形应力图系数,$\beta_1 x$ 为受压混凝土合力至混凝土边缘的距离,x 为混凝土受压区高度,β_1 为矩形应力图受压区高度与中性轴高度的比值。参数 α_1 和 β_1 分别由下列公式确定:

$$\alpha_1 = \int_0^{\varepsilon_c} \frac{\sigma_c}{f_c \varepsilon_c} \mathrm{d}\varepsilon_c \tag{6-29}$$

$$\beta_1 = 1 - \frac{\int_0^{\varepsilon_c} \sigma_c \varepsilon_c \mathrm{d}\varepsilon_c}{\varepsilon_c \int_0^{\varepsilon_c} \sigma_c \mathrm{d}\varepsilon_c} \tag{6-30}$$

将混凝土的应力-应变关系分别代入以上两式可得

$$\alpha_1 = \begin{cases} \dfrac{\varepsilon_c}{\varepsilon_0} - \dfrac{\varepsilon_c^2}{3\varepsilon_0^2}, & 0 \leqslant \varepsilon_c \leqslant \varepsilon_0 = 0.002 \\ 1 - \dfrac{\varepsilon_0}{3\varepsilon_0}, & \varepsilon_0 < \varepsilon_c \leqslant \varepsilon_{cu} = 0.0033 \end{cases} \tag{6-31}$$

$$\beta_1 = \begin{cases} \left(\dfrac{1}{3} - \dfrac{\varepsilon_0}{12\varepsilon_0} \right) \Big/ \left(1 - \dfrac{\varepsilon_c}{3\varepsilon_0} \right), & 0 \leqslant \varepsilon_c \leqslant \varepsilon_0 = 0.002 \\ \left[1 - \left(\dfrac{1}{2}\varepsilon_c^2 - \dfrac{1}{12}\varepsilon_0^2 \right) \right] \Big/ \left(\varepsilon_c^2 - \dfrac{1}{3}\varepsilon_c \varepsilon_0 \right), & \varepsilon_0 < \varepsilon_c \leqslant \varepsilon_{cu} = 0.0033 \end{cases} \tag{6-32}$$

图 6-5 所示为钢筋屈服、混凝土未压碎、预应力筋未拉断时加固梁截面应变、应力分布，根据截面几何关系及力的平衡得

$$\varepsilon_s = \varepsilon_{sy} \tag{6-33a}$$

$$\varepsilon_c = \frac{x}{h_s - x} \varepsilon_{sy} \tag{6-33b}$$

$$\varepsilon_p = \frac{h_p - x}{h_s - x} \varepsilon_{sy} \tag{6-33c}$$

$$\varepsilon'_s = \frac{x - a'_s}{h_s - x} \varepsilon_{sy} \tag{6-33d}$$

$$\alpha_1 \beta_1 f_c b x = f_{sy} A_s + (\varepsilon_p + \varepsilon_{pe}) E_p A_p - \varepsilon'_s E'_s A'_s \tag{6-34}$$

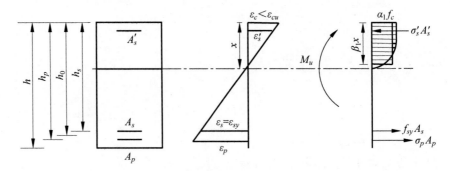

图 6-5 钢筋屈服模式下截面应力、应变分布

联立上述各式可求出受压区高度

$$x = \frac{-B + \sqrt{B - 4AC}}{2A} \tag{6-35}$$

式中：

$$A = \alpha_1 \beta_1 f_c b$$

$$B = \alpha_1 \beta_1 f_c b h_s + f_{sy} A_s + \varepsilon_{sy} E_p A_p + \varepsilon_{pe} E_p A_p + \varepsilon_{sy} E_s' A_s'$$

$$C = f_{sy} A_s + \varepsilon_{sy} E_p A_p h_p + \varepsilon_{pe} E_p A_p h_s + \varepsilon_{sy} E_s' A_s' a_s'$$

根据 $\sum M = 0$ 可得

$$M_u = f_{sy} A_s \left(h_s - \frac{\beta_1 x}{2} \right) + (\varepsilon_p + \varepsilon_{pe}) E_p A_p \left(h_p - \frac{\beta_1 x}{2} \right) + \varepsilon_s' E_s' A_s' \left(\frac{\beta_1 x}{2} - a_s' \right) \quad (6\text{-}36)$$

6.4.2 混凝土压碎模式下的受弯承载力

当加固梁最终破坏模式为混凝土压碎时,截面受压区混凝土达到极限压应变,预应力筋尚未达到极限压应变,如图 6-6 所示。由于混凝土已达到极限压应变,可以按照《混凝土结构设计标准》中关于混凝土梁受弯承载力计算的基本理论将等效矩形应力图形高度系数 β_1 及应力系数 α_1 分别取为 0.8 和 1.0。图 6-6(a)所示为加固梁在混凝土压碎、钢筋未屈服、预应力筋未拉断破坏时的截面应力、应变分布,此时 $\varepsilon_c = \varepsilon_{cu}$,$\varepsilon_s < \varepsilon_{sy}$,$\varepsilon_p < \varepsilon_{py}$。根据应变相容条件和内力平衡条件可得

$$\frac{x}{h_s} = \frac{\varepsilon_{cu}}{\varepsilon_s + \varepsilon_{cu}} \quad (6\text{-}37a)$$

$$\frac{x}{h_p} = \frac{\varepsilon_{cu}}{\varepsilon_p + \varepsilon_{cu}} \quad (6\text{-}37b)$$

$$\frac{x}{a_s'} = \frac{\varepsilon_{cu}}{\varepsilon_{cu} - \varepsilon_s'} \quad (6\text{-}37c)$$

$$0.8 f_{cu} b x = \varepsilon_s E_s A_s + (\varepsilon_{pe} + \varepsilon_p) E_p A_p + \varepsilon_s' E_s' A_s' \quad (6\text{-}38)$$

联立上述四式,可解出

$$x = \frac{-B + \sqrt{B - 4AC}}{2A} \quad (6\text{-}39)$$

式中:

$$A = 0.8 f_{cu} b$$

$$B = \varepsilon_{pe} E_p A_p - \varepsilon_{cu} E_p A_p - \varepsilon_{cu} E_s A_s - \varepsilon_{cu} E_s' A_s'$$

$$C = \varepsilon_{cu} E_p A_p h_p + \varepsilon_{cu} E_s A_s h_s + \varepsilon_{cu} E_s' A_s' a_s'$$

由中性轴高度 x 可以得到此时加固梁受弯承载力

$$M_u = \sigma_p A_p \left(h_p - \frac{\beta_1 x}{2} \right) + \sigma_s A_s \left(h_s - \frac{\beta_1 x}{2} \right) + \sigma_s' A_s' \left(\frac{\beta_1 x}{2} - a_s' \right) \quad (6\text{-}40)$$

式中预应力筋应力 σ_p 及钢筋应力 σ_s、σ_s' 按下式计算:

$$\sigma_p = \sigma_{pe} + \varepsilon_{cu} E_p \frac{h_p - x}{x} \quad (6\text{-}41a)$$

$$\sigma_s = \varepsilon_{cu} E_s \frac{h_s - x}{x} \quad (6\text{-}41b)$$

$$\sigma_s' = \varepsilon_{cu} E_s' \frac{x - a_s'}{x} \quad (6\text{-}41c)$$

图 6-6(b)所示为加固梁在混凝土压碎、钢筋屈服、预应力筋未拉断破坏时的截面应力、应变分布,此时,$\varepsilon_c = \varepsilon_{cu}$,$\varepsilon_s = \varepsilon_{sy}$,$\varepsilon_p < \varepsilon_{py}$。将 $\varepsilon_{sy} E_s = f_{sy}$ 代入上述破坏模式中的公式,并进

行简化,得到关于 x 的一元二次方程:

$$0.8f_{cu}bx^2 + (\varepsilon_{pe}E_pA_p - \varepsilon_{cu}E_pA_p - \varepsilon_{cu}E'_sA'_s + f_yA_s)x - (\varepsilon_{cu}h_pE_pA_p + \varepsilon_{cu}a'_sE'_sA'_s) = 0$$
(6-42)

求解上式可得

$$x = \frac{-B + \sqrt{B - 4AC}}{2A}$$
(6-43)

式中:

$$A = 0.8f_{cu}b$$
$$B = \varepsilon_{pe}E_pA_p - \varepsilon_{cu}E_pA_p + f_{sy}A_s - \varepsilon_{cu}E'_sA'_s$$
$$C = h_p\varepsilon_{cu}E_pA_p + a'_s\varepsilon_{cu}E'_sA'_s$$

从而得到此时加固梁受弯承载力

$$M_u = \sigma_pA_p\left(h_p - \frac{0.8x}{2}\right) + f_{sy}A_s\left(h_s - \frac{0.8x}{2}\right) + \sigma'_sA'_s\left(\frac{0.8x}{2} - a'_s\right)$$
(6-44)

式中预应力筋应力 σ_p 按下式计算:

$$\sigma_p = \sigma_{pe} + \varepsilon_{cu}E_p\frac{h_p - x}{x}$$
(6-45)

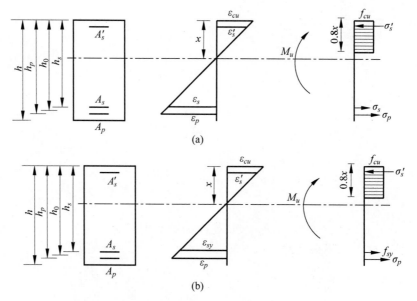

图 6-6   混凝土压碎破坏模式下的截面应力、应变分布
(a) 混凝土压碎,钢筋未屈服;(b) 混凝土压碎,钢筋屈服

6.4.3   预应力筋拉断模式下的受弯承载力

图 6-7 所示为加固梁破坏模式为预应力筋断裂、钢筋屈服,而混凝土未被压碎时的应力、应变分布。此时,$\varepsilon_c \leqslant \varepsilon_{cu}$,$\varepsilon_s \geqslant \varepsilon_{sy}$,$\varepsilon_p \geqslant \varepsilon_{pu}$。根据应变相容条件和内力平衡条件可解得

$$x = \frac{\varepsilon_{pu}h_s - \varepsilon_{sy}h_p}{(\varepsilon_p - \varepsilon_{sy})\beta_1}$$
(6-46)

从而得到加固梁受弯承载力

$$M_u = f_{pu}A_p\left(h_p - \frac{\beta_1 x}{2}\right) + f_{sy}A_s\left(h_s - \frac{\beta_1 x}{2}\right) + \sigma'_s A'_s\left(\frac{\beta_1 x}{2} - a'_s\right) \tag{6-47}$$

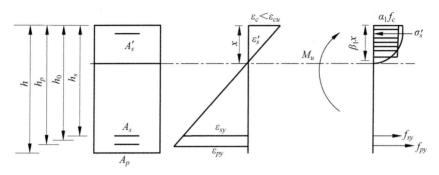

图 6-7　预应力筋拉断模式下截面应力-应变分布

6.4.4　界限破坏模式下的受弯承载力

图 6-8 所示为加固梁在混凝土压碎、钢筋屈服、预应力筋断裂时的应力、应变分布。此时，$\varepsilon_c = \varepsilon_{cu}$，$\varepsilon_s = \varepsilon_{sy}$，$\varepsilon_p = \varepsilon_{pu}$。按照力的平衡方程，可得

$$x = \frac{f_{pu}A_p + f_{sy}A_s}{\alpha_1 f_{cu}b} \tag{6-48}$$

从而得到加固梁受弯承载力

$$M_u = f_{pu}A_p\left(h_p - \frac{x}{2}\right) + f_{sy}A_s\left(h_s - \frac{x}{2}\right) + \sigma'_s A'_s\left(\frac{0.8x}{2} - a'_s\right) \tag{6-49}$$

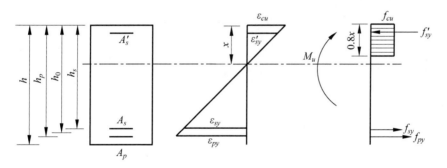

图 6-8　界限破坏模式下截面应力、应变分布

6.5　界限加固量计算

由图 6-8 中的界限破坏模式可知，在界限破坏状态下，预应力筋的应变增量为

$$\varepsilon_p^* = \varepsilon_{pu} - \varepsilon_{pe} - \varepsilon_{pc0} \tag{6-50}$$

此时的应变协调关系为

$$\frac{x}{h_p} = \frac{\varepsilon_{cu}}{\varepsilon_p^* + \varepsilon_{cu}} \tag{6-51}$$

由于预应力筋预压应力所造成的混凝土弹性压缩应变 ε_{pc0} 数值很小,在力的平衡条件中可忽略不计,再代入式 $\sigma_{pe}=\varepsilon_{pe}E_p$,则得到界限破坏状态下力的平衡条件为

$$(\sigma_{pe}+E_p\varepsilon_p^*)A_p+f_{sy}A_s=0.8f_{cu}bx+f'_{sy}A'_s \tag{6-52}$$

将式(6-50)~式(6-52)联立求解即可得到界限加固量

$$A_p^*=\frac{0.8f_{cu}b\varepsilon_{cu}h_p-f_{sy}A_s(\varepsilon_p+\varepsilon_{cu})+f'_{sy}A'_s(\varepsilon_p+\varepsilon_{cu})}{(\varepsilon_p+\varepsilon_{cu})(\varepsilon_{pe}+\varepsilon_p)E_p} \tag{6-53}$$

式中: A_p^* ——预应力筋截面面积。

6.5.1　截面最小加固量的确定

在配筋率及混凝土强度等级一定的情况下,预应力筋加固量过少,即加固用预应力筋的面积 A_p 过小,就可能出现压区混凝土达到极限压应变 ε_{cu} 前预应力筋断裂。虽然这种破坏存在钢筋的屈服过程,破坏时还是可以给人较明显的破坏预兆,但由于预应力筋断裂的突然性,整个梁的破坏呈脆性性质,延性及安全性能较差。为避免这种破坏形式,就需要确定保证预应力筋不被拉断的最小加固量,即截面加固名义最小加固量 $A_{p,\min}$(当拟加固梁承载力设计要求提高相对较小,且原配筋量较小时,加固梁的加固量小于 $A_{p,\min}$ 也可以达到加固的目的,故称名义最小加固量),在这种模式下,预应力筋将被拉断。这种破坏模式如图 6-7 所示,依据图 6-7 所示应力-应变分布,建立力的平衡方程,再联立式(6-47)、式(6-50)可解得最小加固量

$$A_{p,\min}=\frac{\alpha_1\beta_1f_cb(h_p\varepsilon_{sy}-h_s\varepsilon_{py})-f_{sy}A_s(\varepsilon_{sy}-\varepsilon_{py})}{f_{py}(\varepsilon_{sy}-\varepsilon_{py})} \tag{6-54}$$

6.5.2　截面最大加固量的确定

内嵌预应力筋材加固混凝土梁的界限破坏状态同普通混凝土梁相似,即受压区混凝土达到其极限状态时,受拉钢筋屈服,同时预应力筋屈服或被拉断。此时的加固量是保证受拉钢筋屈服、混凝土压碎的最大加固量,因为在配筋率及混凝土强度等级一定的情况下,如果再增大预应力筋加固量,会出现受拉钢筋未屈服混凝土就已经达到其极限状态,预应力筋的强度未被充分利用,且构件的破坏具有突然性,为脆性破坏。界限破坏状态如图 6-8 所示,根据应力几何协调关系可求得最大加固量

$$A_{p,\max}=\frac{0.8f_{cu}b\varepsilon_{cu}h_p-f_{sy}A_s(\varepsilon_p+\varepsilon_{cu})+f'_{sy}A'_s(\varepsilon_p+\varepsilon_{cu})}{(\varepsilon_p+\varepsilon_{cu})(\varepsilon_{pe}+\varepsilon_p)E_p} \tag{6-55}$$

6.5.3　试验梁加固量计算流程

依据上述对截面受弯极限承载力的计算分析,得到内嵌预应力筋材加固混凝土梁最大、最小加固量,进而可确定内嵌预应力筋材加固混凝土梁的加固量参数。本节根据上述分析过程,编制了内嵌预应力筋材加固混凝土梁抗弯加固量计算步骤,其计算流程如图 6-9 所示。

(1)首先对需要加固的混凝土梁进行检测和鉴定,确定预期加固后梁所需承受的极限弯矩值 M。

(2)依据式(3-36)确定可施加的最大预应力,依据相关研究结果确定可施加的最小预应力。

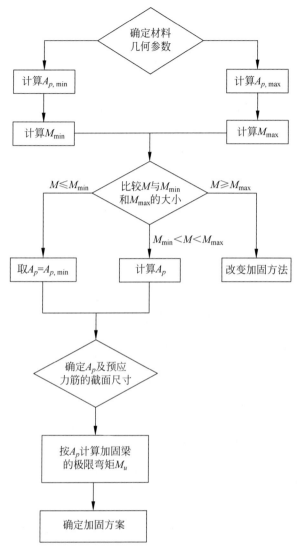

图 6-9　内嵌预应力筋材加固混凝土梁受弯承载力计算流程图

（3）利用式（6-54）计算该梁的最小加固量 $A_{p,\min}$，并按此加固量利用式（6-47）求出该梁加固后能承受的最小弯矩值 $M_{\min}$。

（4）按式（6-55）计算该梁的最大加固量 $A_{p,\max}$，并按此加固量利用式（6-49）求出该梁加固后能承受的最大弯矩值 $M_{\max}$，式中 x 值取界限受压区高度。

（5）将 $M_{\min}$ 和 $M_{\max}$ 与预期加固后梁所需承受的最大极限弯矩值 M 进行比较，看是否能达到加固的目的。

如果 $M \leqslant M_{\min}$，则 $A_{p,\min}$ 就是加固所需的加固量；

如果 M 在 $M_{\min}$ 和 $M_{\max}$ 之间（$M_{\min} < M < M_{\max}$），则根据式（6-47）计算所需要的加固量 A_p；

如果 $M \geqslant M_{\max}$，则说明此加固方法达不到预期的加固目的，需改变加固方法。

（6）根据加固量 A_p 确定内嵌预应力筋材加固方案。

6.6 内嵌预应力筋材加固梁破坏模式判断

根据 6.5 节计算的界限加固量,可以对内嵌预应力筋材加固混凝土梁的破坏模式进行判断。

当 $A_p > A_p^*$ 时,加固梁破坏模式为钢筋屈服或混凝土压碎,即图 6-5 或图 6-6 中(a)、(b)状态,此时预应力筋未拉断;

当 $A_p = A_p^*$ 时,加固梁破坏模式为混凝土压碎,同时预应力筋拉断,即图 6-8 所示的界限破坏模式;

当 $A_p < A_p^*$ 时,加固梁破坏模式为预应力筋拉断,即图 6-7 中的破坏状态,此时混凝土未压碎。

根据上述破坏模式可以确定内嵌预应力筋材加固混凝土梁中预应力筋材的加固量。

对于内嵌预应力筋材加固混凝土梁破坏模式的判定,除按照上述方法判定之外,还可以根据应变协调条件,利用截面受压区高度 x 对加固梁的破坏模式进行判断。

当 $x \geqslant \dfrac{\varepsilon_{cu}}{\varepsilon_{sy} + \varepsilon_{cu}} h_s$ 时,梁处于超筋状态,其破坏模式对应于图 6-5 或图 6-6(a)的状态;

当 $\dfrac{\varepsilon_{cu}}{\varepsilon_p^* + \varepsilon_{cu}} h_p < x < \dfrac{\varepsilon_{cu}}{\varepsilon_y + \varepsilon_{cu}} h_s$ 时,梁仍处于超筋状态,其破坏模式对应于图 6-6(b)的状态;

当 $x = \dfrac{\varepsilon_{cu}}{\varepsilon_p^* + \varepsilon_{cu}} h_p$ 时,梁处于界限破坏,其破坏模式对应于图 6-8 的状态;

当 $x < \dfrac{\varepsilon_{cu}}{\varepsilon_p^* + \varepsilon_{cu}} h_p$ 时,梁处于少筋状态,其破坏模式对应于图 6-7 的状态。

由上述分析可见,进行加固梁受弯承载能力计算也可以依据截面受压区高度 x 首先判断属于哪种破坏模式,然后根据相关公式求出极限承载力。

6.7 影响内嵌预应力筋材加固混凝土梁承载力的因素

影响加固梁承载能力的因素很多,其中主要因素有筋材加固量、初始预应力水平及加固方式。本节将根据上节理论计算结果对这三个参数与承载力之间的关系进行分析,探讨合适的加固参数。

6.7.1 加固量

以 BPS-45 和 BPF-45 加固梁为例分析预应力筋材加固量对加固梁开裂荷载、屈服荷载和极限荷载的影响,如图 6-10 所示,图中 c 代表混凝土开裂,y 代表钢筋屈服,u 代表极限状态,以下同。从图中可以看出,不论是内嵌预应力螺旋肋钢丝加固混凝土梁还是内嵌预应力CFRP 加固混凝土梁,其开裂荷载、屈服荷载和极限荷载均随加固量的增加而增加。从图中还可以看出,当加固量较小时,三种特征荷载随加固量的增加提高幅度较大;当加固量较大时,三种荷载随加固量增加,其提高幅度有减小的趋势。这种现象说明,加固量对承载力的有利影响是有一定范围的,超过这一范围,将会改变加固梁的破坏模式,改变梁的破坏性质。

如加固量过大时,加固梁的破坏将会由适筋梁破坏转变为超筋梁破坏,后者的破坏是由于混凝土压碎引起的,其极限承载力的大小取决于混凝土强度的大小。从曲线图可见,内嵌三根预应力筋材加固混凝土梁的加固效果较好。

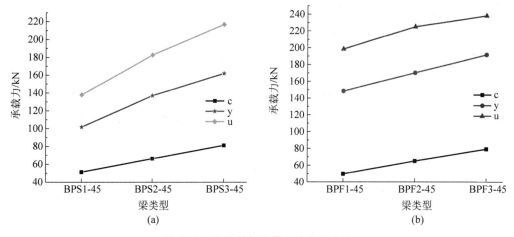

图 6-10　加固量与承载力的关系曲线

(a) BPS；(b) BPF

6.7.2　初始预应力水平

1. 单一筋材加固时,初始预应力水平变化对承载力的影响

以 BPS2 和 BPF2 加固梁为例分析预应力筋材初始预应力水平对加固梁开裂荷载、屈服荷载和极限荷载的影响,如图 6-11 所示,从曲线图可见,两种筋材对加固梁特征荷载的影响趋势基本相似。由图可见,初始预应力水平对屈服荷载和极限荷载的影响很小,而对开裂荷载影响较大,加固梁开裂荷载随初始预应力水平的增加而增加。从图中还可以看出,当初始预应力水平由 30% 增加到 45% 时,开裂荷载提高幅度较明显,而当初始预应力水平由 45% 增加到 60% 时,开裂荷载提高很小,说明初始预应力水平对承载力的影响也是有限的。过高的预应力不但对加固梁起不到有利的影响,反而会造成预应力筋材的过早拉断,导致加固梁发生早期脆性破坏。从曲线图可见,内嵌初始预应力水平为 45% 的预应力筋材加固混凝土梁的加固效果较好。

2. 混杂筋材加固时,初始预应力水平变化对承载力的影响

以 BF1P2 加固梁为例分析初始预应力水平对混杂筋材加固梁开裂荷载、屈服荷载和极限荷载的影响,如图 6-12 所示。从曲线图可见,在加固量相同情况下,初始预应力水平对混杂筋材加固混凝土梁极限承载力的影响很小,而对开裂荷载和屈服荷载则有不同程度的影响。随初始预应力水平的增加,开裂荷载呈线性增长;对于屈服荷载,当初始预应力水平较小时,随初始预应力水平的增加而增加,当初始预应力水平较大时,随初始预应力水平的增加提高幅度较小。从图中还可以看出,BF1P2-45(S)是一种比较理想的加固方式,因为 BF1P2-30(S)的初始预应力水平偏低,造成加固后梁的开裂荷载、屈服荷载提高都较小,加固效果不明显;而 BF1P2-60(S)的初始预应力水平则偏高,加固梁开裂荷载、屈服荷载提高较大,以至于钢筋屈服后不久加固梁就面临着破坏,其安全性能不高,类似于脆性破坏。因此,相比较而言,BF1P2-45(S)的加固方法较为理想。

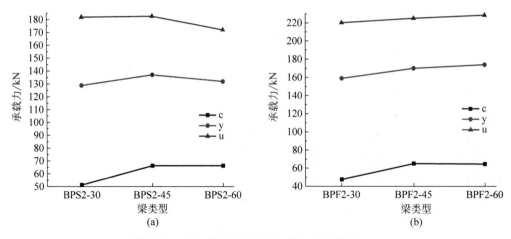

图 6-11 初始预应力水平与承载力关系曲线（一）

（a）BPS2；（b）BPF2

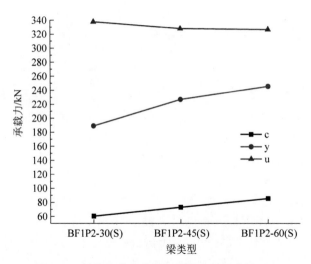

图 6-12 初始预应力水平与承载力关系曲线（二）

6.7.3 加固方式

1. 单一筋材不同加固方式

以 BS2P1-45、BS1P2-45、BPS3-45 为例分析单一筋材加固混凝土梁对加固梁开裂荷载、屈服荷载和极限荷载的影响，如图 6-13（a）所示。从曲线图可见，开裂荷载、屈服荷载随加固筋材中预应力筋材和非预应力筋材比例的变化而变化，当内嵌预应力筋材由一根增加为两根、非预应力筋材由两根减小为一根时，即由 BS2P1-45 加固方式变为 BS1P2-45 加固方式时，加固梁开裂荷载提高较为明显，屈服荷载变化则不太明显，而当内嵌预应力筋材由两根增加为三根时，即加固梁的加固方式由 BS1P2-45 改为 BPS3-45（加固筋材全部为预应力筋）时，其开裂荷载提高幅度较前阶段小，而屈服荷载则有明显增加。根据上述分析可知，BS1P2-45 的加固方式较为理想。

2. 混杂筋材不同加固方式

以 BPS3-45、BF1P2-45(S)、BF2P1-45(S)、BPF3-45 为例来分析混杂筋材加固混凝土梁对加固梁开裂荷载、屈服荷载和极限荷载的影响,如图 6-13(b)所示。从曲线图可见,单一筋材加固的混凝土梁,即 BPS3-45、BPF3-45(S)的开裂荷载明显大于混杂筋材加固的混凝土梁,即 BF1P2-45、BF2P1-45(S),而前者的屈服荷载和极限荷载则相对小于后者。从整个曲线图可见,BF1P2-45(S)加固混凝土梁是一种比较理想的加固方式,因为由单一筋材加固的混凝土梁,虽然其开裂荷载提高较为明显,但其屈服荷载和极限荷载由于受加固量及材料本身性能的影响而提高不大。这是由于预应力的存在,消耗了筋材的部分应变,导致用于承担外荷载的有效极限应变相对减小。从图中可以很明显地看出,BPS3-45、BPF3-45(S)加固梁的屈服荷载和极限荷载较为接近,因此,这两种预应力筋加固的混凝土梁的破坏可能是由于筋材被拉断而引起的早期破坏形态,从而影响了加固梁极限承载力的提高,加固效果不理想。而 BF2P1-45(S)加固梁,由于预应力筋加固量的减小,其开裂荷载提高很小,达不到预期的加固效果。因此,BF1P2-45(S)加固混凝土梁是一种比较理想的加固方式。

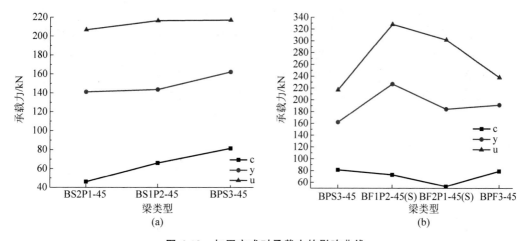

图 6-13　加固方式对承载力的影响曲线
(a) 单一筋材不同加固方式; (b) 混杂筋材不同加固方式

6.8　本章小结

本章通过对影响加固梁承载能力的因素进行分析,得到以下有益的结论:

(1) 通过对内嵌预应力筋材加固混凝土梁受弯性能进行分析可知,内嵌预应力筋材加固梁的承载能力计算与普通钢筋混凝土梁有所不同。本章依据钢筋混凝土梁受弯承载力计算的基本原理,对内嵌预应力筋材加固混凝土矩形截面梁进行了混凝土开裂前的弹性分析及混凝土开裂后的非线性分析,并在非线性分析的基础上,结合加固梁可能发生的破坏模型,推导出了切实可行的内嵌预应力筋材加固混凝土梁受弯承载能力计算公式。

(2) 根据内嵌预应力筋材加固混凝土梁受弯承载力分析结果,提出了加固梁发生界限破坏时的预应力筋界限加固量 A_p^* 计算公式,以及加固梁破坏模式的两种判断依据,给出了内嵌预应力筋材加固混凝土梁最大加固量 $A_{p,\max}$、最小加固量 $A_{p,\min}$ 的表达式,并以此编制了加固梁设计步骤流程图。

（3）不论是内嵌预应力螺旋肋钢丝加固混凝土梁还是内嵌预应力 CFRP 加固混凝土梁，其开裂荷载、屈服荷载和极限荷载均随加固量的增加而增加，但加固量对承载力的有利影响是有一定范围的，超过这一范围，将会改变加固梁的破坏模式，改变梁的破坏性质。从加固量的角度进行比较可知，内嵌三根预应力筋材加固混凝土梁的加固效果较为理想。

（4）初始预应力水平对屈服荷载和极限荷载的影响很小，而对开裂荷载影响较大，加固梁开裂荷载随初始预应力水平的增加而增加。而初始预应力水平对承载力的影响也是有限的。过高的预应力不但对加固梁起不到有利的影响，反而会造成预应力筋材的过早拉断，导致加固梁发生早期脆性破坏，从初始预应力水平的角度进行比较可知，预应力水平为加固筋材抗拉强度的 45% 时，加固效果较为理想。

（5）不同加固方式的加固梁，其开裂荷载、屈服荷载随加固筋材中预应力筋材和非预应力筋材比例的变化而变化，当内嵌预应力筋材由一根增加为两根、非预应力筋材由两根减少为一根时，加固梁开裂荷载提高较为明显，屈服荷载变化则不太明显；而当内嵌预应力筋材由两根增加为三根时，其开裂荷载提高幅度较前阶段小，而屈服荷载则有明显增加。根据分析可得，当加固梁中内嵌预应力筋材与非预应力筋材的比例为 $n=2$ 时，加固效果较为理想。且在不同加固方式下，单一筋材加固混凝土梁的开裂荷载明显大于混杂筋材加固混凝土梁，而前者的屈服荷载和极限荷载则相对小于后者。因此，从加固效果及安全性的角度分析，内嵌预应力混杂筋材加固混凝土梁是一种比较理想的加固方式。

第7章

内嵌预应力筋材加固混凝土梁变形及裂缝验算

钢筋混凝土构件除应满足承载能力极限状态的要求以保证其安全性外,还应满足正常使用极限状态的要求,以保证其安全性和耐久性。对于钢筋混凝土结构构件,裂缝的产生和扩展使构件刚度降低,变形增大,当它处于有侵蚀性介质或高湿度环境中时,裂缝过宽还将导致钢筋锈蚀,影响构件的耐久性。对于某些结构构件,过大的变形将损害甚至使构件完全丧失所应负担的使用功能,或引起非结构构件的损坏。同时,当裂缝宽度和挠度达到一定程度后,还会有损结构美观,造成不安全感。因此,对钢筋混凝土构件除按要求进行承载力计算外,还应进行变形及裂缝宽度验算。

对于普通钢筋混凝土梁,《混凝土结构设计标准》给出了变形和裂缝宽度计算公式。由于内嵌预应力筋材加固混凝土梁的特殊性,其变形及裂缝计算与普通加固梁及预应力钢筋混凝土梁均有所不同。因此,本章依据普通钢筋混凝土梁裂缝及变形计算原理,对内嵌预应力筋材加固混凝土梁的变形及裂缝发展情况进行分析、计算。

7.1 内嵌预应力筋材加固梁变形计算特点

与内嵌非预应力筋材加固梁相比,内嵌预应力筋材加固梁变形计算主要有以下两个不同特点:①由于预应力的存在,预应力筋材加固梁的开裂荷载相对较高;②在加固梁开裂直至破坏阶段,预应力筋材相对钢筋及粘贴部位混凝土具有超前应变,在一定程度上减小了相应荷载下的钢筋应变。而与预应力钢筋混凝土梁相比,预应力筋材加固梁也有不同的特点:预应力筋材加固梁由于所施加的预应力相对较小,虽然可以在一定程度上提高加固梁的开裂荷载,但这种作用相对较小,加固梁的主要受力阶段仍然是带裂缝工作,其主要受力阶段与普通混凝土梁类似。正是由于预应力筋材加固梁具有这种特点,在进行预应力筋材加固梁变形计算时可以在普通混凝土梁挠度计算公式的基础上,进一步考虑筋材的预应力对钢筋应力的降低作用,从而达到变形计算的目的。

7.2 内嵌预应力筋材加固梁变形基本计算公式

内嵌预应力筋材加固混凝土受弯构件的挠度变形由两部分组成:一部分是由荷载产生的挠度 f_1,另一部分是由预应力所产生的反拱 f_2。在本书试验中,内嵌预应力筋加固梁的

挠度测量值均未计入反拱挠度,仅为由荷载引起的挠度。所以加固梁的挠度为

$$f = f_1 - f_2 \tag{7-1}$$

$$f_1 = R\frac{Ml^2}{EI} = R\frac{Ml^2}{B}, \quad f_2 = 2\frac{N_p e_p l^2}{8E_c I_0} \tag{7-2}$$

式中:R——与荷载形式、支承条件有关的荷载效应系数,如本书试验梁为简支梁,计算跨中挠度时,$R = 23/216$;

l——梁的计算跨度;

B——梁的截面抗弯刚度,其物理意义就是欲使截面产生单位转角所需施加的弯矩,它体现了截面抵抗弯曲变形的能力;

N_p——混凝土法向预应力等于零时预应力和非预应力钢筋的合力;

e_p——混凝土法向预应力等于零时全部纵向预应力和非预应力钢筋的合力 N_p 的作用点至受拉区纵向预应力和非预应力钢筋合力点的距离。

对于材料力学中研究的梁,梁的刚度为常数,即梁的挠度 f 与弯矩 M 为直线关系。而对于混凝土加固梁,上述关于匀质弹性材料梁的力学概念仍然适用,但不同之处在于加固梁是不均匀非弹性材料,因而其截面抗弯刚度不是常数而是变化的,因此在进行加固梁挠度变形计算前必须对加固梁刚度进行分析。

7.2.1 加固梁刚度分析

根据文献[298]所述,在进行钢筋混凝土梁刚度分析时主要有以下分析方法。

1. 忽略受拉混凝土的截面分析方法

忽略受拉混凝土的截面分析方法在对钢筋混凝土梁进行刚度分析时,对开裂截面进行分析,忽略受拉混凝土对刚度的有利影响。一般数值分析时采用该方法。

2. 解析刚度法

解析刚度法是以分析影响刚度的主要因素为基础而建立的。钢筋混凝土梁受拉区和受压区的平均应变决定了曲率的大小,影响刚度的主要因素是受拉区的裂缝和受压区的混凝土非弹性变形,受压区混凝土平均应变及受拉钢筋平均应变是刚度分析的主要内容,在理论推导的基础上以试验资料的统计进行具体参数的回归分析。我国的《混凝土结构设计标准》从 TJ-10-74 直至现行的 GB 50010—2010 版本,一直采用解析刚度法。

3. 有效惯性矩法

有效惯性矩法是直接由试验资料的统计分析得出带裂缝工作阶段刚度的经验表达式,如 Branson 经验公式,在现行美国规范中即采用该方法。

本节采用解析法对内嵌预应力筋材加固钢筋混凝土梁在混凝土梁开裂后的刚度进行分析。

当加固混凝土梁截面和材料给定后,梁的 EI 为常数,即梁的挠度 f 与弯矩 M 为直线关系。前面已指出加固梁受弯时其刚度并不是一个常数,而是随荷载的增加而改变,亦即截面抗弯刚度与混凝土梁裂缝的出现及扩展有关,因此,加固梁的变形计算可以归结为拉区存在裂缝情况下的截面刚度问题。混凝土开裂前,梁处于弹性工作阶段,在梁的纯弯段内,压区混凝土应变 ε_c 及受拉钢筋应变 ε_s 沿梁长近乎均匀分布,当到达裂缝出现弯矩 M_{cr} 后,受拉区混凝土拉应力达到混凝土抗拉强度 f_t,在梁混凝土抗拉强度最弱的截面上将出现第一

批裂缝。随着 M 的增大,拉区混凝土裂缝将陆续出现,直到裂缝间距趋于稳定以后,裂缝在纯弯段内近乎等间距分布。试验表明,裂缝稳定后,加固梁钢筋、混凝土及预应力筋的应变分布具有以下特征:

(1) 预应力筋应变增量 ε_p 沿梁长是非均匀分布的,呈波浪形变化。预应力筋的应变峰值在开裂截面处,在裂缝中间处预应力筋的应变较小,这是因为开裂截面拉区混凝土退出工作,绝大部分应力都由钢筋和混凝土承担。而在裂缝之间,由于钢筋和混凝土之间存在黏结力 τ,预应力筋和混凝土之间也存在黏结力,它们均要向混凝土传递,使混凝土参与受拉,距开裂截面越远,τ 的积累越多,混凝土参与受拉的程度越大,预应力筋的应力就越小,因此,ε_p 在裂缝之间呈波浪形变化。

(2) 随 M 增加,开裂截面 ε_p 增大,由于裂缝处黏结力逐渐遭到破坏,裂缝间预应力筋的平均应变 $\bar{\varepsilon}_p$ 与开裂截面 ε_p 的差值 $\Delta\varepsilon_p$ 减小,混凝土参与受拉程度减小。M 越大,$\bar{\varepsilon}_p$ 越接近于开裂截面预应力筋应变 ε_p。

(3) 由于裂缝的影响,混凝土梁的中性轴高度 x_n 在纯弯段内也是变化的,开裂截面 x_n 较小,裂缝之间截面 x_n 较大,因此,纯弯段内中性轴高度为平均中性轴高度 $\bar{x}_n$,该截面称为"平均截面"。随 M 增大,平均中性轴高度 $\bar{x}_n$ 减小。

7.2.2　加固梁刚度计算

上文分析了加固梁裂缝出现后的应变分布特点,问题是如何建立起考虑上述特点的刚度计算公式。

在材料力学中,截面刚度 EI 与截面内力及变形的关系为 $\phi=M/EI$,此式是通过平截面假定给出的应变曲率的几何关系 $\phi=\varepsilon/y$,弹性材料服从胡克定律给出的应力-应变物理关系 $\varepsilon=\sigma/E$,以及按直线应力分布给出的应力与内力的平衡关系 $\sigma=My/I$。建立起来的,上述三个关系的具体内容对于加固后带裂缝工作的钢筋混凝土梁均不再适用。但是,通过三个关系建立刚度计算公式的一般途径仍然是有效的,只是在每一关系中需要赋予适合加固梁特点的参数:

(1) 几何关系。虽然混凝土及预应力筋、钢筋的应变由于裂缝的影响沿梁长是非均匀的,但平均应变 $\bar{\varepsilon}_c$、$\bar{\varepsilon}_s$、$\bar{\varepsilon}_p$ 及平均中性轴在纯弯段内是不变的,而且符合平截面假定,即

$$\phi=\frac{\bar{\varepsilon}_p+\bar{\varepsilon}_c}{h_p}=\frac{\bar{\varepsilon}_s+\bar{\varepsilon}_c}{h_s} \tag{7-3}$$

故有

$$\phi=\frac{\bar{\varepsilon}_s+\bar{\varepsilon}_c}{h_s}=\frac{\dfrac{h_p}{h_s}(\bar{\varepsilon}_s+\bar{\varepsilon}_c)-(\bar{\varepsilon}_s+\bar{\varepsilon}_c)}{h_p-h_s} \tag{7-4}$$

(2) 物理关系。压区混凝土的平均应变接近于开裂截面应变,考虑到混凝土的塑性变形,引入混凝土变形模量 $E_c'=\nu E_c$,则

$$\bar{\varepsilon}_c=\frac{\sigma_c}{\nu E_c} \tag{7-5}$$

钢筋在屈服以前服从胡克定律,$\bar{\varepsilon}_s=\bar{\sigma}_s/E_s$,考虑到拉区混凝土参与工作,引入钢筋应变不均匀系数 ψ,则可建立钢筋应变 $\bar{\varepsilon}_s$ 与开裂面钢筋应变(力)σ_s 的关系式

$$\bar{\varepsilon}_s = \psi\varepsilon_s = \psi\sigma_s/E_s, \quad \bar{\varepsilon}_p = \frac{h_p - \xi_n h_0}{h_s - \xi_n h_0}\varepsilon_s \tag{7-6}$$

（3）平衡关系。将开裂截面混凝土压应力图形用等效矩形应力图来代替，其平均应力为 $\omega\sigma_c$，压区高度为 ξh_0，设内力臂分别为 ηh_0、βh_p，则此处一下引入了 ω、ξ、η、β 四个未知参量，我们仍以图 5-8 所列平衡方程作为求解前提，并可以考虑材料的塑性特点。

1. 混凝土开裂前刚度计算

加固梁开裂前，截面符合弹性材料特征，并考虑混凝土的塑性特征，将加固梁开裂前刚度表达为[299-300]

$$B = 0.85E_c I_0 \tag{7-7}$$

式中：E_c——混凝土的弹性模量；

I_0——加固梁换算截面惯性矩。

2. 混凝土开裂后刚度计算

混凝土梁开裂后，截面应力-应变关系如图 6-3 所示，对压区混凝土作用力合力点取矩得

$$M = \sigma_s A_s(h_s - y_c) + \sigma_p A_p(h_p - y_c) + \sigma'_s A'_s(y_c - a'_s) \tag{7-8}$$

对受拉钢筋作用重心取矩得

$$M = C(h_s - y_c) + \sigma_p A_p(h_p - h_s) + \sigma'_s A'_s(h_s - a'_s) \tag{7-9}$$

由 $n_s = E_s/E_c$，$n_p = E_p/E_c$，$n'_s = E'_s/E_c$ 以及有关应变的几何关系可知

$$\sigma_p = E_p\varepsilon_p = \frac{E_p}{E_s}\frac{h_p - \xi_n h_0}{h_s - \xi_n h_0}\sigma_s \tag{7-10}$$

$$\sigma'_s = E'_s\varepsilon'_s = \frac{E'_s}{E_s}\frac{\xi_n h_0 - a'_s}{h_s - \xi_n h_0}\sigma_s \tag{7-11}$$

将式（7-10）及式（7-11）代入式（7-8）得

$$\sigma_s = \frac{M}{A_s(h_s - y_c) + A_p(h_p - y_c)\frac{E_p}{E_s}\frac{h_p - \xi_n h_0}{h_s - \xi_n h_0} + A'_s(y_c - a'_s)\frac{E'_s}{E_s}\frac{\xi_n h_0 - a'_s}{h_s - \xi_n h_0}} \tag{7-12}$$

令

$$W_{s1} = A_s(h_s - y_c) + A_p(h_p - y_c)\frac{E_p}{E_s}\frac{h_p - \xi_n h_0}{h_s - \xi_n h_0} + A'_s(y_c - a'_s)\frac{E'_s}{E_s}\frac{\xi_n h_0 - a'_s}{h_s - \xi_n h_0}$$

则

$$\sigma_s = \frac{M}{W_{s1}} \tag{7-13}$$

（1）当 $\sigma_c \leqslant \frac{1}{3}f_c$ 时，即混凝土满足线性应力-应变关系，由前节分析得

$$\sigma_p = E_p\varepsilon_p = n_p\frac{h_p - \xi_n h_0}{\xi_n h_0}\sigma_c \tag{7-14}$$

$$\sigma'_s = E'_s\varepsilon'_s = n'_s\frac{h_p - \xi_n h_0}{\xi_n h_0}\sigma_c \tag{7-15}$$

将式（7-14）及式（7-15）代入式（7-9）得

$$M = C_1 A_p\sigma_c + C\left(h_s - \frac{1}{3}\xi_n h_0\right) + C_2 A'_s\sigma_c \tag{7-16}$$

$$C_1 = n_p \frac{h_p - \xi_n h_0}{\xi_n h_0}(h_p - h_s)$$

$$C_2 = n_s' \frac{h_p - \xi_n h_0}{\xi_n h_0}(h_s - a_s')$$

而

$$C = \frac{1}{2}\sigma_c \xi_n h_0 b, \quad y = \frac{1}{3}\xi_n h_0$$

代入式(7-16)得

$$\sigma_c = \frac{M}{C_1 A_p + \frac{1}{2}\xi_n h_0 b\left(h_s - \frac{1}{3}\xi_n h_0\right) + C_2 A_s'} \tag{7-17}$$

并令

$$W_{c1} = C_1 A_p + C\left(h_s - \frac{1}{3}\xi_n h_0\right) + C_2 A_s'$$

代入式(7-17)得

$$\sigma_c = \frac{M}{W_{c1}} \tag{7-18}$$

将式(7-13)、式(7-18)及式(7-5)、式(7-6)代入式(7-4)得

$$\phi = \frac{M}{EI} = \frac{\bar{\varepsilon}_s + \bar{\varepsilon}_c}{h_s} = \frac{\dfrac{\psi\sigma_s}{E_s} + \dfrac{\sigma_c}{\nu E_c}}{h_s} = \frac{\dfrac{\psi M}{E_s W_{s1}} + \dfrac{M}{\nu E_c W_{c1}}}{h_s} \tag{7-19}$$

$$EI = \frac{h_s}{\dfrac{\psi}{E_s W_{s1}} + \dfrac{1}{\nu E_c W_{c1}}} \tag{7-20}$$

(2) 同理,当 $\varepsilon_c \leqslant \varepsilon_0$ 时,有 $C = f_c \xi_n h_0 b \dfrac{\varepsilon_c}{\varepsilon_0}\left(1 - \dfrac{\varepsilon_c}{3\varepsilon_0}\right)$,并得到 $y_c = \dfrac{1 - \dfrac{\varepsilon_c}{4\varepsilon_0}}{3 - \dfrac{\varepsilon_c}{\varepsilon_0}}\xi_n h_0$。若将 C 代

入式(7-16),将出现复杂的非线性计算。首先来看此处 C 值成立的条件: $\sigma_c \geqslant \dfrac{1}{3}f_c$,$\varepsilon_c \leqslant \varepsilon_0$,即

$$\sigma_c = f_c \frac{\varepsilon_c}{\varepsilon_0}\left(2 - \frac{\varepsilon_c}{\varepsilon_0}\right) \geqslant \frac{1}{3}f_c \tag{7-21}$$

即有

$$\frac{\varepsilon_c}{\varepsilon_0}\left(2 - \frac{\varepsilon_c}{\varepsilon_0}\right) \geqslant \frac{1}{3}$$

将上式变化得

$$\left(\frac{\varepsilon_c}{\varepsilon_0}\right)^2 - 2\frac{\varepsilon_c}{\varepsilon_0} + \frac{1}{3} \leqslant 0$$

上式取等号,有

$$\left(\frac{\varepsilon_c}{\varepsilon_0}\right)^2 - 2\frac{\varepsilon_c}{\varepsilon_0} + \frac{1}{3} = 0$$

解得

$$\frac{\varepsilon_c}{\varepsilon_0} = 1 \pm 0.82 \tag{7-22}$$

因为 $\frac{\varepsilon_c}{\varepsilon_0} \leqslant 1$，所以取 $\frac{\varepsilon_c}{\varepsilon_0} = 0.18$，此即为 $\frac{\varepsilon_c}{\varepsilon_0}$ 的最小值，最大值为 1。

所以在 $C = f_c \xi_n h_0 b \frac{\varepsilon_c}{\varepsilon_0} \left(1 - \frac{\varepsilon_c}{3\varepsilon_0}\right)$ 中近似地取 $1 - \frac{\varepsilon_c}{3\varepsilon_0} = \frac{4}{5}$，这样引起的误差很小，由于混凝土受力相对钢筋来说本来就小，在上述公式中引起的总误差会更小。则

$$C = \frac{4}{5} f_c \xi_n h_0 b \frac{\varepsilon_c}{\varepsilon_0}, \quad y_c = \frac{17}{48} \xi_n h_0 \tag{7-23}$$

将式(7-23)代入式(7-9)，并注意到

$$\sigma_p = E_p \varepsilon_p = E_p \frac{h_p - \xi_n h_0}{\xi_n h_0} \varepsilon_c \tag{7-24}$$

$$\sigma'_s = E'_s \varepsilon'_s = E'_s \frac{\xi_n h_0 - a'_s}{\xi_n h_0} \varepsilon_c \tag{7-25}$$

有

$$M = C_3 E_p A_p \varepsilon_c + C \left(h_s - \frac{17}{48} \xi_n h_0\right) + C_4 E'_s A'_s \varepsilon_c \tag{7-26}$$

式中：

$$C_3 = \frac{h_p - \xi_n h_0}{\xi_n h_0} (h_p - h_s), \quad C_4 = \frac{\xi_n h_0 - a'_s}{\xi_n h_0} (h_s - a'_s)$$

故有

$$\varepsilon_c = \frac{M}{C_3 E_p A_p \varepsilon_c + \frac{4}{5} f_c \xi_n h_0 b \frac{1}{\varepsilon_0} \left(h_s - \frac{17}{48} \xi_n h_0\right) + C_4 E'_s A'_s \varepsilon_c} \tag{7-27}$$

令

$$E_c W_{c2} = C_3 E_p A_p \varepsilon_c + C \left(h_s - \frac{17}{48} \xi_n h_0\right) + C_4 E'_s A'_s \varepsilon_c$$

则有

$$\varepsilon_c = \frac{M}{E_c W_{c2}} \tag{7-28}$$

同理，将

$$\sigma_p = E_p \varepsilon_p = E_p \frac{h_p - \xi_n h_0}{h_s - \xi_n h_0} \varepsilon_s \tag{7-29}$$

$$\sigma_s = E_s \varepsilon_s \tag{7-30}$$

$$\sigma'_s = E'_s \varepsilon'_s = E'_s \frac{\xi_n h_0 - a'_s}{h_s - \xi_n h_0} \varepsilon_s \tag{7-31}$$

以及式(7-23)代入式(7-8)得

$$M = E_s (h_s - y_c) A_s \varepsilon_s + E_p \frac{h_p - \xi_n h_0}{h_s - \xi_n h_0} (h_p - y_c) A_p \varepsilon_s + E'_s \frac{\xi_n h_0 - a'_s}{h_s - \xi_n h_0} (y_c - a'_s) A'_s \varepsilon_s$$

简化后得

$$M = C_5 A_s \varepsilon_s + C_6 A_p \varepsilon_s + C_7 A'_s \varepsilon_s \tag{7-32}$$

式中：

$$C_5 = E_s \left(h_s - \frac{17}{48} \xi_n h_0 \right)$$

$$C_6 = E_p \frac{h_p - \xi_n h_0}{h_s - \xi_n h_0} \left(h_p - \frac{17}{48} \xi_n h_0 \right)$$

$$C_7 = E'_s \frac{\xi_n h_0 - a'_s}{h_s - \xi_n h_0} \left(\frac{17}{48} \xi_n h_0 - a'_s \right)$$

则

$$\varepsilon_s = \frac{M}{C_5 A_s + C_6 A_p + C_7 A'_s} \tag{7-33}$$

令

$$E_s W_{s2} = C_5 A_s + C_6 A_p + C_7 A'_s$$

故式(7-33)成为

$$\varepsilon_s = \frac{M}{E_s W_{s2}} \tag{7-34}$$

将式(7-28)及式(7-34)代入式(7-4)，并注意到式(7-5)、式(7-6)的关系，有

$$\phi = \frac{M}{EI} = \frac{\bar{\varepsilon}_s + \bar{\varepsilon}_c}{h_s} = \frac{\psi \varepsilon_s + \dfrac{\varepsilon_c}{\nu}}{h_s} = \frac{\dfrac{\psi M}{E_s W_{s2}} + \dfrac{M}{\nu E_c W_{c2}}}{h_s}$$

得

$$EI = \frac{h_s}{\dfrac{\psi}{E_s W_{s2}} + \dfrac{1}{\nu E_c W_{c2}}} \tag{7-35}$$

将式(7-23)代入式(6-18)求解 ξ_n，如求得的 $\xi_n \leqslant \dfrac{\varepsilon_c}{\varepsilon_c + \varepsilon_s}$，则说明钢筋已屈服，应取 $\sigma_s = f_y$，按式(6-18)重新求解 ξ_n，并由式(7-26)~式(7-35)重新求解加固梁的刚度。

（3）当 $\varepsilon_c > \varepsilon_0$ 时，混凝土应力-应变关系根据式(6-3)分两阶段求解，设 $\varepsilon_c = \varepsilon_0$ 的点距中性轴的距离为 y_0，将式(6-3)代入式(6-14)得

$$C = f_c b \xi_n h_0 \left(1 - \frac{1}{3} \frac{\varepsilon_0}{\varepsilon_c} \right) \tag{7-36}$$

因为 $\varepsilon_c > \varepsilon_0$，$\varepsilon_c / \varepsilon_0 > 1$，且 $\dfrac{\varepsilon_c}{\varepsilon_0} \leqslant \dfrac{\varepsilon_u}{\varepsilon_0} = 1.65$，故

$$\frac{1}{1.65} \leqslant \frac{\varepsilon_0}{\varepsilon_c} < 1$$

根据相关研究，取 $\dfrac{\varepsilon_0}{\varepsilon_c} = 0.65$，引起 25% 误差，所以式(7-36)成为

$$C = 0.39 f_c \xi_n h_0 b \tag{7-37}$$

将 $\dfrac{\varepsilon_0}{\varepsilon_c} = 0.65$ 代入式(6-28)得

$$y_c = 0.41 \xi_n h_0 \tag{7-38}$$

将式(7-37)及式(7-38)代入式(7-9)得

$$M = C_3 E_p A_p \varepsilon_c + C(h_s - 0.41\xi_n h_0) + C_4 E_s' A_s' \varepsilon_c \tag{7-39}$$

则

$$\varepsilon_c = \frac{M}{C_3 E_p A_p + \dfrac{1}{2} f_c \xi_n h_0 b \dfrac{1}{\varepsilon_0}(h_s - 0.41\xi_n h_0) + C_4 E_s' A_s'} \tag{7-40}$$

令

$$E_c W_{c3} = C_3 E_p A_p \varepsilon_c + \frac{4}{5} f_c \xi_n h_0 b \frac{1}{\varepsilon_0}\left(h_s - \frac{17}{48}\xi_n h_0\right) + C_4 E_s' A_s' \varepsilon_c$$

则

$$\varepsilon_c = \frac{M}{E_c W_{c3}} \tag{7-41}$$

将式(7-37)及式(7-38)代入式(7-8)得

$$M = C_8 E_s A_s \varepsilon_s + C_9 E_p A_p \varepsilon_s + C_{10} E_s' A_s' \varepsilon_s \tag{7-42}$$

式中：

$$C_8 = h_s - 0.41\xi_n h_0$$

$$C_9 = \frac{h_p - \xi_n h_0}{h_s - \xi_n h_0}(h_p - 0.41\xi_n h_0)$$

$$C_{10} = \frac{\xi_n h_0 - a_s'}{h_s - \xi_n h_0}(0.41\xi_n h_0 - a_s')$$

则有

$$\varepsilon_s = \frac{M}{C_8 E_s A_s + C_9 E_p A_p + C_{10} E_s' A_s'} \tag{7-43}$$

令

$$E_s W_{s3} = C_8 E_s A_s + C_9 E_p A_p + C_{10} E_s' A_s'$$

故有

$$\varepsilon_s = \frac{M}{E_s W_{s3}} \tag{7-44}$$

将式(7-41)、式(7-44)代入式(7-20)得

$$EI = \frac{h_s}{\dfrac{\psi}{E_s W_{s3}} + \dfrac{1}{\nu E_c W_{c3}}} \tag{7-45}$$

此时，补强加固梁中钢筋已屈服，$\varepsilon_s > \varepsilon_y$，将 $\sigma_s = E_s \varepsilon_y$ 代入式(6-18)，求解 ξ_n。

纵观式(7-20)、式(7-35)及式(7-45)，这三式在形式上是一样的，只是 W_{s1}、W_{s2}、W_{s3}、W_{c1}、W_{c2}、W_{c3} 的值不同，W 可称作补强加固梁的抗弯截面模量，ψ，ν 两系数可由试验确定。

从上述三个刚度公式可以看出，影响内嵌预应力筋加固混凝土梁刚度的因素主要有钢筋、预应力筋的有效高度、弹性模量、配筋量及初始预应力水平，以及混凝土强度。本试验中，钢筋、预应力筋的力学性能、配筋位置、钢筋配筋量及混凝土强度是一定的，影响加固梁刚度的主要因素有预应力筋加固量和初始预应力水平。

7.2.3 加固梁反拱计算

由式(7-1)可知，内嵌预应力筋材加固混凝土梁的变形由两部分组成：一是由预应力放

张引起的加固梁反拱变形;二是由外荷载引起的变形。因此,在对加固梁进行挠度计算时,首先应计算出反拱变形。

根据以往的试验和理论研究,结合加固梁的计算简图,对于反拱的变形可以按照下面的公式计算[119]:

$$\Delta = \frac{M_{pe}}{E_c I_0} \left\{ \frac{ab - (L-l)^2}{2} + \frac{ab \cdot \text{sh}[\beta(L-a)]}{L\beta \cdot \text{ch}(\beta l)} - \frac{(L-a) \cdot \text{sh}(\beta l)}{\beta \cdot \text{ch}(\beta l)} + \frac{1}{\beta^2} \left[\frac{\text{ch}[\beta(L-a)]}{\text{ch}(\beta l)} - 1 \right] \right\}$$

$$(7\text{-}46)$$

式中:a、b——采用虚梁法计算反拱时,虚拟单位集中力作用点距梁两端支座的距离;

l——加固梁中预应力筋的长度;

L——加固梁的全长;

$\beta = \sqrt{\frac{G_a}{t_a d_f} \left(\frac{1}{E_f} + \frac{\alpha}{E_c} \right)}$,其中,$G_a$、$t_a$ 分别为胶层的剪切模量和厚度;

M_{pe}——有效预应力产生的弯矩。

本试验为沿混凝土梁全长内嵌预应力筋,计算公式为

$$\Delta = \frac{M_{pe}}{E_c I_0} \left\{ \frac{L^2}{2} - \frac{1}{\beta^2} \left[1 - \frac{1}{\text{ch}(\beta l)} \right] \right\}$$

$$(7\text{-}47)$$

根据上述分析公式,对内嵌预应力筋材加固混凝土梁的反拱进行了计算,并将计算结果与试验结果进行了比较,如表 7-1 所示。

表 7-1 试验梁反拱试验值与计算值比较

梁编号	反拱/mm		误差
	试验值	计算值	
BPS1-30	0.13	0.12	0.076
BPS2-30	0.33	0.29	0.120
BPS3-30	0.45	0.39	0.133
BPS1-45	0.20	0.17	0.150
BPS2-45	0.36	0.33	0.083
BPS3-45	0.61	0.58	0.049
BPS1-60	0.25	0.19	0.240
BPS2-60	0.70	0.69	0.026
BPS3-60	1.21	1.04	0.140
BPF1-30	0.12	0.12	0.000
BPF2-30	0.23	0.22	0.043
BPF3-30	0.35	0.33	0.057
BPF1-45	0.16	0.15	0.063
BPF2-45	0.29	0.28	0.034
BPF3-45	0.47	0.45	0.043
BPF1-60	0.21	0.20	0.048
BPF2-60	0.33	0.32	0.030
BPF3-60	0.58	0.57	0.017
BS2P1-30	0.15	0.14	0.066
BS2P1-45	0.20	0.18	0.100

梁编号	反拱/mm		误差
	试验值	计算值	
BS2P1-60	0.25	0.23	0.080
BS1P2-30	0.29	0.27	0.068
BS1P2-45	0.37	0.32	0.137
BS1P2-60	0.51	0.46	0.098
BF2P1-30	0.18	0.17	0.056
BF2P1-45	0.33	0.34	0.030
BF2P1-60	0.46	0.47	0.022
BF1P2-30	0.23	0.24	0.043
BF1P2-45	0.41	0.42	0.024
BF1P2-60	0.68	0.70	0.029

通过对加固梁反拱计算值与试验值的分析,得到其比值的平均值为 1.065,标准差为 0.052,变异系数为 0.213。由此可见,采用本章方法可以有效地对内嵌预应力筋材加固混凝土梁变形进行分析计算,且计算结果与试验结果吻合较好。

7.3　内嵌预应力筋材加固梁变形验算

计算刚度的目的是计算加固梁的挠度。通常,加固梁在使用荷载作用下,截面受拉区已经开裂,当 $M > M_{cr}$ 时,由上述分析可知,刚度是随受拉钢筋、预应力筋的应力及面积的多少而变化的。因此,通常加固梁的截面刚度沿梁长是变化的。在近支座处,截面未开裂,其刚度较跨中截面刚度大很多,而最大弯矩截面的刚度为最小。由于变刚度梁的变形计算比较复杂,实用上为了简化计算可取同一符号弯矩区段内的最大弯矩截面的最小刚度作为等刚度梁计算,这样近支座处曲率的计算值比实际值要偏大些。但是由材料力学可知,近支座处的曲率对梁的挠度影响很小,这样简化计算带来的误差不大,是可以允许的。在实际结构中为了不影响结构的使用性能,需要对结构构件在正常使用荷载下的最大挠度值进行控制,在各种结构设计规范中都规定了正常使用荷载下的挠度允许值。以《混凝土结构设计标准》为例,对一般民用建筑中跨度在 7m 以下的受弯构件挠度限值为 $[f] = l_0/200(\text{mm})$,其中 l_0 为受弯构件的计算跨度。按此要求推算,对本次试验中试验梁在正常使用荷载下的挠度限值为 $[f] = 10.5\text{mm}$,规范规定计算跨度小于 7m 的受弯构件允许挠度值为 $[f] = l_0/200(\text{mm})$,以钢筋屈服荷载作为正常使用极限状态时的荷载计算加固梁挠度,计算结果与试验结果如表 7-2 所示。

从表 7-2 中数据可以计算出,在钢筋屈服时试验梁的跨中挠度在 5.04~7.61mm 之间,远小于限值要求,由此可见只要保证加固梁正常使用荷载小于其屈服荷载,即可有效地保证加固梁在正常使用荷载下的挠度限值要求。试验结果和计算结果均小于允许挠度,所有试验梁均满足变形要求。通过对加固梁挠度计算值与试验值进行分析,得到其比值的平均值为 0.987,标准差为 0.042,变异系数为 0.041。由此可见,采用本章方法可以有效地对内嵌预应力筋材加固混凝土梁变形进行分析计算,且计算结果与试验结果吻合较好。

表 7-2 试验梁正常使用极限状态下变形计算值与试验值比较

梁编号	挠度/mm		误差
	试验值	计算值	
BPF1-30	5.38	5.32	0.011
BPF2-30	5.43	5.65	0.041
BPF3-30	6.20	6.42	0.035
BPF1-45	5.06	5.02	0.008
BPF2-45	5.00	5.08	0.016
BPF3-45	5.93	6.21	0.047
BPF1-60	4.09	4.12	0.007
BPF2-60	4.02	4.23	0.052
BPF3-60	5.13	5.41	0.055
BPS1-30	5.28	5.30	0.004
BPS2-30	6.05	6.58	0.088
BPS3-30	6.93	7.10	0.025
BPS1-45	4.48	4.41	0.016
BPS2-45	7.06	7.32	0.037
BPS3-45	7.55	8.01	0.061
BPS1-60	7.53	8.09	0.074
BPS2-60	7.46	7.82	0.048
BPS3-60	7.61	7.83	0.029
BS1P2-30	6.62	5.77	0.128
BS1P2-45	6.45	5.65	0.124
BS1P2-60	6.68	6.15	0.079
BS2P1-30	5.20	5.65	0.087
BS2P1-45	6.86	7.74	0.128
BS2P1-60	6.83	7.01	0.026
BF1P2-30	5.04	5.10	0.012
BF1P2-45	6.13	6.25	0.020
BF1P2-60	6.78	6.88	0.015
BF2P1-30	5.18	5.20	0.004
BF2P1-45	5.94	6.17	0.039
BF2P1-60	7.11	7.24	0.018

7.4 内嵌预应力筋材加固混凝土梁裂缝验算

混凝土的抗拉强度很低,在不大的拉应力下就可能出现裂缝。而过大的裂缝宽度会影响结构的观瞻,引起使用者的不安。长期以来,最被广泛引用的对裂缝进行控制的理由是防护钢筋发生锈蚀,以保证结构的耐久性。国内外研究人员在关于裂缝宽度方面曾进行了大量的研究,各国都有相应的规定,本章在我国《混凝土结构设计标准》中关于普通钢筋混凝土梁裂缝宽度计算公式的基础上,结合内嵌预应力筋材加固混凝土梁的特点,给出加固梁最大裂缝宽度计算公式,如式(7-48)所示。

$$\omega_{\max} = \alpha_{cr}\psi\frac{\sigma_{sk}}{E_s}\left(1.9c + 0.08\frac{d_{eq}}{\rho_{te}}\right) \qquad (7\text{-}48)$$

其中

$$\psi = 1.1 - 0.65\frac{f_{tk}}{\rho_{te}\sigma_{sk}} \qquad (7\text{-}49)$$

$$\rho_{te} = \frac{A_s + A_p}{A_{te}} \qquad (7\text{-}50)$$

$$d_{eq} = \frac{\sum n_i d_i^2}{\sum n_i \nu_i d_i} \qquad (7\text{-}51)$$

式中：A_p——预应力筋面积；

　　　d_{eq}——受拉区纵向钢筋等效直径；

　　　c——最外层纵向受拉钢筋外边缘至受拉区底边的距离；

　　　ρ_{te}——利用有效受拉混凝土截面面积计算的纵向受拉钢筋配筋率；

　　　α_{cr}——构件受力特征系数，对于预应力混凝土构件取 1.7；

　　　A_{te}——有效受拉混凝土截面面积；

　　　d_i——受拉区第 i 种纵向钢筋的公称直径；

　　　n_i——受拉区第 i 种纵向钢筋的根数；

　　　ν_i——受拉区第 i 种纵向钢筋的相对黏结特性系数，按规范采用；

　　　σ_{sk}——预应力混凝土构件纵向钢筋等效应力，可按下式计算：

$$\sigma_{sk} = \frac{M_k - N_p(z - e_p)}{(A_p + A_s)z} \qquad (7\text{-}52)$$

$$z = \left[0.87 - 0.12\left(\frac{h_0}{e}\right)^2\right]h_0 \qquad (7\text{-}53)$$

$$e = e_p + \frac{M_K}{N_p} \qquad (7\text{-}54)$$

式中：z——受拉区纵向非预应力钢筋和预应力钢筋合力点至截面受压区合力点的距离；

　　　e_p——混凝土法向预应力等于零时全部纵向预应力和非预应力钢筋的合力 N_p 的作
用点至受拉区纵向预应力和非预应力钢筋合力点的距离。

　　采用本章裂缝宽度计算公式对试验梁进行计算，最大裂缝宽度计算值与试验值对比列
于表 7-3。

表 7-3　试验梁最大裂缝宽度计算值与试验值比较

梁编号	裂缝/mm		误差
	试验值	计算值	
BPS1-30	2.65	2.43	0.083
BPS2-30	1.68	1.43	0.149
BPS3-30	2.40	2.20	0.083
BPS1-45	2.50	2.30	0.080
BPS2-45	2.00	1.70	0.150

续表

梁编号	裂缝/mm		误差
	试验值	计算值	
BPS3-45	1.20	1.05	0.125
BPS1-60	1.50	1.30	0.133
BPS2-60	2.00	1.75	0.125
BPS3-60	1.20	1.08	0.100
BPF1-30	1.50	1.46	0.027
BPF2-30	1.33	1.32	0.008
BPF3-30	1.15	1.10	0.043
BPF1-45	1.51	1.48	0.020
BPF2-45	1.43	1.42	0.007
BPF3-45	1.32	1.30	0.015
BPF1-60	1.25	1.25	0.000
BPF2-60	1.14	1.12	0.018
BPF3-60	1.00	0.98	0.020
BS2P1-30	1.10	0.96	0.127
BS1P2-30	1.00	1.16	0.160
BS2P1-45	1.05	0.96	0.086
BS1P2-45	1.15	1.24	0.078
BS2P1-60	1.55	1.36	0.123
BS1P2-60	1.21	1.33	0.099
BF2P1-30	0.80	0.80	0.000
BF1P2-30	1.00	1.10	0.100
BF2P1-45	0.95	1.00	0.053
BF1P2-45	2.00	1.23	0.385
BF2P1-60	1.25	1.24	0.008
BF1P2-60	1.20	1.18	0.017

通过对加固梁裂缝计算值与试验值进行分析,得到其比值平均值为 1.052,标准差为 0.109,变异系数为 0.102。由此可见,采用本章方法可以有效地对内嵌预应力筋材加固混凝土梁裂缝进行分析计算,且计算结果与试验结果吻合较好。

7.5　本章小结

裂缝和变形验算的目的是保证加固梁进入正常使用极限状态的概率足够小,以满足适用性和耐久性的要求。本章依据普通钢筋混凝土梁变形及裂缝计算原理,对内嵌预应力筋材加固混凝土梁的变形及裂缝发展情况进行了分析、计算,得到了加固梁在不同受力阶段的抗弯刚度计算公式,给出了最大裂缝宽度计算公式,并利用相关公式对内嵌预应力筋材加固混凝土梁在正常使用极限状态下的变形和最大裂缝宽度进行了计算和验算。结果表明,内嵌预应力筋材加固混凝土梁能够满足变形和裂缝宽度要求,且计算结果与试验结果吻合较好。

第8章

内嵌预应力筋材加固混凝土梁延性分析

延性是承受地震效应及冲击荷载作用构件的一项重要受力特性,按照目前的抗震设计思想,经济合理的抗震结构不仅要有足够的强度和刚度,同时也要有良好的延性,使结构在遭受强烈地震作用时,能够依靠自身的弹塑性变形来消耗地震能,避免结构破坏倒塌或尽量延缓倒塌时间。

延性表示结构从屈服到破坏的后期变形能力,在钢筋混凝土构件破坏过程中,从受拉钢筋开始屈服到受压混凝土压碎的过程就是其延性过程。

CFRP筋是一种线弹性材料,其应力-应变全过程为直线关系,当应力达到其极限拉伸强度时,CFRP筋即被拉断,不具有类似于钢筋的屈服段,同时CFRP筋的极限变形能力也低于钢筋。螺旋肋钢丝虽然具有一定的弹塑性变形能力,但屈服强度占极限强度的80%,也就是说,螺旋肋钢丝一旦屈服,就接近破坏,其延性性能也不够理想。因此,采用CFRP筋和螺旋肋钢丝加固混凝土构件时,需要考虑加固构件的延性性能,以保证结构具有所需要的变形能力。当采用内嵌预应力筋材加固构件时,由于施加预应力的过程已经消耗了部分筋材的变形,这一点很重要。本章试通过推导预应力筋材加固量及初始预应力水平的计算方法,设计合适的筋材加固量及初始预应力水平来控制内嵌预应力筋材加固混凝土梁的延性性能。

8.1 延性计算方法

截面延性通常用延性系数指标表示,延性系数有两种表示方法:①位移延性系数,$u_\Delta = \dfrac{\Delta_u}{\Delta_y}$;②曲率延性系数,$u_\phi = \dfrac{\phi_u}{\phi_y}$。它们分别为钢筋屈服时构件跨中位移、截面曲率与极限状态时构件跨中位移、截面曲率。本节将针对截面曲率延性系数、位移延性系数进行分析。

1. 从加载到消压截面曲率的计算

采用曲率延性系数评价内嵌预应力筋材加固混凝土梁的延性,其表达式为 $u_\phi = \dfrac{\phi_u}{\phi_y}$。式中 ϕ_u 和 ϕ_y 均包含从加载至消压阶段的曲率 ϕ_0,加固构件经历了消压阶段后,其截面的变形特征与非预应力加固非常相似。

从加载至消压的截面曲率 ϕ_0 等于预加应力结束后,加固梁发生反拱时截面的曲率:

$$\phi_0 = \frac{\varepsilon_{c0c}}{h-x} = \frac{\sigma_{c0c}}{E_c(h-x)} = \frac{\dfrac{N_{p0}}{A_0} + \dfrac{M_{p0}}{I_0}(h-x)}{E_c(h-x)}$$

$$= \frac{N_{p0}}{A_0 E_c(h-x)} + \frac{M_{p0}}{I_0 E_c} \tag{8-1}$$

2. 从消压到钢筋屈服过程截面曲率的计算

根据截面加固量和配筋率的情况,截面应力图形可能有以下两种:

(1) 受压区混凝土应力图形为三角形,受压钢筋未屈服;

(2) 受压区混凝土应力图形为三角形,受压钢筋屈服。

其截面曲率都可通过下式计算:

$$\phi_y = \frac{\varepsilon_{cst}}{x} = \frac{1}{h-x-a_s}\varepsilon_{sy} \tag{8-2}$$

3. 极限状态时的截面曲率的计算

(1) 界限状态时,

$$\phi_u = \frac{\varepsilon_{cu}}{x} = \frac{\varepsilon_{pu} + \varepsilon_{cu}}{h-a_p} \tag{8-3}$$

(2) 混凝土压碎破坏时,

$$\phi_u = \frac{\varepsilon_{cu}}{x} = \frac{\sigma_{pn} + E_p \dfrac{h-a_p-x}{x}\varepsilon_{cu}A_p + \sigma_{sn}}{\sigma_c b x} +$$

$$\frac{E_s \dfrac{h-a_s-x}{x}\varepsilon_{cu}A_s + \sigma_p A_p + \sigma_s A_s}{\sigma_c b x} \tag{8-4}$$

(3) 预应力筋拉断时,

$$\phi_u = \frac{\varepsilon_{cp}}{x} = \frac{\sigma_{pu}A_p + \sigma_s A_s}{\sigma_c b x} \tag{8-5}$$

计算出屈服曲率和极限曲率后,可按以下两式计算跨中屈服位移、极限位移:

$$\Delta_y = \frac{1}{12}\phi_y l^2, \quad \Delta_u = \frac{1}{12}\phi_y l^2 + \frac{1}{12}(\phi_u - \phi_y)l_p(l-l_p) \tag{8-6}$$

式中:Δ_y、Δ_u——跨中屈服位移、极限位移;

l_p——塑性铰长度。

对于塑性铰长度,参照国内外研究结果选取,如 $l_p = 0.5h_0 + 0.05l$。

求出屈服位移、极限位移后,可按下式计算位移延性系数:

$$\mu_\Delta = \frac{\Delta_u}{\Delta_y} \tag{8-7}$$

8.2　计算结果比较

由上述公式可计算各试验梁的延性系数,列于表 8-1 中。

从表 8-1 可以计算出,BPS 系列加固梁延性计算值与试验值比值的平均值为 1.013,标

表 8-1　试验梁延性系数试验值与计算值比较

梁编号	延性系数		误差
	试验值	计算值	
BPS1-30	5.72	5.78	0.010
BPS2-30	4.33	4.36	0.006
BPS3-30	3.59	3.62	0.008
BPS1-45	4.47	4.50	0.006
BPS2-45	3.40	3.38	0.005
BPS3-45	3.10	3.16	0.019
BPS1-60	4.04	3.96	0.019
BPS2-60	3.31	3.39	0.024
BPS3-60	2.88	2.91	0.010
BS1P2-30	3.98	4.05	0.017
BS1P2-45	3.94	4.02	0.020
BS1P2-60	3.94	4.01	0.017
BS2P1-30	4.12	4.20	0.019
BS2P1-45	3.54	3.62	0.022
BS2P1-60	3.23	3.28	0.015
BPF1-30	3.70	3.73	0.008
BPF2-30	3.26	3.33	0.021
BPF3-30	3.01	3.03	0.006
BPF1-45	3.53	3.59	0.016
BPF2-45	3.17	3.24	0.022
BPF3-45	2.93	3.03	0.034
BPF1-60	3.43	3.49	0.017
BPF2-60	3.09	3.10	0.003
BPF3-60	2.89	2.92	0.010
BF1P2-30	4.43	4.49	0.013
BF1P2-45	3.58	3.61	0.008
BF1P2-60	3.34	3.49	0.044
BF2P1-30	3.64	3.66	0.005
BF2P1-45	3.38	3.43	0.014
BF2P1-60	3.12	3.19	0.022

准差为 0.008,变异系数为 0.007;BPF 系列加固梁延性计算值与试验值比值的平均值为 1.015,标准差为 0.013,变异系数为 0.013;BS1P2 及 BS2P1 系列加固梁延性计算值与试验值比值的平均值为 1.007,标准差为 0.001,变异系数为 0.003;混杂筋材系列加固梁延性计算值与试验值比值的平均值为 1.005,标准差为 0.012,变异系数为 0.011。由此可见,采用本章方法可以有效地对内嵌预应力筋材加固混凝土梁延性进行分析计算,且计算结果与试验结果吻合较好。

8.3　影响内嵌预应力筋材加固混凝土梁延性的因素

根据本章建立的延性计算方法,对加固量、初始预应力水平及加固方式对加固梁延性系数的影响进行分析。

8.3.1　加固量

图 8-1 所示为加固量对加固梁延性的影响曲线。从图中可以看出,不论是内嵌预应力 CFRP 筋加固混凝土梁还是内嵌预应力螺旋肋钢丝加固混凝土梁,随加固量的增加,延性均依次降低,呈现出与钢筋混凝土构件增加配筋相同的性质。且曲线向下凹,表明在延性较大时,随预应力筋加固量的增加延性降低较快;延性较小时,随预应力筋加固量的增加,延性下降的速率逐渐降低。可见,在延性系数满足设计要求的前提下,在合适的区段提高预应力加固量所牺牲部分延性也许可以承受。

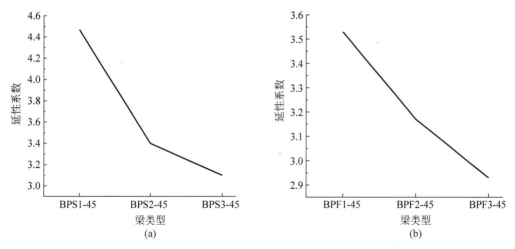

图 8-1　加固量与延性系数关系曲线

8.3.2　初始预应力水平

图 8-2 示出了初始预应力水平变化对加固梁延性的影响。从曲线图可以看出,与加固量对延性的影响类似,随初始预应力水平的增加,加固梁延性也是依次降低,这同样告诉我们在设计预应力筋加固结构时,需要仔细地选择预应力筋的初始预应力水平以满足结构延性需要。从图 8-2 中可以清楚地看出,初始预应力水平-延性曲线同样向下凹进,但与加固量-延性曲线有所不同的是,初始预应力水平-延性曲线表现得更为线性,也即不同程度的初始预应力水平对加固梁延性随预应力变化的速率影响较小。

8.3.3　加固方式

1. 单一筋材不同加固方式
图 8-3(a)所示为单一筋材加固梁的延性随加固方式变化的曲线图。从图中可见,当内

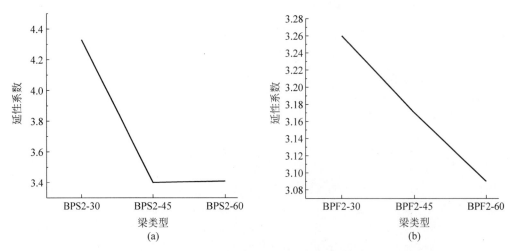

图 8-2　初始预应力水平与延性系数关系曲线

嵌预应力筋材的根数由三根减为两根,同时增加一根非预应力筋材时,即加固方式由 BPS3-45 转变为 BS1P2-45 时,加固梁延性系数增加,即内嵌预应力筋材的加固量与被加固梁延性成反比;而当继续减少内嵌预应力筋材的根数,增加非预应力筋材的根数时,加固梁延性反而开始下降。这说明内嵌筋材加固混凝土梁中预应力筋材与非预应力筋材的比例对加固梁延性性能有显著的影响。进一步分析,原因在于预应力筋材中超前应变的存在将影响不同加固方式加固梁的破坏性质。如 BPS3-45,由于所有内嵌筋材都存在超前应变,那么其加固梁有可能发生预应力筋材被拉断的脆性破坏;而 BS1P2-45 中由于存在一根非预应力筋材,当预应力筋材被拉断时,非预应力筋材还可以继续承担荷载,从而延长了屈服荷载与破坏荷载之间的时间,使梁的破坏表现为延性较好的适筋破坏;BS2P1-45 中由于有两根非预应力筋材,致使加固梁破坏时加固筋材的强度不能被充分利用,造成部分超筋破坏,延性性能相对较 BS1P2-45 弱。因此,从延性好坏的观点来看,BS1P2-45 加固混凝土梁,即内嵌部分预应力筋材加固混凝土梁也是一种比较理想的加固方式。

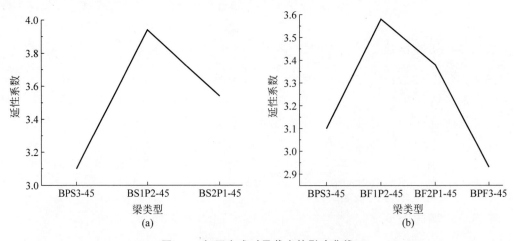

图 8-3　加固方式对承载力的影响曲线

2. 混杂筋材不同加固方式

图 8-3（b）所示为混杂筋材加固梁的延性随加固方式变化的曲线图。从图中可见，BPS3-45 与 BPF3-45 加固梁的延性较差，而 BF1P2-45 加固梁延性最好，这一现象说明，不论是内嵌单一筋材加固混凝土梁，还是内嵌混杂筋材加固混凝土梁，其内嵌预应力筋材与非预应力筋材的比例是影响加固梁延性的重要因素。通过分析发现，本章的试验梁中当内嵌预应力筋材与非预应力筋材的比例 $n = 2$ 时，即 BS1P2 及 BF1P2 系列加固方式，也就是内嵌一根非预应力筋材，同时内嵌两根预应力筋材加固梁加固效果比较理想。

8.4　承载力与延性相关性分析

结构需要进行加固往往是由于承载力不足，难以满足使用要求。因此，对结构进行加固设计需要考虑原承载力与目标承载力之间的差距，以保证加固后的结构满足承载力要求。从前述分析中可以了解到，预应力筋材加固量及初始预应力水平越大，则试件的延性越差。而预应力筋材加固量及初始预应力水平直接决定了加固后的结构承载力，因此有必要对预应力筋材加固结构的延性与承载力之间的关系进行研究，以作出合适的设计使结构可同时满足承载力要求与延性控制要求，在两者难以同时达到理想状态时，也可根据两者之间的关系及重要程度作出较有利的选择。

图 8-4 表示出其他参数不变时，改变预应力筋材加固量而引起的加固梁延性与承载力之间的相关性。从图中曲线可以清楚地看到，随着加固梁承载力的提高，延性不断下降，体现出两个设计目标之间的矛盾性。曲线呈现下凹，表明延性较小时，随延性增加承载力降低较快；延性较大时，随延性增加承载力降低较慢。这一现象说明，在合适的区段可以选择牺牲部分承载力以换取更多的延性提高，或者牺牲部分延性以满足更加重要的承载力目标。

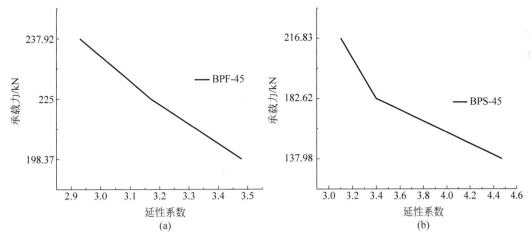

图 8-4　改变预应力筋材加固量时，延性随承载力的变化情况

图 8-5 表示出其他参数不变时，改变初始预应力水平大小所引发的加固梁延性与承载力之间的相关性。

可以看到，图 8-5 中曲线分为两段，延性较小时，随延性增大承载力略有提高；延性较大时，随延性提高承载力迅速下降。这是由于预应力的变化使得加固梁的破坏形式分为预

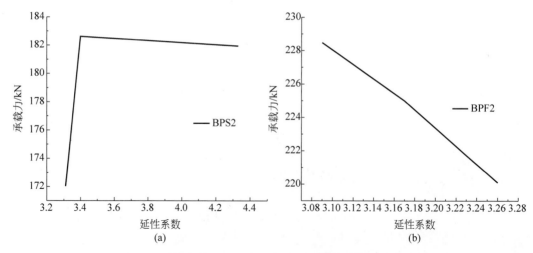

图 8-5 改变初始预应力水平时,延性随承载力的变化情况

应力筋材被拉断或者混凝土被压碎。曲线上升段对应的破坏形式为预应力筋材被拉断,曲线下降段对应的破坏形式为混凝土被压碎,两段曲线的交点对应的为预应力筋材被拉断的同时混凝土被压碎的界限破坏。初始预应力水平较大时,破坏形式为预应力筋材拉断时,随着预应力的减小,破坏时的混凝土应变不断增大,而预应力筋材的剩余变形能力也不断提高,使得加固梁的延性不断增大;混凝土压应变增大使得受压区高度不断减小,拉压合力之间的内力臂也逐渐伸长,使得加固梁承载力略有上升。初始预应力水平较小时,破坏形式为混凝土被压碎时,预应力筋材的预应力减小使得加固梁的延性性能上升,同时也使破坏时的预应力筋材应变降低,合拉力与合压力减小,从而使加固梁承载力下降。这一性质使得工程人员进行设计时可以有更强的针对性。

8.5 本章小结

本章基于内嵌预应力筋材加固混凝土梁弯矩-曲率的分析,推导了延性计算公式,计算结果与试验结果吻合较好。通过对加固梁不同加固方式下延性性能的分析,得到了结论:不论是内嵌预应力 CFRP 筋加固混凝土梁还是内嵌预应力螺旋肋钢丝加固混凝土梁,随加固量的增加,延性依次降低。与加固量对延性的影响类似,随初始预应力水平的增加,加固梁延性也依次降低。通过对不同加固方式的加固梁进行分析发现,不论是内嵌单一筋材加固混凝土梁,还是内嵌混杂筋材加固混凝土梁,其内嵌预应力筋材与非预应力筋材的比例也是影响加固梁延性的重要因素。通过分析发现,本章的试验梁中当内嵌预应力筋材与非预应力筋材的比例 $n=2$ 时,即 BS1P2 及 BF1P2 系列加固梁是比较理想的加固方式。

内嵌预应力筋材加固混凝土梁的延性与承载力是相互矛盾的,即随着加固梁承载力的提高,延性不断下降。因此,在进行实际工程加固设计时,可以在合适的区段选择牺牲部分承载力以换取更多的延性提高,或者牺牲部分延性以满足更加重要的承载力目标。

第3篇

内嵌预应力筋材加固混凝土梁受弯性能试验研究

第9章

内嵌预应力筋材加固混凝土梁受弯性能试验方案

9.1 试验梁的设计与制作

9.1.1 试验梁的设计

本试验中混凝土梁均设计为矩形截面简支梁,根据混凝土梁的构造要求,并考虑模板尺寸及施工方便,试验梁的宽度 b 设计为 150mm,高度 h 为 300mm,同时取试验梁的跨高比为 8.0,则梁的跨度 $L=2400$mm,计算跨度 $l=2100$mm。梁底部的受拉纵筋选用 $2\Phi14(A_s=308\text{mm}^2$,配筋率 $\rho=0.76\%$);架立筋选用 $2\phi8(A_s'=101\text{mm}^2)$;在梁跨中 1/3 处选用 $\phi8@150(A_{sv}=335\text{mm}^2)$ 箍筋,支座 1/3 处选用 $\phi8@100(A_{sv}=503\text{mm}^2)$ 箍筋进行抗剪。下部受拉纵筋的净保护层厚度 $a_s=30$mm,架立筋的净保护层厚度 $a_s'=25$mm,则混凝土梁的有效高度 $h_0=270$mm,此种规格的混凝土梁共浇筑 38 根。试验梁的尺寸及配筋如图 9-1 所示。

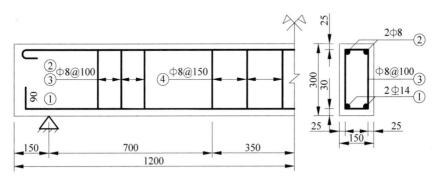

图 9-1 试验梁的尺寸及配筋图

9.1.2 试验梁的制作

1. 混凝土配合比的确定

试验设计混凝土强度等级为 C30,可计算出基准配合比,并视现场浇注情况进行适当调整。其设计配合比见表 9-1。水泥采用 P.O 42.5 级普通硅酸盐水泥,细骨料的细度模数为 2.5,表观密度为 2700kg/m³;粗骨料的最大粒径为 19.0mm,表观密度为 2730kg/m³。

表 9-1　混凝土配合比设计表

设计强度	每立方米混凝土用料量/kg				水灰比(w/c)	配合比
	水泥	细骨料	粗骨料	水		
C30	385	640	1184	196	0.51	1∶1.67∶3.10

2. 试件的浇注

本试验所用的 38 根混凝土梁试件在河南理工大学二号综合楼的施工工地一次性浇注完成。全部试验构件皆委托河南新获建设有限公司施工制作,试验梁浇注分四批进行,浇注试件时采用模板的规格为 1200mm×300mm×50mm。模板现场拼装,拼装的模板尺寸与构件尺寸严格相符,以使浇注的构件符合设计要求。浇注时用振捣棒振捣,以利于混凝土的密实。经 24h,混凝土达到一定强度后拆模。图 9-2 所示为浇筑完毕的构件照片。

图 9-2　试验梁

由于试验梁对混凝土保护层厚度要求较为严格,故在试件制作过程中对其采取了严格的过程控制。具体如下:①确保受力钢筋位置正确、绑扎方法合理、绑扎牢固;②支模、扎筋、浇注混凝土时注意对钢筋的保护,发现偏位立即复位;③浇注混凝土时采用吊筋(将钢筋笼子用特制的吊具吊起)的方法保证混凝土保护层厚度的准确性,并避免垫块对混凝土强度的影响;④及时检查并解决施工过程中出现的问题。

3. 试件的养护

为了防止浇注后因混凝土水分散失而引起混凝土强度降低和出现裂缝、剥皮起砂的现象,对试件采用草栅覆盖并浇水养护,前 10 天每天浇水 3 次,第 11～15 天每天浇水 2 次,第 16～21 天每天浇水 1 次,以后采用自然养护。预留的混凝土立方体试块同条件养护,以使试块和试件具有相同的强度值。

9.2　加固方案的设计

9.2.1　参数选择

根据理论分析及相应的计算公式,对影响试验梁加固效果的主要参数包括初始预应力水平、加固量、加固方式等作如下选择:

(1) 初始预应力水平。如果施加预应力过小,则起不到预期加固效果;预应力过大,加固梁开裂时的弯矩可能太接近构件破坏时的弯矩,这种加固梁在正常使用荷载作用下不会开裂,变形极小,但构件一旦开裂,很快就临近破坏,使构件在破坏前没有明显征兆,表现为明显的脆性破坏特性,降低安全性能。因此,计算能施加的最大预应力,并参照文献[148]所提出的 CFRP 筋初始预应力宜控制在 $\sigma_{con} \leqslant 0.65\%$ 筋材极限抗拉强度的范围,提出试验用 σ_{con} 分别为 CFRP 筋极限抗拉强度的 30%、45%、60%,以探索不同初始预应力水平下加固梁的加固效果,得到合理的初始预应力。螺旋肋钢丝的初始预应力取值与之相同。

(2)加固量。计算得到最大、最小加固量,在此范围内分别选用内嵌一根、两根、三根筋材进行加固,分析加固构件实际可能发生的破坏模式及不同加固量情况下的加固效果,以得到合适的加固量。

(3)加固方式。试验中采用部分预应力和全预应力的加固方式,加固方式的变化主要针对内嵌三根筋材加固而言。所谓部分预应力加固,即:当中间内嵌一根预应力筋时,两侧内嵌非预应力筋;或者当中间内嵌一根非预应力筋时,两侧内嵌预应力筋。全预应力加固就是内嵌三根预应力筋进行加固,目的是对三者的加固效果进行对比,提出理想的加固方式。

(4)加固材料。试验中考虑到 CFRP 筋及螺旋肋钢丝两种材料的力学特点,分别采用内嵌 CFRP 筋加固、内嵌螺旋肋钢丝加固以及内嵌两种材料混合加固三种加固方法,研究不同加固方法的加固效果,以期得到理想的加固材料。

9.2.2 加固方案的确定

本试验共设计 38 根试验梁,包括对比梁 2 根,加固梁 36 根,以不同筋材、不同初始预应力、不同加固量以及不同加固方式为主要试验参数对加固的钢筋混凝土梁受弯性能进行了测试。试验梁的开槽位置和尺寸示意如图 9-3 所示。

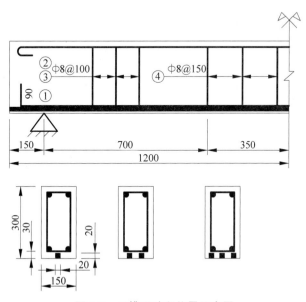

图 9-3 开槽尺寸和位置示意图

构件的详细情况见表 9-2,并作如下说明:

(1)未加固梁(RB)。为了对比各种加固方式对构件性能的影响,在同批制作的、各项参数完全相同的梁中,留置 1 根未加固梁作为对比试件,采用相同的试验方式加载,观测其开裂荷载、屈服荷载、极限荷载,记录其荷载与跨中挠度、纵向钢筋应变及梁高范围内混凝土的应变关系,以便对比分析各种加固方式的加固效果。

（2）内嵌非预应力筋材加固梁（BF 和 BS 系列）。在试验梁的受拉侧内嵌 1 根、2 根或 3 根非预应力筋材,采用与 RB 相同的加载方式施加静载,观测全过程的荷载、挠度及结构材料应变,记录构件裂缝的出现、开展及构件破坏形态,以便与预应力加固效果进行对比。

（3）内嵌预应力筋材加固梁（包括全预应力和部分预应力系列）。在试验梁的受拉侧内嵌 1 根、2 根或 3 根全预应力或部分预应力筋材,采用与（2）中相同的加载方式施加静载,观测全过程的荷载、挠度及结构材料应变,记录构件裂缝的出现、开展及构件破坏形态,观测试验全过程各项参数的变化,探索预应力加固对被加固构件抗弯性能的影响,提出合理的加固方案。

表 9-2　加固梁类型

梁编号	加固量/根	张拉控制应力/MPa	加 固 方 式	加 固 材 料
RB	—	—	—	—
BF1	1	0	非预应力	CFRP 筋
BF2	2	0	非预应力	CFRP 筋
BF3	3	0	非预应力	CFRP 筋
BPF1-30	1	429.6	预应力	CFRP 筋
BPF2-30	2	429.6	预应力	CFRP 筋
BPF3-30	3	429.6	预应力	CFRP 筋
BPF1-45	1	644.4	预应力	CFRP 筋
BPF2-45	2	644.4	预应力	CFRP 筋
BPF3-45	3	644.4	预应力	CFRP 筋
BPF1-60	1	859.2	预应力	CFRP 筋
BPF2-60	2	859.2	预应力	CFRP 筋
BPF3-60	3	859.2	预应力	CFRP 筋
BS1	1	0	非预应力	螺旋肋钢丝
BS2	2	0	非预应力	螺旋肋钢丝
BS3	3	0	非预应力	螺旋肋钢丝
BPS1-30	1	588.8	预应力	螺旋肋钢丝
BPS2-30	2	588.8	预应力	螺旋肋钢丝
BPS3-30	3	588.8	预应力	螺旋肋钢丝
BPS1-45	1	883.1	预应力	螺旋肋钢丝
BPS2-45	2	883.1	预应力	螺旋肋钢丝
BPS3-45	3	883.1	预应力	螺旋肋钢丝
BPS1-60	1	1177.5	预应力	螺旋肋钢丝
BPS2-60	2	1177.5	预应力	螺旋肋钢丝
BPS3-60	3	1177.5	预应力	螺旋肋钢丝
BS1P2-30	3	588.8	1 根非预应力,2 根预应力	螺旋肋钢丝
BS1P2-45	3	883.1	1 根非预应力,2 根预应力	螺旋肋钢丝
BS1P2-60	3	1177.5	1 根非预应力,2 根预应力	螺旋肋钢丝
BS2P1-30	3	588.8	2 根非预应力,1 根预应力	螺旋肋钢丝
BS2P1-45	3	883.1	2 根非预应力,1 根预应力	螺旋肋钢丝

续表

梁编号	加固量/根	张拉控制应力/MPa	加固方式	加固材料
BS2P1-60	3	1177.5	2 根非预应力,1 根预应力	螺旋肋钢丝
BF1P2-30	3	588.8	1 根非预应力,2 根预应力	1 根 CFRP 筋,2 根螺旋肋钢丝
BF1P2-45	3	883.1	1 根非预应力,2 根预应力	1 根 CFRP 筋,2 根螺旋肋钢丝
BF1P2-60	3	1177.5	1 根非预应力,2 根预应力	1 根 CFRP 筋,2 根螺旋肋钢丝
BF2P1-30	3	588.8	2 根非预应力,1 根预应力	2 根 CFRP 筋,1 根螺旋肋钢丝
BF2P1-45	3	883.1	2 根非预应力,1 根预应力	2 根 CFRP 筋,1 根螺旋肋钢丝
BF2P1-60	3	1177.5	2 根非预应力,1 根预应力	2 根 CFRP 筋,1 根螺旋肋钢丝

9.2.3　内嵌预应力筋材加固混凝土梁施工工艺

内嵌预应力筋材加固混凝土梁施工工艺如下所述。施工流程如图 9-4 所示。

图 9-4　施工流程

(a) 开槽;(b) 张拉;(c) 注胶;(d) 抹平、养护

1. 开槽

在矩形试验梁的底面进行开槽,嵌筋的槽口宽度为 20mm,深度也为 20mm,试验采用的开槽机具为小型石材切割机。开槽前先按照设计要求在加固构件的受拉底面按照设计尺寸精准定位、弹线,确定开槽位置。在切割过程中开槽的深度可由切割机直接调整控制,确保所开槽的尺寸。切割完毕后,进行测量,测量尺寸与设计尺寸相比,误差不得超过±1mm。

2. 清槽及钢筋除锈

为了达到较好的黏结效果,开槽后除去槽中的残渣和浮尘,用吹风机将槽里的粉屑清除干净,直至露出混凝土表面,用毛刷将孔壁刷净,然后用丙酮将混凝土表面擦洗干净,并确保混凝土表层干燥;将钢筋锚固长度范围内的铁锈清除干净,并打磨出金属光泽,然后用丙酮将钢筋擦洗干净。对于 CFRP 和螺旋肋钢丝筋,直接用丙酮将其表面的油污擦拭干净即可。

3. 胶黏剂配制

本试验采用凯华牌 JGN 型环氧树脂类建筑结构胶黏剂,结构胶为 A、B 两组,取称重器按照环氧树脂和固化剂质量比 4∶1 进行混合,搅拌器皿为专用铝筒,搅拌工具为特制拌头。使用搅拌器彻底搅拌 5min 至胶体呈现均匀的金属灰色。搅拌时沿同一方向搅拌,尽量避免混入空气形成气泡。

4. 张拉、嵌筋及注胶

在加固梁的固定端及张拉端用锚具连接、固定 CFRP 筋或螺旋肋钢丝,筋材距离槽底约 1/2 槽深,将力传感器一端与张拉端的锚具相连,另一端与张拉锚杆相连,锚杆的另一端穿过反力架,套上配套螺母,用管钳拧紧螺帽,对 CFRP 筋或螺旋肋钢丝进行张拉,待张拉力达到预定值,拧紧张拉端锚杆上的螺母,张拉工艺结束。用胶枪向槽内注入结构胶,静置2min,将胶表面抹平。

5. 固化、养护

整个嵌筋过程,从拌胶到抹平,耗时不超过 20min,以免环氧树脂发生硬化,影响嵌贴质量。嵌贴后的所有试件在嵌筋后 12h 内不得扰动,在 25℃ 左右的室温环境下养护至少 72h。

与传统的外贴法相比,可以看出表层内嵌法加固混凝土梁的施工时间大大缩短。同时解决了采用外贴法加固时对混凝土表层进行打磨、修补、整平等工作,极大地提高了工作效率。

9.3 试验量测内容

9.3.1 试验测点布置

本试验的目的是对被加固构件进行强度、刚度和抗裂等性能的检测,研究分析各参数对被加固构件抗弯性能的影响。试验采用电阻应变片测量应变,使用 XL-20101B5 数字静态应变仪自动采集应变数据,使用位移计测量构件的挠度,裂缝扩展过程直接在试验梁上描绘。试验仪器如图 9-5 所示。

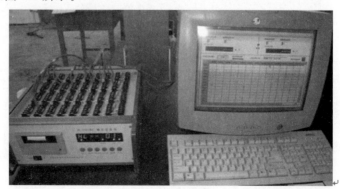

图 9-5 试验仪器

试验量测的具体内容如下：

（1）在构件浇注之前，预先在每根纵向受拉钢筋跨中两边沿纵向分别布置3个钢筋应变片，以测量受拉钢筋在加载过程中的应变变化情况。

（2）在梁的两侧表面沿梁高均匀粘贴5个混凝土应变片，观测梁高范围内混凝土应变随荷载的变化情况。

（3）在预放张的试验梁跨中布置位移计，以观测放张引起的试验梁反拱情况。

（4）在每根CFRP筋或螺旋肋钢丝的跨中及分配梁支座处布置3个应变片，在每根筋材的端部布置间距分别为50mm或100mm不等的3个应变片，以测量筋材在加载过程中的受力及滑移情况。

（5）在试验梁的跨中、分配梁支座底部、梁支座处分别布置位移计，用于测量构件在荷载作用下各点的位移，了解构件承载的变形情况。

（6）试验过程中使用显微测量仪观察构件的裂缝开展情况，并记录开裂荷载，标注裂缝的分布位置、荷载级别。试验梁加载及仪表布置如图9-6所示。

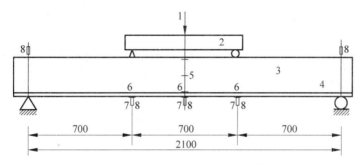

图9-6　试验梁加载及仪表布置

1—荷载；2—分配梁；3—混凝土梁；4—预应力筋；5—混凝土应变片；6—钢筋应变片；7—预应力筋应变片；8—百分表

9.3.2　加载流程及试验装置

本试验在河南理工大学结构实验室完成。试验加载按照《混凝土结构试验方法标准》（GB/T 50152—2012）[301]中结构单调加载静力试验的加载方法进行。通过手动千斤顶、分配梁配合反力架的反向加载装置施加集中荷载，试验选用300kN手动螺旋千斤顶加载，之所以选用螺旋千斤顶加载，是因为螺旋千斤顶的持荷能力较好，在相当长的时间内能保持荷载的稳定性。荷载大小由压力传感器连接可编程控制器测得，试验加载采用分级加载。具体的加载方法如下：

（1）荷载程序。荷载种类和加载图式确定后，还应按照一定的程序进行加载。试验的加载程序与一般静力试验的加载程序相同，分为预载、标准荷载（正常使用荷载）、破坏荷载3个阶段。每次加载均采用分级加载制度。试验荷载分级加载的目的主要是为了方便控制加载的速度和观测分析结构的各种变化，也是为了统一各点加载的步骤。

（2）荷载大小。预载试验分三级进行，每级加载值不超过标准荷载的20%，然后再分级卸载，二到三级卸完；标准荷载试验，每级加载值取标准荷载的20%，分五级加到标准荷载；在标准荷载之后，每级加载值取标准荷载的10%，当加载到计算破坏荷载的90%后，每级取标准荷载的5%。

（3）荷载持续时间。每级荷载的持续时间不少于 10min；在使用荷载作用下持续时间不宜少于 30min。

试验装置如图 9-7 所示。

图 9-7　试验装置

9.4　本章小结

混凝土梁加固效果受多种因素的影响，本章针对影响内嵌预应力筋材加固梁的主要材料力学性能进行了试验研究，得到了材料的力学性能指标，并结合理论分析结果，设计并制作试验梁。

在研究国内外外贴预应力纤维片材加固混凝土梁施工方法的基础上，提出了一种合理的内嵌预应力筋材加固混凝土梁的施工工艺。结合内嵌预应力筋材加固混凝土梁的特点，提出了合理的试验量测内容、测点布置及试验加载方案。

第10章

预应力CFRP筋张拉锚固技术研究

CFRP筋具有抗拉强度高、质量轻、免锈蚀、热膨胀系数低、无磁性以及抗疲劳性能好等特性。CFRP这些优良特性使其可以在土木工程中代替预应力钢筋加固混凝土构件。但CFRP材料具有抗剪强度弱、表面光滑等特点,传统的锚具不能适应这些特点,适合实际工程使用的张锚技术还没有发展成熟。目前,国内外对预应力CFRP筋的锚固体系做了大量的研究工作,取得了丰硕的研究成果。本章将在国内外最新研究的基础上对预应力CFRP筋锚具进行分析,为内嵌预应力CFRP筋加固混凝土梁研制新型的预应力CFRP筋锚固体系。

10.1 预应力 CFRP 筋锚固体系简介

10.1.1 预应力锚固体系锚具性能要求

锚具通过对预应力筋施加锚固力,在张拉机具的作用下对预应力筋施加预应力,并将预应力筋的张拉力传递给混凝土,所以锚具必须给预应力筋提供一个可靠的锚固力,这是锚具必须具备的基本性能。同时锚具应保证预应力的可靠传递,并使预应力的损失尽可能小,在满足条件的前提下,锚具应尽可能做到结构简单,节省材料,制造工艺简便,价格低廉。

锚具的锚固性能包括静载锚固性能和动载锚固性能两个方面。我国《预应力筋用锚具、夹具和连接器应用技术规程》(JGJ 85—2010)[302]规定:锚具静载锚固性能的主要参数为锚固效率系数 η_a 和预应力筋达到极限拉应力时的总应变 ε_{apu} 两项,其中:

$$\eta_a = \frac{F_{apu}}{\eta_p F_{pm}} \geqslant 95\%$$（10-1）

$$\varepsilon_{apu} \geqslant 2.0\%$$

式中: F_{apu} ——预应力筋-锚具组件的实测极限拉力;

$\quad F_{pm}$ ——预应力筋的实际平均极限拉力;

$\quad \eta_p$ ——预应力筋的效率系数,当预应力筋-锚具组件中预应力筋材为1~5根时, $\eta_p = 1$;

$\quad\quad$ 6~12 根时, $\eta_p = 0.99$;13~19 根时, $\eta_p = 0.98$;大于 20 根时, $\eta_p = 0.97$。

《预应力筋用锚具、夹具和连接器应用技术规程》(JGJ 85—2010)规定:用于承受静动力荷载的预应力混凝土结构,其预应力筋锚固系统除应满足静载锚固性能的要求外,还应满足循环次数为 200 万次的疲劳性能试验要求。试验经受 200 万次循环荷载后,锚具不应产生疲劳破坏,且预应力筋在锚具夹持区域发生疲劳破坏的截面面积不应大于试件总截面面积的 5%。在抗震结构中,预应力筋锚固体系还应满足循环次数为 50 次的低周反复作用荷载试验,试件经 50 次循环荷载后预应力筋在锚具夹持区域不发生断裂。

本研究采用自制预应力 CFRP 筋锚具,对 CFRP 筋施加一定的预应力后(最大预应力为极限抗拉强度的 60%)内嵌至开槽的梁内,其施工工艺为先张法,因此对锚具锚固性能的要求可以适当降低。

10.1.2 预应力 CFRP 筋锚固体系的瓶颈

由于碳纤维材料的特殊性质,在用锚具对碳纤维筋施加预应力时必然存在两个方面的问题:

(1) 由于碳纤维筋横向抗剪强度低,在使用普通锚具对碳纤维筋施加预应力时,常常由于锚固端横向应力过大,碳纤维筋被剪断而过早失效;

(2) 碳纤维为晶体材料,通常碳纤维含量越多,碳纤维筋的强度越高,同时润滑性也越好,在施加预应力时常常由于锚具与碳纤维筋之间的摩擦力过小而滑移失效。

对于 CFRP 锚固体系,国内外做了大量的研究工作。目前国外已开发的 CFRP 筋锚具主要有三种:夹片式(wedge type)、压铸管夹片式(die-cast wedge type system)、灌浆式(grout type)[201]。

黏结式锚具是目前使用的预应力 CFRP 筋锚具中锚固性能最可靠的,其锚固效率高,稳定可靠,对 CFRP 筋没有损伤。但在应用过程中存在不易对中、对黏结材料的要求高、锚具的尺寸偏大、施工不方便、锚具不能重复使用等缺点,同时其黏结材料固化时间和耐久性有待进一步验证等。对于采用化学黏结胶的锚具,灌浆工艺较麻烦,而且胶体的化学稳定性受环境(如紫外线、温度、湿度等)的影响较大。这些特点大大限制了黏结式锚具的运用场合。

夹片式锚具是目前应用最为广泛的一种锚具,其锚固是利用楔块原理,把夹片顶进套筒,在锚固力作用下形成自锁。夹片内表面一般带有螺纹,通过夹片与筋体之间的摩擦力来锚固筋体。对于预应力钢筋,夹片式锚具具有设计灵活、小巧、施工方便,组装后可以立即张拉,对中方便,互换性好,对环境的适应能力高于黏结式锚具等优点。但是,如果用传统的夹片式锚具直接锚固 CFRP 筋,夹片内侧的齿槽会损伤 CFRP 筋敏感的表面,即使夹片没有齿槽,由于 CFRP 筋的横向强度低,因此可能承受不了夹片直接作用下强大的横向挤压力,从而导致 CFRP 筋在锚固区过早失效。

为此,国内外一些专家、学者在传统的夹片式锚具的基础上进行了大量的研究与探索。Campbell、Shrive、Reda、Soudki 和 Mayah 等人从选择耐腐蚀的材料、提高夹片与 CFRP 筋的摩擦力和减小夹片对 CFRP 的剪切力等方面入手对传统的夹片式锚具进行了改进[303-304],其中 Sayed 和 Shrive 提出夹片式锚具的改进措施包括:选用不锈钢作为锚具材料,四片式夹片内表面进行喷砂处理,锚固区内的 CFRP 筋套上软金属套筒,夹片和锚杯设置 0.1° 的角度差,这些研究探索取得了积极的成果,推动了预应力 CFRP 筋夹片式锚具的开发与研制。另外,国内东南大学的张继文、湖南大学的方志、武汉理工大学的吕国玉、广西科技大学的张鹏等专家、学者也对 CFRP 预应力筋夹片式锚具做了大量的研究工作,取得了丰富的成果。但是 CFRP 预应力筋夹片式锚具仍然存在锚固效率低、锚固稳定性不好、

CFRP筋易被锚具剪断等问题,从而极大地限制了CFRP预应力筋夹片式锚具的工程运用。

为了避免夹片式锚具夹片在锚固过程中对CFRP筋的损伤,一般会在夹片与CFRP筋之间包裹一种较薄软质介质(如软金属铜、铝薄片)材料,同时在锚固前施加较大的预紧力,使CFRP筋在锚固过程中既不会因抗剪强度过低而被剪断,又不会因摩擦力过小而滑移。但是两者之间的平衡问题一直不好确定,且施工工艺仍然比较复杂,再加上夹片与CFRP筋之间的软金属介质本身比较容易腐蚀,因此夹片式锚具在工程应用中受到了一定限制。

10.2 设计思路与方案

10.2.1 设计思路

主要是参考国内外已有的研究成果,在分析现有CFRP锚具的特点和利用预应力CFRP筋加固混凝土梁的试验要求的基础上展开分析研究,设计夹片式锚具和黏结夹片式球面锚具。其设计思路如下。

1. 夹片式锚具的设计思路

对于夹片式锚具的设计,国内外一些专家、学者已经做了一些研究工作并取得一系列研究成果,本章在进行夹片式锚具设计时,将参考已有的研究成果,根据内嵌预应力CFRP筋加固混凝土梁试验用锚具的要求,对已有夹片式锚具进行一定的改进设计。蒋田勇、方志[305]利用在CFRP上套上厚度为1mm的铝片,夹片采用凹齿间距为12.85mm、深度为0.3mm的钢夹片,锚杯和夹片倾角角度差为0.1°的锚具,施加一定的预紧力后,锚固效果较好。但是试验过程中需要施加较大的预紧力,夹片与锚杯的自锚能力有待提高,此外加工铝片或铝管有一定的难度。在利用此夹片式锚具施加预应力加固混凝土梁中,文献[54]中研制的锚具锚固效率较高,但其复杂的制作工艺和需要单独的预紧装置等条件在加固梁中难以实现。因此本课题组先根据内嵌预应力CFRP筋加固混凝土梁的试验要求和特点,设计了张拉CFRP筋加固混凝土梁的张拉锚固系统,其设计实物图如图10-1所示。

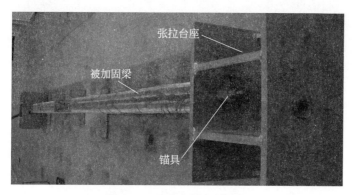

图10-1 预应力筋张拉装置

在内嵌预应力CFRP筋加固混凝土梁的试验中,所用CFRP筋直径为7mm,因此设计的锚具为ϕ7mm单孔CFRP筋锚具,夹片与锚杯之间采用的软金属材料为铜箔片,共60mm长、90mm长和2×60mm串联三种。

2. 黏结夹片式球面锚具的设计思路

CFRP 筋为纤维复合材料,其抗拉强度较高而横向抗剪强度较低,在锚固 CFRP 筋时,当受力状态为轴心受拉时,CFRP 筋的抗拉强度可以得到充分发挥,否则 CFRP 筋会因其横向强度低,导致容易发生徐变断裂。因此设计一种可以自动调整方向,使 CFRP 筋张拉时只承受轴向拉力的锚具,可以有效发挥 CFRP 筋的抗拉强度并提高锚固过程中的安全性。

东南大学和柳州欧维姆机械股份有限公司联合开发了套筒灌胶式锚具[306]。该锚具在锚固 CFRP 筋过程中,对 CFRP 筋无损伤,易对中,灌胶方便。但在使用中,当锚杯面法线方向与 CFRP 筋不平行时,尤其是偏离角度较大时,容易出现偏心受力,从而影响其锚固性能。在对 CFRP 筋施加预应力时,本课题组设计的张拉系统就有可能出现这种情况。因此,需对套筒灌胶式锚具作一定改良,研制出更适合张拉锚固系统的锚具。

将夹片式锚具的锚杯一端设计成一凸形球面并在凸形球面一端安装与之配套的一凹形球面垫板,可以使锚具在锚固过程中自动调整 CFRP 筋的中线与锚具锥孔中线,改变孔口的受力特性,减小孔口剪应力,提高锚固性能。试验中采用球面锚具后,其锚具对中问题变得简便,张拉端可以自动调整方向,使 CFRP 筋张拉时只承受轴向拉力。

通过查阅相关文献资料可知,黏结夹片式球面锚具可以在已有的套筒夹片式锚具的基础上进行改良得到。设计思路为先加工夹片式球面锚具,再加工一钢质套筒,将夹片式球面锚具夹在钢质套筒上,最后将 CFRP 筋穿入钢质套筒中并向套筒中灌入黏结介质,待黏结介质凝固后即可进行张拉锚固。

10.2.2 设计方案

根据设计思路及已有的研究成果,研制预应力 CFRP 筋夹片式锚具和预应力 CFRP 筋黏结夹片式球面锚具,设计方案如下:

1. 预应力 CFRP 筋夹片式锚具设计方案

夹片式锚具锚固过程中,为了消除锚具张拉端的应力集中现象,Sayed 和 Shrive 提出夹片的锥度和锚杯内孔锥度的倾角设置 0.1° 角度差[303-304]。为了保证夹片式锚具有较好的自锚能力,预紧完毕卸载后夹片不致回弹出锚杯,锚具能够自锁,锚具的锥角必须等于或小于锚杯与夹片之间的摩阻角。蒋田勇等[305]指出,为了使锚杯不至于在加载过程中屈服,必须保证自由端有一定的厚度。另外,为了避免在加载过程中横向压应力过大,CFRP 筋被剪断而失效,CFRP 筋锚具应比传统的夹片式锚具长。

本章试验过程中,分别加工了 60mm 长、90mm 长和 2×60mm 串联锚具。材料为 HRC58~HRC64 或 HRA78~HRA84 钢,通过热处理达到硬度要求。设计锚具为 7mm CFRP 筋。对于 60mm 长锚具,设计锥角为 3.00°,锥角差为 0.10°,夹片采用三片式;对于 90mm 长锚具,设计锥角为 3.00°,锥角差为 0.10°,夹片采用三片式;对于 2×60mm 锚具,设计锥角分别为 3.00° 和 4.00°,锥角差为 0.10°,夹片采用三片式。在锚固区 CFRP 筋上采用市场上较为容易购买的铜箔片紧密缠绕,铜箔片厚度为 0.3mm,缠绕 2 层。将锚固区 CFRP 筋置于夹片式锚具内,预紧后进行张拉。设计的夹片式锚具实物见图 10-2。

2. 预应力 CFRP 筋黏结夹片式球面锚具设计方案

预应力 CFRP 筋黏结夹片式球面锚具是先在 CFRP 筋上套上套筒,套筒的内径一般比 CFRP 筋外径大 3~6mm,然后在套筒与 CFRP 筋之间灌注胶体材料,待胶体充分凝固后再

(a)

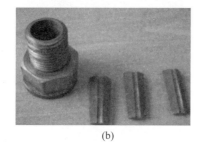

(b)   (c)

图 10-2 夹片式锚具

(a) 2×60mm 串联夹片式锚具；(b) 60mm 长夹片式锚具；(c) 90mm 长夹片式锚具

用夹片夹住套筒进行张拉。本研究根据套筒灌胶式锚具的特点及试验要求研制了预应力 CFRP 筋黏结夹片式球面锚具。预应力 CFRP 筋黏结夹片式球面锚具充分利用了普通夹片式锚具与套筒灌胶式锚具的优点。锚固主要依靠套筒与 CFRP 筋的黏结和夹片对套筒的横向压力的综合作用来实现。

在试验过程中，分别加工 400mm、500mm 和 600mm 钢套筒，在套筒两端设置对中螺堵，将 CFRP 筋置于套筒中然后灌胶固化，再将套筒锚固于 ϕ18mm 单孔夹片式锚具中，锚具长度为 55mm，将锚杯端部加工成凸形球面，并置于凹形球面垫板上，使其在张拉过程中可以根据张拉力的方向随时调整锚具方向，使锚具中线与受力中线重合，该锚具在锚固过程中无须预紧即可进行张拉。设计的黏结夹片式球面锚具实物见图 10-3。

图 10-3 黏结夹片式球面锚具

10.3 CFRP 筋夹片式锚具的研制

10.3.1 CFRP 筋夹片式锚具的受力分析

根据预应力 CFRP 筋加固混凝土梁的试验要求，本试验中 CFRP 筋夹片式锚具为单孔 CFRP 筋锚具。CFRP 筋夹片式锚具包括锚杯、夹片、铜箔片金属管及 CFRP 筋等，它与钢绞线夹片式锚具的最大区别在于 CFRP 筋与夹片之间多了一层软金属管材料,使用软金属管可以增大夹片与预应力筋束间的接触面积,防止夹片在 CFRP 筋上产生压痕,并能减小 CFRP 筋上的应力集中。此外,CFRP 筋夹片式锚具的长度也比钢绞线锚具长。与钢绞线锚具的张拉工艺相比,夹片式锚具的张拉过程多了一个预紧的环节。CFRP 筋夹片式锚具的张拉锚固过程为:预紧→卸载→张拉→锚固。因此,夹片式锚具的受力分析可以分为三个过程:预紧过程锚具的受力分析、预紧完毕卸载后锚具的受力分析和锚固中锚具的受力分析(见图 10-4)。

1. 预紧时受力分析

夹片式锚具由于在夹片与 CFRP 筋之间有一层软质金属,且 CFRP 筋表面光滑,在锚固初期夹片跟进较差,可提供的摩擦力较小,容易产生滑移。预紧过程是设计力顶压夹片,使在锚固前夹片与 CFRP 筋之间能产生较大的摩擦力,在施加锚固力过程中减少锚具与筋体之间的滑移。在预紧过程中,CFRP 筋、软金属管是随着夹片的压入而跟进的,CFRP 筋、软金属管和夹片之间在轴向没有相对位移,即三者之间只有径向作用力。在预紧力的作用下夹片被压入锚杯,在夹片侧面上产生法向分布压力及分布摩阻力。

α_0 为锚杯的倾角,α_1 为夹片的倾角,β 为夹片与锚杯内壁间的摩擦角,γ 为夹片与预应力筋之间的摩擦角。在 CFRP 筋锚固端包有铜箔,平均厚度约 0.6mm,在外推进力(预紧力)M 作用下,夹片被压入锚杯。Sayed 和 Shrive 在对预应力 CFRP 筋夹片式锚具进行试验时,提出夹片和锚杯的倾角设置 0.1°角度差,α_1 比 α_0 大 0.1°。由于 α_1 与 α_0 相差很小,在进行力学计算时可以认为 $\alpha_1 = \alpha_0 = \alpha$,如图 10-4 所示。在预紧力 M 的作用下夹片背面将受到正压力 N_1 及沿夹片表面向上的摩擦阻力 f_1,根据平衡条件得

$$M - 2f_1 \cdot \cos\alpha - 2N_1 \cdot \sin\alpha = 0 \tag{10-2}$$

$$f_1 = \tan\beta \cdot N_1 \tag{10-3}$$

由式(10-2)和式(10-3)可得

$$M = 2N_1 \frac{\sin(\alpha + \beta)}{\cos\beta} \tag{10-4}$$

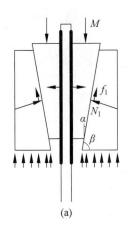 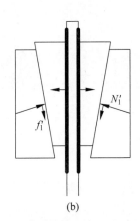 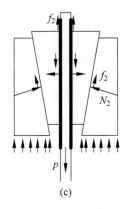

(a)   (b)   (c)

图 10-4 夹片式锚具各阶段受力分析

(a) 预紧时受力分析;(b) 预紧卸载后受力分析;(c) 锚固时受力分析

2. 预紧卸载后受力分析

预紧完成后卸荷，CFRP 筋、铜箔套筒和夹片之间在轴向没有相对位移，三者之间仍只有横向作用力。夹片内仍存在一定的法向分布压力，设在每片夹片上的正压力为 N_1'，沿夹片表面向上的摩擦阻力为 f_1'，此时夹片有回弹出锚杯的趋势，f_1' 将阻止夹片向上滑移。如图 10-4(b) 所示，根据平衡条件得

$$N_1' \sin\alpha = f_1' \cos\alpha \tag{10-5}$$

若要使预紧完毕卸载后夹片不滑出，则要求

$$N_1' \sin\alpha \leqslant f_{1\max}' \cos\alpha \tag{10-6}$$

即

$$N_1' \sin\alpha \leqslant N_1' \tan\beta \times \cos\alpha \tag{10-7}$$

因此，为了使预紧完毕卸载后夹片不致回弹出锚杯，锚具能够自锁，则锚具的锥角 α 必须等于或小于锚杯与夹片之间的摩阻角 β。

3. 锚固时受力分析

锚固时由于夹片内侧有细牙纹，预紧时铜箔套筒变形嵌入细牙纹，两者之间没有相对滑动，故认为铜箔套筒与夹片之间固结。在 CFRP 筋上拉力 P 的作用下，锚杯对夹片产生法向分布压力，设其合力为 N_2，则夹片背面的摩阻力合力为 f_2，CFRP 筋对夹片施加的法向压力为 Q，CFRP 筋所受的摩阻力为 f_3。如图 10-4(c) 所示，根据平衡条件得

$$2f_3 - P = 0 \tag{10-8}$$

$$N_2 \sin\alpha + f_3 - f_2 \cos\alpha = 0 \tag{10-9}$$

$$N_2 \cos\alpha - f_2 \sin\alpha - Q = 0 \tag{10-10}$$

如果能测出夹片与锚杯之间的摩擦系数和软质金属与 CFRP 筋之间的摩擦系数，则根据以上的受力分析可以求出锚具的锥角 α 应满足的角度。

4. 锚具尺寸的拟定

通过对锚具在预紧→卸载→张拉→锚固过程中的受力分析，可以得出夹片与锚杯之间的力学关系和锚杯与夹片之间的夹角关系，但是锚具的实际受力情况是非常复杂的，目前还没有非常有效的公式来计算锚具的力学特性。当锚具在锚固过程中受力过大时，可能出现由于锚具尺寸设计不合理而屈服破坏的现象。因此在设计过程中，有必要对所采用的锚具进行强度校核。对于锚具强度校核方法，文献[307]和文献[305]中分别做了介绍。文献[307]采用材料力学中的第三强度理论进行校核，这一理论认为最大剪应力 $\tau_{\max}$ 是引起材料屈服的因素，只要构件内一点处的最大剪应力 $\tau_{\max}$ 达到了材料屈服时的极限值 τ_u，该点处的材料就会发生屈服。根据在空间应力状态下一点处的最大正应力和最大剪应力计算式 $\sigma_{\max} = \sigma_1$，$\tau_{\max} = (\sigma_1 - \sigma_3)/2$，可以导出这一强度理论所建立的强度条件是

$$\sigma_1 - \sigma_3 \leqslant [\sigma] = \sigma_s/n \tag{10-11}$$

式中：n——锚具的安全系数。

根据强度理论建立的强度条件和锚杯的受力情况，σ_1 为锚杯上的平均压应力 σ_n，σ_3 为锚杯截面上平均环向拉应力，文献[308]通过分析计算可得

$$\sigma_n = -\frac{4M \sin\alpha \cos\beta}{\pi(d_2^2 - d_1^2)\sin(\alpha + \beta)} \tag{10-12}$$

$$\sigma_t = \frac{M}{\pi\tan(\alpha+\beta)\left[DH-\frac{1}{2}(d_1+d_2)H\right]} \qquad (10\text{-}13)$$

由式(10-11)～式(10-13)得

$$n = \frac{\sigma_s}{\sigma_t-\sigma_n} \qquad (10\text{-}14)$$

根据以上分析,分别对 60mm 和 90mm 长夹片式锚具进行强度校核,校核结果如下。

1) 60mm 长 CFRP 筋夹片式锚具的强度校核

60mm 长 CFRP 筋夹片式锚具中 $D=45$mm,$H=65$mm,$d_1=23.2$mm,$d_2=30$mm,$\alpha=3.0°$,$\beta=4°$,$M=50$kN,$\sigma_s=750$MPa,由式(10-12)和式(10-13)得

$$
\begin{aligned}
\sigma_n &= -\frac{4M\sin\alpha\cos\beta}{\pi(d_2^2-d_1^2)\sin(\alpha+\beta)} \\
&= -\frac{4\times50\times10^3\times\sin3°\times\cos4°}{\pi(30^2-23.2^2)\sin(3°+4°)}\text{MPa} \\
&= -75.4\text{MPa}
\end{aligned}
$$

$$
\begin{aligned}
\sigma_t &= \frac{M}{\pi\tan(\alpha+\beta)\left[DH-\frac{1}{2}(d_1+d_2)H\right]} \\
&= \frac{50\times10^3}{\pi\tan(3°+4°)\left[45\times65-\frac{1}{2}(23.2+30)\times65\right]}\text{MPa} \\
&= 108.4\text{MPa}
\end{aligned}
$$

由式(10-14)得

$$n = \frac{\sigma_s}{\sigma_t-\sigma_n} = \frac{750}{108.4-(-75.4)} = 4.08 > 1$$

故锚杯的强度满足要求。

2) 90mm 长 CFRP 筋夹片式锚具的强度校核

90mm 长 CFRP 筋夹片式锚具中 $D=45$mm,$H=95$mm,$d_1=20.04$mm,$d_2=30$mm,$\alpha=3.0°$,$\beta=4°$,$M=50$kN,$\sigma_s=750$MPa,由式(10-12)和式(10-13)得

$$
\begin{aligned}
\sigma_n &= -\frac{4M\sin\alpha\cos\beta}{\pi(d_2^2-d_1^2)\sin(\alpha+\beta)} \\
&= -\frac{4\times50\times10^3\times\sin3°\times\cos4°}{\pi(30^2-20.04^2)\sin(3°+4°)}\text{MPa} \\
&= -54.7\text{MPa}
\end{aligned}
$$

$$
\begin{aligned}
\sigma_t &= \frac{M}{\pi\tan(\alpha+\beta)\left[DH-\frac{1}{2}(d_1+d_2)H\right]} \\
&= \frac{50\times10^3}{\pi\tan(3°+4°)\left[45\times95-\frac{1}{2}(20.04+30)\times95\right]}\text{MPa} \\
&= 68.3\text{MPa}
\end{aligned}
$$

由式(10-14)得

$$n = \frac{\sigma_s}{\sigma_t - \sigma_n} = \frac{750}{68.3 - (-54.7)} = 6.10 > 1$$

故锚杯的强度满足要求。

10.3.2　CFRP筋夹片式锚具的制作

通过对夹片式锚具进行受力分析,并结合CFRP筋的锚固特点,本研究设计了3种不同尺寸的夹片式CFRP筋锚具,分别为60mm长夹片式锚具、90mm长夹片式锚具和60mm×2串联式锚具。其制作过程如下:

(1)尺寸拟定。夹片式锚具的尺寸包括锚具的长度、夹片的厚度和夹角、锚杯的厚度与夹角等。由于CFRP筋的表面较为光滑,一般CFRP筋的锚具比预应力钢筋的锚具要长。通常一般预应力钢筋夹片式锚具长度为40～50mm,而CFRP筋锚具尺寸一般要大于预应力钢筋锚具尺寸,分别制作60mm长、90mm长和60mm×2串联式锚具。夹片和锚杯夹角也是影响锚固性能的重要因素,CFRP筋抗剪强度较小,为了防止锚固过程中由于端部应力集中而剪断CFRP筋,CFRP筋锚具的夹片和锚杯夹角比预应力钢筋锚具的夹片和锚杯夹角要小,倾角一般在3°左右,通过受力分析和锚具尺寸校核可知,以上拟定的尺寸符合受力要求。为了防止在锚固过程中夹片剪断CFRP筋,须在CFRP筋与夹片之间加入一层缓冲介质。本研究在设计中采用厚度为0.3mm的铜箔片缠绕两周,即0.6mm厚。

(2)预紧力的设计。与预应力钢筋夹片式锚具相比,钢筋与夹片之间的摩擦系数较大,在锚固过程中,不需或只需较小的预紧力就能实现锚固。CFRP筋锚具的夹片和CFRP筋之间摩擦系数较小,在锚固前应施加一个较大的预紧力,以提高锚具的锚固性能。一般来说在预紧力不超过一定限度情况下,预紧力越大越有利于锚固,本研究设计的预紧力为50kN。

(3)加工。CFRP筋夹片式锚具的尺寸要求精度高,且长度较长,因此,锚具材料的选择较钢绞线锚具的要求高,加工时为保证尺寸精准,应采用数控机床对锚具进行加工。由于锚具的尺寸较长,须购置专门的刀具,且要保证加工精度。由于夹片式锚具的加工制作工艺要求较高,一般锚具的制作需要有专门的厂家加工制作。作者使用的锚具是在河南宇建矿业技术有限公司和河南理工大学工程训练中心加工制作的,前者为专门的锚具生产厂家,锚具加工的质量较高。

10.4　预应力CFRP筋黏结夹片式球面锚具的研制

10.4.1　预应力CFRP筋黏结夹片式球面锚具材料

预应力CFRP筋黏结夹片式球面锚具是在已有的套筒夹片式锚具的基础上,根据试验要求和套筒夹片式锚具的特点,作出改良后研制的新型锚固体系。原有的套筒灌胶式锚具施工工艺较复杂,且张拉过程中可能存在偏心受力而影响锚固性能的情况。对于套筒夹片式锚具,其材料选择决定了锚固体系的锚固性能[309]。预应力CFRP筋黏结夹片式球面锚具由套筒、对中螺堵、黏结介质、夹片、锚杯和托盘垫板组成。其材料选择如下:

1)套筒材料的选取

套筒材料采用45♯钢,其力学性能如表10-1所示。

表 10-1　45♯钢质套筒力学性能指标

内径/mm	外径/mm	屈服强度/MPa	拉伸强度/MPa	弹性模量/GPa	伸长率/%	断面收缩率/%
12	18	355	600	210	16	40

2）对中螺堵材料的选取

在套筒夹片式锚具中，为了保证 CFRP 筋能置于套筒中心，提高锚具的锚固性能，应在套筒两端加工对中螺堵。试验时采用了两种材料的螺堵，一种为带有螺纹的钢螺堵，另一种为塑料螺堵。试验发现：钢质螺堵虽然能保证对中，但 CFRP 筋穿过两端对中螺堵后，两端不能很好地保证密封，灌注介质有可能从端部流出，从而影响锚固性能。塑料螺堵因具有一定的伸缩性能，不但能保证对中，而且 CFRP 筋穿过两端对中螺堵后，两端能很好地保证密封，并对黏结介质施加一定的压力，从而提高了锚具的锚固性能。

3）黏结介质的材料选取

黏结介质的选取是决定锚具锚固性能的最关键因素之一，常用的黏结介质有环氧基树脂胶、环氧铁砂、高性能砂浆、普通混凝土等。本试验采用的黏结介质为 JGN 型碳纤维结构胶，其力学性能见表 10-2。

表 10-2　JGN 型碳纤维结构胶的力学性能

序号	项目名称	检测条件	性能指标	检测结果	结果评定
1	胶体轴心抗拉强度/MPa	(25±2)℃	≥33	40.1	合格
2	胶体抗拉弹性模量/MPa	(25±2)℃	≥3.6×10³	3.8×10³	合格
3	胶体拉伸断裂伸长率/%	(25±2)℃	≥1.5	2.4	合格
4	胶体抗压强度/MPa	(25±2)℃	≥65	78.8	合格
5	胶体弯曲强度/MPa	(25±2)℃	≥45	66.9	合格
6	拉伸剪切强度/MPa	(25±2)℃,钢/钢	≥15	19.4	合格

4）夹片、锚杯和托盘垫板

预应力 CFRP 筋黏结夹片式球面锚具中夹片和锚杯的材料与预应力钢筋夹片式锚具所选材料相同。我国锚杯硬度的生产控制范围一般为 HRC17～HRC30 或 HB200～HB300，夹片硬度的生产控制范围一般为 HRC58～HRC64 或 HRA78～HRA84，通过热处理必须达到夹片的设计硬度指标，否则很难锚住；但也不能再提高，否则夹片容易开裂甚至碎掉。锚杯材料采用 45♯钢，具有良好的强度和组织均匀性。锚杯锥孔内壁光滑，使用时涂一层润滑油，以减小使用时和夹片之间的摩擦。夹片表面热处理，夹片内侧做有细牙纹，以保证和铜箔片及 CFRP 筋之间有足够的摩擦，在施加足够的预紧力之后张拉过程中不致和 CFRP 筋之间出现相对滑移。夹片外表面和内侧细牙纹都具有较高的硬度，夹片芯部具有良好的韧性。夹片外表面光滑，使用时涂一层润滑油，以减小使用时和锚杯之间的摩擦。

10.4.2　预应力 CFRP 筋黏结夹片式球面锚具的制作

黏结夹片式球面锚具的制作工艺要求较高，制作工艺较复杂。锚具的制作主要包括钢质套筒的加工、黏结介质的选取调制、夹片式球面锚具的加工等。由于锚具的加工精度要求较高、工艺复杂且对安全生产有较大影响，因此锚具的生产必须由具备生产资质的厂家进行。在锚具加工过程中,我们通过与河南宇建矿业技术有限公司和河南理工大学工程训练中心的工程技术人员探讨交流,制定了锚具的生产流程和加工工艺。根据预应力 CFRP 筋黏结夹片式球面锚具的特点,制定其生产流程如下:

(1)钢质套筒和对中螺堵的生产。钢质套筒选用 45#钢加工,先备料,然后切割钻孔并进行一定的防锈处理;对中螺堵可以选择塑料加工,先备料,然后根据钢套筒的直径加工螺堵,最后根据 CFRP 筋的直径钻孔。加工好钢质套筒和对中螺堵后备用。

(2)夹片式球面锚具的生产。夹片式球面锚具生产工序较多,首先备料,然后分别进行夹片、锚杯和垫板的制作。夹片制作时先根据设计的倾角加工锥度后钻孔攻螺纹,然后切片(切割成三片)并修割倒角,最后调质热处理;锚杯制作时先根据设计好的尺寸切割成孔后进行倒角处理,然后加工端部的球面,最后进行调质热处理和防锈处理等。垫板制作时先根据设计的尺寸加工板面上的凹形球面,后进行调质热处理和防锈处理等。

(3)黏结介质的调制。黏结介质在很大程度上会影响锚具的锚固性能,应根据材料特点选取,并进行相应检测试验后确定,最后根据黏结介质的性质调制材料备用。

加工调制好套筒、对中螺堵、黏结介质、夹片、锚杯和托盘垫板后将它们进行组装即可。在加工过程中,由于制定了细致的加工工序,且厂家技术条件较好,在大部分的工序中,加工工艺比较简单,进展比较顺利,但也有一些工艺需要引起注意。在钢质套筒加工中,由于最长的套筒长度达到 600mm,工厂刀具达不到要求,因此需定制特定尺寸的加长钻头。另外就是对夹片内表面牙纹的加工,这项工艺要求较高,锚杯端部的凸形球面和垫板凹形球面也是加工中的难点。钢质套筒由河南理工大学工程训练中心加工制作,球面锚具由河南宇建矿业技术有限公司研制。

10.5　预应力 CFRP 筋锚具的试验研究

本研究设计的预应力 CFRP 筋的锚固系统包括夹片式锚具和预应力 CFRP 筋黏结夹片式球面锚具。对于预应力 CFRP 筋夹片式锚具,国内已经进行了大量的研究,因此只对其锚固力进行测定。对于预应力 CFRP 筋黏结夹片式球面锚具将从锚固性能方面进行试验研究。

10.5.1　预应力 CFRP 筋夹片式锚具的试验内容与方案

由于碳纤维材料的特殊性质,国内外在用夹片式锚具对碳纤维筋施加预应力时主要存在以下两个方面的问题:①由于碳纤维筋横向抗剪强度低,在对其施加预应力时,采用普通锚具常常由于锚固端横向应力过大,碳纤维筋被剪断而过早失效;②碳纤维为晶体材料,通常碳纤维含量越多,碳纤维筋的润滑性越好,在施加预应力时常常由于夹片与碳纤维筋之间的摩擦力过小而滑移失效。研究成果表明,影响夹片式锚具锚固性能的因素很多,但主要与锚具的长度、预紧力及夹片等有关。

试验中选取 CFRP 筋直径为 7mm,分别选取 60mm 长、90mm 长和 2×60mm 串联式锚具,每种长度制备试件 3 个,铜箔厚度为 0.3mm,在 CFRP 筋上紧密缠绕 2 周,厚度为 0.6mm。CFRP 筋的力学特性见表 10-3,CFRP 筋试件的特性见表 10-4。

表 10-3　CFRP 筋力学特性

表面形式	直径/mm	密度/(g/cm³)	纤维含量/%	拉伸强度/MPa	弹性模量/GPa	剪切强度/MPa	线膨胀系数/(1/℃)
光圆	7	1.63	65	1746	114	94.1	0.71×10^{-6}

表 10-4　夹片式锚具用 CFRP 筋试件的特性

试件编号	碳筋表面形式	碳筋直径/mm	锚具长度/mm	试件长度/mm	预紧力/kN	铜薄片厚度/mm
F1-60	光圆	7	60	2600	—	0.6
F2-60	光圆	7	60	2600	40	0.6
F3-60	光圆	7	60	2600	50	0.6
F1-90	光圆	7	90	2600	—	0.6
F2-90	光圆	7	90	2600	40	0.6
F3-90	光圆	7	90	2600	50	0.6
F1-2×60	光圆	7	120	2600	—	0.6
F2-2×60	光圆	7	120	2600	—	0.6
F3-2×60	光圆	7	120	2600	—	0.6

通过对 CFRP 材料力学性能的测定可知,CFRP 筋的极限抗拉强度为 1746MPa。本章的试验方法参考了文献[310]的有关规定,考虑到 CFRP 筋性能的特点,对试验加载进行了一定的修改。张拉按 CFRP 筋极限抗拉强度的 20%、30%、45%、60%、70%、80%加载,直至 CFRP 筋滑移失效或断裂,试验加载速率为 5kN/min。当张拉荷载达到 CFRP 筋极限抗拉强度的 30%、45%、60%时,持荷 10min 以上,观察持荷期间测力传感器力的变化。

10.5.2　预应力 CFRP 筋黏结夹片式球面锚具的试验内容与方案

预应力 CFRP 筋黏结夹片式球面锚具的锚固效率与套筒中的黏结介质有关。本研究选用的黏结介质为环氧树脂结构胶,该黏结介质与 CFRP 筋之间的黏结较好,但在受力过程中由于胶体与 CFRP 筋之间的摩擦系数较小,因此在一定程度上影响了锚具的锚固性能。为了充分了解其锚固性能,加载时采用逐级加载,加载幅度为 5kN,即每隔 5kN 记一次数,直至 CFRP 筋滑移失效或断裂,试验中测力装置为测力传感器。试验前标定测力传感器,试验中通过穿心式千斤顶控制加载。

本试验中选取 CFRP 筋直径为 7mm,其力学特性见表 10-3,钢套筒长度为 400mm、500mm 和 600mm 三种,各制备试件 3 个,球面锚具长度为 50mm。试件情况如表 10-5 和图 10-5 所示。

表 10-5　黏结夹片式球面锚具用 CFRP 试件情况

试件编号	碳筋表面形式	碳筋直径/mm	钢套筒长度/mm	试件长度/mm	钢套筒上应变片布置数量/个	碳筋上应变片布置数量/个
L1-400	光圆	7	400	1740	3	2
L2-400	光圆	7	400	1765	3	2
L3-400	光圆	7	400	1750	3	2

续表

试件编号	碳筋表面形式	碳筋直径/mm	钢套筒长度/mm	试件长度/mm	钢套筒上应变片布置数量/个	碳筋上应变片布置数量/个
L1-500	光圆	7	500	1810	4	2
L2-500	光圆	7	500	1807	4	2
L3-500	光圆	7	500	1815	4	2
L1-600	光圆	7	600	1957	5	2
L2-600	光圆	7	600	1960	5	2
L3-600	光圆	7	600	1962	5	2

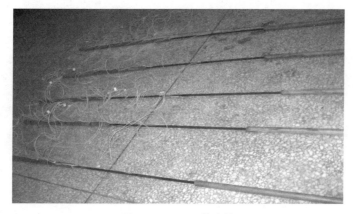

图 10-5　CFRP 筋试件

10.6　预应力 CFRP 筋夹片式锚具锚固力测试

10.6.1　试验目的

夹片式锚具设计灵活,尺寸小巧;施工方便,组装后可以立即张拉;对中方便、互换性好、对环境的适应性好。在用预应力 CFRP 筋加固混凝土梁的试验中采用了此锚具,在加固梁试验中分别对 CFRP 施加了 30%、45% 和 60% 的极限抗拉强度应力。因此要求该夹片式锚具至少保证 60% 的锚固效率,预应力 CFRP 筋夹片式锚具锚固力测试试验的目的为:①测试不同锚具长度锚固力的大小;②研究分析锚具的失效形式;③分析夹片式锚具的锚固特性,并与预应力 CFRP 筋黏结夹片式球面锚具进行比较。

10.6.2　试验过程

1. 试验材料性能测试

试验中选择的碳纤维筋为南京某厂家提供的 7mm 国产光圆 CFRP 筋,光圆筋的锚固最困难,但国产光圆筋加工工艺相对简单,价格较为便宜,极限抗拉强度相对较小。选择的碳纤维筋纤维含量占总体积的 65%,试验中对材料性能进行了测试,测试装置如图 10-6 所示。CFRP 筋弹性模量 $E_p = 114$GPa,极限抗拉强度 $f_p = 1746$MPa。

2. 试验张拉装置的设计制作

在预应力混凝土结构施工中,主要的张拉设备包括千斤顶和张拉台座。常用的千斤顶有拉杆式千斤顶、穿心式千斤顶和锥锚式千斤顶等,工作方式一般分为手动和电动两种,对于空间狭小的加固构件,张拉时千斤顶和油泵可能受到空间的限制不利于安置。因此,本试验设计的为手动张拉装置,即利用张拉螺栓杆连接传感器及张拉锚具实现手动张拉。张拉台座是施加预应力的关键设备,本试验在河南理工大学土木工程学院结构实验室完成,实验室内地面设有地锚螺栓,利用地锚螺栓将设计好的台座固定在地面。设计张拉台座如图 10-7 所示。

图 10-6 CFRP 筋测试装置   图 10-7   张拉台座

3. 试验测量内容

(1) 在张拉端设置测力传感器,测定锚固力;

(2) 在 CFRP 筋锚固端和中间位置布置应变计,测量 CFRP 筋张拉时的应变分布。

4. 预紧力的施加

在用夹片式锚具对 CFRP 筋锚固时,由于 CFRP 筋横向抗剪强度较低且筋材表面比较光滑,如果用传统的夹片式锚具,将出现 CFRP 筋被剪断或因表面光滑出现滑移使锚固失效。因此,运用夹片式锚具对 CFRP 筋施加预应力时,需在夹片与 CFRP 筋中间包裹一层较薄的软金属,并预先施加一个较大的预紧力。本试验中采用的软金属为铜箔,铜箔厚度为0.3mm,在 CFRP 筋上紧密缠绕两层,厚度为 0.6mm。采用手动千斤顶施加预紧力,采用的测力装置为上海诚知自动化系统有限公司生产的 BLR-1 型荷重测力传感器。

10.7 预应力 CFRP 筋黏结夹片式球面锚具锚固性能的试验

10.7.1 试验目的

(1) 测试不同套筒长度的锚固力大小;

(2) 分析套筒黏结滑移形式;

(3) 分析锚具的锚固特性。

10.7.2　试验过程

1. 试验材料性能

锚固系统的试验材料主要包括钢套筒、黏结介质。钢套筒采用45♯钢,钢管通过万能试验机进行力学性能测定,其测定参数如表10-1所示。黏结介质采用大连凯华公司生产的JGN型碳纤维结构胶,胶体性能如表10-2所示。试验中采用的碳纤维筋是南京某厂家提供的碳纤维筋材,其成型工艺是将进口日本东丽碳纤维丝浸渍专用树脂基体后在光电热一体的高速聚合装置内受热固化,经牵引连续拉挤成型,直径为7.00mm。表10-3所示为碳纤维筋的力学性能指标。

2. 试验装置的设计

在进行预应力CFRP筋黏结夹片式球面锚具锚固性能试验时,应变采集装置为XL-20101B5数字静态应变仪,其试验装置如图10-8所示。张拉设备为河南宇建矿业技术有限公司生产的穿心式千斤顶,测力装置为上海诚知自动化系统有限公司生产的BLR-1型荷重测力传感器,如图10-9所示。

图 10-8　CFRP筋黏结夹片式球面锚具锚固性能测试试验装置

(a)　　　　　　　　　　　　　　(b)

图 10-9　试验仪器设备

(a) 张拉千斤顶;(b) 测力传感器

3. 试验测量内容

(1) 在张拉端设置测力传感器,测定不同套筒长度的锚固力大小;

(2) 在CFRP自由段端部和中间布置应变计,测CFRP筋张拉时的应变分布;

(3) 在钢套筒上布置应变计,测张拉时钢套筒上的应力分布。

4. 试验注意事项

（1）套筒加工好后，套筒表面和管内会有油渍，试验前应用汽油或丙酮清洗干净，放置一段时间，待汽油或丙酮挥发后，用干布擦拭后待用。

（2）对中螺堵可选用金属或塑料制作。一般塑料螺堵由于具有一定的伸缩性，有利于密封。在加工对中螺堵时，对中孔孔径不能大于 CFRP 直径，对中时用角磨机将 CFRP 筋端部磨尖，将 CFRP 筋缓缓插入对中孔中。

（3）出产的光圆 CFRP 筋表面有一层油渍，试验前要清洁 CFRP 筋表面，并用砂纸沿着 CFRP 筋纵向轻轻打磨。注意不能横向打磨，以免将 CFRP 筋表面纤维切断。打磨后用干布擦拭待用。

（4）向套筒内灌胶时，先将套筒两端安置对中螺堵，用胶布封住对中孔，简单计算需要注入的胶体量，将调好的胶体注入管内，最后将 CFRP 筋缓缓插入，插入后密封两端。

（5）养护时注意温度的控制，室内温度过低将影响锚固效率。

（6）布置应变计之后，对黏结质量进行严格检查，仔细检查应变片与试件之间有无气泡、脱胶等现象；用万用表检查有无短路或断路现象，用摇表检查应变片的绝缘性能。试验中应变片的绝缘电阻值不应小于 200MΩ，出现问题的应变片均为黏结质量不合格，需要重新粘贴，直至合格为止。

（7）采用手动加载，加载过程中注意控制加载速度。

10.8 试验结果及分析

10.8.1 试验结果

1. 预应力 CFRP 筋夹片式锚具试验结果

第一组试验中，夹片式锚具长度为 60mm，预紧力分别为 0kN、40kN、50kN，试验时采用了 3 个试件。试验张拉过程中，夹片跟进较好，试件分别在 21kN、42kN、51kN 时出现滑移失效，将锚具卸下后发现预紧力为 50kN 的锚具内铜箔片已经被夹片内纹夹断，且 CFRP 筋表面已经有明显被刮痕。在锚具端部，CFRP 筋有一道很深的牙痕。

第二组试验中，夹片式锚具试验长度为 90mm，预紧力分别为 0kN、40kN、50kN，张拉过程中共对 3 个试件进行了试验。试验过程中有 1 个试件被拉断，拉断时拉力值为 65kN，拉断点基本在试件中间，断痕较长，CFRP 筋在断点处表面裂开，见图 10-10；预紧力为 40kN 时锚具内铜箔片已经被夹片内纹夹断，且 CFRP 筋表面已经有明显被刮痕。

图 10-10 拉断的 CFRP 筋

第三组试验中,夹片式锚具为 $2\times60mm$ 锚具,由于锚具长度较大,无法在试验台座上进行试验。张拉试验在试验机上进行,如图 10-11 所示。试验过程中,因为串联式锚具在施加预紧力时比较困难,因此在预紧时采用的是直接将夹片敲进的方法。试验共进行了三次,其中一次为锚具端部被夹断,有两次出现滑移,对应的拉力值分别为 35kN、28kN 和 25kN,显然锚固效率较低。

图 10-11　$2\times60mm$ 夹片式锚具测试

通过三组试验,将预应力 CFRP 筋夹片式球面锚具锚固性能试验结果汇总于表 10-6。

表 10-6　预应力 CFRP 筋夹片式锚具锚固性能试验结果

试件编号	碳筋表面形式	碳筋直径/mm	预紧力/kN	失效荷载/kN	锚固效率/%	破坏形式
F1-60	光圆	7	—	21	31.3	滑移
F2-60	光圆	7	40	42	62.7	滑移
F3-60	光圆	7	50	51	76.1	滑移,表面有明显刮痕
F1-90	光圆	7	—	25	37.3	滑移
F2-90	光圆	7	40	56	83.6	滑移,表面有明显刮痕
F3-90	光圆	7	50	65	97.0	拉断
F1-2×60	光圆	7	—	35	52.2	剪断
F2-2×60	光圆	7	—	28	41.8	滑移
F3-2×60	光圆	7	—	25	37.3	滑移

2. 预应力 CFRP 筋黏结夹片式球面锚具锚固性能试验结果

第一组试验中,黏结夹片式球面锚具钢质套筒长度为 400mm,共对 3 根试件进行了试验,试验张拉过程中,CFRP 筋都从钢质套筒中滑移出来,产生滑移时对应的最大拉力值为 32kN、28kN、30.7kN。

第二组试验中,黏结夹片式球面锚具钢质套筒长度为 500mm,共对 3 根试件进行了试验,试验张拉过程中,CFRP 筋都从钢质套筒中滑移出来,产生滑移时对应的最大拉力值为 44kN、41kN、43kN。

第三组试验中,黏结夹片式球面锚具钢质套筒长度为 600mm,共对 3 根试件进行了试验,试验张拉过程中,CFRP 筋都从钢质套筒中滑移出来,产生滑移时对应的最大拉力值为

53kN、54kN、51.7kN。

通过三组试验,将预应力 CFRP 筋黏结夹片式球面锚具锚固性能试验结果汇总于表 10-7。

表 10-7   预应力 CFRP 筋黏结夹片式球面锚具锚固性能试验结果

试件编号	钢套筒长度/mm	试件长度/mm	失效荷载/kN	锚固效率/%	失效形式
F1-400	400	1740	32	47.8	
F2-400	400	1765	28	41.8	
F3-400	400	1750	30.7	45.8	
F1-500	500	1810	44	65.7	碳筋与结构胶体
F2-500	500	1807	41	61.2	之间出现滑移而
F3-500	500	1815	43	64.2	失效
F1-600	600	1957	53	79.1	
F2-600	600	1960	54	80.6	
F3-600	600	1962	51.7	77.2	

10.8.2   试验结果分析

1. 预应力 CFRP 筋夹片式锚具试验结果分析

1) 锚具长度对锚固性能的影响

在锚固性能测试中,长度为 60mm 和 90mm 的锚具,预紧力分别为 0kN、40kN、50kN,夹片倾角为 3.1°,锚杯倾角为 3°,最大拉力值分别为 51kN 和 65kN,分别达到 CFRP 极限抗拉强度的 76% 和 97%,锚具长度与锚固效率的关系见图 10-12。在对 2×60mm 串联式锚具进行试验过程中,最大拉力值仅为 35kN 且 3 根试件都出现了滑移或剪断失效现象,试验中主要受到了预紧力的影响,虽然锚具长度达到了 120mm,但因为预紧力较难施加,因而影响了锚固性能,该试验再次说明 CFRP 夹片式锚具在锚固过程中预紧力的重要性。

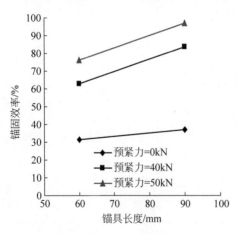

图 10-12   锚具长度对锚固效率的影响

2) 铜箔厚度对锚固性能的影响

在试验过程中,所使用的铜箔片厚度为 0.6mm,试验结果表明,铜箔片厚度的选取与预紧力的大小、锚具的长度、极限拉力值和 CFRP 筋的直径大小有关。文献[307]中采用 $\phi 7.6mm$ 和 $\phi 9.4mm$ 两种直径的 CFRP 筋进行了试验,铝套筒厚度分别为 0.4mm 和 0.6mm,试验中 $\phi 7.6mm$ 的 CFRP 筋,铝套筒厚度为 0.4mm 较 0.6mm 能承受更大张拉荷载,但对 $\phi 9.4mm$ 的 CFRP 筋试验时,铝套筒厚度为 0.6mm 较 0.4mm 能承受更大张拉荷载。文献[305]中采用 90mm 长锚具,当倾角为 3°、预紧力为 100kN 时,采用的铝套筒厚度为 1mm,且得出在其试验条件下,铝套筒厚度小于 1mm 时,铝套筒厚度越大,锚具锚固的极限拉力越大。本试验采用的最大预紧力为 50kN、锚具长度为 60mm 和 90mm,锚杯倾角为

3°,试验中发现,当包裹的铜箔片厚度为 0.6mm 以上时基本能避免在锚固过程中夹片对 CFRP 筋的损伤,当厚度大于 0.9mm 时,夹片与 CFRP 筋极易发生相对滑移。

3）预紧力对锚固性能的影响

与传统的夹片式锚具不同,对 CFRP 筋夹片式锚具,预紧力对锚固效率影响十分明显,这一点在 10.3.1 节夹片式锚具受力分析中已有说明。在试验中分别对长度为 60mm 和 90mm 的锚具施加了 0kN、40kN 和 50kN 的预紧力,60mm 长锚具的锚固效率分别为 31.3％、62.7％和 76.1％,90mm 长锚具的锚固效率分别为 37.3％、83.6％和 97％,其锚固效率与预紧力关系曲线见图 10-13。

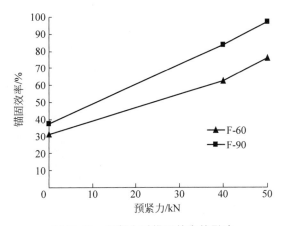

图 10-13　预紧力对锚固效率的影响

通过对三组预应力 CFRP 筋夹片式锚具的试验,可以得出结论:①锚具的锚固性能随锚具长度的增加而增加,但是当锚具长度增加到一定限度时,则给张拉施工和锚具的加工带来困难。作者在加工锚具时曾加工过长度为 130mm 的锚具,但因锥孔过长,加工刀具没有办法一次切割成型,因而加工精度无法保证,锚具质量达不到要求。②预紧力对 CFRP 筋夹片式锚具的锚固性能影响较大。在对 2×60mm 串联式锚具进行试验过程中,最大拉力值仅为 35kN 且 3 根试件都出现了滑移或剪断失效现象,虽然锚具长度达到了 120mm,但因为预紧力较难施加,其锚固性能较 60mm 和 90mm 长的锚具差。③通过对夹片式锚具的试验可知,夹片式锚具具有灵活、小巧、施工方便,组装后可以立即张拉,对环境的适应能力强等优点,但是其锚固性能受到很多因素的影响,对锚具的精度和施工工艺要求较高(如铜箔片的缠绕厚度、预紧力的施加等)。试验结果表明,当采用内嵌预应力 CFRP 筋加固混凝土梁时,因其最大初始预应力值为其抗拉强度的 60％,故可以采用设计长度为 60mm 的夹片式锚具施加预应力。

2. 预应力 CFRP 筋黏结夹片式球面锚具锚固性能试验结果分析

1）套筒长度对锚固性能的影响

试验中共采用了三组试件,钢质套筒长度分别为 400mm、500mm 和 600mm,三组试验中其对应平均锚固效率为 45.1％、63.7％和 79％,其套筒长度与锚固效率曲线见图 10-14,试件能承受的最大张拉荷载见图 10-15。

从图 10-14 中可知,随着钢质套筒长度的增加,锚固效率增加明显,但随着套筒长度的增加锚固效率增加减慢,这是因为套筒长度增加时夹片式锚具长度并没有增加。

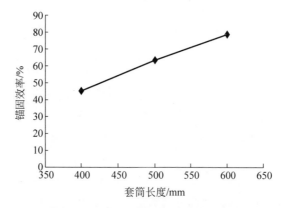

图 10-14　套筒长度对锚固效率的影响

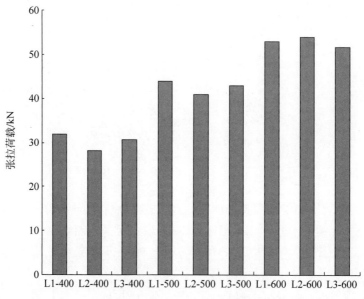

图 10-15　试件的最大张拉荷载对比

2）球面锚具对锚固性能的影响

一般的夹片式锚具在锚固过程中利用夹片与锚杯的倾角形成楔形效应,张拉过程中锚固越来越紧,当试验过程中垫板与筋体不垂直时会在锚具端部产生一定的剪应力。当剪应力较小时一般对预应力钢筋的影响较小,但 CFRP 筋横向抗剪强度较小,当锚具端部存在一定剪应力时可能使 CFRP 筋在锚固过程中在锚具端部被剪断。球面锚具可以自动调整 CFRP 筋的中线与锚具锥孔中线,改变孔口的受力特性,减小孔口剪应力,提高锚固性能。试验中采用球面锚具后,其锚具对中问题变得简便,张拉端可以自动调整方向,使 CFRP 筋张拉时只承受轴向拉力。

3）张拉时应变分析

在试验过程中,在钢质套筒和 CFRP 筋上贴有应变片,在 400mm 套筒黏结夹片式球面锚具中,在套筒端部 70mm、170mm 和 270mm 处布置了应变片,同时在 CFRP 筋自由段端部和中间各布置一个应变片,将其绘制成荷载-应变曲线,见图 10-16（a）；500mm 套筒黏结夹片式球面锚具中,在套筒端部 70mm、170mm 和 270mm、370mm 处布置了应变片,同时在 CFRP 筋自由段端部和中间各布置一个应变片,将其绘制成荷载-应变曲线,见图 10-16(b);600mm 套筒黏结夹片式球面锚具中,在套筒端部 70mm、170mm 和 270mm 处布置了应变片,同时在 CFRP 筋自由段端部和中间各布置一个应变片,将其绘制成荷载-应变曲线,见图 10-16(c)。应变片的布置见图 10-17,其中 $s-x$ 为钢质套筒上的应变,x 值越大越靠近张拉端,越小越靠近 CFRP 筋自由端;f_1 为靠近钢套筒端 CFRP 筋上的应变,f_2 为 CFRP 筋中间处的应变。

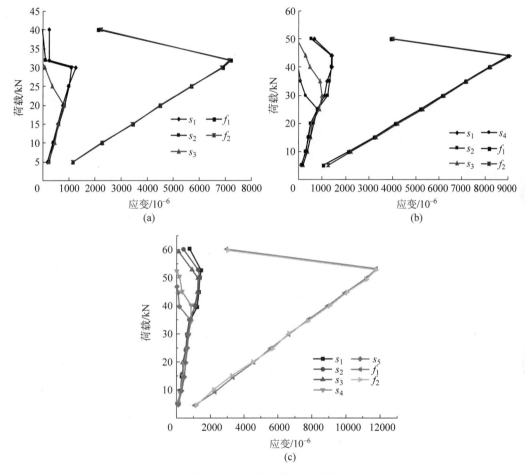

图 10-16　试件荷载-应变曲线

(a) 400mm 长钢套筒球面锚具;(b) 500mm 长钢套筒球面锚具;(c) 600mm 长钢套筒球面锚具

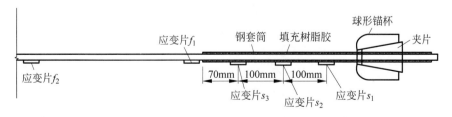

图 10-17　试件应变片的布置

由荷载-应变曲线可知,在靠近 CFRP 筋自由端处,CFRP 筋与胶体先出现脱离,对应钢套筒处的应变迅速变小,CFRP 筋张拉端部与中间应变基本相同,且随荷载增加呈线性增加。

4）试验分析小结

通过三组预应力 CFRP 筋黏结夹片式球面锚具的试验,可以得出结论:①锚具的锚固性能随套筒长度的增加而增加;②球面锚具可以自动调整 CFRP 筋的中线与锚具锥孔中线,改变孔口的受力特性,减小孔口剪应力,提高锚固性能;③黏结介质与 CFRP 筋的黏结性能是影响锚固性能的关键因素;④预应力 CFRP 筋黏结夹片式球面锚具,锚固效率比较稳定,影响锚固性能的因素较少。

但由于预应力 CFRP 筋黏结夹片式球面锚具的钢质套筒较长,且黏结介质凝固需要一定的时间,可能会给施工操作带来不便,同时钢质套筒不能重复利用,会对材料造成一定的浪费。

10.9　本章小结

（1）本章通过参考国内外已有的研究成果,分析现有 CFRP 锚具的特点和利用预应力 CFRP 筋加固混凝土梁的试验要求展开分析研究,设计了夹片式锚具和黏结夹片式球面锚具,并对夹片式 CFRP 筋锚具和 CFRP 筋黏结夹片式球面锚具进行了锚固性能试验研究。

（2）传统的夹片式锚具在锚固筋体时,由于筋体表面比较光滑且横向抗剪强度较小,CFRP 筋在张拉过程中通常会出现筋体被剪断或过早从锚具中滑移出来的现象。在分析这些现象后,本章根据预应力 CFRP 筋加固混凝土梁的试验锚具要求设计了 60mm 长、90mm 长和 2×60mm 串联三种不同尺寸的夹片式锚具。在锚具设计中,考虑到了适当加长锚具、在筋体与夹片之间设置软金属薄层、预紧力的设计、锥度差的设计、锚杯的尺寸校核等问题。

（3）黏结夹片式球面锚具是在已有的套筒夹片式锚具的基础上进行改良得到的。通过将夹片式锚具的锚杯一端设计成凸形球面并在凸形球面一端安装与之配套的凹形球面垫板,可以使锚具在锚固过程中自动调整 CFRP 筋的中线与锚具锥孔中线,改变孔口的受力特性,减小孔口剪应力,提高锚固性能。套筒中灌入胶体黏结 CFRP 筋后,张拉过程中可以避免锚具损伤筋体。在加工过程中,充分考虑到了加工及施工工艺,加工了 400mm、500mm 和 600mm 长套筒的黏结夹片式球面锚具。在锚具设计中,考虑到了套筒的孔径、长度、锚杯和垫板的加工、黏结介质的性能等问题,并很好地解决了加工制作中出现的问题。

（4）试验结果表明,对于夹片式 CFRP 筋锚具,锚具的长度和预紧力的大小是影响锚固性能的关键因素,试验中发现 F3-60 试件和 F2-90 试件 CFRP 筋表面有明显刮痕,铜箔片被剪断,说明在对应长度的锚具和预紧力作用下,0.6mm 厚的铜箔片可以适当增厚。同时当采用内嵌预应力 CFRP 筋加固混凝土梁时,因其最大初始预应力值为其抗拉强度的 60%,故可以采用设计长度为 60mm 的夹片式锚具施加预应力,且其预紧力不宜小于 40kN。

（5）通过对三组预应力 CFRP 筋黏结夹片式球面锚具的试验,可以得出锚具钢质套筒长度和黏结介质的黏结性能是影响锚固性能的关键因素。试验中钢质套筒长度已经达到600mm,如果长度继续增加,虽然可以提高锚具锚固性能,但过长的套筒给锚具加工及张拉施工带来难度,且会造成较大的浪费,因此提高黏结介质与 CFRP 筋的黏结性能是锚具未来研究改进的方向。

第11章

内嵌预应力筋材加固混凝土梁试验研究

11.1 筋材的张拉及预应力损失

参照第 9 章内嵌预应力筋材加固混凝土梁试验方案及施工工艺,见图 9-1～图 9-4,设计并制作试验梁,见表 9-2。张拉前先将试验梁准确吊装于反力架之间,槽口朝上。安装张拉、锚固端的锚具,在锚固端的锚具上套上垫片及六角螺帽并拧紧,使锚固端固定。使张拉端锚具与力传感器相连,力传感器的另一端与张拉锚杆连接,并与测力计连接,锚杆另一端套上垫片及六角螺帽,通过拧紧该螺帽对筋材施加预应力。筋材上的应变片与静态应变仪连接。预应力筋的张拉采用分批加载方式,每次加载完毕后静置 1～2min,待筋材变形稳定后,读取测力计及应变仪读数,最后一次读数完毕后将张拉锚杆固定,至此张拉结束。之后将梁试件静置,并每隔 5min 读取测力计及应变仪的读数,直至应变仪读数基本稳定为止,比较最后一次读数与张拉结束时的读数,即可进行该筋材预应力损失的分析。

该反力架可以对单根或两根筋材同时张拉,但由于实验室条件的限制不能对三根筋材同时进行张拉,三根张拉时需要分批张拉,这种张拉会引起一部分损失,在设计时一定要考虑这部分损失。

筋材在张拉及放张过程中都可能产生预应力损失,损失计算准确与否与结构的抗裂性、裂缝、挠度和反拱等使用性能有很密切的关系,预应力损失估计过大,会产生不希望的过大反拱;反之,又会导致过早的开裂。由此可见,精确估计和计算预应力损失在预应力工程中是十分重要的。为此,作者对筋材放张后预应力损失情况及有效系数进行了研究。由于试验梁在张拉完毕后即进行加载试验,故预应力损失主要发生在张拉及放张阶段。根据实际情况,我们认为该阶段需要考虑的预应力损失主要有以下三种:①锚具变形和预应力筋内缩引起的预应力损失 σ_{l1};②应力松弛引起的预应力损失 σ_{l2};③放张引起的预应力损失 σ_{l3}。预应力损失的大小主要通过测力计测量和观测筋材的应变变化而得,具体方法是在所有预应力筋材的中部及端部沿轴向粘贴四片应变片,利用静态应变仪记录不同张拉力作用时的应变变化情况,从而得出应力的变化情况。由于试验中梁试件尺寸较小且所施加预应力不大,预应力筋材在张拉阶段处于弹性工作阶段,因此,这种方法是可行的。表 11-1 给出应用上述介绍的张拉装置对所有试验梁不同加固量、不同初始预应力水平的试验结果,其中BPS3、BPF3 系列梁分两次张拉。

表 11-1 预应力有效值

梁编号	张拉应力/MPa	σ_{l1}/%	σ_{l2}/%	σ_{l3}/%	预应力有效值	
					大小/MPa	系数
BPS1-30	542	2.57	4.65	1.09	496.96	0.92
BPS2-30	558	2.97	5.92	2.87	492.38	0.88
BPS3-30	574	3.64	6.26	4.62	490.66	0.85
BPS1-45	856	3.64	6.98	1.44	752.76	0.88
BPS2-45	879	4.29	8.67	3.62	733.26	0.83
BPS3-45	882	4.36	9.35	6.98	699.51	0.79
BPS1-60	1143	4.23	8.22	2.31	974.29	0.85
BPS2-60	1152	4.64	9.61	6.13	917.22	0.80
BPS3-60	1210	4.87	10.25	8.9	919.35	0.76
BPF1-30	649	3.12	4.71	1.21	590.33	0.91
BPF2-30	644	3.25	6.25	2.56	566.33	0.88
BPF3-30	653	3.89	6.38	3.85	560.79	0.86
BPF1-45	962	3.43	7.24	1.37	846.17	0.88
BPF2-45	978	4.39	8.86	2.89	820.15	0.84
BPF3-45	982	4.81	9.78	5.45	785.20	0.80
BPF1-60	1277	4.56	8.37	1.65	1090.81	0.85
BPF2-60	1296	4.77	9.98	4.39	1047.94	0.81
BPF3-60	1309	4.92	11.38	5.64	1021.80	0.78
BS1P2-30	581	2.85	5.34	2.39	519.53	0.89
BS1P2-45	883	4.17	8.51	3.56	739.60	0.84
BS1P2-60	1172	4.39	9.46	5.78	941.93	0.80
BS2P1-30	579	2.36	4.31	1.15	533.72	0.92
BS2P1-45	878	3.58	6.52	1.24	778.43	0.89
BS2P1-60	1165	4.13	8.07	1.85	1001.31	0.86
BF1P2-30	586	2.64	5.19	2.41	525.99	0.90
BF1P2-45	882	4.23	8.36	3.64	738.85	0.84
BF1P2-60	1175	4.37	9.17	5.65	949.51	0.81
BF2P1-30	580	2.19	4.25	1.09	536.32	0.92
BF2P1-45	883	3.32	6.38	1.31	785.78	0.89
BF2P1-60	1177	4.08	7.99	1.95	1011.98	0.86

由表 11-1 可以看出,预应力损失随加固量及初始预应力水平的增加而增加。其中锚具变形和预应力筋内缩引起的预应力损失很小,不超过 5%;应力松弛引起的预应力损失相对较大,在 5%~10%之间;放张引起的预应力损失大小介于上述两种损失之间,一般不超过 10%,且加固量及初始预应力水平对该项损失的影响较显著。从表 11-1 中还可以看出,BPF 系列加固梁 σ_{l1}、σ_{l2} 之和大于 BPS 系列,因为前者的弹性模量较后者小,刚度相对较小,而 BPF 系列加固梁的 σ_{l3} 小于 BPS 系列,原因在于前者的横向抗剪强度较低,在预应力放张及多余预应力筋截断过程中引起的损失相对较小。总体来看,预应力值有效系数最小为 0.76,损失 24%,在张拉时我们考虑的预应力损失为 25%,超过了最大损失量,满足试验要求。

通过对端部筋材放张前后应变测量值的综合分析,我们发现端部应变损失主要发生在距离端部 150mm 以内,其他部位损失很小。

11.2　承载能力分析

表 11-2 所示为内嵌预应力筋材加固混凝土梁特征荷载值。

表 11-2　试验梁特征荷载

梁编号	P_{cr}/kN	提高幅度/%	P_y/kN	提高幅度/%	P_u/kN	提高幅度/%
RB	20.51	—	86.40	—	91.73	—
BPS1-30	35.40	72.60	100.73	33.59	133.96	46.04
BPS2-30	43.23	149.78	128.83	70.86	181.94	98.34
BPS3-30	61.43	199.51	142.03	88.37	218.88	138.61
BPS1-45	51.23	149.78	101.83	35.05	137.98	50.42
BPS2-45	66.33	223.40	137.03	81.74	182.62	99.08
BPS3-45	81.32	296.49	162.03	114.89	216.83	136.38
BPS1-60	56.33	174.65	104.83	39.03	136.99	49.34
BPS2-60	66.33	223.40	131.93	74.97	172.02	87.53
BPS3-60	86.40	321.26	172.02	128.14	215.82	135.28
BPF1-30	39.56	92.88	138.49	83.67	189.53	106.62
BPF2-30	47.52	131.69	159.36	111.35	220.09	139.93
BPF3-30	52.33	155.14	181.72	141.01	218.78	138.50
BPF1-45	49.62	141.93	148.38	96.79	198.37	116.25
BPF2-45	65.00	216.92	170.09	125.58	225.00	145.29
BPF3-45	78.96	284.98	191.32	153.74	237.92	159.37
BPF1-60	54.37	165.09	154.81	105.32	180.05	96.28
BPF2-60	64.56	214.77	174.08	130.88	228.47	149.07
BPF3-60	82.69	303.17	192.72	155.60	230.56	151.35
BS2P1-30	35.41	72.65	130.83	73.51	211.47	130.54
BS2P1-45	46.02	124.38	141.08	87.11	206.71	125.35
BS2P1-60	56.34	174.70	143.05	89.72	205.46	123.98
BS1P2-30	46.09	124.72	136.76	81.38	211.35	130.40
BS1P2-45	65.88	221.21	143.56	90.40	216.32	135.82
BS1P2-60	66.33	223.40	163.49	116.83	217.45	137.05

（1）开裂荷载。通过对表 11-2 中的数据进行分析可以看出，与未加固梁相比，BPS 系列加固梁的开裂荷载随加固量的变化提高幅度最大为 97.86%，随初始预应力水平的增加提高幅度最大为 96.98%；BPF 系列加固梁的开裂荷载随加固量的变化提高幅度最大为 88.40%，随初始预应力水平的增加提高幅度最大为 129.84%；BS1P2 系列加固梁的开裂荷载随初始预应力水平的增加提高幅度最大为 96.49%；BS2P1 系列加固梁的开裂荷载随初始预应力水平的增加提高幅度最大为 51.73%。由此可见，内嵌预应力筋材加固混凝土梁能够显著提高被加固梁的开裂荷载，其提高程度随筋材加固量及初始预应力水平的增加而增加，且初始预应力水平对开裂荷载的影响程度要大于加固量对开裂荷载的影响程度。

由表 11-2 中数据还可以看出,相应地,BPF 系列加固梁的开裂荷载大于 BPS 系列,而 BS1P2 系列加固梁的开裂荷载大于 BS2P1 系列。由此可见开裂荷载的大小不仅与初始预应力水平有关,而且与预应力筋材的加固量有关。由此可以说明,加固梁开裂荷载的提高主要是由于对筋材施加了预应力,放张时会使梁产生一定的反拱,所以在加载过程中,一部分荷载首先作为消压荷载作用于梁上,因此延迟了开裂荷载。这说明内嵌预应力筋材加固梁能够很好地改善被加固构件的抗裂能力,有效增加加固梁刚度,延缓裂缝的开展。

(2) 屈服荷载。屈服荷载是由试验中粘贴在混凝土梁受拉钢筋上的应变片测得的,以受拉钢筋应变达到 $1890×10^{-6}$ 为屈服点。从表 11-2 中数据可以看出,屈服荷载的提高效果也较为明显,且提高程度随加固量及初始预应力水平的增加而增加。且 BPF 系列加固梁的屈服荷载提高程度高于相同参数下的 BPS 系列加固梁,BS2P1 系列加固梁的屈服荷载高于相同预应力水平下的 BS1P2 系列加固梁,在相同加固量情况下,BPF、BPS 系列加固梁的屈服荷载均明显高于 BS1P2、BS2P1 系列加固梁。屈服荷载提高幅度最大的是 BPF3-60,与未加固梁相比提高了 155.60%。屈服荷载提高的原因在于初始应力的存在,使得筋材应变超前,在同一荷载下,预应力加固梁中钢筋应变小于对比梁,说明此时预应力筋材对钢筋应变的延缓作用得到了发挥。在同一荷载作用下,筋材承担了较大一部分荷载,从而有效地分担了钢筋承担的荷载,延缓了钢筋拉应变的增长,使得钢筋屈服应变推迟,从而提高了试验梁的屈服荷载。但是,屈服荷载的提高并不能完全作为衡量加固补强效果的标准,因为屈服荷载是混凝土梁中钢筋应力达到其屈服强度的反映,无论采用何种加固方式,只能使钢筋屈服时的梁上作用的荷载提高,并不能消除钢筋屈服这一固有特性,也不能提高或减小钢筋本身的屈服强度。反而,如果屈服强度提高很多,而极限强度提高不大,加固梁的破坏会很突然,造成脆性破坏。因此衡量加固效果的标准还应该考虑极限荷载的提高程度。

(3) 极限荷载。从表 11-2 中可以看出,与未加固梁相比,内嵌预应力筋材加固混凝土梁对极限承载力的影响也相当明显。提高幅度最大的为 BPF3-45,提高幅度达 159.37%,而与内嵌非预应力筋材加固混凝土梁相比,二者相差不大。由此可见,在其他参数不变的情况下,影响加固梁极限承载力的因素是加固量,在一定范围内,初始预应力水平对它基本没影响。由表 11-2 中数据还可以看出,当加固量较小时,BPF1、BPF2 系列加固梁的极限承载能力明显高于 BPS1、BPS2 系列;当加固量较大时,BPF3 系列加固梁的极限承载能力则与 BPS3 系列相当,也与 BS1P2、BS2P1 系列加固梁相当。其原因在于:当加固量较小时,加固梁发生弯曲破坏,其破坏荷载与加固筋材的抗拉强度有关;当加固量较大时,加固梁发生局部剥离的部分超筋破坏,其承载能力与混凝土强度及粘贴质量有关。

11.3　变形能力分析

加固梁的变形能力主要通过荷载-跨中位移曲线及开裂荷载、屈服荷载、极限荷载三个特征荷载下的挠度大小反映,而每级荷载作用下的挠度大小又与预应力筋放张时引起的加固梁反拱有关,即反拱的存在会相应减小各级荷载作用下的变形,因为当加固梁受外荷载作用时,一部分荷载首先作为消压荷载来抵消梁的反拱,相应延缓了梁的开裂荷载,提高了梁的抗裂能力。各试验梁的反拱及特征荷载作用下的挠度见表 11-3。

表 11-3　内嵌预应力筋材加固梁反拱及特征荷载作用下的挠度　　　单位：mm

梁 编 号	反 拱	开 裂 挠 度	屈 服 挠 度	极 限 挠 度
BPF1-30	0.12	0.48	5.38	19.89
BPF2-30	0.23	0.62	5.43	19.35
BPF3-30	0.35	0.66	6.20	18.68
BPF1-45	0.16	0.63	5.06	20.53
BPF2-45	0.29	0.71	5.00	20.35
BPF3-45	0.47	0.88	5.93	20.32
BPF1-60	0.21	0.65	4.09	20.36
BPF2-60	0.33	0.78	4.02	19.13
BPF3-60	0.58	0.96	5.13	19.67
BPS1-30	0.14	1.10	5.28	30.18
BPS2-30	0.32	1.32	6.05	26.19
BPS3-30	0.45	1.86	6.93	24.85
BPS1-45	0.20	1.57	4.48	24.66
BPS2-45	0.36	2.64	7.06	23.99
BPS3-45	0.61	3.21	7.55	23.42
BPS1-60	0.25	2.00	7.53	30.40
BPS2-60	0.42	2.60	7.46	26.93
BPS3-60	0.71	3.00	7.61	21.95
BS1P2-30	0.30	1.03	6.62	26.34
BS1P2-45	0.37	1.49	6.45	25.44
BS1P2-60	0.71	1.81	6.68	26.29
BS2P1-30	0.15	0.57	5.20	21.43
BS2P1-45	0.26	1.25	6.86	24.28
BS2P1-60	0.56	1.32	6.83	22.06

由表 11-3 数据可见，BPF-30、BPS-30 系列加固梁的反拱分别为 0.12～0.35mm，0.14～0.45mm；BPF-45、BPS-45 系列加固梁的反拱分别为 0.16～0.47mm，0.20～0.61mm；BPF-60、BPS-60 系列加固梁的反拱分别为 0.21～0.58mm，0.25～0.71mm。随加固量的增加，反拱增加量依次为：0.23mm、0.31mm、0.31mm、0.41mm、0.37mm、0.46mm；随初始预应力的增加，反拱增加量依次为：0.09mm、0.10mm、0.23mm。由此可见，随着初始预应力水平及加固量的增加，放张预应力筋引起的反拱也加大，而且加固量对反拱的影响程度明显高于初始预应力水平。从数据分析还可以看出，BPF 系列加固梁的反拱值相应小于BPS 系列加固梁，原因在于 CFRP 筋的弹性模量较小，在相同初始预应力下放张时，引起的张拉筋材本身变形较大，而与结构胶及混凝土之间的挤压力就相对较小，因而加固梁的反拱就较小。由表 11-3 还可以看出，所有加固梁开裂时的变形随加固量和初始预应力水平的增加而增加，这是由于前者较大的反拱引起的，而加固梁在钢筋屈服及加固梁破坏时的变形受加固量及初始预应力水平的影响不大。由此可见，合适的初始预应力能够有效提高被加固构件的刚度，延缓裂缝的发展，提高构件的耐久性。

各试验梁荷载-跨中挠度曲线关系如图 11-1～图 11-3 所示。由曲线图可知，所有曲线发展过程基本相似，均存在两个转折点，分别对应开裂点和钢筋屈服点。由曲线图及表 11-3 可见，试验梁破坏时，对比梁 RB 的挠度变形最大。加固量相同时，内嵌预应力筋材加固梁

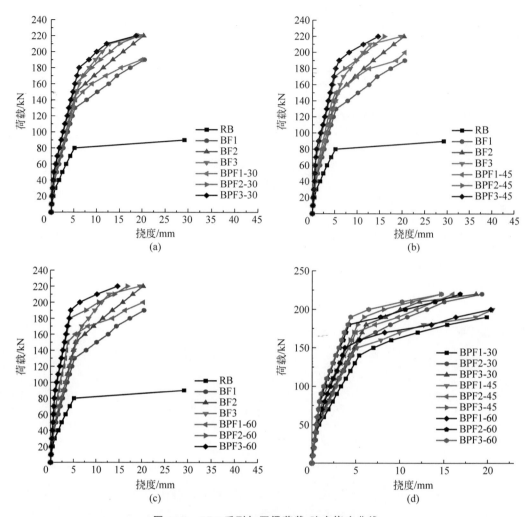

图 11-1　BPF 系列加固梁荷载-跨中挠度曲线

的挠度变形小于内嵌非预应力筋材加固梁。

　　从表 11-3 和曲线图 11-1～图 11-3 均可以看出,加固梁的挠度变形均随加固量及初始预应力水平的增加而增加。混凝土开裂前,荷载-挠度关系呈线性变化且挠度变化相对较小,在相同荷载作用下,所有加固梁的挠度变形基本一致,不受初始预应力水平及加固量的影响;混凝土开裂后至钢筋屈服阶段,随着试验梁刚度的减低,挠度增幅较大,其增幅程度随加固量及预应力的增加而增加,从图 11-1 中可见,内嵌 2 根与内嵌 3 根对加固梁挠度的影响不大,但此阶段的荷载-挠度曲线仍接近线性,这是由于此阶段钢筋和加固筋材均保持为线弹性;钢筋屈服后,加固梁刚度进一步减小,挠度加速增长,荷载-挠度曲线呈现非线性,直至试验梁破坏。

　　由图 11-1 可见,与未加固梁及内嵌非预应力筋材加固梁相比,在同级荷载作用下,BPF 系列加固梁的挠度变形很小,且随加固量和初始预应力水平的增加而一次减小。由图 11-1(a)～(d)可见,试验梁破坏时,对比梁 RB 的挠度变形最大。BF 系列和 BPF 系列加固梁的变形均随加固量的增加而减小,也就是说 BPF3 系列加固梁的变形最小,BPF1 系列加固梁的变

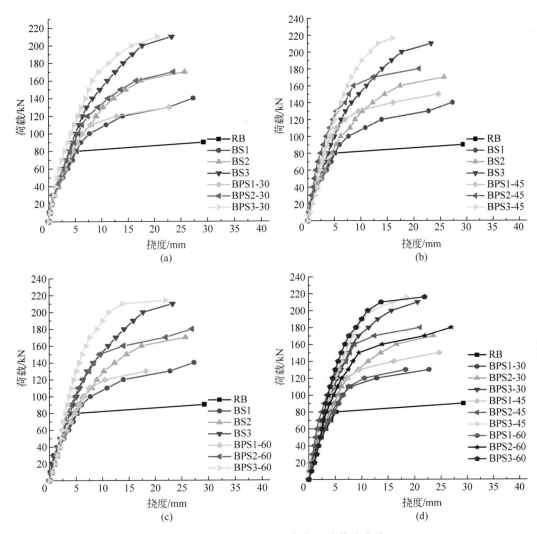

图11-2　BPS系列加固梁荷载-跨中挠度曲线

形最大；加固量相同时，BF系列和BPF系列梁的极限承载力基本相同，而BPF系列梁的挠度变形则小于BF系列梁，内嵌预应力CFRP筋材加固混凝土梁中BPF-60系列加固梁的变形最小，而BPF-30系列加固梁的变形最大。由上述分析可知，BPF3-60加固法应该是最理想的加固法，但由于施加初始预应力水平过高，导致CFRP筋材过早破坏，由曲线图11-1(c)可以看出，虽然BPF3-45的开裂荷载、屈服荷载略低于BPF3-60，但前者的极限荷载高于后者，且二者挠度变形相似，刚度相当。由此可见，BPF3-45加固梁是一种比较理想的加固方式。

由图11-2可见，在相同荷载作用下，加固梁的挠度变形大小为BPS1-45＜BPS1-60＜BPS1-30，BPS2-45＜BPS2-60＜BPS2-30，而BPS3-45和BPS3-60基本相当，且均小于BPS3-30，且BPS-30系列梁的开裂荷载、屈服荷载最小，BPS-45和BPS-60系列梁的开裂荷载和屈服荷载基本相同，三种加固梁的极限荷载变化基本一致。由此可见，BPS-45加固梁的加固效果比BPS-30和BPS-60要好。由曲线图11-2还可以看出，BPS1-45和BPS2-45系列梁的开裂荷载、屈服荷载及极限荷载均小于BPS3-45加固梁，而BPS3-45加固梁的挠度变形远远小于BPS1-45和BPS2-45系列梁，即BPS3-45加固梁的刚度远远大于BPS1-45和BPS2-45

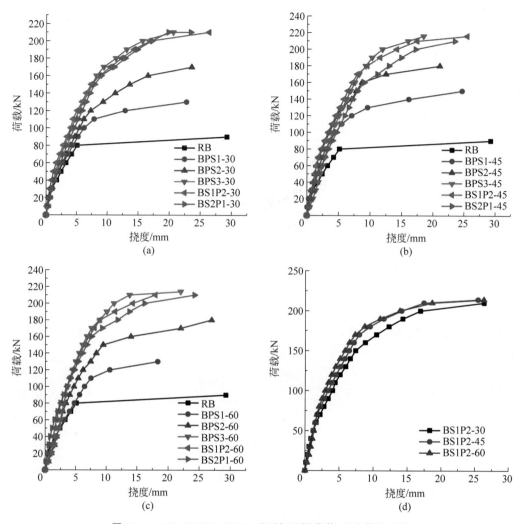

图 11-3　BPS、BS1P2、BS2P1 系列加固梁荷载-跨中挠度曲线

系列梁。因此,根据目前的试验参数可知,内嵌 3 根初始预应力为 45% 的螺旋肋钢丝(即 BPS3-45)加固混凝土梁是一种比较理想的加固方法。

由上述分析可知,内嵌预应力螺旋肋钢丝加固混凝土梁的承载力及刚度都随加固量的增加而增加,根据试验参数可知,内嵌 3 根预应力螺旋肋钢丝加固混凝土梁的极限承载力最大,试件破坏时挠度变形较小,刚度较大。

由曲线图 11-3 可知,BPS3、BS1P2、BS2P1 系列加固梁的极限承载力基本相同,且均远远大于对比梁 RB 和 BPS1、BPS2 系列加固梁,在同一荷载作用下,前者的挠度变形要小于后者,即前者的刚度大于后者。可见,内嵌三根螺旋肋钢丝加固混凝土梁效果较好。由曲线图 11-3(a)可见,BPS3-30、BS1P2-30、BS2P1-30 系列加固梁的开裂荷载随预应力螺旋肋钢丝根数的增加而增加,即 BPS3-30>BS1P2-30>BS2P1-30,而屈服荷载和极限承载力变化则不太明显。另外,从曲线图 11-3 还可以看出,由于施加的初始预应力较低,致使 BPS3-30、BS1P2-30、BS2P1-30 系列加固梁的挠度变化不明显。由曲线图 11-3(b)可见,此系列梁的开裂荷载较 BPS3-30、BS1P2-30、BS2P1-30 系列梁有明显提高,二者的屈服荷载相差不大。

在混凝土开裂前,BPS3-45 加固梁的挠度变形大于 BS1P2-45、BS2P1-45 系列加固梁,混凝土开裂后,BPS3-45 加固梁的刚度有明显增加,BPS3-45 和 BS1P2-45 加固梁的挠度变化基本一致,均小于 BS2P1-45 系列加固梁,钢筋屈服后,三者的挠度变形迅速增加,但 BS1P2-45、BS2P1-45 系列加固梁的挠度增加速度大于 BPS3-45 加固梁。由曲线图 11-3(c)可见,BPS3-60、BS1P2-60、BS2P1-60 系列梁的开裂荷载与 BPS3-45、BS1P2-45、BS2P1-45 系列梁开裂荷载相差不大,但前者的屈服荷载有明显增加。在混凝土开裂前,BPS3-60、BS1P2-60 系列加固梁的挠度变形大于 BS2P1-60 加固梁;混凝土开裂后,BPS3-60、BS1P2-60 和 BS2P1-60 加固梁的挠度变化基本一致,钢筋屈服后,BS2P1-60 的挠度高于前两者,即其刚度低于前两者。

由上述分析可知,BPS3 系列加固梁的开裂荷载、屈服荷载均比 BS1P2 和 BS2P1 系列梁大,开裂荷载的提高对被加固梁是有利的,但屈服荷载的提高会影响被加固梁的安全性能,即钢筋一旦屈服,混凝土梁就将破坏,说明其安全性能较低。而 BS2P1 系列加固梁加固效果不明显。且由于只对一根螺旋肋钢丝施加预应力,其开裂荷载较小,刚度也较低,且在试件破坏时两根非预应力螺旋肋钢丝的强度未能充分利用,造成材料的浪费。而 BS1P2 系列加固法则弥补了上述两种方法的不足。

由图 11-3(d)可以看出,BS1P2-60 和 BS1P2-45 系列梁的开裂荷载基本一致,均明显高于 BS1P2-30 加固梁,说明前两者加固效果较好;而 BS1P2-45 和 BS1P2-30 系列梁的屈服荷载相差不大,均小于 BS1P2-60 加固梁,说明前者的安全性能高于后者;BS1P2-45 和 BS1P2-60 系列梁的挠度变形及刚度也基本一致。由此可知,BS1P2-45 系列加固梁是一种理想的加固方法。

11.4 跨中应变分析

11.4.1 混凝土应变曲线分析

图 11-4 所示为部分内嵌预应力筋材加固混凝土梁跨中混凝土应变随梁高变化曲线。由曲线图可见,截面混凝土应变沿高度的变化基本符合平截面假定,因此对内嵌非预应力筋材加固梁进行分析时仍可采用平截面假定。

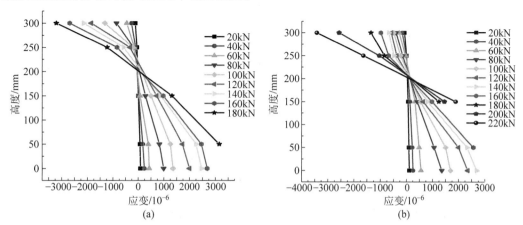

图 11-4 跨中截面混凝土应变随高度变化曲线

(a) BPF1-45;(b) BPF2-45;(c) BPF3-45;(d) BPS1-45;(e) BPS2-45;(f) BPS3-45;(g) BS1P2-45;(h) BS2P1-45

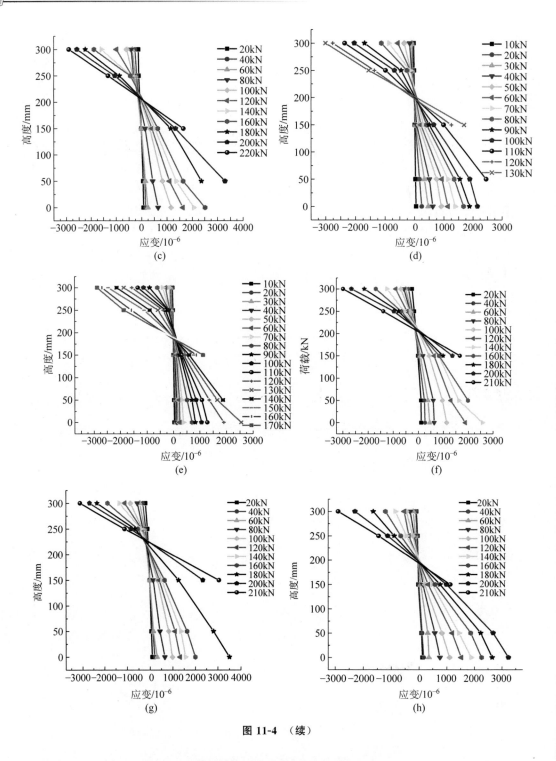

图 11-4 （续）

11.4.2　BPF 系列加固梁荷载-筋材应变曲线分析

图 11-5 所示为各试验梁荷载-钢筋(S)、CFRP 筋(F)、螺旋肋钢丝(H)应变图。比较 4 个曲线图可见,曲线发展过程基本相似。对照图分析表明,CFRP 筋应变曲线具有明显的三段特征：试验梁加载到开裂,开裂到受拉钢筋屈服以及受拉钢筋屈服到试验梁破坏。其中

试验梁开裂及受拉钢筋屈服均导致 CFRP 筋应变曲线出现转折。初始应力的存在，使得 CFRP 筋应变超前，在同一荷载下，预应力加固梁中钢筋应变要小于对比梁及非预应力加固梁中钢筋应变，说明此时预应力 CFRP 筋对钢筋应变的延缓作用得到了发挥。所有试验梁在破坏前，受拉钢筋均能达到屈服，CFRP 筋初始预应力水平越大，钢筋屈服越滞后，屈服点的荷载等级也越大。钢筋屈服前（应变小于 $1800\mu\varepsilon$），CFRP 筋应变增加缓慢；钢筋屈服后，CFRP 筋曲线发生转折，CFRP 筋应变增加加速。钢筋屈服点与 CFRP 筋的初始应变（初始预应力水平）、加固量有关，CFRP 筋初始预应力水平越高，钢筋屈服点的荷载等级越大，其中 BPF3-60 加固梁钢筋屈服时，荷载等级最大，非预应力加固的试验梁 BF 系列中 BF1 钢筋屈服时，荷载等级最小。混凝土开裂后，在同一荷载作用下，加固梁中的 CFRP 筋有效地分担了钢筋承担的荷载，延缓了钢筋拉应变的增长，使得钢筋屈服应变推迟，从而提高了试验梁的屈服荷载。加固量越大，CFRP 筋分担钢筋应力越明显。在同一荷载作用下，随加固量增加，钢筋、CFRP 筋应变依次降低，但变化不太明显，说明加固量对钢筋应变的影响不大。而随初始预应力的变化，钢筋、CFRP 筋的应变变化较为明显，BPF-30 系列梁内钢筋和 CFRP 筋的强度虽然都被充分利用，但因初始应力过低，致使对被加固构件的开裂荷载、屈服荷载及构件刚度影响不大，没有达到施加预应力的预期目的；而 BPF-60 系列梁，由于施加了过高的初始应力，

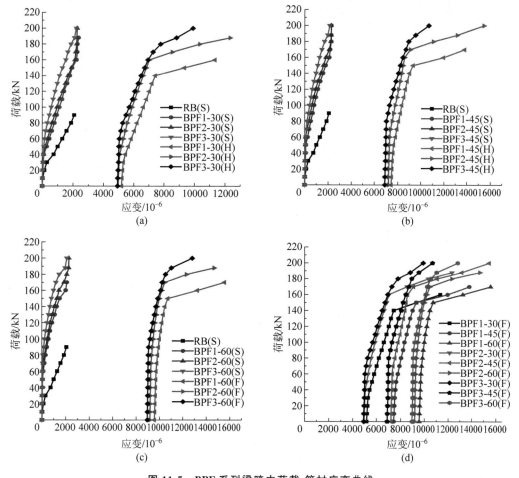

图 11-5　BPF 系列梁跨中荷载-筋材应变曲线

使得构件破坏是由于 CFRP 筋被拉断引起的,构件破坏时钢筋已经屈服,混凝土未被压坏;相比较而言,在构件破坏时 BPF-45 系列梁中钢筋、CFRP 筋的强度被充分利用。

11.4.3　BPS 系列加固梁荷载-筋材应变曲线

图 11-6 所示为各试验梁荷载-钢筋(S)、螺旋肋钢丝(H)应变图。比较 4 个曲线图可见,曲线发展过程基本相似。

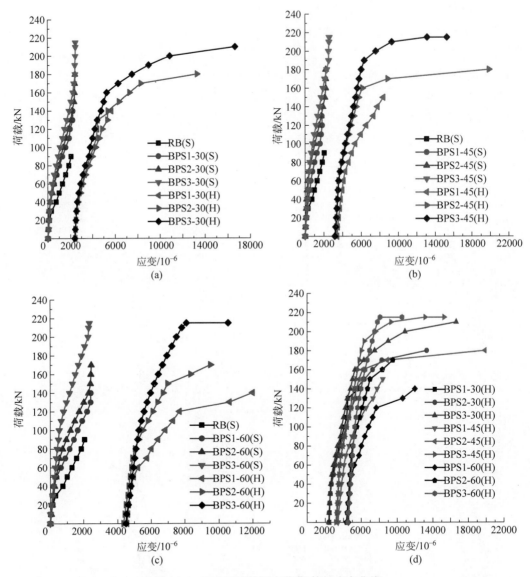

图 11-6　BPS 系列梁跨中荷载-筋材应变曲线

对照图分析表明,螺旋肋钢丝应变曲线具有明显的三段特征:试验梁加载到开裂,开裂到受拉钢筋屈服以及受拉钢筋屈服到试验梁破坏。其中试验梁开裂及受拉钢筋屈服均导致螺旋肋钢丝应变曲线出现转折。初始应力的存在,使得螺旋肋钢丝应变超前,在同一荷载下,预应力加固梁中钢筋应变小于对比梁及非预应力加固梁中钢筋应变,说明此时预应力螺旋肋钢丝对钢筋应变的延缓作用得到了发挥。所有试验梁在破坏前,受拉钢筋均能达到屈服,螺旋肋钢丝初始预应力水平越大,钢筋屈服越滞后,屈服点的荷载等级也越大。钢筋屈服前(应变小于$1800\mu\varepsilon$),螺旋肋钢丝应变增加缓慢;钢筋屈服后,螺旋肋钢丝应变曲线发生转折,其应变增加加速。钢筋屈服点与螺旋肋钢丝的初始应变(初始预应力水平)、加固量有关,螺旋肋钢丝初始预应力水平越高,钢筋屈服点的荷载等级越大,其中 BPS3-60 加固梁钢筋屈服时,荷载等级最大,见图 11-6(c)。非预应力钢筋加固的试验梁 BS 系列中 BS1 钢筋屈服时,荷载等级最小。混凝土开裂后,在同一荷载作用下,加固梁中的螺旋肋钢丝有效地分担了钢筋承担的荷载,延缓了钢筋拉应变的增长,使得钢筋屈服应变推迟,从而提高了试验梁的屈服荷载。加固量越大,螺旋肋钢丝分担钢筋应力越明显,见图 11-6(a)、(b)、(c)。在同一荷载作用下,随加固量增加,钢筋、螺旋肋钢丝的应变依次降低,但变化不太明显,说明加固量对钢筋应变的影响不大。而随初始预应力的变化,钢筋、螺旋肋钢丝的应变变化较为明显,BPS-30 系列梁内钢筋和螺旋肋钢丝的强度虽然都被充分利用,其应变高达$16635\mu\varepsilon$,但因初始应力过低,致使对被加固构件的开裂荷载、屈服荷载及构件刚度影响不大,没有达到施加预应力的预期目的;而 BPS-60 系列梁,由于施加了过高的初始应力,使得构件破坏是由于混凝土被压碎引起的,构件破坏时钢筋已经屈服,但螺旋肋钢丝的强度没有被充分利用,其最大应变仅为$11000\mu\varepsilon$;相比较而言,在构件破坏时 BPS-45 系列梁中钢筋、螺旋肋钢丝的强度被充分利用,其应变高达$19864\mu\varepsilon$。

11.4.4 BS1P2、BS2P1 系列加固梁荷载-筋材应变曲线

图 11-7 所示为 BS1P2、BS2P1 系列加固梁荷载-筋材应变曲线图。从图中可以看出,混凝土开裂前,试验梁中钢筋、预应力螺旋肋钢丝及非预应力螺旋肋钢丝的应变与荷载近似呈线性关系;混凝土开裂后,试验梁进入弹塑性阶段,裂缝迅速向上延伸,三者应变增加明显加快,表现为应变与荷载呈非线性关系;钢筋屈服后,不再承担荷载,试验梁中性轴继续上升,在荷载增加很少的情况下,预应力螺旋肋钢丝和非预应力螺旋肋钢丝的应变增加很多。试验梁破坏时,BS1P2 系列加固梁中预应力螺旋肋钢丝和非预应力螺旋肋钢丝的强度都被

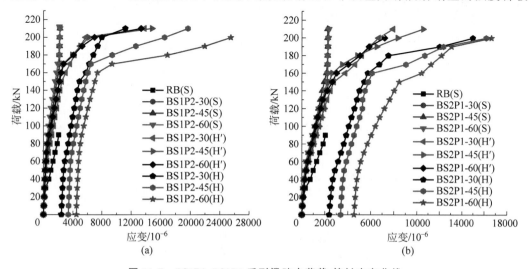

图 11-7 BS1P2、BS2P1 系列梁跨中荷载-筋材应变曲线

充分利用；而 BS2P1 系列加固梁中预应力螺旋肋钢丝的强度都被充分利用，非预应力螺旋肋钢丝的强度未被充分利用。

11.5 裂缝发展特点及破坏形态

11.5.1 裂缝发展特点

图 11-8 列出了部分加固梁的裂缝分布。将其与未加固梁及内嵌非预应力筋材加固梁裂缝发展情况对比发现，内嵌预应力筋材加固混凝土梁的裂缝发展过程有如下特点：

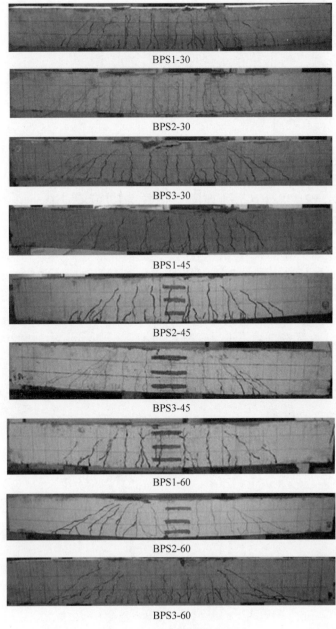

图 11-8 试验梁裂缝分布

（1）混凝土开裂时裂缝微小，宽度约为 0.01mm，高度约不超过 4cm。

（2）主裂缝条数较对比梁多，裂缝间距变小，间距一般在 5～7cm。且随加固量及初始预应力水平的增加，裂缝间距减小，裂缝条数增加。

（3）BPF3 系列梁裂缝底部呈树根状，间距较小。原因在于，本试验中所用 CFRP 筋材均为表面光滑筋材，在外载作用下发生了微小滑移。

（4）加固后梁裂缝的出现、宽度的增加时间都较对比梁及非预应力加固梁晚，且初始预应力水平越高及加固量越大，裂缝的出现越迟，宽度的增加也越缓慢。这说明，预应力筋材的应用能够有效地延缓梁体裂缝的发展，明显减小裂缝宽度，使截面抗弯刚度得到提高。

11.5.2　破坏形态

与未加固梁及内嵌非预应力筋材加固梁相比，内嵌预应力筋材加固梁的加载受力全过程随加固量、初始预应力水平的不同均有不同程度的变化，具体表现为开裂荷载、屈服荷载、极限荷载均有不同程度的提高，裂缝的出现、发展情况有所不同，各构件的破坏形式差异也较大。根据破坏的特征不同，可以简单地将被加固梁分为四类：第一类破坏是被加固梁达到极限承载力时，钢筋屈服，混凝土被压碎，预应力筋未被充分利用；第二类破坏是被加固梁达到极限承载力时，钢筋屈服，混凝土被压碎，预应力筋屈服或拉断，其高强性能被充分利用；第三类破坏是被加固梁达到极限承载力时，钢筋屈服，混凝土未被压碎，预应力筋断裂；第四类破坏是弯剪区段梁底发生混凝土剥离破坏。分析上述破坏形态可知，发生第一类破坏的原因是所施加的预应力过低，这种试件破坏时预应力筋的高强性能并没有被充分利用，其极限承载力由混凝土的强度决定；第二类破坏是在构件达到极限承载力时，同时出现混凝土被压碎及加固筋的屈服或断裂现象，类似适筋破坏；发生第三类破坏的原因是预应力筋的初始预应力水平过高；发生第四类破坏的原因是嵌贴质量不好或局部混凝土保护层太薄或筋材发生滑移。显然，第二类破坏的承载力大于第一、三、四类破坏。如图 11-9 所示为几种破坏形态。

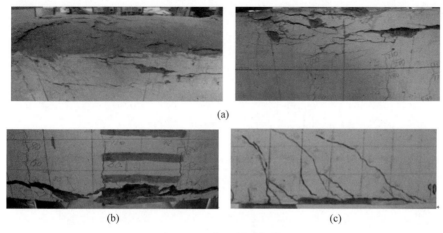

(a)

(b)　　　　　　　　　　　　(c)

图 11-9　加固梁破坏图

（a）混凝土压碎；（b）预应力筋拉断；（c）局部剥离破坏

11.6 安全性能及延性分析

表 11-4 列出了内嵌预应力筋材加固混凝土梁的安全系数和延性系数。

表 11-4 试验梁安全系数及延性系数

梁 编 号	P_y/kN	P_u/kN	P_u/P_y	Δ_y/mm	Δ_u/mm	Δ_u/Δ_y
RB	86.40	91.73	1.06	5.74	30.24	5.30
BF1	110.21	167.66	1.52	5.27	20.54	3.89
BF2	128.96	196.01	1.51	5.52	2.035	3.68
BF3	131.34	216.73	1.65	6.2	19.64	3.16
BS1	91.32	133.68	1.46	5.12	28.97	5.65
BS2	111.83	172.02	1.53	6.24	26.75	4.28
BS3	116.45	211.82	1.81	5.65	23.25	4.12
BPS1-30	100.73	133.96	1.33	5.28	30.18	5.72
BPS2-30	128.83	181.94	1.41	6.05	26.19	4.33
BPS3-30	142.03	218.88	1.50	6.93	24.85	3.59
BPS1-45	101.83	137.98	1.36	4.48	24.66	5.52
BPS2-45	137.03	182.62	1.33	7.06	23.99	3.40
BPS3-45	162.03	216.83	1.33	7.55	23.42	3.10
BPS1-60	104.83	136.99	1.31	7.53	30.40	4.04
BPS2-60	131.93	172.02	1.30	7.46	26.93	3.61
BPS3-60	172.02	215.82	1.22	7.61	21.95	2.88
BPF1-30	138.49	189.53	1.37	5.38	19.89	3.70
BPF2-30	159.36	220.09	1.39	5.43	19.35	3.56
BPF3-30	161.72	228.78	1.41	6.20	18.68	3.01
BPF1-45	148.38	198.37	1.34	5.06	20.53	4.06
BPF2-45	170.09	225.00	1.32	5.00	20.35	4.07
BPF3-45	191.32	237.92	1.24	5.93	20.32	3.43
BPF1-60	154.81	180.05	1.16	4.09	20.36	4.98
BPF2-60	174.08	228.47	1.31	4.02	20.58	5.12
BPF3-60	192.72	230.56	1.20	5.13	19.67	3.83
BS2P1-30	130.83	211.47	1.62	5.20	21.43	4.12
BS2P1-45	141.08	206.71	1.47	6.86	24.28	3.54
BS2P1-60	143.05	205.46	1.44	6.83	22.06	3.23
BS1P2-30	136.76	211.35	1.53	6.62	26.34	3.98
BS1P2-45	143.56	216.32	1.51	6.45	25.44	3.94
BS1P2-60	163.49	217.45	1.33	6.68	26.29	3.94

1. 加固梁安全性能分析

由表 11-4 可知,内嵌非预应力螺旋肋钢丝加固混凝土梁 BS 的 P_u/P_y 值分别为 1.46、1.53、1.81,比对比梁 RB 的 1.06 高,说明内嵌非预应力螺旋肋钢丝加固混凝土梁能够提高被加固梁的安全性能。内嵌预应力螺旋肋钢丝加固混凝土梁中 BPS-30 系列加固梁的 P_u/P_y 值分别为 1.33、1.41、1.50;BPS-45 系列加固梁的 P_u/P_y 值分别为 1.36、1.33、1.33;

BPS-60 系列加固梁的 P_u/P_y 值分别为 1.31、1.30、1.22；内嵌预应力 CFRP 筋加固混凝土梁中 BPF-30 系列加固梁的 P_u/P_y 值分别为 1.37、1.39、1.41；BPF-45 系列加固梁的 P_u/P_y 值分别为 1.34、1.32、1.24；BPF-60 系列加固梁的 P_u/P_y 值分别为 1.16、1.31、1.20。可见，预应力较低时，被加固梁的安全性能随加固量的增加而增加，预应力达到一定程度后，被加固梁的安全性能随加固量的增加反而减小。也就是说，当初始预应力较低时，预应力水平对钢筋屈服荷载的影响较小，因此，加固量增加，极限承载力增加，而 P_u/P_y 的值则减小；当初始预应力较高时，钢筋屈服荷载随预应力水平的增加而增加，而预应力水平对被加固梁的极限荷载没有影响，因此，加固量增加，极限承载力增加，而 P_u/P_y 的值则减小。同时，这也进一步验证了前述的钢筋屈服点与初始预应力水平及加固量有关的结论。

BS2P1 系列加固梁的 P_u/P_y 值分别为 1.62、1.47、1.44，BS1P2 系列加固梁的 P_u/P_y 值分别为 1.53、1.51、1.33，将二者对比可见，在加固量不变的情况下，随初始预应力水平的增加，钢筋屈服荷载提高，极限荷载不变，被加固梁的安全性能降低，且 BS2P1 的 P_u/P_y 值高于 BS1P2，即随预应力螺旋肋钢丝根数的增加，被加固梁的安全性能也有所降低。

2. 混凝土梁的位移延性性能分析

从表 11-4 中的延性系数可以看出，所有试验梁中只有 BPS3-60 的延性系数（即 Δ_u/Δ_y）小于 3.00，其余延性系数均达到 3.00 以上，能够满足延性要求；且随加固量及初始预应力水平的增加，被加固梁的刚度有所提高，而延性则逐渐降低。可见，从延性方面来说，并非加固量及预应力越大越好，加固量增大，刚度提高而延性降低；初始预应力水平越大，开裂荷载与极限荷载越接近，延性越低。

11.7　本章小结

本章进行了对比梁、内嵌非预应力筋材加固梁、内嵌预应力筋材加固梁的受弯性能试验研究，分析了不同加固方法对加固梁承载能力、变形能力、应变变化、裂缝开展等力学性能的影响，得到了如下结论：

（1）本章设计的 CFRP 筋张拉装置及夹片式锚具体系被成功地应用于内嵌预应力筋材加固混凝土梁的试验中，说明该体系具有一定的使用价值，经过适当改进可以应用到工程实际中。

（2）所有试验梁的截面混凝土应变沿高度的变化基本符合平截面假定，因此对采用内嵌法加固梁进行分析时仍可采用平截面假定。

（3）所有加固梁的裂缝发展较稳定、较充分，裂缝条数随加固量的增加而增加，裂缝间距、裂缝宽度随加固量的增加而减小，斜裂缝数量也明显增加。其中内嵌预应力筋材加固混凝土梁对裂缝的产生和发展都具有约束作用，延迟了裂缝的出现，提高了加固梁的抗裂度。

（4）内嵌非预应力筋材加固混凝土梁能够明显提高加固梁的极限承载能力，且在一定范围内极限承载能力随加固量的增加而增加，提高幅度最大为 136.27%，但对开裂荷载基本没什么影响，对屈服荷载的影响也很小；内嵌预应力筋材加固混凝土梁能够大幅提高被加固梁的开裂荷载与屈服荷载，提高幅度最大分别为 321.26%、155.60%，对极限荷载的影响与相同参数下内嵌非预应力筋材加固梁类似。

（5）内嵌非预应力筋材加固混凝土梁对加固梁变形有一定的影响，且随加固量增加影响明显；由于预应力的存在，内嵌预应力筋材加固混凝土梁能够有效减小被加固梁的变形，提高梁的刚度，且随加固量及初始预应力的增加加固梁变形减小程度变得显著。

（6）内嵌非预应力筋材加固混凝土梁由于较易发生黏结破坏，加固材料利用率很低；通过对筋材施加预应力，内嵌预应力筋材加固混凝土梁能够极大地提高筋材在加固梁承受荷载各个阶段的强度利用程度，较充分地利用材料的高强性能，使筋材的优势可以得到体现，但该加固法会降低被加固梁的安全性及延性。

第12章

内嵌预应力混杂筋材加固混凝土梁试验研究

第 11 章结果表明,随加固量的增加,内嵌预应力筋材加固混凝土梁的极限承载力能大幅提高,随初始预应力水平的增加,其开裂荷载大幅提高。如果想得到理想的加固效果,理论上就应该同时增加加固量和初始预应力水平,即试验梁 BPF3-60 和 BPS3-60 应该是比较理想的,但试验结果显示,BPF3-60 和 BPS3-60 加固梁最终发生的是筋材断裂的脆性破坏形态,说明所施加的预应力过大。经分析可知,初始预应力水平为 45% 的构件效果较好。从加固量角度考虑,在工程实际中,同时对多根筋材施加预应力,一方面会提高施工工艺的复杂性,另一方面放张时引起被加固梁反拱过大,会对被加固梁造成不利的影响。因此,提出了内嵌部分预应力、部分非预应力筋材加固混凝土梁,即 BS1P2、BS2P1 系列加固梁。从第 11 章试验结果可以看出,相比于其他加固方式,BS1P2-45 系列加固梁是比较理想的加固方式。但考虑到螺旋肋钢丝与 CFRP 筋相比,一方面前者筋材密度较大,加固量增加时,会给被加固构件增加明显的自重,不利于构件受力,另一方面,螺旋肋钢丝的抗拉强度及耐腐蚀性都不如 CFRP 筋,因此,本章将进行内嵌预应力混杂筋材加固混凝土梁试验研究,参照第 9 章内嵌预应力筋材加固混凝土梁受弯性能试验方案与施工工艺流程。

12.1 承载能力分析

表 12-1 列出了内嵌预应力混杂筋材加固混凝土梁的特征荷载值。

表 12-1 试验梁特征荷载

梁 编 号	P_{cr}/kN	P_{cr} 提高幅度/%	P_y/kN	P_y 提高幅度/%	P_u/kN	P_u 提高幅度/%
RB	20.51	—	86.40	—	91.73	—
BF2P1-30	35.65	73.82	163.25	88.95	291.72	218.00
BF2P1-45	53.23	159.59	184.32	113.33	301.56	228.72
BF2P1-60	56.54	175.67	213.50	147.11	321.56	250.61
BF1P2-30	40.44	97.17	188.96	118.70	337.69	268.13
BF1P2-45	68.06	231.84	226.73	162.42	327.90	257.54
BF1P2-60	74.49	263.19	245.65	184.32	326.57	256.07

(1) 开裂荷载。与未加固梁相比,BF2P1 系列加固梁开裂荷载提高幅度分别为 73.82%、159.59%、175.67%,BF1P2 系列加固梁开裂荷载提高幅度分别为 97.17%、231.84%、

263.19%。BF2P1-45 比 BF2P1-30 提高了 85.77%，而 BF2P1-60 比 BF2P1-45 提高了 16.08%；BF1P2-45 比 BF1P2-30 提高了 134.67，而 BF1P2-60 比 BF1P2-45 提高了 31.35%。由上述数据可见，随初始预应力水平的增加，开裂荷载提高幅度较为明显，且当初始预应力水平较低时，这种提高程度较为明显。当初始预应力水平相同时，BF1P2 系列加固梁开裂荷载明显大于 BF2P1 系列加固梁，这是由于前者预应力筋材加固量增大。对比表 11-2 与表 12-1 还可以看出，内嵌混杂筋材加固梁的开裂荷载与内嵌单一筋材加固梁相差不大。由此可见，影响开裂荷载的主要因素是筋材加固量和初始预应力水平，与筋材种类无关。

（2）屈服荷载。与未加固梁相比，BF2P1 系列加固梁的屈服荷载提高幅度分别为 88.95%、113.33%、147.11%，BF1P2 系列加固梁的屈服荷载提高幅度分别为 118.70%、162.42%、184.32%。由上述数据可见，内嵌预应力混杂筋材加固混凝土梁对屈服荷载的影响程度与开裂荷载相似，随初始预应力水平的增加，屈服荷载提高幅度较为明显。当初始预应力水平相同时，内嵌预应力筋材加固量越多，屈服荷载提高程度越大，即 BF1P2 系列加固梁的屈服荷载大于相应的 BF2P1 系列加固梁。对比表 11-2 与表 12-1 还可以看出，内嵌混杂筋材加固混凝土梁的屈服荷载大于内嵌单一筋材加固梁，原因在于 CFRP 筋是一种线弹性材料，而螺旋肋钢丝则具有弹塑性性质。由此可见，屈服荷载除了与预应力筋材加固量和初始预应力水平有关外，还与筋材种类有关。

（3）极限荷载。与未加固梁相比，BF2P1 系列加固梁的极限荷载提高幅度分别为 218.00%、228.72%、250.61%，BF1P2 系列加固梁的极限荷载提高幅度分别为 268.13%、257.54%、256.07%。由上述数据可见，内嵌预应力混杂筋材加固梁对极限荷载的影响最为显著，且与内嵌预应力筋材根数及初始预应力水平无关。由于 BF2P1 系列和 BF1P2 系列加固梁总加固量相同，所以二者的极限荷载相差不大。对比表 11-1 还可以看出，内嵌混杂筋材加固混凝土梁的极限荷载显著大于内嵌单一筋材加固梁，原因在于 CFRP 筋的极限抗拉强度大于螺旋肋钢丝。由此可见，影响加固梁极限承载能力的主要因素是筋材加固量和筋材种类。

12.2 变形能力分析

表 12-2 列出了内嵌混杂筋材加固混凝土梁的反拱及特征-挠度。图 12-1 所示为内嵌混杂筋材加固混凝土梁的荷载-挠度关系。

表 12-2　BF1P2、BF2P1 系列梁反拱及特征荷载-挠度　　　　单位：mm

梁　编　号	反　　拱	开　裂　挠　度	屈　服　挠　度	极　限　挠　度
BF2P1-30	0.18	1.00	5.18	18.85
BF2P1-45	0.33	1.04	5.94	21.24
BF2P1-60	0.46	1.59	7.11	22.21
BF1P2-30	0.23	1.50	5.04	22.31
BF1P2-45	0.41	1.72	6.13	21.92
BF1P2-60	0.68	1.86	6.78	22.62

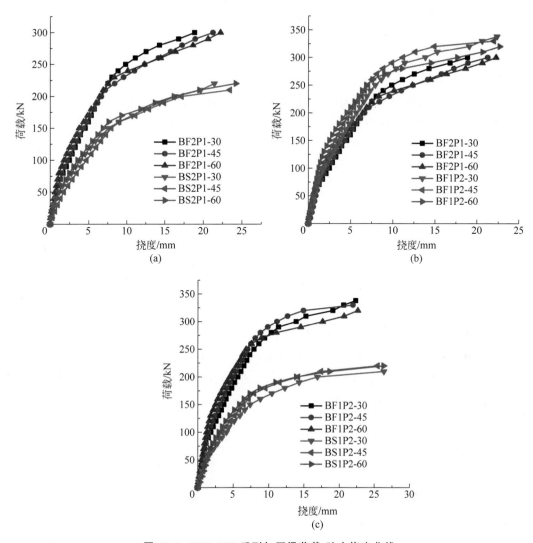

图 12-1　BFP、BSP 系列加固梁荷载-跨中挠度曲线

　　从表 12-2 中数据可见,BF1P2 系列加固梁的反拱分别为 0.23～0.68mm,BF2P1 系列加固梁的反拱分别为 0.18～0.46mm。由此可见,随初始预应力水平及内嵌预应力筋材加固量的增加,放张预应力筋引起的反拱也加大。从表中还可以看出,BF1P2 系列加固梁开裂时的变形大于 BF2P1 系列加固梁,这是由于前者较大的反拱引起的,而二者在钢筋屈服及加固梁破坏时的变形差别不大。

　　由图 12-1 可知,所有曲线图发展规律基本相似,均存在两个转折点,分别对应开裂点和钢筋屈服点。由图可见,内嵌预应力混杂筋材加固混凝土梁与内嵌预应力单一筋材加固混凝土梁效果类似,都能有效地提高被加固梁的开裂荷载、屈服荷载及其极限承载能力。

　　由图 12-1 可见,内嵌混杂筋材加固梁的开裂荷载、屈服荷载随初始预应力水平的增加而提高;由于三种试验梁加固量相同,其极限承载能力也基本相同。在同一荷载作用下,加固梁的挠度变形随初始预应力水平的不同差别不大,即刚度相近。

从图 12-1 中还可以看出,BF1P2 与 BF2P1 系列加固梁的荷载-挠度曲线发展过程基本相似,在同一荷载作用下,BF1P2 系列加固梁的挠度变形小于 BF2P1 系列加固梁,也即前者的刚度大于后者。BF1P2 系列加固梁的开裂荷载、屈服荷载及极限荷载都相应高于 BF2P1 系列加固梁。与螺旋肋钢丝相比,CFRP 筋材的弹性大,刚度小,强度高,质量小。因此,内嵌三根预应力螺旋肋钢丝的加固混凝土梁,不但使被加固梁的质量增大,而且由于螺旋肋钢丝的极限抗拉强度相对较低,致使被加固梁极限承载能力提高程度受限;内嵌一根 CFRP 筋、两根预应力螺旋肋钢丝加固混凝土梁,被加固梁的质量不但会有所降低,而且梁的刚度也有所降低,从而改善了被加固梁的变形能力。内嵌两根 CFRP 筋、一根预应力螺旋肋钢丝加固混凝土梁,虽然被加固梁的质量有明显降低,但梁的刚度也有明显的降低。

由图 12-1(a)、(c)可见,在同一荷载作用下,BF1P2、BF2P1 系列试验梁的挠度变形明显小于 BS1P2、BS2P1 系列试验梁,即前者的刚度显著大于后者,且前者的开裂荷载、屈服荷载及极限荷载也显著高于后者。

12.3 跨中应变分析

12.3.1 混凝土应变曲线分析

图 12-2 所示为内嵌混杂筋材加固混凝土梁跨中混凝土应变随梁高变化曲线。由曲线图可见,截面混凝土应变沿高度的变化基本符合平截面假定,因此对混凝土梁采用内嵌混杂筋材加固梁进行分析时仍可采用平截面假定。

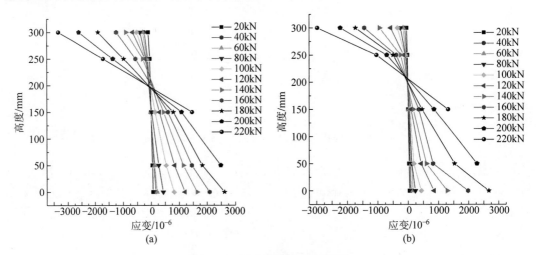

图 12-2 跨中截面混凝土应变

(a) BF2P1-45;(b) BF1P2-45

12.3.2 荷载-筋材应变曲线分析

图 12-3 所示为各试验梁荷载与钢筋(S)、非预应力螺旋肋钢丝(H′)、预应力螺旋肋钢丝(H)、CFRP 筋(F)应变关系图。

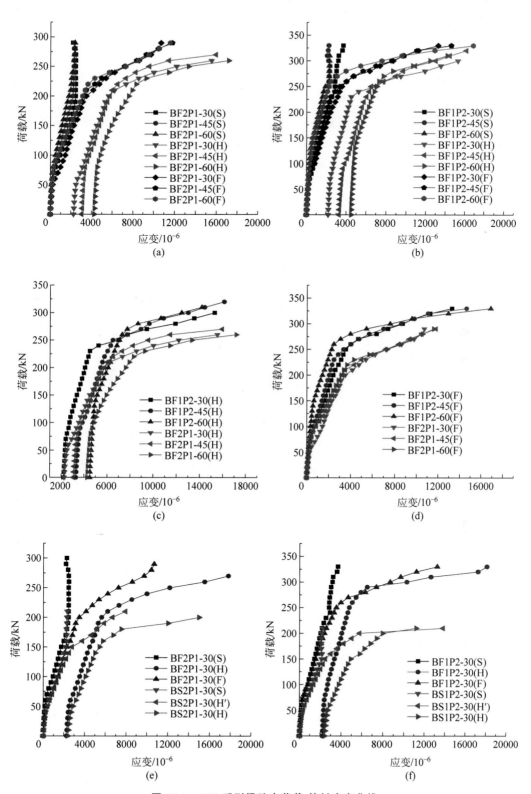

图 12-3　BFP 系列梁跨中荷载-筋材应变曲线

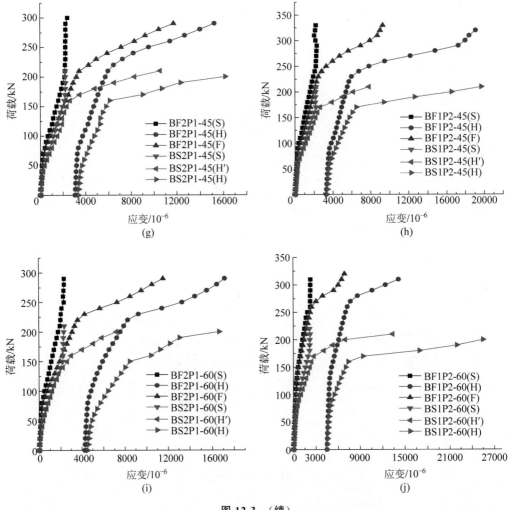

图 12-3　（续）

　　对照图 12-1 和图 12-3 分析表明,所有荷载-应变曲线具有明显的三段特征:试验梁加载到开裂,开裂到受拉钢筋屈服以及受拉钢筋屈服到试验梁破坏。其中试验梁开裂及受拉钢筋屈服均导致螺旋肋钢丝应变曲线出现转折。由图 12-3(a)可见,BF1P2 系列加固梁在钢筋屈服前,在同一荷载作用下,钢筋、螺旋肋钢丝、CFRP 筋三者应变基本一致;钢筋屈服后,螺旋肋钢丝、CFRP 筋承担了全部荷载,随荷载增加,螺旋肋钢丝屈服,由 CFRP 筋继续承担荷载,直至试验梁破坏。从图中可以看出,BF2P1 系列加固梁的受力过程与 BF1P2 系列加固梁相似,两者的不同之处在于,BF2P1 系列加固梁在混凝土开裂之前钢筋、螺旋肋钢丝、CFRP 筋三者应变基本一致,混凝土开裂至钢筋屈服段,钢筋应变明显小于螺旋肋钢丝、CFRP 筋应变,而且随预应力水平的增加,二者应变差别变得明显。由图 12-3(b)可见,在同一荷载作用下,加固梁中钢筋、螺旋肋钢丝、CFRP 筋应变增量随初始预应力水平的增加而减小,屈服荷载随初始预应力水平的增加而增加,因为初始预应力水平越大,由放张引起梁的反拱越大,试验梁在加载过程中所需要的消压荷载越大,因此导致了钢筋、螺旋肋钢丝、CFRP 筋的应变滞后现象。由图可见,在同一荷载作用下,初始预应力水平相同时,BF2P1 系列加固梁的应变大于 BF1P2 系列加固梁的应变,这是由内嵌加固筋材本身的特性决定的。第2章内嵌预应力筋材加固混凝土梁材料力学性能论述得很清楚,螺旋肋钢丝的弹性模量及刚度都远远大于CFRP筋,所以BF2P1系列加固梁的刚度明显小于BF1P2系列加固梁,也即在相同荷载作用下,前者的变形能力明显大于后者,因此前者的应变大于后者。由图可见,BFP、BSP系列加固梁,由于内嵌筋材种类不同,致使被加固梁的刚度不同,即使在相同加固量、相同初始预应力水平的情况下,二者的开裂荷载、屈服荷载以及极限承载能力也有明显差别。由上述分析可见,内嵌混杂筋材系列加固梁的加固效果明显优于内嵌单一筋材系列加固梁。

12.4　裂缝发展特点及破坏形态

12.4.1　裂缝发展特点

内嵌混杂筋材加固混凝土梁的裂缝发展与内嵌三根预应力筋材加固混凝土梁的裂缝发展类似,但由于没有对CFRP筋施加预应力,在加载过程中,CFRP筋滑移相对较明显,所以BF2P1系列加固梁的裂缝根部出现纵向裂缝,形成"蜘蛛网"状。裂缝分布如图12-4所示,

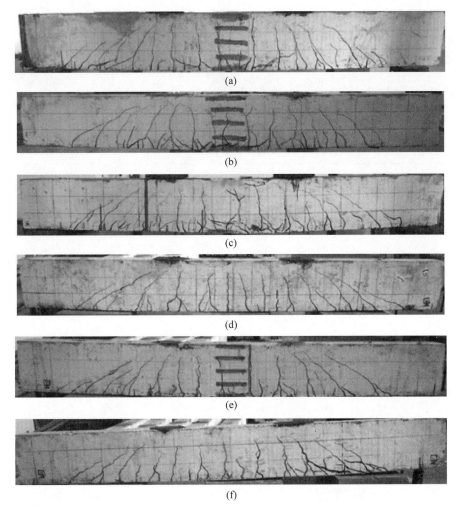

图 12-4　试验梁裂缝分布

(a) BF2P1-30；(b) BF2P1-45；(c) BF2P1-60；(d) BF1P2-30；(e) BF1P2-45；(f) BF1P2-60

而 BF1P2 系列加固梁的裂缝根部没有出现上述现象。分析原因可知,合理的初始预应力水平及预应力筋材加固量能够有效地阻止筋材的滑移。从裂缝图还可以看出,初始预应力水平越高,裂缝发展越充分,但裂缝高度反而有所下降,如 BF1P2-60 加固梁的裂缝高度只有梁高的 2/3,而 BF1P2-30、BF1P2-45 加固梁的裂缝高度均超过 2/3 梁高。由此可见,合适的初始预应力水平不仅能够显著提高被加固构件的抗裂能力,还可以有效地改善构件裂缝的分布。

12.4.2 破坏形态

综合上述试验过程可知,内嵌混杂筋材加固混凝土梁的破坏模式主要有三种:第一种是弯曲破坏,如 BF1P2 系列梁发生类似于适筋梁的破坏形态,这是一种相对比较合理的破坏模式;第二种是预应力筋材被拉断,但非预应力筋材强度未被充分利用,这类破坏是由于初始预应力水平过高造成的,如 BF2P1-60 的破坏;第三种是跨中混凝土发生剥离破坏,BF2P1-45 发生该类破坏。第三种破坏可能是由于混凝土浇注质量差造成的,因为经对发生剥离破坏的混凝土进行分析发现该混凝土梁孔洞较多、石子颗粒较大、空隙较大,说明在制作混凝土梁时浇捣不均匀或严重漏浆,破坏图见图 11-9。

12.5 安全性能及延性分析

试验梁的开裂荷载 P_{cr}、屈服荷载 P_y 及屈服状态下的挠度 Δ_y、极限荷载 P_u 及极限状态下的挠度 Δ_u 如表 12-3 所示。

表 12-3 试验梁安全性能及延性系数

梁编号	P_{cr}/kN	P_y/kN	P_u/kN	P_u/P_y	Δ_y/mm	Δ_u/mm	Δ_u/Δ_y
RB	20.51	75.40	91.73	1.22	5.74	30.24	5.30
BF2P1-30	48.65	163.25	291.72	1.79	5.18	18.85	3.64
BF2P1-45	53.23	184.32	301.56	1.64	5.94	21.24	3.58
BF2P1-60	76.54	213.50	321.56	1.51	7.11	22.21	3.12
BF1P2-30	60.44	188.96	337.69	1.79	5.04	22.31	4.43
BF1P2-45	73.06	226.73	327.90	1.45	6.13	21.92	3.58
BF1P2-60	85.49	245.65	326.57	1.33	6.78	22.62	3.34

1. 试验梁安全性能分析

从表 12-3 中可知,BF2P1 系列加固梁的 P_u/P_y 值分别为 1.79、1.64、1.51,BF1P2 系列加固梁的 P_u/P_y 值分别为 1.79、1.45、1.33,均高于对比梁 RB 的 1.22,说明内嵌预应力混杂筋材能够显著提高被加固梁的安全性能。在加固量不变的情况下,随初始预应力水平的增加,钢筋屈服荷载提高,极限荷载不变,被加固梁的安全性能降低,且 BF2P1 的 P_u/P_y 值高于 BF1P2,即随预应力螺旋肋钢丝根数增加,被加固梁的安全性也有所降低。

从表 12-3 中还可以看出,BF2P1、BF1P2 系列加固梁的 P_u/P_y 值均大于或等于 BS2P1、BS1P2 系列加固梁的 P_u/P_y 值,这是由 CFRP 筋材的线弹性性质及螺旋肋钢丝的弹塑性性质决定的。

2. 试验梁的位移延性性能分析

从表 12-3 中延性系数值可以看出,对比梁 RB 的延性系数为 5.30,BF2P1 系列加固梁分别为 3.64、3.58、3.12,BF1P2 系列加固梁分别为 4.43、3.58、3.34,加固梁的延性系数小于或等于对比梁,因此,内嵌混杂纤维筋材加固混凝土梁虽然能够大幅提高被加固梁的开裂荷载、屈服荷载及极限荷载,但其延性系数则有所降低,但所有加固梁的延性系数均达到 3.00 以上,能够满足延性要求。从表中数据还可以看出,随初始预应力水平的增加,被加固梁的延性系数略有下降,这是因为初始预应力越大,被加固梁的屈服荷载越高,屈服荷载所对应的挠度变形也就越大,而初始预应力水平对加固梁的最大挠度变形影响不大,所以延性系数降低。

12.6 本章小结

本章进行了内嵌预应力混杂筋材加固梁的受弯性能试验研究,分析了不同加固方法对加固梁承载能力、变形能力、应变变化、裂缝开展等力学性能的影响,得到如下结论:

(1)内嵌预应力混杂筋材加固混凝土梁能有效地提高被加固梁的开裂荷载、屈服荷载及其极限承载能力,最大提高幅度分别为 74.49%、184.32%、337.69%。

(2)内嵌预应力混杂筋材加固混凝土梁能有效地减小被加固梁的变形,其减小程度不但与加固量和初始预应力水平有关,而且与内嵌的预应力筋和非预应力筋的比例有关。试验结果表明,在相同荷载作用下,BF1P2 系列加固梁的变形小于 BF2P1 系列加固梁。

(3)内嵌预应力混杂筋材加固混凝土梁依据内嵌的预应力筋和非预应力筋的比例不同,加固材料的强度利用率不同。试验结果显示,BF1P2 系列加固梁的强度利用率高于 BF2P1 系列加固梁,二者的安全性能及延性相差不大,且均高于内嵌预应力筋材加固混凝土梁。

由上述分析及试验结果可知,从整体加固效果方面考虑,内嵌预应力混杂筋材加固混凝土梁,即 BF1P2-45 是一种值得推广的加固方法;从经济效益及施工工艺方面考虑,内嵌部分预应力筋材加固梁,即 BS1P2-45 是一种理想的加固方法。

第13章

内嵌预应力螺旋肋钢丝加固混凝土梁试验研究

影响内嵌预应力筋加固构件加固效果的因素很多,如加固方式、配筋率、开槽尺寸、混凝土强度、预应力度、开槽形状等。目前以加固方式、配筋率、预应力度为试验参数的研究较多,而针对开槽尺寸、混凝土强度、开槽形状等参数对内嵌法加固构件影响的研究较少,这些参数对内嵌预应力筋材加固构件影响的研究至今未见。因此本章结合研究现状和实验室条件,以开槽尺寸、开槽形状和混凝土强度为试验参数对内嵌预应力螺旋肋钢丝加固混凝土梁进行抗弯性能研究,旨在提出不同混凝土强度等级对应的理想开槽尺寸及开槽形状,以丰富理论研究,为其工程应用提供设计依据。

13.1 试验梁设计

试验梁均采用矩形截面简支梁,为使试验尽量与工程实践相接近,减少尺寸效应带来的误差,试验梁宽度设计为150mm,取高宽比为2.0,则试验梁高度为300mm,取试验梁的跨高比为8.0,则加固梁跨度为2400mm,因此试验梁截面尺寸设计为150mm×300mm×2400mm。混凝土强度等级采用C30和C40,按照《混凝土结构设计标准》设计试验梁,梁底部的受拉纵筋选用2Φ14(A_s=308mm^2,配筋率ρ=0.78%);架立筋选用2ϕ8(A_s'=101mm^2);在梁跨中1/3处选用6ϕ8@150(A_{sv}=302mm^2)箍筋,剩余两端分别选用7ϕ8@100(A_{sv}=352mm^2)箍筋进行抗剪;下部受拉纵筋的保护层厚度a_s=30mm,架立筋的保护层厚度a_s'=25mm,则混凝土梁的有效高度h_0=270mm。开槽尺寸和配筋图如图13-1所示。

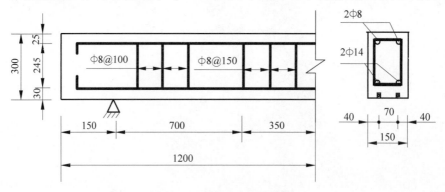

图 13-1 开槽尺寸和配筋图

13.2 试验材料性能

13.2.1 螺旋肋钢丝的力学性能

本试验采用的螺旋肋钢丝是河南省向阳预应力钢丝有限公司提供的低松弛螺旋肋钢丝,直径为 7.00mm,极限抗拉强度为 1570MPa。表 13-1 所示为试验所用螺旋肋钢丝的力学性能指标,均为厂家提供的数据。

表 13-1 螺旋肋钢丝的力学性能

直径/mm	抗拉强度/MPa	屈服强度/MPa	弹性模量/GPa
7.00	1570	1380	205

13.2.2 结构胶的力学性能

内嵌筋材加固梁的加固效果取决于结构胶的性能,因此,结构胶的选择对加固试验的成功与否起着举足轻重的作用。截至目前,国内外内嵌加固试验的主要黏结材料有环氧树脂、水泥砂浆和无机胶[311]等,而环氧树脂类黏结剂黏结性能较好,现在采用黏结剂最多的是环氧树脂类结构胶,所以本试验采用环氧树脂类结构胶作为试验黏结材料。

本次试验采用的结构胶是中国科学院大连化学物理研究所生产的 JGN 型环氧树脂建筑结构胶。试验所用结构胶黏结性能优异、抗剪切强度高且耐疲劳性能优良。通过试验检测,该结构胶各项指标均满足《混凝土结构加固设计规范》(GB 50367—2013)中黏结剂 A 级要求。表 13-2 所示为试验所用结构胶检验报告。

表 13-2 JGN 型结构胶检验报告

序 号		项目名称	技术指标		检测结果	单项评定
			A 级胶	B 级胶		
1	胶体性能	抗拉强度/MPa	≥30	≥25	40.4	A 级
		受拉弹性模量/MPa	$3.5×10^3$		$3.7×10^3$	A 级
		伸长率/%	≥1.3	≥1.0	1.3	A 级
		抗弯强度/MPa	≥45 且不得呈脆性(碎裂状)破坏	≥35	66.7,且不呈脆性(碎裂状)破坏	A 级
		抗压强度/MPa	≥65		73.8	A 级
2	黏结能力	拉伸抗剪强度标准值/MPa	≥15	≥12	16	A 级
		钢-钢不均匀扯离强度/(kN/m^2)	≥16	≥12	17.1	A 级
		钢-钢黏结抗拉强度/kPa	≥33	≥25	34.2	A 级
		与混凝土的正拉黏结强度/MPa	≥2.5,且混凝土内聚破坏		3.8,且混凝土内聚破坏	A 级
3	不挥发物含量(固体含量)/%		≥99		99.4	A 级

13.2.3　钢筋的力学性能

试验所用钢筋包括：受拉纵筋设计为 2 根 Φ 14 钢筋，架立筋设计为 2 根 ϕ 8 钢筋，箍筋共为 20 根 ϕ 8 双肢箍。在实验室万能试验机上对所用钢筋进行拉伸，标距按 $5d$（d 为钢筋直径）采用，测定钢筋的屈服强度、极限强度及伸长率。结合厂家提供的数据，可得其力学性能指标如表 13-3 所示。

表 13-3　钢筋的力学性能

钢筋类型	屈服强度/MPa	极限强度/MPa	弹性模量/MPa	泊松比	伸长率/%
ϕ 8	325	490	2.1×10^5	0.3	21
Φ 14	378	556	2.0×10^5	0.3	24

13.2.4　混凝土的力学性能

试验梁混凝土强度等级设计为 C30 和 C40，共分两批浇筑试验梁，每浇筑一批试验梁同时制作三块 100mm×100mm×100mm 的混凝土立方体试块，与试验梁在同一环境条件下养护，用来确定 28 天时混凝土的抗压强度。试验梁养护 28 天后，在实验室测量混凝土试块抗压强度。本试验是在河南理工大学土木工程学院 SYE-2000 型压力试验机（精度等级 Ⅰ）和 LM-02 型数字式测力仪上进行的，加荷速度控制在 0.5～0.8MPa/s 之间，测得混凝土立方体抗压强度，并按《混凝土结构设计标准》的规定进行换算。混凝土试块抗压强度实测值如表 13-4 所示。由于天气、工地养护条件等原因，混凝土实际抗压强度偏低，但相差不太大，试验结果分析中考虑这方面的影响。图 13-2 所示为试块测试和典型破坏形式。

表 13-4　混凝土试块抗压强度实测值

混凝土强度等级	试件编号	荷载/kN	抗压强度/MPa	换算值/MPa	平均值/MPa
C30	C30-1	299.82	29.98	28.48	
	C30-2	295.17	29.52	28.04	27.7
	C30-3	279.75	27.98	26.58	
C40	C40-1	391.83	39.18	37.22	
	C40-2	382.04	38.20	36.29	36.4
	C40-3	375.73	37.57	35.69	

13.2.5　加固方案的确定

1. 开槽尺寸与混凝土强度影响参数

本试验主要是在相同的初始预应力水平和加固量基础上，研究混凝土强度等级和开槽尺寸对试验梁加固效果的影响，试验梁共 8 根（2 根对比梁和 6 根加固梁），试验参数选择如下：

（1）加固材料。由于螺旋肋钢丝独特的力学性能，试验采用内嵌预应力螺旋肋钢丝加固。

（2）加固方式。沿梁全长内嵌螺旋肋钢丝，并对螺旋肋钢丝施加预应力。

（3）混凝土等级。由于旧构筑物及现有构筑物混凝土大多采用 C30 和 C40，本试验采

(a)　　　　　　　　　　　　　　(b)

图 13-2　试块测试和典型破坏形式

（a）试块测试；（b）试块典型破坏形式

用 C30 混凝土和 C40 混凝土两种混凝土强度等级。

（4）初始预应力水平。基于试验研究结果[312]有效控制应力，取螺旋肋钢丝极限抗拉强度的 50%，并考虑 25% 的预应力损失，即设计值为 981.25MPa。

（5）加固量。据文献[312]所述，在一定范围内加固梁的加固效果随加固量的增大而增大，且存在最优加固量，并结合试验梁横截面尺寸和螺旋肋钢丝尺寸，加固量选用 2 根螺旋肋钢丝加固效果最好，本试验加固量取为 2 根螺旋肋钢丝。

（6）开槽尺寸。国内外专家、学者研究表明，开槽尺寸对内嵌非预应力材料加固梁的黏结性能、破坏模式和加固效果有着重要影响，而槽宽影响显著，槽深影响甚微。基于构造要求，为便于施工，减少对原结构的损害及减少黏结剂的用量，试验开槽尺寸设计为槽深 20mm，槽宽分别为 10mm、15mm 和 20mm。

具体的试验加固方案如表 13-5 所示。

表 13-5　试验加固方案

梁编号	混凝土强度等级	槽宽/mm	槽深/mm	内嵌材料	有效控制应力/MPa	黏结材料
B-C30	C30	—	—			
B-C40	C40	—	—			
B-C30-10		10				
B-C30-15	C30	15				
B-C30-20		20	20	2 根螺旋肋钢丝	981.25	JGN 型环氧树脂建筑结构胶
B-C40-10		10				
B-C40-15	C40	15				
B-C40-20		20				

注：试验梁编号中 B 表示钢筋混凝土梁。

2. 开槽形状与加固量影响参数

本试验对影响试验梁加固效果的主要参数包括初始预应力水平、加固量、混凝土强度等级、开槽形状等作如下选择：

（1）初始预应力水平。预应力水平的高低直接影响加固承载力的提高程度。如果施加预应力过小，筋材的高强性能就不能得到有效的发挥；预应力过大，加固构件开裂时的弯矩接近破坏时的弯矩，变形小，但构件一旦开裂，很快就破坏，即在破坏前没有明显征兆，属于脆性破坏，应当避免。因此，根据文献[312]提出的螺旋肋钢丝初始预应力宜控制在 $\sigma_{con} \leqslant 0.65\%$ 筋材极限抗拉强度范围，本试验用 σ_{con} 采用极限抗拉强度的50%，满足要求。

（2）加固量。分别选用内嵌1根、2根筋材进行加固，对加固构件实际发生的破坏模式及不同加固量情况下的加固效果进行研究，以分析最佳加固量。

（3）混凝土强度等级。选用C30和C40两种强度等级的梁进行加固，分析混凝土强度对加固效果的影响。

（4）开槽形状。本试验除了对矩形槽嵌筋加固外，还对梯形槽嵌筋加固，矩形槽的截面尺寸均为20mm×20mm，梯形槽的尺寸为上底宽20mm、下底宽15mm。分析不同形状下筋材的剥离破坏情况。

本试验共设计10根试验梁，包括对比梁2根，加固梁8根，以相同初始预应力、不同加固量以及不同加混凝土强度等级、开槽形状为主要试验参数对加固的钢筋混凝土梁弯曲性能进行试验研究。矩形槽的槽深和槽宽均为20mm，梯形槽的尺寸为梁底外侧宽15mm，内侧宽20mm，深20mm。试验梁的具体开槽位置和尺寸示意如图13-3所示。

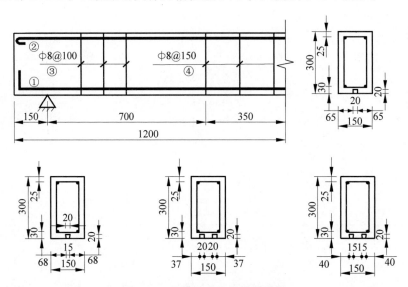

图 13-3　开槽尺寸和位置示意图

构件的详细情况见表13-6，并作如下说明：

（1）未加固梁（DB）。为了对比各种加固方式对构件性能的影响，在同批制作的、各项参数完全相同的梁中，留置1根未加固梁作为对比试件，采用相同的试验方式加载，观测其开裂荷载、屈服荷载、极限荷载，记录其荷载与跨中挠度、纵向钢筋应变及梁高范围内混凝土的应变关系，以便对比分析各种加固方式的加固效果。

（2）内嵌预应力筋材加固梁（BPS）。在试验梁的受拉侧内嵌1根、2根施加50%预应力水平的螺旋肋钢丝，采用与上述相同的加载方式施加静载，观测全过程的荷载、挠度及结构材料应变，记录构件裂缝的出现、开展及构件破坏形态，观测试验全过程各项参数的变化，探索预应力加固对被加固构件抗弯性能的影响，提出合理的加固方案。

表 13-6 加固梁类型

梁编号	混凝土强度等级	加固量/根	开 槽 形 状	初始预应力水平/%	加 固 材 料
DB1	C30	—	—	—	—
DB2	C40	—	—	—	—
BPS1	C30	1	矩形	50	螺旋肋钢丝
BPS1	C40	1	矩形	50	螺旋肋钢丝
BPS2	C30	2	矩形	50	螺旋肋钢丝
BPS2	C40	2	矩形	50	螺旋肋钢丝
BPS1T	C30	1	梯形	50	螺旋肋钢丝
BPS1T	C40	1	梯形	50	螺旋肋钢丝
BPS2T	C30	2	梯形	50	螺旋肋钢丝
BPS2T	C40	2	梯形	50	螺旋肋钢丝

13.3 内嵌预应力螺旋肋钢丝加固 RC 梁工艺流程

本试验的工艺流程主要包括试验梁浇筑、试验前准备、预应力张拉及放张和试验加载等,具体操作如下。

13.3.1 试验梁浇筑

按照设计要求计算钢筋、混凝土用量。浇筑试验梁之前,在纵筋跨中及距离跨中350mm 处打磨处理钢筋和粘贴应变片:首先用绞磨机砂轮打磨钢筋表面,以去掉锈蚀层达到光亮为准,然后用砂纸打磨(砂纸与钢筋轴向大约成 45°),再用脱脂棉蘸取丙酮擦拭钢筋贴应变片处表面,待其充分干燥后,涂 502 胶水粘贴钢筋应变片,保证粘贴牢固,无起皱、无气泡。使用电烙铁将应变片两端与两导线连接,防水胶带固定端部,搅拌固化剂和环氧树脂,并将环氧树脂和固化剂涂在纱布上包住应变片,目的是防止在混凝土梁浇筑过程中应变片受到损伤。图 13-4 所示为粘贴应变片后的纵向钢筋。

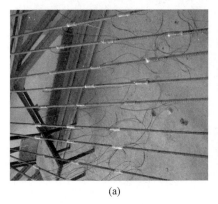
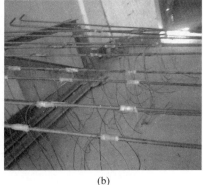

(a)　　　　　　　　　　　　(b)

图 13-4 粘贴应变片后的纵向钢筋

待固化剂凝固后,按设计要求将箍筋、架立筋和纵筋绑扎成钢筋笼,图 13-5 所示为试验钢筋笼制作。在整理好的场地上按照设计尺寸支模,固定钢筋笼,配制试验所用混凝土,浇筑混凝土梁,共分两批浇制完成,每批均制作 100mm×100mm×100mm 混凝土试块三块,并养护。由于梁底保护层内需开槽,因此在浇筑过程中采取了严格的控制措施,以保证混凝土保护层的厚度。图 13-6 所示为试验梁浇筑施工工艺。

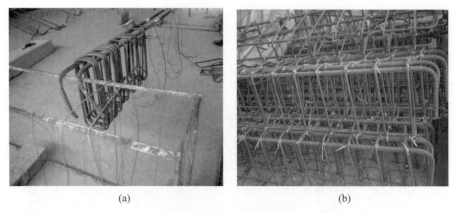

(a)   (b)

图 13-5   试验钢筋笼制作

(a)   (b)

(c)   (d)

图 13-6   混凝土梁浇筑施工工艺

(a) 支模;(b) 浇筑混凝土梁;(c) 抹平;(d) 浇筑好的混凝土梁

13.3.2   试验前准备

混凝土梁浇筑后,进行试验梁准备工作:开槽、清槽、抹灰及弹线。混凝土梁养护 2 天拆模,在场地养护 28 天后移至实验室。开槽前首先按照设计要求在试验梁底部距两侧各 40mm 处确定开槽中心线,精准测量 10mm(以及 15mm 和 20mm)宽,并弹线。在试验梁端部沿梁高方向量测 20mm 深并弹线,确定开槽位置。用小型石材切割机开槽,切割完毕后进行测量,测量尺寸与设计尺寸相比,误差不超过±0.5mm。将开好的槽用毛刷将孔壁刷净,用清水除去槽中的残渣和浮尘,并用吹风机将槽里的粉屑清除干净,直至露出混凝土表面,以达到较好的黏结效果,然后用丙酮将混凝土表面擦洗干净,并确保混凝土表层干燥。

在混凝土梁两侧刷白灰,便于加载时描绘裂缝开展情况,待白灰风干后弹线,弹线尺寸 10mm×10mm。图 13-7 所示为试验前混凝土梁准备工作施工步骤。用丙酮将螺旋肋钢丝表面的油污擦拭干净,用绞磨机打磨贴应变片位置(螺旋肋钢丝的跨中、分配梁支座处及距端部 100mm、150mm、200mm 处),并在打磨位置粘贴应变片,测量其应变和端部滑移情况。图 13-8 所示为钢筋和螺旋肋钢丝应变片布置情况。

图 13-7　混凝土梁准备工作施工步骤

(a) 养护后的混凝土梁;(b) 开槽;(c) 刷白灰;(d) 弹线

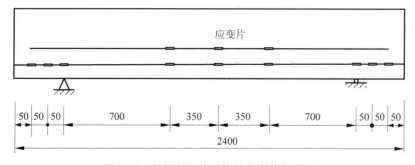

图 13-8　钢筋和螺旋肋钢丝应变片布置图

13.3.3 预应力施加

预应力施加之前,用回弹仪测量混凝土梁强度,以量测试验梁实际强度,按混凝土回弹值进行试验梁的理论分析。表 13-7 所示为试验梁回弹值,由于试验梁冬季浇筑、试验工地养护及搬运等一些原因,C40 试验梁实际抗压强度偏小,结果分析中考虑该方面的影响。

表 13-7 试验梁回弹值

试验梁编号	试件编号	回弹值/MPa	平均值/MPa
B-C30	1	36.2	33.87
	2	32.8	
	3	32.6	
B-C40	1	36	35.50
	2	34.5	
	3	36	
B-C30-10	1	34	34.13
	2	34.2	
	3	34.2	
B-C30-15	1	32.7	32.27
	2	31.9	
	3	32.2	
B-C30-20	1	34	33.30
	2	33	
	3	32.9	
B-C40-10	1	41.8	39.23
	2	38.1	
	3	37.8	
B-C40-15	1	38.1	37.03
	2	36.8	
	3	36.2	
B-C40-20	1	38	37.27
	2	37.8	
	3	36	

试验前在螺旋肋钢丝跨中、集中荷载处和端部粘贴应变片,应变片测点位置如图 13-8 所示。张拉预应力之前,对传感器和可编程序控制器进行配套标定。为方便操作,先将混凝土梁翻转,使其底部受拉区朝上,用吹风机吹去槽内杂物,再用水冲洗,后用丙酮去锈清洗干净,吹风机吹干,将螺旋肋钢丝嵌入预先开好的槽内,安装锚固端、张拉端的锚具,在锚固端的锚具上套上六角螺帽并拧紧,在螺帽上拧上专门设计的端部,在此端部连以钢绞线和传感器,并套上垫片,传感器连接可编程序控制器,以测定施加预应力大小。张拉端锚具与传感

器相连,传感器另一端与张拉锚杆连接,锚杆另一端套上垫片和六角螺帽,通过拧紧螺帽对螺旋肋钢丝施加预应力。螺旋肋钢丝上的应变片与静态应变仪连接。预应力施加采用分批加载,且采用超张拉施加预应力,张拉$(1.03 \sim 1.05)\sigma_{con}$,持荷2min稳定在$\sigma_{con}$时,读取可编程序控制器读数,并记录应变仪读数,最后一次读数完毕将张拉端锚杆固定。张拉结束后,将梁静置,每隔1h读取可编程序控制器读数并记录应变仪读数,直至应变仪读数基本稳定为止。比较张拉结束时的读数与最后一次记录的读数,对螺旋肋钢丝预应力损失进行分析。改进后的预应力张拉设施如图13-9所示。

(a)   (b)

图 13-9 预应力张拉设施

(a) 锚固和测试端;(b) 张拉端

本试验采用中国科学院研制的JGN型建筑结构胶,结构胶分甲、乙两组。在预应力张拉快结束时,采用电子称重器按照甲:乙质量比为3:1进行混合,沿同一方向搅拌,直至搅拌均匀。待张拉结束,应变仪读数稳定后,灌注搅拌好的结构胶,并将胶表面抹平。整个注胶过程,从拌胶到抹平不超过20min,以免结构胶发生硬化,影响嵌胶质量。在25℃左右的室温环境下养护72h,不得扰动加固梁。在胶黏剂凝固期间,每隔1h记录应变仪和可编程序控制器的读数,以分析螺旋肋钢丝松弛引起的预应力损失。

预应力张拉及灌胶过程如图13-10所示。待结构胶凝固后,反向拧螺帽对预应力卸载,用切割机切断加固梁端部螺旋肋钢丝,放张前、放张及切断螺旋肋钢丝时均记录应变仪和可编程序控制器稳定后的读数,以分析放张和切割时预应力损失试验值。

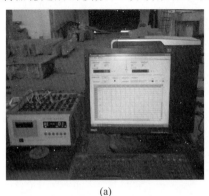 

(a)   (b)

图 13-10 预应力张拉、灌胶过程

(a) 应变测试装置;(b) 预应力张拉;(c) 测力装置;(d) 张拉阶段;(e) 拌胶流程

图 13-10　（续）

13.3.4　试验量测内容

本试验测量的主要内容为加固梁的承载力、挠度、筋材应变、破坏模式和裂缝发展情况，采用电阻应变片测量纵向钢筋、混凝土和螺旋肋钢丝的应变，使用 XL-20101B5 数字静态应变仪采集应变数据，DM-201 多通道数据采集仪测量加固梁的挠度，DJCK-2 裂缝测宽仪量测裂缝宽度，在试验加载过程中将裂缝发展情况用铅笔描绘在加固梁侧面。

试验具体测量内容如下：

（1）浇筑混凝土梁前，分别在纵向钢筋跨中和集中荷载作用处粘贴 3 个钢筋应变片，目的是测量纵向钢筋在加载过程中应变变化情况；

（2）预应力施加之前，在螺旋肋钢丝跨中、集中荷载处和两端距端部 100mm、150mm、200mm 处共粘贴 9 个钢筋应变片，目的是测量预应力施加和加载过程中螺旋肋钢丝应变变化情况；

（3）在梁的一侧沿梁高按照图 13-11 所示粘贴 5 个混凝土应变片，目的是测量不同梁高处混凝土应变随荷载变化情况，据此分析加载过程中混凝土应变是否符合平截面假定；

（4）在加固梁的支座、跨中和集中荷载处共安置 5 个位移计，目的是测量加载过程中加固梁变形情况；

（5）在试验加载过程中，描绘裂缝位置及裂缝发展情况，同时记录荷载级别，并用裂缝测宽仪量测加固梁裂缝宽度，每 10kN 记录裂缝发展情况。

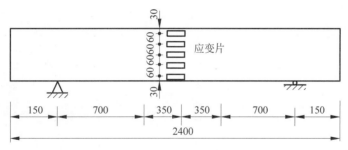

图 13-11　混凝土应变片布置图

13.3.5　试验梁加载

　　将支座、加固梁及分配梁放置好,在梁的一侧表面沿梁高粘贴 5 个混凝土应变片,布置图如图 13-11 所示。将混凝土应变片和钢筋应变片与静态应变仪连接,并检验其导电性能,在试验梁的跨中、分配梁支座底部、梁支座处分别布置位移计,应变仪和位移计分别与计算机配套连接,以便自动记录应变及挠度变形情况。

　　本次试验是在 YAW-5000 微机控制电液伺服压力试验机(级别为 1.0)上进行的,通过计算机自动施加荷载,加载控制速度变化范围为荷载在 0~10kN 范围,加载力控制速度为 30~35N/s;10~20kN 范围,加载力控制速度为 35~45N/s;20kN 以后,加载力控制速度为 45N/s。试验加载前,分配梁上部与试验机接触处用砂浆填平,并用水平尺准确找平。加载程序与一般静力试验的加载程序相同,每次加载均采用分级加载制度,试件开裂前每级荷载为 5kN,开裂后每级荷载为 10kN。对每一级加荷级别均记录对应的应变和变形,并使用放大镜观察加固梁的裂缝开展情况,用 DJCK-2 裂缝测宽仪测量裂缝宽度,接近加至每级荷载时,持荷 1min 左右,计算机自动加载至设计荷载,记录一次数据,包括应变仪和位移计读数,均采用计算机自动采集数据。记录开裂荷载时的裂缝特征(包括宽度、长度及位置)、裂缝发展情况(标注裂缝的分布位置、荷载级别)及钢筋屈服和混凝土梁破坏时应变、变形及裂缝等情况。此外还记录试验过程中材料变化情况,如加载中试验梁发生响声、斜裂缝等情况。图 13-12 所示为试验梁的加载测试系统图。混凝土梁的上部混凝土被压碎、挠度变形过大或螺旋肋钢丝断裂、拔出,承载力迅速降低时结束试验。

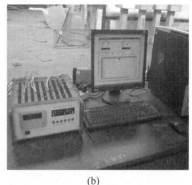

(a)　　　　　　　　　　　　　　(b)

图 13-12　试验梁加载测试系统

(a)位移计;(b)静态应变仪;(c)裂缝测宽仪;(d)试验荷载控制系统;(e)加载装置;(f)试验布线及位移计布置

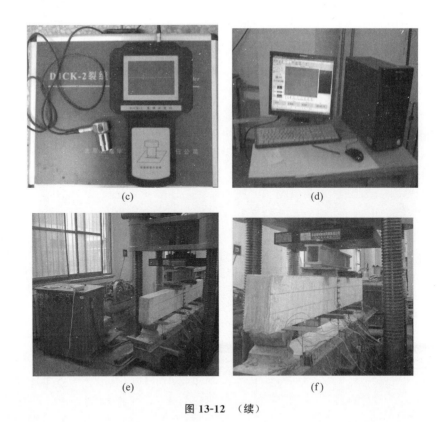

图 13-12 （续）

13.4　内嵌预应力螺旋肋钢丝加固混凝土梁受弯试验

13.4.1　加固梁试验现象

1. B-C30 对比梁

B-C30 对比梁是混凝土强度等级为 C30 的未加固普通钢筋混凝土梁,其整个加载过程的特点与钢筋混凝土适筋梁正截面受弯破坏过程相似。

初始加载阶段,C30 对比梁表现出明显的线弹性特征,混凝土无开裂。当荷载加至 10kN 时,距跨中 39.34cm 处(纯弯段)出现一条垂直裂缝,宽 0.4mm,高 11cm,基本竖直向上延伸,随荷载的增加该裂缝宽度变化较其他裂缝明显,可定为主裂缝。随着荷载的增加,裂缝不断延伸,纯弯段不断出现新裂缝。当荷载达到 65kN 时,钢筋屈服,此时钢筋应变为 $2316\mu\varepsilon$,挠度突然增加。随着荷载的增加,梁内不断发出响声,裂缝延伸较明显,特别当荷载达到 96.8kN 时,梁内发出较大的响声,剪跨区部分混凝土劈裂。当荷载加至 99.63kN 时,混凝土受压区被压碎破坏,主裂缝宽 2mm,高 25cm。

2. B-C40 对比梁

B-C40 对比梁是混凝土强度等级为 C40 的未加固普通钢筋混凝土梁,其整个加载过程也表现出钢筋混凝土适筋梁正截面受弯破坏特点。

初始加载阶段,C40 对比梁表现出明显的线弹性特征,混凝土无开裂。当荷载加至 15kN 时,距跨中 12.1cm 处(纯弯段)出现一条裂缝,宽 0.7mm,高 8cm,基本竖直向上延伸。随着荷载的增加,裂缝不断延伸,纯弯段不断出现新裂缝。当荷载达到 75kN 时,钢筋进入屈服阶段,此时钢筋应变为 $2138\mu\varepsilon$,挠度突然增加。随着荷载的增加,梁内不断发出响声,裂缝延伸明显,特别当荷载达到 106kN 时,梁内发出较大的响声,挠度突变。当荷载加至 110kN 时,混凝土受压区被压碎破坏,最大裂缝宽度 2mm,贯穿全梁,裂缝发展较 B-C30 充分。

3. B-C30-10 加固梁

B-C30-10 加固梁是混凝土强度等级为 C30、开槽宽度为 10mm 的内嵌预应力螺旋肋钢丝混凝土梁。

初始加载阶段,加固梁开裂前与 B-C30 相似,开裂荷载明显高于 B-C30。当荷载加至 80kN 时,纯弯段内出现 4 条裂缝,最大裂缝出现在跨中偏左 8cm 处,裂缝宽度为 0.04mm,基本竖直向上延伸。随着荷载的增加,裂缝延伸较慢,纯弯段不断出现新裂缝,裂缝条数较多,但裂缝宽度较小。荷载达 110kN 时,最大裂缝宽度为 0.08mm,出现"啪啪"的胶响。荷载达到 137.1kN 时,剪跨区出现两条斜裂缝,最大宽度为 0.12mm。当荷载达到 140kN 时,钢筋进入屈服阶段,挠度发生突变,胶黏剂不断发出"噼啪"响声。当荷载加至 190.2kN 时,混凝土压碎破坏,纯弯段最大裂缝宽度 1.4mm,至加固梁破坏,共 17 条裂缝。

4. B-C30-15 加固梁

B-C30-15 加固梁是混凝土强度等级为 C30、开槽宽度为 15mm 的内嵌预应力螺旋肋钢丝混凝土梁。

混凝土开裂前加固梁与 B-C30 相似,开裂荷载明显高于 B-C30。当荷载加至 85kN 时,集中荷载附近(距跨中偏右 22.2cm)出现 5 条垂直裂缝,宽 0.02mm,长 3.4cm。随着荷载的增加,裂缝不断延伸,纯弯段不断出现新裂缝,荷载达到 105kN 时,在集中荷载 17.7cm 处出现 2 条斜裂缝,最大裂缝宽度为 0.13mm,并伴随"啪啪"的胶响。当荷载达到 140kN 时,钢筋进入屈服阶段。当荷载加至 197.2kN 时,混凝土压碎破坏,纯弯段最大裂缝宽度 1.6mm,至加固梁破坏,共出现 10 条斜裂缝和 15 条弯曲裂缝,裂缝发展比较充分。

5. B-C30-20 加固梁

B-C30-20 加固梁是混凝土强度等级为 C30、开槽宽度为 20mm 的内嵌预应力螺旋肋钢丝混凝土梁。

初始加载阶段,加固梁与 B-C30 相似,开裂荷载明显高于 B-C30。当荷载加至 75kN 时,距跨中 10.5cm 处(纯弯段)出现 7 条裂缝,最宽达 0.04mm,高 4.8cm,基本竖直向上延伸。随着荷载的增加,裂缝延伸较慢,纯弯段不断出现新裂缝,裂缝条数较多,但裂缝宽度较小。当荷载达到 85kN 时,剪跨区出现 2 条微细的斜裂缝。当荷载达到 135kN 时,钢筋进入屈服阶段,此时钢筋应变突变为 $1711\mu\varepsilon$,挠度发生突变,胶黏剂不断发出"噼啪"响声。随着荷载的增加,纯弯段和剪弯区均不断出现新的裂缝。当荷载增大到 130kN 时,其中一条斜裂缝形成临界斜裂缝,这条临界斜裂缝虽向斜上方延伸,但仍保留一定的剪压区混凝土截面而不贯通,当荷载加至 170.59kN 时,斜裂缝贯穿,剪压区混凝土压碎破坏,纯弯段最大裂缝宽度 0.98mm,斜裂缝最大宽度 1.2mm。

6. B-C40-10 加固梁

B-C40-10 加固梁是混凝土强度等级为 C40、开槽宽度为 10mm 的内嵌预应力螺旋肋钢丝混凝土梁。

初始加载阶段,加固梁开裂前与 B-C40 相似,开裂荷载明显高于 B-C40。当荷载加至 83kN 时,纯弯段内出现弯曲裂缝,裂缝宽度为 0.04mm,高 2.5cm 基本竖直向上延伸。随着荷载的增加,裂缝延伸较慢,纯弯段不断出现新裂缝,裂缝条数较多,但裂缝宽度较小。荷载达到 132kN 时,剪跨区出现斜裂缝。荷载达到 145kN 时,最大裂缝宽度为 0.1mm,钢筋进入屈服阶段,挠度发生突变,胶黏剂不断发出"噼啪"响声。当荷载加至 191.5kN 时,混凝土压碎破坏,纯弯段最大裂缝宽度 1.2mm。至加固梁破坏,共出现 6 条斜裂缝和 9 条弯曲裂缝。

7. B-C40-15 加固梁

B-C40-15 加固梁是混凝土强度等级为 C40、开槽宽度为 15mm 的内嵌预应力螺旋肋钢丝混凝土梁。

初始加载阶段,B-C40-15 加固梁开裂前与 B-C40 相似,开裂荷载明显高于 B-C40。当荷载加至 85kN 时,距跨中 18.2cm 处(纯弯段)出现一条裂缝,宽 0.01mm,高 4.3cm,基本竖直向上延伸。随着荷载的增加,裂缝延伸较慢,纯弯段不断出现新裂缝,裂缝条数较多,但裂缝宽度较小。当荷载达到 145kN 时,钢筋进入屈服阶段,挠度发生突变,胶黏剂不断发出"噼啪"响声,剪跨区出现 2 条斜裂缝,裂缝宽 0.12mm,随着荷载增加,不断出现新裂缝。当荷载加至 220kN 时,混凝土压碎破坏,纯弯段最大裂缝宽度达到 1.1mm,高度达到 21cm。

8. B-C40-20 加固梁

B-C40-20 加固梁是混凝土强度等级为 C40、开槽宽度为 20mm 的内嵌预应力螺旋肋钢丝混凝土梁。

初始加载阶段,B-C40-20 加固梁开裂前与 B-C40 相似,开裂荷载明显高于 B-C40 和 B-C30-20。当荷载加至 95.7kN 时,距跨中 7.8cm 处(纯弯段)出现一条裂缝,宽 0.04mm,高 5cm,基本竖直向上延伸。随着荷载的增加,裂缝延伸较慢,纯弯段不断出现新裂缝,裂缝条数较多,但裂缝宽度较小。荷载达到 145kN 时,钢筋屈服,此时应变突变为 1948$\mu\varepsilon$,挠度突变,胶黏剂不断发出"噼啪"响声。当荷载达到 160.8kN 时,剪跨区出现一条斜裂缝,裂缝宽 0.32mm,高 19cm,随着荷载增加,不断出现斜裂缝。荷载加至 207.7kN 时,混凝土压碎破坏,纯弯段最大裂缝宽度 0.68mm,斜裂缝最大宽度 2mm。

9. C30 系列 BPS1

试验梁 C30-BPS1 是混凝土强度等级为 C30、内嵌 1 根施加 50% 预应力螺旋肋钢丝、开槽形状为矩形的梁。当刚开始加载,分配梁和压力机接触时,垫在梁上的沙子会被逐渐压密。

当试验梁被加载至 55kN 时,集中荷载右端偏左 10cm 处出现第一条裂缝,宽 0.04mm。随着荷载增加,筋材应变也逐渐增大,裂缝条数增多,挠度逐渐增大,当达到 70kN 时,跨中共出现 6 条裂缝,均匀分布,其中最大的裂缝宽 0.06mm,位于跨中偏左 3cm 处。当加载至 110kN 时,跨中筋材应变达到 1834$\mu\varepsilon$,钢筋达到屈服,螺旋肋钢丝的应变也急剧增大,斜裂缝扩展明显,挠度变化较大。荷载加至 120kN 时,出现了结构胶断裂的响声,此时裂缝最大宽度达到 0.24mm,斜裂缝高度已经达 20cm。当荷载达到 140kN 时,出现连续胶响;至 150kN 时,混凝土有被轻微压碎的声音;达到 152.2kN 时,螺旋肋钢丝被拉断,梁的挠度迅速增大,跨中主裂缝宽度加大并向梁顶延伸,此时裂缝最大宽度 2.0mm,跨中最大挠度为 17.05mm。

10. C30 系列 BPS2

试验梁 C30-BPS2 是混凝土强度等级为 C30、内嵌 2 根施加 50％预应力螺旋肋钢丝、开槽形状为矩形的梁。

试件加载出现第一条裂缝时，荷载为 68.8kN，位于跨中偏左 10.5cm 处，宽 0.04mm。随着荷载继续增加，裂缝逐渐增多且向梁顶扩展，当加载至 100kN 时，结构胶发出"噼啪"的响声，已经出现斜裂缝；至 110kN 时，钢筋达到屈服，应变为 $1866\mu\varepsilon$，此时裂缝宽度为 0.22mm。加载至 130kN 时，出现胶响，左集中荷载处增加 2 条裂缝，斜裂缝宽度已经达到 0.26mm。至 140kN 时，左支座处的斜裂缝贯穿，延伸至集中荷载处，宽度为 0.4mm，此时跨中新增一条裂缝；加载至 150kN 时，左侧斜裂缝宽 0.42mm，右支座处新增一条斜裂缝。至 160kN 时，有胶响，跨中裂缝宽度增至 0.52mm，支座左端斜裂缝宽 0.48mm，裂缝扩展明显。达到 170kN 时，跨中裂缝宽度 0.98mm，左集中荷载处裂缝宽 1.2mm。至 172.2kN 时，右侧斜裂缝迅速发展，梁底部出现剥离破坏。

11. C30 系列 BPS1T

试验梁 C30-BPS1T 是混凝土强度等级为 C30、内嵌 1 根施加 50％预应力螺旋肋钢丝、开槽形状为梯形的梁。

当荷载加至 55kN 时，试件跨中出现第一条裂缝，宽 0.04mm，高 5cm。至 70kN 时，构件新增 4 条裂缝，其中 2 条裂缝在试件加载点处，跨中偏左 6cm 处裂缝宽度最大，为 0.06mm。达到 90kN 时，裂缝对称出现，均匀分布，且出现斜裂缝，高度达到 20cm，此时跨中最大裂缝宽度为 0.1mm。加载至 95kN 时，钢筋应变达到屈服，应变为 $1860\mu\varepsilon$。继续加载，裂缝条数不再增加，但向梁顶扩展明显，混凝土应变片破坏，挠度变形增大，且伴有结构胶断裂的响声。至 140kN 时，跨中最大裂缝宽度已经达到 0.6mm。当荷载加至 150kN 时，结构胶出现连续响声，跨中挠度急剧增加，受压区混凝土出现裂缝，斜裂缝扩展至 25cm 高，最大裂缝宽度达到 1mm。当加载至 158.1kN 时，试件破坏，最大裂缝宽度为 1.4mm，极限挠度为 20.34mm。

12. C30 系列 BPS2T

试验梁 C30-BPS2T 是混凝土强度等级为 C30、内嵌 2 根施加 50％预应力螺旋肋钢丝、开槽形状为梯形的梁。

当试件加载至 70kN 时，跨中出现第一条裂缝，宽度为 0.02mm，位于跨中偏右 10.5mm 处，高度为 5cm。至 90kN 时，试件共出现 5 条裂缝，其中右跨集中荷载处的裂缝最大，宽度为 0.04mm。达到 110kN 时，出现结构胶断裂的响声，此时右跨集中荷载处的裂缝宽度达到 0.1mm。继续加载，至 115kN 时，试件梁左侧和右侧都出现斜裂缝。加载至 120kN 时，右跨集中荷载处最大裂缝宽度为 0.08mm，此时斜裂缝最大宽度为 0.06mm，高度达到 20cm。加载至 130kN 时，纵筋应变达到 $1836\mu\varepsilon$，纵筋屈服，此时跨中最大裂缝宽度为 0.16mm。加载至 140kN 时，增加了 3 条新裂缝，原有裂缝宽度增大，且向梁顶延伸，此时斜裂缝宽度达到 0.22mm。至 150kN 时，左侧支座 10cm 处斜裂缝发展明显，宽度增大为 0.28mm。达到 160kN 时，结构胶再次出现断裂响声，此时跨中最大裂缝宽度已经扩展为 0.17mm。继续加载至 169.4kN 时，试件发生斜裂缝贯穿破坏，宽度为 0.63mm，此时跨中裂缝最大宽度为 0.17mm。

13. C40 系列 BPS1

试验梁 C40-BPS1 是混凝土强度等级为 C40、内嵌 1 根施加 50％预应力螺旋肋钢丝、开槽形状为矩形的梁。

当试件加载至 61.7kN 时,试验梁跨中偏左 3.5cm 处出现第一条裂缝,高度为 3cm,宽度为 0.04mm。加载至 65kN 时,跨中新增 3 条裂缝,均匀分布,间距约为 10cm,其中最大裂缝宽度为 0.06mm。至 90kN 时,跨中偏左 8.35cm 处的裂缝宽度最大,为 0.20mm,且新增 3 条新裂缝,跨中左 2 条,跨中右 1 条。加载至 110kN 时,出现结构胶断裂的响声,且出现 3 条斜裂缝,最大斜裂缝宽度为 0.16mm,跨中最大裂缝宽度为 0.24mm。当加载至 114.6kN 时,纵筋应变达到屈服。加载至 140kN 时,试件梁左侧和右侧都新增斜裂缝,此时右集中荷载处裂缝宽度最大,为 0.7mm。继续加载,试件梁变形增加,筋材应变增大,裂缝扩展明显,且不断出现结构胶断裂响声。最后破坏形式是跨中出现一条宽度为 0.55cm 的裂缝,同时混凝土受压区被压坏,破坏荷载为 146.6kN。

14. C40 系列 BPS2

试件梁 C40-BPS2 是混凝土强度等级为 C40、内嵌 2 根施加 50％预应力螺旋肋钢丝、开槽形状为矩形的梁。

试件加载至 95.7kN 时,梁跨中偏左 7.8cm 处出现第一条裂缝,裂缝宽度为 0.04mm,高度为 5cm。加载至 140kN 时,共出现 5 条裂缝,其中跨中偏右 19cm 处,裂缝高 6.1cm,宽为 0.04mm;跨中偏右 7cm 处,裂缝宽度为 0.1mm,高度为 9.85cm;此时跨中最大裂缝宽度为 0.1mm。至 150kN 时,纵筋应变为 1992$\mu\varepsilon$,达到屈服。继续加载至 150kN 时,结构胶出现连续断裂响声,试件位移增大,且出现斜裂缝,其宽度为 0.32mm;此时跨中最大裂缝宽度为 0.5mm,高度为 19cm。加载至 170kN 时,跨中纯弯段共产生 7 条裂缝,斜裂缝若干,裂缝分布均匀,发展较好,此时跨中最大裂缝宽度达到 0.64mm。继续加载,裂缝宽度增大,向梁顶延伸,梁的位移变化明显。至 190kN 时,裂缝最大宽度发展为 0.68mm,跨中裂缝和斜裂缝都有所扩展。达到 195kN 时,出现结构胶断裂的声音,混凝土受压区出现压区裂缝。最后左侧集中荷载处裂缝扩展至梁顶,与受压区裂缝贯穿,跨中裂缝最大宽度为 2mm,破坏荷载为 200.4kN。

15. C40 系列 BPS1T

C40-BPS1T 试验梁是混凝土强度等级为 C40、内嵌 1 根施加 50％预应力螺旋肋钢丝、开槽形状为梯形的梁。

试验梁加载至 60kN 时,跨中偏左 7cm 处出现第一条裂缝,宽度为 0.04mm。加载至 95kN 时,共出现 5 条裂缝和 1 条斜裂缝,跨中最大裂缝宽度为 0.1mm。当达到 105kN 时,纵筋应变为 1867$\mu\varepsilon$,达到屈服。至 110kN 时,裂缝已经发展到 10 条,2 条斜裂缝,其中跨中位置最大裂缝宽度为 0.16mm。继续加载,裂缝宽度持续增加,高度方向向梁顶扩展,试件挠度增大,且出现结构胶断裂的响声。达到 135kN 时,试件裂缝宽度突增至 0.4mm;至 140kN 时,试验梁跨中偏左 7cm 处的裂缝最大宽度达到 0.7mm,此时跨中最大挠度为 9.56mm。继续加载,试件出现结构胶连续断裂的声音,试件挠度急剧增大,裂缝扩展迅速,最终混凝土受压区出现压碎,斜裂缝扩展至梁顶受压区,极限荷载为 161.1kN,极限挠度为 18.66mm。

16. C40 系列 BPS2T

C40-BPS2T 试验梁是混凝土强度等级为 C40,内嵌 2 根施加 50%预应力螺旋肋钢丝、开槽形状为梯形的梁。

当试验梁加载至 75kN 时,左跨集中荷载偏右 8cm 处出现第一条裂缝,宽度为 0.03mm,高度为 4cm。至 80kN 时,跨中偏右 8cm 处新增一条裂缝,宽 0.02mm,高 4cm。继续加载,裂缝条数增多,分布均匀,宽度增大,加载至 110kN 时,裂缝最大宽度为 0.10mm。达到 135kN 时,纵筋应变为 1855$\mu\varepsilon$,纵筋屈服,螺旋肋钢丝应变变化明显,裂缝扩展较多。加至 155kN 时,出现结构胶连续断裂响声,裂缝扩展明显,且新增一条斜裂缝。继续加载,裂缝宽度增大,向梁顶迅速延伸,梁挠度变形很大。加载至 170kN 时,梁底结构胶断裂,螺旋肋钢丝被拉断,跨中底部出现剥离破坏,此时跨中最大裂缝宽度达到 3mm,极限挠度为 15.45mm。

13.4.2　加固梁受弯性能分析

表 13-8 列出不同开槽尺寸及混凝土强度等级的试验梁特征荷载值。由表可知,加固梁的开裂荷载相对未加固梁大大提高,屈服荷载和极限荷载相对未加固梁也有较大提高,但提高幅度没有开裂荷载大,证实了加大预应力可提高加固梁的抗裂性能。

表 13-8　试验梁特征荷载

梁编号	开裂荷载/kN	与对比梁提高/%	屈服荷载/kN	与对比梁提高/%	极限荷载/kN	与对比梁提高/%	破坏特征
B-C30	10.00	—	65.00	—	99.63	—	弯曲破坏
B-C40	15.00	—	75.00	—	110.00	—	弯曲破坏
B-C30-10	80.00	700	140.00	115.38	190.20	90.91	弯曲破坏
B-C30-15	85.10	751	140.00	115.38	197.20	97.93	弯曲破坏
B-C30-20	75.00	650	135.00	107.69	170.59	71.22	剪压破坏
B-C40-10	83.00	453	145.00	93.33	191.50	74.09	弯曲破坏
B-C40-15	85.00	467	145.00	93.33	220.00	100.00	弯曲破坏
B-C40-20	95.70	538	145.00	93.33	207.70	82.18	弯曲破坏

根据表 13-8 所示试验梁特征荷载,分析开槽尺寸、混凝土强度对内嵌预应力螺旋肋钢丝承载力的影响,包括开裂荷载、屈服荷载和极限荷载。

1) 开槽尺寸的影响

通过对表 13-8 中数据分析对比可知,内嵌预应力螺旋肋钢丝加固梁的特征荷载随着开槽宽度的增加而增加,但不是越大越好。C30 加固梁中,B-C30-15 梁的开裂荷载、屈服荷载和极限荷载分别比 B-C30-10 梁提高 6.38%、3.68%,而 B-C30-20 梁的特征荷载却相对 B-C30-10、B-C30-15 梁降低。C40 加固梁中,B-C40-15 梁的开裂荷载、屈服荷载和极限荷载分别比 B-C40-10 梁提高 2.41%、14.89%,B-C40-20 梁的开裂荷载、屈服荷载和极限荷载分别比 B-C40-10 梁提高 15.3%、8.46%。由此可知,随着开槽尺寸的增加,加固梁开裂荷载逐渐增加,屈服荷载几乎不变,极限荷载也受到一定影响。分析原因,随着开槽尺寸的增大,两槽之间及其边缘混凝土面积减小,混凝土预压面积减小,因此在相同的预压力作用下,混凝土预压应力增大,相同混凝土强度等级下,底部混凝土开裂时所需的拉应力较大,也即开裂荷载较大,当开槽尺寸较大时,混凝土与结构胶整体性能较好,平均应力较小,延缓了混凝土开裂时间,提高了加固梁开裂荷载。但开槽尺寸存在一定的限值,开槽尺寸过大,两槽之间及其边缘混凝土面积过小,导致加固梁整体性能减弱,承载力减弱。B-C30-20 加固梁开槽尺寸为 20mm,加固梁抗弯性能较高,抗剪强度较弱,发生剪压破坏。从本试验结果可知,开槽尺寸对开裂荷载影响较大,对极限荷载有一定影响,基本不影响屈服荷载,混凝土强度较高时开槽尺寸影响比混凝土强度较低时影响明显。C30 混凝土开槽尺寸过大可能发生剪压破坏,所以混凝土强度低的加固梁开槽尺寸不宜过大。

2)混凝土强度的影响

由表 13-8 中数据可知,内嵌预应力螺旋肋钢丝加固梁的特征荷载随着混凝土强度的增加而增加。B-C40 未加固梁的开裂荷载、屈服荷载和极限荷载分别比 B-C30 未加固梁提高 50%、15.38%、10.41%,B-C40-10 加固梁的开裂荷载、屈服荷载和极限荷载分别比 B-C30-10 加固梁提高 3.75%、3.57%、0.68%,B-C40-15 加固梁的开裂荷载、屈服荷载和极限荷载分别比 B-C30-15 加固梁提高 −0.12%、3.57%、11.56%,B-C40-20 加固梁的开裂荷载、屈服荷载和极限荷载分别比 B-C30-20 加固梁提高 27.6%、7.41%、21.75%。由上述试验结果可知,虽然本试验中 C40 混凝土强度偏低引起结果不明显,但仍存在混凝土强度越高,试验梁的承载力越大的趋势。总体而言,混凝土强度对试验梁的开裂荷载和极限荷载影响较大、屈服荷载影响较小,且对未加固梁承载力的影响比预应力加固梁明显;随着开槽尺寸的增加,混凝土强度的影响也越来越明显,这是因为混凝土强度越高,与结构胶的黏结性能越强,而开槽尺寸增加进一步提高了混凝土与结构胶之间的黏结性能,使其整体性能大大提高。

由上述分析可知,开槽尺寸、混凝土强度对内嵌预应力螺旋肋钢丝加固梁承载力有一定的影响,对试验梁开裂荷载、极限荷载影响较为明显,对其屈服荷载影响较小。在一定范围内,试验梁的开裂荷载、极限荷载承载力随开槽尺寸的增加而增加,随混凝土强度的增加而增加,且开槽尺寸越大混凝土强度的影响越明显。分析可知,开槽宽度为 15mm 时的加固方法相对较理想。

表 13-9 所示为不同开槽形状及加固量的各试验梁试件开裂荷载、屈服荷载、极限荷载的实测值。图 13-13 所示为各试验梁特征荷载对比图。

表 13-9　试验梁特征荷载

梁编号	开裂荷载 P_{cr}/kN	P_{cr} 提高幅度/%	屈服荷载 P_y/kN	P_y 提高幅度/%	极限荷载 P_u/kN	P_u 提高幅度/%
C30-DB	10	—	55	—	99.63	—
C40-DB	20	—	60	—	110	—
C30-BPS1	55	450	110	100	152.2	52.77
C30-BPS2	68.8	580	110	100	172.3	72.94
C30-BPS1T	55	450	95	72.7	158.1	58.69
C30-BPS2T	70	600	130	136.4	169.4	70.03
C40-BPS1	61.7	208.5	114.6	91	146.5	33.18
C40-BPS2	95.7	378.5	150	150	200.4	82.18
C40-BPS1T	60	200	105	75	161.1	46.45
C40-BPS2T	75	275	135	125	170	54.55

注:表中 P_{cr} 为试验梁的开裂荷载;P_y 为试验梁的屈服荷载;P_u 为试验梁的极限荷载。

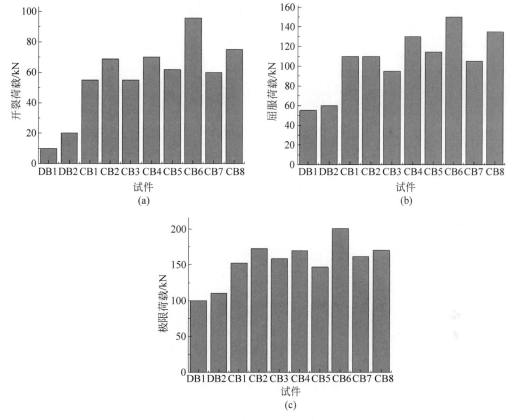

图 13-13　试验梁特征荷载图

对比表 13-9 中数据及图 13-13(a)，第一组数据中，加固试件的开裂荷载与对比试件相比有了很大的提高，其中试件 BPS2T 提高最多，为 600%。试件 BPS1 和 BPS1T 的开裂荷载均为 55kN；试件 BPS2 和 BPS2T 的开裂荷载分别为 68.8kN 和 70kN，说明加固形状相同，开槽形状不同时，试件的开裂荷载相近；且开槽形状相同，加固量不同时，加固量大的试件开裂荷载较高。第二组数据与第一组数据类似，试件的开裂荷载随加固量的增加而增大，但开槽形状影响不大，其中提高最大的是试件 BPS2，提高 378.5%。两组试件相比，加固量相同，开槽形状相同，混凝土强度等级不同时，试件的开裂荷载随混凝土等级的提高而增大，但提高幅度不大，其中最大的为试件 C40-BPS2，提高 39.1%。

加固试件的屈服荷载与未加固试件相比有明显提高，其中第二组试件中 C40-BPS2 最明显。第一组试件中，加固量相同，矩形槽试件的屈服荷载相同，均为 110kN；而梯形槽中，加固量大的试件屈服荷载较高，为 130kN。第二组试件中，加固量越大，屈服荷载越高；加固量相同时，矩形槽试件的屈服荷载较大，其中最大的为 150kN。两组试件进行对比，其他参数相同，混凝土强度等级不同时，对屈服荷载影响不明显。

与未加固试件相比，内嵌预应力螺旋肋钢丝加固混凝土梁的极限荷载均有提高，但与开裂荷载和屈服荷载的提高幅度相比，极限荷载提高幅度稍小些。第一组试件中，BPS1 与 BPS1T 试件的极限荷载分别为 152.2kN、158.1kN，BPS2 与 BPS2T 试件的极限荷载分别为 172.3kN、169.4kN。即加固量相同，槽形状不同时，试件的极限荷载相近。第二组试件中,加固量大的试件极限荷载提高幅度大,其中矩形槽 BPS2 试件提高最明显,提高了 82.18%;梯形槽试件内嵌 2 根筋材比内嵌 1 根筋材的极限荷载稍有提高。两组试件对比,其他参数相同时,试件的极限荷载随加固量的增大而提高,且混凝土强度等级对试件的极限荷载影响不大。

综上分析,内嵌预应力螺旋肋钢丝加固混凝土梁对试件的开裂荷载、屈服荷载、极限荷载均有较大提高,且随加固量的增加而提高。开槽形状对第一组试件的开裂、屈服、极限荷载影响不大;对第二组试件中内嵌 2 根螺旋肋钢丝的试件有影响,梯形槽的开裂荷载和屈服荷载有所降低,可能是由于梯形槽的角部应力集中的原因。两组试件相比,混凝土强度等级对试件的开裂荷载和屈服荷载影响明显,但对极限荷载影响不大。

13.4.3　加固梁变形分析

根据不同开槽尺寸及混凝土强度等级的试验梁试验数据,绘制试验梁的荷载-跨中挠度曲线,如图 13-14、图 13-15 所示。由图可知,内嵌预应力螺旋肋钢丝加固梁的荷载-挠度曲线呈现三直线特征,且该三直线的两个转折点分别是加固梁开裂和纵筋的屈服点。

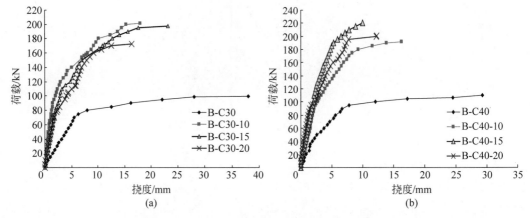

图 13-14　不同开槽尺寸下的荷载-挠度曲线

1. 开槽尺寸的影响

由不同开槽尺寸下试验梁的荷载-挠度曲线图可知,加固梁混凝土开裂前,试验梁的荷载-挠度曲线呈线性变化且挠度变化相对较小,开槽尺寸对加固梁的挠度几乎没有影响,表现为开裂前试验梁具有良好的弹性性能,各截面刚度相差不大;混凝土开裂至钢筋屈服阶段,试验梁的荷载-挠度曲线呈近似直线变化,挠度增长速率变快,开槽尺寸影响较小,表现出随开槽尺寸增大,挠度减小的趋势,特别是在 C40 混凝土试验梁中表现更加明显。分析原因,随开槽尺寸的增加,加固梁整体性能提高,挠度减小,而 C40 混凝土试验梁的抗裂性较 C30 混凝土试验梁强,挠度减小更明显;钢筋屈服至试验梁破坏阶段,试验梁的荷载-挠度曲线呈非线性变化,挠度增长速率变快,开槽尺寸影响较明显。这是因为开槽尺寸增大,混凝土与结构胶的整体性能增强,内嵌螺旋肋钢丝性能得到发挥,抑制裂缝的发展,延缓中性轴的上升,截面刚度增大,从而使试验梁的挠度减小。但是若开槽尺寸过大,槽间混凝土面积及试验梁开槽至边缘距离过小,试验梁截面刚度减小,使加固梁挠度增大,故存在一个相对理想的开槽尺寸。

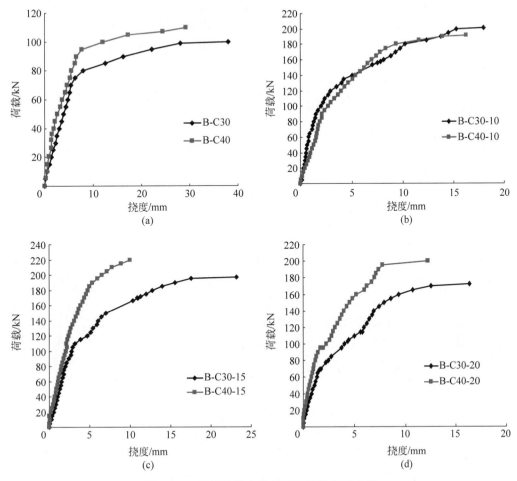

图 13-15　不同混凝土强度下的荷载-挠度曲线

　　由图 13-14(a)可知,混凝土开裂前和混凝土开裂至钢筋屈服两阶段,开槽尺寸对 C30 试验梁的挠度几乎没有影响,钢筋屈服至试验梁破坏阶段,虽有一定的影响,但影响不大。从总体上看,开槽尺寸对内嵌预应力螺旋肋钢丝 C30 混凝土梁的挠度影响较小。

　　由图 13-14(b)可知,混凝土开裂前阶段,开槽尺寸对 C40 试验梁的挠度几乎没有影响;混凝土开裂至钢筋屈服阶段,开槽尺寸有一定的影响,随着开槽尺寸的增大,挠度减小;钢筋屈服至试验梁破坏阶段,开槽尺寸影响较明显,随着开槽尺寸的增大,挠度减小,但由于预应力的存在,槽宽为 20mm 的试验梁挠度较槽宽 15mm 的试验梁大,分析原因,由于过大的开槽尺寸,槽间混凝土面积及试验梁开槽至边缘距离过小,试验梁截面刚度减小,使加固梁挠度增大。由上述分析可知,B-C40-15 加固法是较理想的加固法。

2. 混凝土强度的影响

　　由不同混凝土强度下试验梁的荷载-挠度曲线图 13-15 可知,混凝土开裂前,试验梁的荷载-挠度曲线基本不受混凝土强度的影响,表现出较好的弹性性能,呈线性变化。混凝土开裂至钢筋屈服阶段,试验梁的荷载-挠度曲线基本呈直线变化,除图 13-15(b)外,其他试验梁表现出随着混凝土强度的增大,试验梁的挠度逐渐减小的趋势,本试验影响不大,可能是由于 C40 试验梁强度较低的缘故。分析原因,混凝土开裂后,随着外载的增加,换算截面的惯性矩随着混凝土强度增大而增大,即截面刚度提高,试验梁的挠度随混凝土强度增大而减小。图 13-15(b)中数据表明,加固梁开槽尺寸太小,结构胶与混凝土的整体性能受到影响,对挠度的影响比混凝土强度对挠度的影响程度大,所以表现为混凝土强度影响不明显。钢筋屈服至加固梁破坏阶段,混凝土强度对加固梁挠度影响较明显,同样除图 13-15(b)外,随着混凝土强度的增大,试验梁的挠度逐渐减小,且从试验数据可知随着开槽尺寸的增大试验梁挠度变化越来越不明显,这是由于开槽尺寸越大,混凝土与结构胶的黏结性能越好,整体性能提高,挠度较小,混凝土强度影响不明显。

由图 13-15(a)可知,未加固梁的挠度随着混凝土强度的增加逐渐减小,混凝土开裂前和混凝土开裂至钢筋屈服阶段变化不明显,钢筋屈服至加固梁破坏阶段,混凝土强度的影响显著,表明未加固梁弯曲破坏主要受混凝土强度等级的控制。

由图 13-15(b)可知,开槽尺寸较小的加固梁,其挠度受混凝土强度影响较小,分析原因,加固梁开槽尺寸太小,结构胶与混凝土的整体性能受到影响,使得开槽尺寸对加固梁挠度的影响比混凝土强度对其影响程度大,所以表现出混凝土强度影响不明显。

由图 13-15(c)、(d)可知,加固梁的挠度随着混凝土强度的增加逐渐减小,混凝土开裂前和混凝土开裂至钢筋屈服阶段变化不明显,钢筋屈服至加固梁破坏阶段,混凝土强度的影响显著,表明开槽尺寸足够大时的试验梁弯曲破坏主要受混凝土强度等级的控制。

加固梁的变形能力主要通过荷载-跨中位移曲线以及开裂荷载、屈服荷载及极限荷载三个特征荷载作用下的挠度值反映。不同开槽形状及加固量的试验梁特征荷载下的挠度见表 13-10,各试验梁的荷载-挠度曲线见图 13-16。

表 13-10　各混凝土梁特征荷载挠度　　　　　　　　　单位: mm

梁 编 号	开 裂 挠 度	屈 服 挠 度	极 限 挠 度
C30-DB	0.15	4.39	28.08
C40-DB	3.25	4.51	28.80
C30-BPS1	1.58	5.51	17.05
C30-BPS2	1.50	4.99	16.39
C30-BPS1T	1.33	4.40	20.34
C30-BPS2T	1.95	5.97	9.51
C40-BPS1	2.22	4.63	21.50
C40-BPS2	2.75	4.50	12.26
C40-BPS1T	2.27	5.48	18.66
C40-BPS2T	1.74	4.78	15.48

由图 13-6 中曲线可以看出,与未加固梁相比,内嵌预应力螺旋肋钢丝加固后混凝土梁的挠度明显减小。图 13-16(a)所示第一组试件中对比梁挠度最大,内嵌 1 根预应力筋材的挠度次之,内嵌 2 根筋材的挠度最小,即加固量越大,试件的挠度越小。开槽形状不同,内嵌筋材数量相同时,试件的挠度曲线发展相似,即 C30-BPS1 与 C30-BPS1T、C30-BPS2 与 C30-BPS2T 的曲线相近,挠度大小相近。说明开槽形状对试件的开裂挠度和屈服挠度影响不大。图 13-16(b)中 C40-BPS2 试件挠度最小,其挠度值为 12.26mm,其他试件的挠度曲线发展与图 13-16(a)中曲线相似。从图 13-16(c)中可以看出,矩形槽构件中 C40-BPS2 试件挠度最小,C30-BPS2 试件挠度次之。图 13-16(d)中,梯形槽试件的挠度曲线发展趋势相近,且加固量相同时,试件的挠度变化不大。

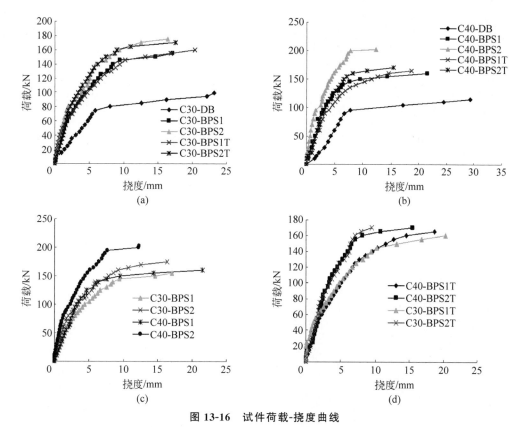

图 13-16　试件荷载-挠度曲线

（a）第一组试件荷载-挠度曲线；（b）第二组试件荷载-挠度曲线；（c）矩形槽试件荷载-挠度曲线；（d）梯形槽试件荷载-挠度曲线

13.4.4　加固梁应变分析

1. 混凝土应变曲线分析

图 13-17 给出不同开槽尺寸及混凝土强度等级的试验梁跨中截面混凝土应变曲线。由图可知,本章试验梁跨中截面的混凝土应变沿高度变化基本呈线性分布,验证了其应变基本符合平截面假定,因此在计算内嵌预应力螺旋肋钢丝加固梁承载力的过程中可以应用平截面假定。

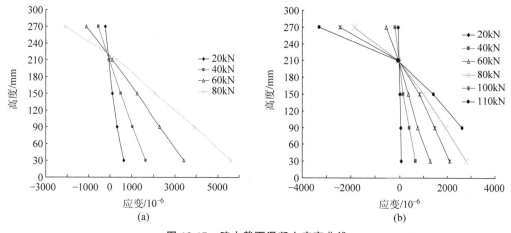

图 13-17　跨中截面混凝土应变曲线

（a）B-C30；（b）B-C40；（c）B-C30-10；（d）B-C30-15；（e）B-C30-20；（f）B-C40-10；（g）B-C40-15；（h）B-C40-20

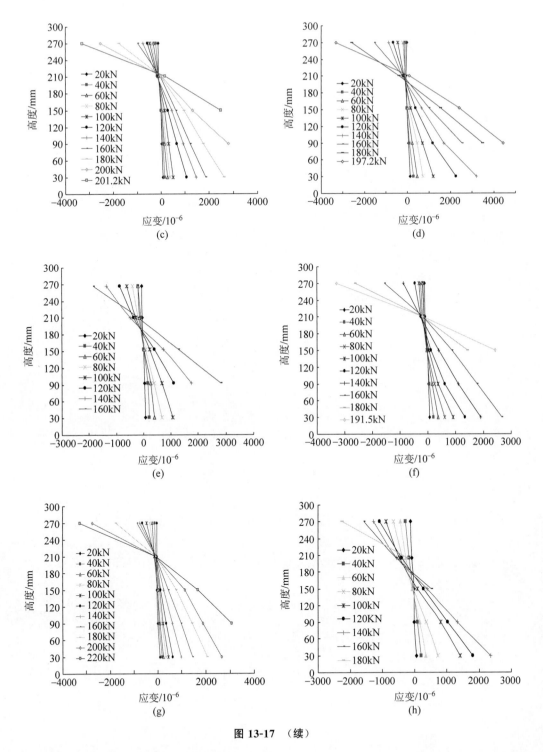

图 13-17 （续）

从图 13-17 中可知，混凝土应变曲线大致呈直线变化；随着荷载的增加，混凝土受压区高度逐渐减小，所有试验梁混凝土受压区高度值均在 60～150mm 之间；同一荷载下，加固梁混凝土应变较对比梁小；同一荷载下，开槽尺寸对混凝土应变影响较小，且规律不明显；同一荷载下，混凝土强度影响较大，混凝土强度越高，加固梁混凝土应变越小。

2. 纵筋和螺旋肋钢丝应变曲线分析

绘制不同开槽尺寸及混凝土强度等级的试验梁纵筋和螺旋肋钢丝应变随荷载的变化曲线,见图 13-18、图 13-19,由图可知,加固梁筋材应变变化趋势大致可分为三个阶段,分别以混凝土开裂、纵筋屈服(螺旋肋钢丝屈服)为分界点。图中 s 代表纵筋,p 代表螺旋肋钢丝。在混凝土开裂之前,随着荷载的增加,纵筋、螺旋肋钢丝与混凝土协同工作,纵筋应变增量较小;开裂之后,随着荷载的增加,裂缝位置处混凝土失效,纵筋和螺旋肋钢丝应力增加,应变增大,由于加固梁裂缝扩展和新裂缝不断产生,筋材应变不断出现较小的转折点,表明裂缝的出现导致筋材应变突然增加,直至纵筋屈服;纵筋屈服后,纵筋应变变化较慢,主要应力由螺旋肋钢丝承担,螺旋肋钢丝应变急剧增加,直至加固梁破坏。

1）开槽尺寸对加固梁筋材应变的影响

由图 13-18(a)可知,在混凝土开裂、纵筋屈服两阶段,同一荷载不同开槽尺寸下的筋材应变几乎一致,可见此阶段内,开槽尺寸对 C30 加固梁筋材应变的影响较小;纵筋屈服后,开槽尺寸对螺旋肋钢丝应变的影响相对较大,这是由于开槽尺寸和预应力作用对加固梁整体性能起到有利效果,随着开槽尺寸的增加,螺旋肋钢丝与混凝土整体性能增加,螺旋肋钢丝均匀承担荷载,应变较小。本试验 B-C30-20 加固梁数据表现出开槽尺寸增加,纵筋应变减小的趋势,分析原因是螺旋肋钢丝承担的荷载过大,应变较大,其抗弯强度过大,加固梁发生剪压破坏,减小了加固梁的极限承载力。可见,B-C30-15 加固法相对较好。

由图 13-18(b)可知,在混凝土开裂阶段,同一荷载不同开槽尺寸下的筋材应变几乎一致,可见此阶段内,开槽尺寸对 C40 加固梁筋材应变的影响较小;混凝土开裂至纵筋屈服阶段,随着开槽尺寸的增大,筋材应变逐渐减小;纵筋屈服至加固梁破坏阶段,同一荷载下螺旋肋钢丝应变大小顺序为 B-C40-15＞B-C40-10＞B-C40-20。由此可见,内嵌预应力螺旋肋钢丝加固梁筋材应变在一定开槽尺寸范围内,随着开槽尺寸的增大而减小,但超过此范围,筋材应变则增加。可见,B-C40-15 加固法是一种相对较好的加固法。

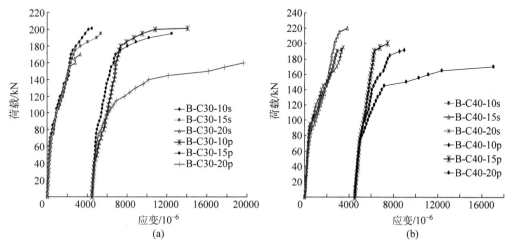

图 13-18　不同开槽尺寸对试验梁纵筋和螺旋肋钢丝应变的影响

2）混凝土强度对加固梁筋材应变的影响

由图 13-19(a)可知,对于未加固梁,在混凝土开裂、纵筋屈服两阶段,同一荷载不同混凝土强度下的纵筋应变变化不大,可见此阶段内,混凝土强度对加固梁纵筋应变的影响较小;纵筋屈服后,混凝土强度对纵筋应变影响相对较大,随着混凝土强度的增大,纵筋应变逐渐减小。

由图 13-19(b)可知,对于开槽宽度为 10mm 的加固梁,混凝土强度对筋材应变影响较小,可能由于 C40 试验梁混凝土强度较低的原因。

由图 13-19(c)可知,对于开槽宽度为 15mm 的加固梁,在混凝土开裂、纵筋屈服两阶段,相同荷载下不同混凝土强度的筋材应变变化不大,此阶段内,混凝土强度对加固梁筋材应变的影响较小;纵筋屈服后,混凝土强度对螺旋肋钢丝应变影响相对较大,随着混凝土强度的增大,螺旋肋钢丝应变逐渐减小。

由图 13-19(d)可知,对于开槽宽度为 20mm 的加固梁,在混凝土开裂阶段,相同荷载下不同混凝土强度的筋材应变变化不大,此阶段内,混凝土强度对加固梁筋材应变的影响较小;纵筋屈服和纵筋屈服至加固梁破坏阶段,混凝土强度对筋材应变影响相对较大,随着混凝土强度的增大,筋材应变逐渐减小。

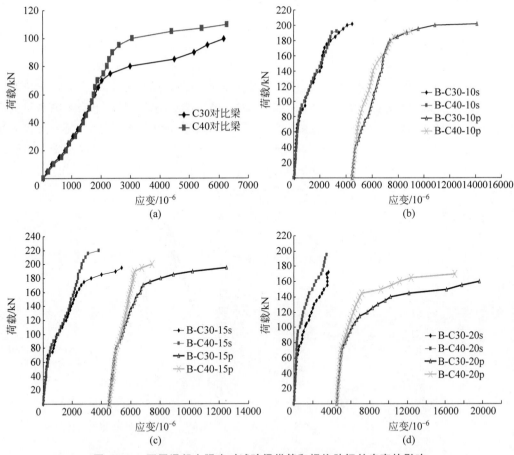

图 13-19　不同混凝土强度对试验梁纵筋和螺旋肋钢丝应变的影响

综合上述分析,混凝土开裂、纵筋屈服两阶段,开槽尺寸、混凝土强度对加固梁筋材应变的影响较小;纵筋屈服至加固梁破坏阶段,开槽尺寸、混凝土强度对加固梁螺旋肋钢丝应变的影响相对较大。随着混凝土强度的增大,螺旋肋钢丝应变逐渐减小。在一定开槽尺寸范围内,随着开槽尺寸的增大,螺旋肋钢丝应变逐渐减小;超过该范围,螺旋肋钢丝应变则增加。

如图 13-20 所示为不同开槽形状及加固量的所有试件梁跨中混凝土应变随截面高度变化曲线。由图中曲线可见,混凝土应变沿高度变化基本符合平截面假定,因此在对内嵌预应力螺旋肋钢丝加固混凝土梁进行理论分析时可以采用平截面假定。

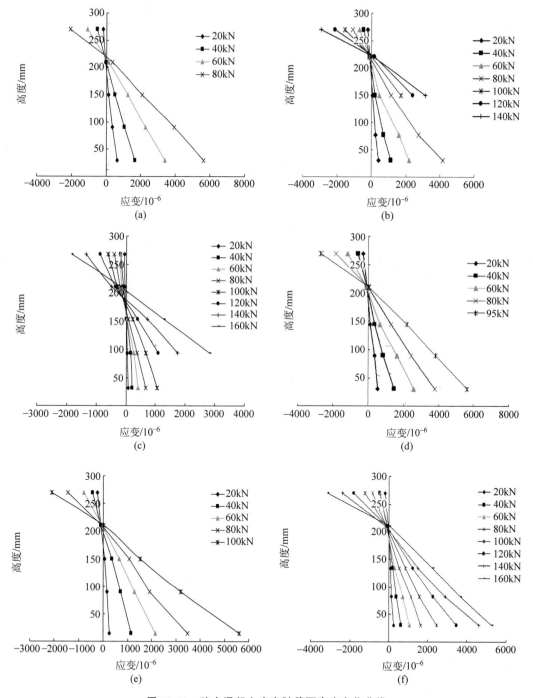

图 13-20　跨中混凝土应变随截面高度变化曲线

（a）C30-DB 试件；（b）C30-BPS1 试件；（c）C30-BPS2 试件；（d）C30-BPS1T 试件；
（e）C30-BPS2T 试件；（f）C40-DB 试件；（g）C40-BPS1 试件；（h）C40-BPS2 试件

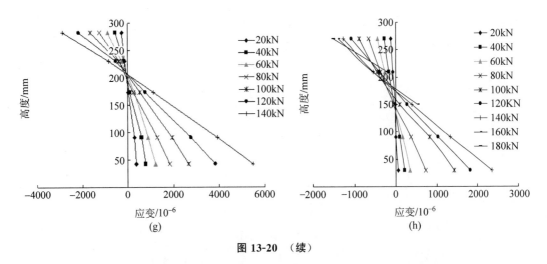

图 13-20 （续）

图 13-21 所示为各试验梁荷载与纵筋(S)、螺旋肋钢丝(H)应变曲线图。

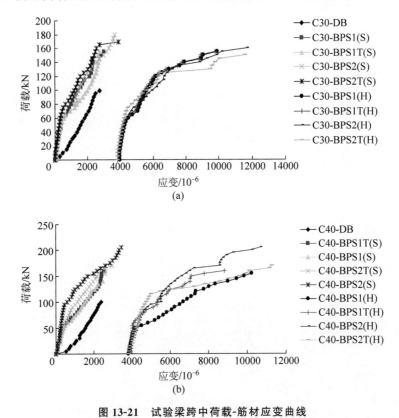

图 13-21 试验梁跨中荷载-筋材应变曲线

(a) 第一组试件梁荷载-筋材应变曲线；(b) 第二组试件梁荷载-筋材应变曲线

从图 13-21 中可以看出，应变曲线分为三个阶段：①试件加载至开裂。试件开裂前，试件的应变变化不大，呈线性增加，说明此时试件受力主要由纵筋承担。②试件开裂至纵筋屈服阶段。此时纵筋和螺旋肋钢丝应变变化均很明显，说明其共同承担此阶段的受力。③纵筋屈服至试件破坏阶段。此阶段纵筋应变变化较小，而螺旋肋钢丝应变变化比较明显，说明此时受力主要由螺旋肋钢丝承担。第一组试件加载至 50kN 时，试件 BPS1、BPS2 及对比试件梁的筋材的应变分别为 $371\mu\varepsilon$、$309\mu\varepsilon$、$1579\mu\varepsilon$。第二组试件中 BPS1、BPS2 及对比试件梁的筋材的应变分别为 $375\mu\varepsilon$、$251\mu\varepsilon$、$1544\mu\varepsilon$。从数据可以看出，加固试件梁的纵筋应变小于对比试件梁的筋材应变，说明预应力螺旋肋钢丝延缓了筋材的应变，且内嵌 2 根预应力螺旋肋钢丝的试件与内嵌 1 根螺旋肋钢丝的试件相比，纵筋的应变变化不大，说明加固量对钢筋应变影响不明显。第一组试件中 BPS1、BPS1T、BPS2、BPS2T 的纵筋应变分别为 $371\mu\varepsilon$、$360\mu\varepsilon$、$309\mu\varepsilon$、$255\mu\varepsilon$。第二组试件中 BPS1、BPS1T、BPS2、BPS2T 的纵筋应变分别为 $386\mu\varepsilon$、$375\mu\varepsilon$、$438\mu\varepsilon$、$241\mu\varepsilon$。由此数据可以看出混凝土强度等级相同，开槽形状不同时，筋材的应变变化很小；且由两组数据对比分析可以看出，混凝土强度等级对筋材应变的影响也很小。

13.4.5　加固梁裂缝分析

不同开槽尺寸及混凝土强度等级的试验梁裂缝发展分布及裂缝发展情况如图 13-22 和表 13-11 所示。由图 13-22 和表 13-11 可知，加载至开裂荷载时，混凝土梁底部出现裂缝。随着荷载的增加，裂缝不断延伸，同时新裂缝不断出现，直至试验梁破坏。

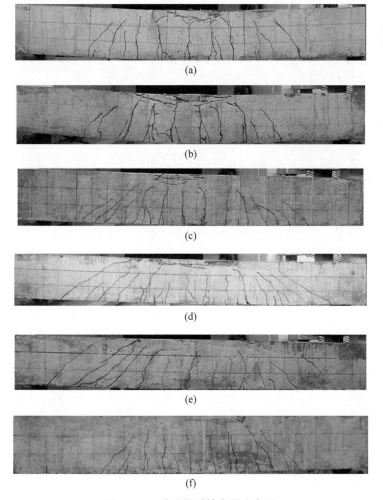

(a)

(b)

(c)

(d)

(e)

(f)

图 13-22　试验梁裂缝发展分布图

(a) B-C30；(b) B-C40；(c) B-C30-10；(d) B-C30-15；(e) B-C30-20；(f) B-C40-10；(g) B-C40-15；(h) B-C40-20

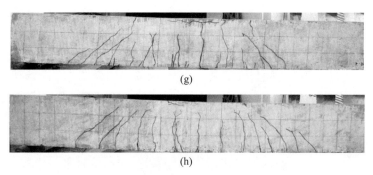

(g)

(h)

图 13-22　（续）

表 13-11　试验梁裂缝发展情况

梁编号	开裂裂缝宽度/mm	开裂裂缝长度/cm	开裂裂缝条数/条	极限裂缝宽度/mm	极限裂缝条数/条	平均裂缝间距/mm
B-C30	0.40	11.0	2	2.0	15	102
B-C40	0.70	8.0	1	2.0	14	94
B-C30-10	0.04	2.6	4	1.4	17	81
B-C30-15	0.02	3.4	5	1.6	25	55
B-C30-20	0.04	4.8	7	1.2	14	100
B-C40-10	0.04	2.5	1	1.2	15	76
B-C40-15	0.01	4.3	1	1.1	20	54
B-C40-20	0.04	5.0	1	2.0	15	78

注：裂缝条数包括垂直裂缝和斜裂缝两种裂缝的条数。

从本次试验梁的裂缝分布、裂缝宽度及试验过程中裂缝发展情况，得出内嵌预应力螺旋肋钢丝加固梁裂缝发展特点如下：

（1）未加固梁开裂裂缝宽度较加固梁大，开裂裂缝长度较长，且裂缝平均间距较大。主要由于预应力螺旋肋钢丝抑制裂缝的发展，使加固梁裂缝宽度减小、延伸较慢，裂缝分布较均匀。

（2）试验数据表明，开槽尺寸对加固梁开裂裂缝宽度影响较小，而随开槽尺寸的增加，裂缝条数增多，极限裂缝宽度增加，条数增多，平均间距减小。由于 B-C30-20 加固梁最终剪压破坏，裂缝规律不明显。主要原因是开槽尺寸过大，槽间混凝土面积及试验梁开槽至边缘距离过小，混凝土与结构胶的整体性能降低，影响加固梁的承载力及裂缝发展情况。

（3）试验数据表明，混凝土强度对加固梁开裂裂缝宽度、长度影响较小，但可以明显减少开裂裂缝和总裂缝条数，减小裂缝平均间距。分析原因为外载作用下，随着混凝土强度的增加，结构胶与混凝土间的平均应力较小，整体性能较好，改善了裂缝的分布不均匀缺陷。

（4）由裂缝发展分布图可知，B-C30-15 梁与 B-C40-15 梁的裂缝分布较好，裂缝宽度较小、裂缝间距均匀、裂缝所占区域较大、对称性能好，且根据试验过程可知，B-C30-15 梁与 B-C40-15 梁裂缝发展较慢。这表明，这两种内嵌预应力螺旋肋钢丝的加固法是比较好的加固方法。

不同开槽形状及加固量试验梁纯弯段裂缝数量及裂缝间距对比见表 13-12。

表 13-12 各试件梁裂缝特征

试 件 梁	纯弯段裂缝数量/个	裂缝间距/mm	平均裂缝间距/mm
C30-DB	9	90～180	138.60
C30-BPS1	8	85～210	106.67
C30-BPS1T	13	50～210	93.06
C30-BPS2	9	40～200	95.83
C30-BPS2T	11	45～210	92.94
C40-DB	9	40～185	97.31
C40-BPS1	9	30～160	97.31
C40-BPS1T	11	30～160	92.14
C40-BPS2	12	40～180	83.24
C40-BPS2T	117	20～150	83.24

由表 13-12 中数据可以看出,两组试件中内嵌预应力螺旋肋钢丝加固混凝土梁试件的裂缝数量比未加固试件多,裂缝间距和平均裂缝间距都小于对比梁,说明加固后试件梁的裂缝发展较为均匀。将两组试件对比,可知内嵌预应力螺旋肋钢丝的加固梁与对比梁相比,裂缝开展具有以下特点:

(1) 混凝土开裂时,裂缝的宽度及高度均很小。

(2) 裂缝条数增多,间距减小,且随加固量的增加,裂缝条数与间距均相应增加。

(3) 加固后裂缝出现及宽度增加的速度与未加固梁相比均较为缓慢,预应力的施加使得裂缝的出现与增加滞后。这说明预应力筋材能有效延缓试件梁裂缝的开展,减小裂缝宽度。

(4) C40-BPS2T 试件由于开槽形状为两个梯形槽,两个倒梯形槽角部的应力集中使其在受力时成为薄弱部位,加载时此处应力集中较大,使得跨中底部混凝土出现了剥离。

图 13-23 所示为各试件梁的裂缝分布图。

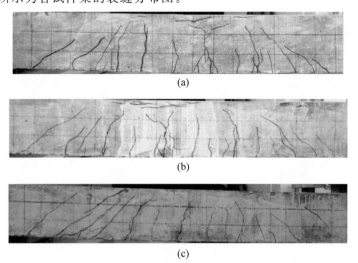

(a)

(b)

(c)

图 13-23 试件梁裂缝分布图

(a) C30-BPS1;(b) C30-BPS1T;(c) C30-BPS2;(d) C30-BPS2T;(e) C30-DB;
(f) C40-BPS1;(g) C40-BPS1T;(h) C40-BPS2;(i) C40-BPS2T;(j) C40-DB

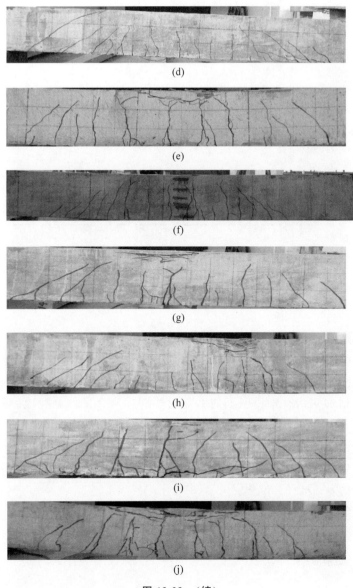

图 13-23　（续）

13.4.6　加固梁破坏模式分析

内嵌预应力螺旋肋钢丝加固混凝土梁可能发生的破坏模式有六种,其破坏机理可分别解释如下:

(1) 受拉纵筋屈服破坏。这种破坏模式经常在纵筋配筋率过低或混凝土强度过高的试验梁中发生,随着外荷载的增加,纵筋屈服,在预应力螺旋肋钢丝未屈服、混凝土未压坏的情况下,承载力不再增加。

(2) 混凝土压碎破坏。具有足够抗弯、抗剪性能试验梁发生的破坏模式由于混凝土强度过低或配筋率过高或加固量过大引起。随着外荷载的增加,混凝土开裂,纵筋逐渐达到屈服,螺旋肋钢丝可能屈服或未屈服,加固梁顶部混凝土压碎破坏。

（3）黏结破坏。随着荷载的增加，由于结构胶黏结性能较差或开槽尺寸过小，致使结构胶与混凝土间的黏结性能减弱，两者整体性能降低，最终结构胶与混凝土黏结失效破坏，胶层内部发生劈裂破坏，螺旋肋钢丝性能未得到充分发挥。

（4）预应力螺旋肋钢丝拉断破坏。在加固梁破坏时，纵筋屈服，混凝土未压坏，预应力螺旋肋钢丝受拉破坏。这种破坏模式主要发生在混凝土强度过高、预应力水平过低或加固量过低的试验梁中。

（5）斜截面破坏。其特点是破坏过程比较缓慢，破坏荷载明显高于斜裂缝出现时的荷载。这种破坏是由于加固梁抗剪强度较低或抗弯强度较高引起的，同时也与箍筋的布置有关。

（6）界限破坏。加固梁破坏时，纵筋屈服，混凝土被压碎，同时预应力螺旋肋钢丝被拉断。这是一种最理想的破坏模式。

而本试验中观察到的破坏模式有（2）和（5）两种，B-C30-20梁发生斜截面破坏，而其他试验梁以混凝土压碎破坏为主要破坏模式。试验梁破坏模式如图13-24所示。

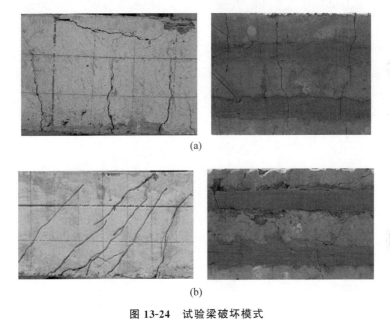

图 13-24　试验梁破坏模式

（a）混凝土压碎破坏；（b）斜截面破坏

分析原因为，B-C30-20梁开槽尺寸过大，抗弯强度过高，抗剪强度相对较低，加固梁破坏时，由于抗剪强度不足而发生剪压破坏。其他试验梁具有足够的配筋率，有足够的抗弯和抗剪强度，因此发生混凝土压碎破坏。

内嵌预应力螺旋肋钢丝加固混凝土梁与未加固梁对比，加载过程中随着加固量、混凝土等级、开槽形状的变化，试件的开裂荷载、屈服荷载、极限荷载均有不同程度提高，裂缝的出现、发展情况也不同。根据不同的破坏特征，将加固梁的破坏形式分为以下几类：第一类破坏是被加固梁达到极限承载力时，纵筋屈服，混凝土被压碎，螺旋肋钢丝未屈服；第二类破坏是被加固梁达到极限承载力时，纵筋屈服，混凝土被压碎，螺旋肋钢丝也达到屈服或者被拉断；第三类是达到极限承载力时，纵筋屈服，螺旋肋钢丝屈服，混凝土未被压碎；第四类是斜裂缝破坏和剪切破坏。分析上述破坏形态,第一类破坏主要是由于混凝土强度不够或者预应力水平较低造成的,这种试件在破坏时螺旋肋钢丝的高强性能未能充分利用;第二类破坏发生时,螺旋肋钢丝的性能充分发挥,类似适筋破坏;第三类破坏的原因是螺旋肋钢丝的预应力施加水平过高;第四类破坏是由于开槽造成的应力集中、嵌贴质量不好等造成的,应尽量避免。加固梁破坏形态如图 13-25 所示。

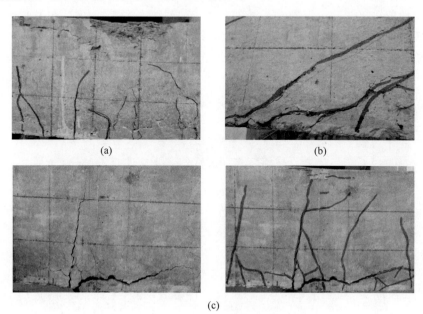

图 13-25 加固梁破坏形态
(a)混凝土压碎;(b)斜裂缝破坏;(c)剥离破坏

13.4.7 加固梁延性分析

延性是指从屈服开始至极限破坏的变形能力,用延性系数表示,即极限时加固梁挠度与屈服时加固梁挠度的比值。将极限荷载和屈服荷载代入荷载作用下的挠度计算公式,求得加固梁极限挠度与屈服挠度,两者的比值即为延性系数,也称位移延性系数。表 13-13 列出了不同开槽尺寸及混凝土强度等级的所有试验梁位移延性系数。

表 13-13 试验梁位移延性系数

梁编号	屈服挠度/mm	极限挠度/mm	位移延性系数
B-C30	5.16	28.06	5.44
B-C40	5.75	29.30	5.10
B-C30-10	5.04	17.98	3.57
B-C30-15	5.49	17.62	3.21
B-C30-20	5.94	16.39	2.76
B-C40-10	4.81	16.28	3.38
B-C40-15	4.32	13.66	3.16
B-C40-20	4.50	12.26	2.72

由试验数据可知,加固梁的位移延性系数小于未加固梁,表明内嵌预应力螺旋肋钢丝虽能提高加固梁的开裂荷载、屈服荷载和极限荷载,但其延性系数则有所降低。且一定范围内,随着开槽尺寸的增加,延性系数降低。主要原因为开槽尺寸对屈服荷载影响较小,而一定范围内,开槽尺寸越大的加固梁,结构胶与混凝土整体性能越好,加固梁极限荷载就越高,对应的极限挠度就减小,所以延性系数就会降低。而超过此范围,开槽尺寸越大的加固梁,槽间混凝土面积及试验梁开槽至边缘距离过小,加固梁整体性能减弱,加固梁极限荷载就降低,对应的极限挠度就增加,所以延性系数就会提高。随着混凝土强度的增加,加固梁延性系数减小,主要原因为:混凝土强度对屈服荷载影响较小,随着混凝土强度增加,极限挠度逐渐减小,延性系数逐渐降低。从而可得出结论:B-C30-15 梁和 B-C40-15 梁加固法是比较理想的加固方法。

不同开槽形状及加固量的试件位移延性系数见表 13-14。

表 13-14　位移延性系数

梁编号	屈服挠度 Δy/mm	极限挠度 Δu/mm	$\Delta u/\Delta y$
C30-DB	4.39	28.08	6.38
C40-DB	4.51	28.80	3.09
C30-BPS1	5.51	17.05	3.28
C30-BPS2	4.99	16.39	4.62
C30-BPS1T	4.40	20.34	1.60
C30-BPS2T	5.97	9.51	6.39
C40-BPS1	4.63	21.50	4.64
C40-BPS2	4.50	12.26	2.72
C40-BPS1T	5.48	18.66	3.41
C40-BPS2T	4.78	15.48	3.23

由表 13-14 中数据可以看出,除了第一组试件中 C30-BPS1T 外,其他试件的位移延性系数均达到 3.0 以上,能够满足延性要求。且随着加固量的增加,试件的延性逐渐降低;由于施加初始预应力,试件的极限挠度减小,所以试件的延性系数也会随之降低。

13.5　内嵌预应力螺旋肋钢丝加固 RC 梁预应力水平研究

作者通过对 2 根对比梁和 6 根内嵌预应力螺旋肋钢丝加固梁的加载,采集了各梁加载过程中的应力、应变和位移等数据,详细记录了整个试验过程。在试验基础上,对各参数做了分析比对。对于不同的加固梁破坏形式,本节分析其应力-应变、承载力、裂缝开展、挠曲及延性等性能。

13.5.1　试验过程

1. 对比梁

对于 C30 对比梁,由于施工养护不良,加载 10kN 后即在距跨中 40cm 处出现第一条裂缝,裂缝宽度 0.04cm,高度 15cm;加载至 15kN 后在距跨中 8cm 处出现裂缝,宽 0.2cm,长约 11cm,此时认为混凝土开裂。加载至 60kN 时,在集中荷载处出现两条斜裂缝;继续加载至 51kN 时,纵筋应变约为 $1800\mu\varepsilon$,筋材屈服;80kN 时跨中出现一条明显裂缝,应变突增,表明出现屈服破坏。90kN 时,各裂缝扩张延伸明显,伴随梁底清脆的响声;加载至 96.8kN 时受压区混凝土开始出现横向裂纹;99.6kN 时混凝土受压区被压碎破坏,纵筋屈服,跨中裂缝宽度增至 0.5cm,高 25cm,几乎贯穿全梁,显示适筋破坏特征。

C40 对比梁加载至 20kN 时第一条裂缝出现,宽度 0.07cm,高度 12.3cm,距跨中 12cm。当荷载加至 85kN 时,纵筋应变超过 $2000\mu\varepsilon$,至 90kN 时超过 $3000\mu\varepsilon$,然后继续加载,应变大幅突增,纵筋屈服点在 88kN 左右。加载至 100kN,梁底开裂声音清脆,105kN 时受压区混凝土有压碎声音;极限荷载达到 106kN,破坏形式为纵筋先屈服,紧接着混凝土压碎,呈适筋梁破坏特征;最终最大裂缝宽度达到 0.65cm,几乎贯穿全梁。

2. C30-35%梁

当加载至 60kN 时第一条裂缝出现,宽度 0.02mm,位置处于跨中偏左 11cm 处,即开裂荷载为 60kN。加载至 70kN 时,裂缝扩展至 0.03mm,左端集中荷载偏右 10mm 处出现第二条裂缝;80kN 时再增一条裂缝,宽度 0.04mm,高度 10cm,距跨中 5cm;100kN 时最大裂缝宽度达到 0.05mm。加载至 110kN 时结构胶开始出现响声,跨中偏左 8cm 左右裂缝扩展至 0.14mm 宽;120kN 时出现斜裂缝,右跨集中荷载处裂缝扩张明显,宽 0.14mm,左跨集中荷载处裂缝宽 0.22mm,高 20cm;荷载加载至 130kN 时,听见胶体拉裂的声音,最大裂缝增至 0.25mm 左右,应变显示纵筋开始屈服。继续加载至小于 170kN,其间最大裂缝宽度均匀发展至 0.28mm,斜裂缝宽度增至 0.22mm。荷载增至 170kN 时,裂缝宽度突增,其中左跨集中荷载处宽 0.42mm,跨中裂缝宽度 0.4mm;180kN 时斜裂缝宽度达 0.8mm,高 25cm。极限荷载为 194kN;190kN 时最大裂缝达 1mm,斜裂缝 4mm,呈超筋梁破坏特征。

3. C30-50%梁

荷载加至 64.4kN 时混凝土开裂,跨中几乎同时出现 4 条微小裂缝。加载至 100kN,裂缝新增 3 条,最大宽度 0.04mm;加载至 110kN,裂缝宽度增至 0.07mm;继续加载,在 120kN 时有胶响,跨中最大裂缝宽 0.1mm,高 15cm。在 127.7kN 时,出现斜裂缝,最大裂缝宽度扩展至 0.13mm;140kN 时伴随着胶响,新增数条裂缝,斜裂缝宽度达 0.22mm。荷载加载至 150kN 后,纵筋开始屈服,斜裂缝宽度扩展至 0.26mm;当加载至 160kN 时,跨中裂缝突增至 0.28mm,纵筋屈服点在 150kN。加载至 170kN 后,加固梁突然崩裂破坏,跨中最大裂缝宽度达 1mm。

4. C30-65%梁

该梁开裂荷载在 69kN,裂缝宽度 0.04mm,高度 4.8mm,条数为 1。75kN 后,裂缝由 1 条突增至 7 条,包括弯剪段两条斜裂缝,跨中最大宽度 0.1mm;80kN 时跨中裂缝宽度突增至 0.2mm,从筋材应变监测看,此时预应力筋和纵筋均有一个应变突增,但纵筋应变偏小,远未达到屈服,而预应力筋由于已经有一个预应力形变,可能先于纵筋屈服。当加载至 100kN 时,胶开始发出响声,裂缝宽度最大达 0.21mm;110kN 时达 0.22mm;当加载至 120kN 时,裂缝条数继续增加,跨中最大裂缝宽度稍有闭合,减至 0.2mm;继续加载至 130kN,胶有砰砰响声,在左跨集中荷载处有一宽约 0.26mm 的斜裂缝,左右支座处均出现斜裂缝,右支座斜裂缝宽度达 0.24mm。加载至 140kN,跨中纯弯段出现一条宽约 0.2mm 的新裂缝,支座左端斜裂缝几乎贯穿全梁,斜向延伸至集中荷载处,从应变监测看,螺旋肋钢丝应变已过大。荷载增至 150kN 时,梁左侧斜裂缝宽度达 0.42mm,纯弯段裂缝继续发展,右支座新增一条斜裂缝,总条数达到 2 条。当荷载加至 160kN 时,跨中裂缝宽度达 0.52mm,

左段支座斜裂缝宽度达 0.48mm,持续胶响,裂缝继续扩展;加载至 170kN,加固梁达到其极限荷载,跨中裂缝宽度 0.98mm,集中荷载处裂缝宽度达 1.2mm,斜裂缝最大达 0.4mm。整个梁先从螺旋肋钢丝屈服开始,接着纵筋迅速屈服,裂缝迅速开展,呈明显的脆性特征。

5. C40-35%梁

该梁开裂荷载为 62kN,开裂后裂缝宽度为 0.02mm,位置距跨中 12cm。加载至 80kN 时,在跨中偏左 22cm 处新增一条裂缝,宽度为 0.03mm;此时裂缝共计 3 条,加载至 90kN 时该裂缝扩展至宽 0.05mm;加载至 100kN 时,在跨中偏左 6cm 处裂缝最大,宽度达 0.07mm;110kN 时宽 0.08mm,高约 19cm;115kN 时出现斜裂缝;120kN 时伴随轻微胶响,裂缝最大宽度达 0.1mm;当荷载加至 135kN 时,伴随着清脆胶响,开始批量出现斜裂缝;当加载至 160kN 时,裂缝宽度达 0.2mm,纵筋和螺旋肋钢丝几乎同时屈服,多条裂缝高度延伸至 20cm;加载至 170kN 时最大裂缝宽度达 0.36mm,斜裂缝宽度 0.42mm;180kN 时,胶开始砰砰作响,最大裂缝宽约 0.7mm,190kN 时宽约 0.8mm,其极限荷载为 195.3kN,混凝土压碎,跨中裂缝宽度达 3mm,斜裂缝宽 0.45mm。

6. C40-50%梁

该加固梁开裂荷载为 80kN,距跨中偏右 10cm。100kN 时跨中偏左 6cm 处裂缝最宽,达 0.07mm;110kN 时右跨集中荷载处裂缝宽度达 0.08mm,120kN 时出现斜裂缝,裂缝最大宽度 0.09mm,加载至 140kN 时右跨集中荷载处裂缝宽度最大,为 0.14mm;145kN 时开始有轻微胶响,螺旋肋钢丝屈服,至 150kN 时连续胶响,纵筋屈服,右跨集中荷载偏右 20cm 处斜裂缝宽度达 0.16mm。

加载至 160kN 时,右跨集中荷载处裂缝宽度达 0.2mm,170kN 时最大裂缝宽度 0.22mm,当荷载达到 180kN 时,裂缝宽度最大 0.24mm。荷载达到 190kN 时,梁接近极限承载力,右跨集中荷载处裂缝达到 0.6mm,而跨中裂缝宽度超过 10mm,筋材完全屈服;在安全情况下继续加载,约 200kN 时右集中荷载裂缝宽度达到 1.8cm,此时梁完全破坏。

7. C40-65%梁

由于施加的预应力最大,该梁直到加载至 95.7kN 时才出现第一条裂缝。加载至 105kN 时在右集中荷载处新增一条裂缝;110kN 时,裂缝宽 0.04mm,高度 5cm;荷载增至 120kN 时在跨中偏右 19cm 新增一条长 6.1cm、宽 0.04mm 的裂缝;130kN 时跨中偏右 7cm 左右出现新裂缝,长约 10cm,宽 0.08mm;140kN 时再增加两条裂缝,此时裂缝共 5 条,最大裂缝宽 0.1mm;加载至 155kN 时开始伴随有胶响,螺旋肋钢丝开始呈屈服趋势;160kN 时,位移突增,纵筋屈服,斜裂缝突然出现,宽 0.32mm,高约 19cm,跨中裂缝宽度达到 0.5mm。170kN 时跨中裂缝扩展至 0.64mm 宽,纯弯段共计 9 条明显裂缝均匀分布;180kN 时最大裂缝宽 0.66mm,190kN 时达 0.68mm,各裂缝均有明显扩展;当加载至 195kN 时,胶开始发出脆响,裂缝宽度达到约 1.8mm,可视为构件达到极限承载力。

13.5.2　截面混凝土应变分析

试验中在各试验梁跨中侧面沿高度方向均匀平行布置了 5 个应变片,用来监测随着荷载增大梁截面应变变化规律,经过分析,发现其正截面混凝土应变变化规律基本符合平截面假定。对于各试验梁来说,在分级荷载作用下,混凝土截面应变大致呈直线分布,直线与纵坐标轴交点处可认为其应变为零,也就是该级荷载作用下的中性面位置。试验中由于混凝土梁截面底部会随着荷载增大逐步开裂,导致中性轴不断上移,试验中所测应变情况与该结论吻合。

不同荷载集度下各截面应变分布图如图 13-26 所示。

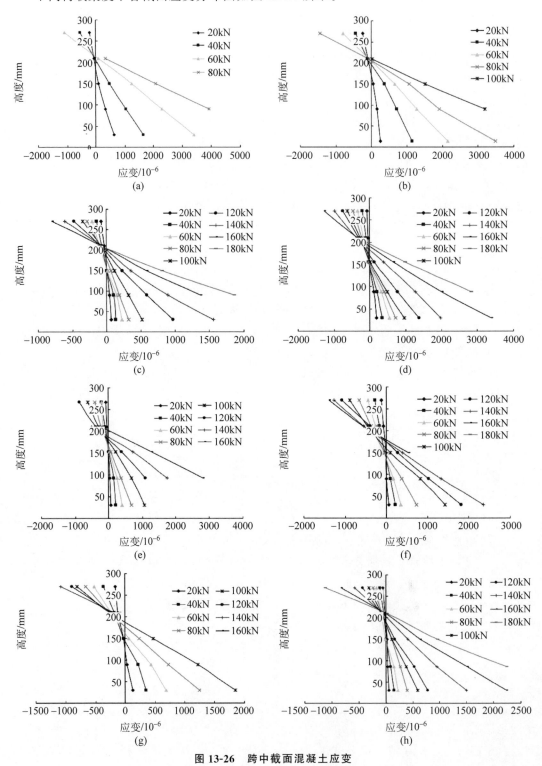

图 13-26　跨中截面混凝土应变

(a) C30；(b) C40；(c) C30-35%；(d) C30-50%；(e) C30-65%；(f) C40-35%；(g) C40-50%；(h) C40-65%

13.5.3　受拉筋材应变分析

本节所说的受拉筋材包括纵筋和预应力螺旋肋钢丝两种。我们首先通过各系列纵筋和螺旋肋钢丝荷载-应变分析来对比不同预应力度值对筋材应变的影响。首先给出纵筋应变与荷载的关系,如图 13-27 所示。

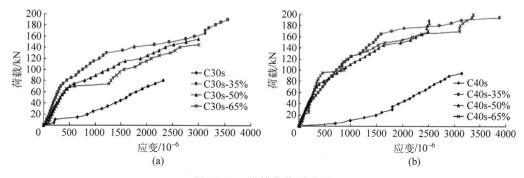

图 13-27　纵筋荷载-应变图

(a) C30 系列；(b) C40 系列

由于加固梁中纵筋存在预压应变,我们以 $1800\mu\varepsilon$ 作为其近似屈服应变。由图可以看出,相对于对比梁而言,预应力筋材的施加大大延缓了纵筋的屈服,屈服荷载提高幅度为原来的 2～3 倍。对于加固梁中的预应力筋材而言,其受拉屈服应变约为 $6800\mu\varepsilon$。由图 13-28 中预应力筋材的荷载-应变关系可以看出,施加初始预应力越大者,预应力筋材屈服越早。

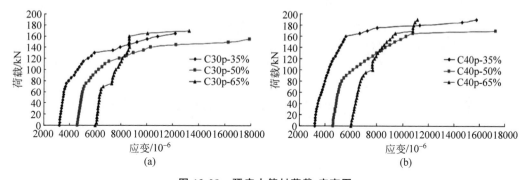

图 13-28　预应力筋材荷载-应变图

(a) C30 系列；(b) C40 系列

预应力螺旋肋钢丝的荷载-应变关系对混凝土梁加固效果来说尤为重要,合适的预应力既可以有效提高梁的开裂和屈服荷载,还可以有效限制梁体裂缝和挠度的发展。对于预应力筋材而言,施加荷载前其已经有一定应变,所以在试验中衡量其是否屈服不能仅凭测得应变增量来确定。正确的做法是先估算出加载前预应力筋材初始应变,然后以这一值作为筋材应变初始值,与试验中测得值相加。当二者之和接近于筋材屈服应变时,通过荷载-应变图形判断其屈服点位置。对于 35%、50%、65% 三种初始预应力水平下筋材的初始应变,可先通过计算得到其张拉应变,然后与实际张拉应变对比修正,用这个修正值减去梁在放张过程中的应变损失。通过计算,可得结果如表 13-15 所示。

表 13-15　筋材初始应变汇总表

预应力度 P/%	35	50	65
初始应变 ε/10^{-6}	3200	4600	6000

从图 13-28 中的荷载-应变关系可以看出,C30、C40 系列梁中各筋材应变走势基本一致,即荷载偏低时对于施加不同预应力的螺旋肋钢丝来说其应变变化速率基本一致,这就为计算模型中的平截面假定提供了一定依据。当荷载增大到一定程度后,螺旋肋钢丝的应变变化速率明显加快,直至屈服。

对于图 13-28 中施加 65% 预应力的筋材,当其到达屈服点后,应变-荷载曲线有一个明显的转折点,即筋材应变先出现一个突增,然后进入一个应变稳定区。这种情况的出现,表明该测点预应力螺旋肋钢丝较早地进入屈服阶段,随着预应力筋材应变的突增,梁体裂缝增大,受压区高度增加,梁体抵抗矩增大,延缓了螺旋肋钢丝的进一步应变;另外,由于梁体裂缝突增后纵筋的介入分担了一部分梁体荷载效应,对预应力筋材的进一步应变也起到了限制作用。

通过计算确定 $6800\mu\varepsilon$ 作为预应力螺旋肋钢丝的屈服点,则由图 13-28 可以发现,两组试验梁筋材屈服顺序均为由大到小,即 65% 预应力筋材先屈服,其次是 50% 预应力筋材,35% 预应力筋材屈服荷载最高。

13.5.4　跨中挠度分析

对于试验梁的挠度,通过在梁端支座、集中荷载处和跨中共 5 个点分别安置数字式位移计进行测读,本试验只采取跨中位移,辅助分析试验梁的加固效果。

试验中梁体受荷后其跨中会有一个向下的位移,将其定义为正值,而对应支座处由于受到压力和上翘,存在微小位移。我们采用测读到的跨中位移减去支座位移作为跨中实际位移。

各系列梁跨中荷载-位移曲线如图 13-29 所示。由图可知,在 C30 系列梁中,由于混凝土强度不高,致使对比梁构件截面刚度不大。承受荷载后,随着荷载的增加,对比梁跨中挠度增大很快,当荷载约为 80kN 时,跨中挠度就达到 6mm 左右;嵌入预应力筋材后,由于预应力的施加有效延缓了裂缝的发展速度,增强了构件截面的整体刚度,所以大大降低了跨中挠度;在荷载稍低时,预应力较大的构件对限制试验梁跨中挠度的效果较为明显。C40 系列梁的混凝土强度相对于 C30 较大,所以挠度发展较慢,当荷载在 80kN 时,跨中挠度达到 4mm 左右;嵌入预应力筋材后,我们发现施加预应力的大小对限制其跨中挠度发展影响较为明显:预应力施加得越大,对其初期挠度控制越有效。

通过试验对比发现,加固梁的荷载-位移曲线存在两个较为明显的转折点。每一次转折点之后,位移随荷载变化速率明显加快,并且转折点和试验梁的开裂荷载点和屈服点比较接近。

对于施加 65% 预应力的加固梁,当荷载施加较大时,跨中位移随荷载变化速率较小,这是因为预应力筋材过早屈服,因此纵筋也很快进入屈服,这样筋材的应变增大、裂缝发展过高,导致梁截面刚度大大降低。所以,在工程应用中,并不是预应力越大越好,鉴于如上结论,不建议施加过大预应力。

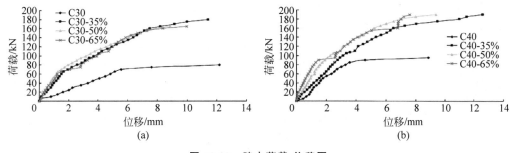

图 13-29 跨中荷载-位移图

(a) C30 系列；(b) C40 系列

13.5.5 承载力分析

对于混凝土梁而言,最重要的指标就是其抗弯承载力。下面着重分析其开裂荷载、屈服荷载和极限荷载。

1. 开裂荷载

由于混凝土开裂后,其所起的钢筋保护层作用会被明显削弱,所以在一些特殊建筑中,会要求其使用过程中不得出现明显裂纹。开裂荷载是评价建筑物质量的一个重要指标。

本次试验中,开裂荷载主要由对裂缝的监测和钢筋应变的变化来衡量。每次分级加载后持载 5min,我们采用放大系数为 50 倍的数字式裂缝测宽仪在梁底往复探测。一般情况下,当跨中首次出现宽度大于 0.02mm 的裂缝时,纵筋应变会有一个小幅的突增,此时我们就可以判断混凝土截面开裂。

试验中对应于各根梁的开裂荷载汇总于表 13-16。

表 13-16 试验梁开裂荷载对照表

系列 1 梁编号	C30	C30-35%	C30-50%	C30-65%
P_{cr}/kN	10	60	64.4	68.8
提高率/%	—	500	544	588
系列 2 梁编号	C40	C40-35%	C40-50%	C40-65%
P_{cr}/kN	15	62	80	95.7
提高率/%	—	313	433	538

2. 屈服荷载

这里所说的屈服特指受拉纵筋的屈服,有三种情况：第一种为受拉纵筋先于预应力钢丝屈服,常出现在预应力度不高的情况下；第二种为二者同时屈服,这是前后两种情况的分界点；最后一种为螺旋肋钢丝先屈服,这种情况是因为预应力施加过高,致使梁在工作中应变储备不足。

对应于钢筋的屈服,我们以其各测点中最大应变达到 $1700\mu\varepsilon$ 作为该根钢筋的屈服点,试验中 C30 对比梁纵筋屈服荷载在 55kN 左右,而 C40 约为 65kN。试验中各加固梁筋材屈服情况可由图 13-30 判断。

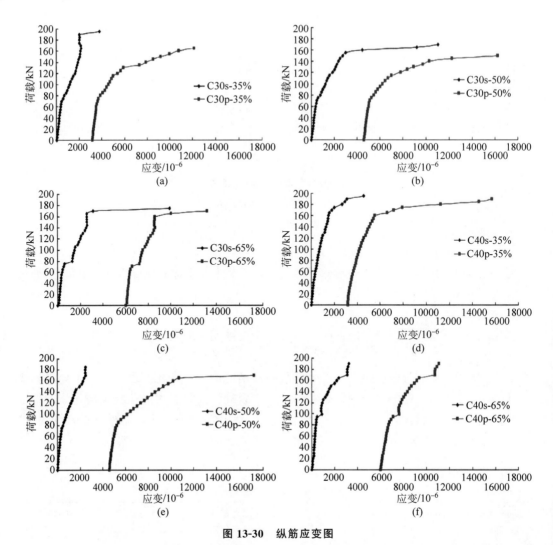

图 13-30　纵筋应变图

(a) C30-35％；(b) C30-50％；(c) C30-65％；(d) C40-35％；(e) C40-50％；(f) C40-65％

1）C30-35％梁

由图 13-30 可以看出，当荷载加至 114kN 时钢筋应变达到 1753$\mu\varepsilon$，接近屈服，此时螺旋肋钢丝应变约为 5900$\mu\varepsilon$，未屈服；继续加载至 131kN 钢筋屈服，当荷载保持在 135kN 时螺旋肋钢丝刚刚到达屈服点；继续加载，两者均完全屈服，所以，对于该梁破坏模式为纵筋先屈服，接着预应力筋材屈服。纵筋屈服点为 131kN。该梁破坏类型总的来说是极为有利的，纵筋先屈服螺旋肋钢丝随后屈服，纵筋与螺旋肋钢丝的屈服点比较接近。由于纵筋屈服后应变流幅较长且应力有一定提升，接着螺旋肋钢丝屈服，二者协同抵抗梁荷载。相对于纵筋而言螺旋肋钢丝应变流幅较短，所以如果想提高梁的极限承载力，二者屈服点间隔不宜太长，否则有可能出现其中一种筋材达到极限拉应力后提前退出工作。

2）C30-50％梁

对于该梁来说，当荷载加至 114kN 时，预应力筋材应变达到 6800$\mu\varepsilon$，而纵筋应变刚刚达到 1500$\mu\varepsilon$；当荷载加至约 119kN 时，纵筋屈服，所以其破坏类型为螺旋肋钢丝先屈服，接着纵筋屈服。

3）C30-65％梁

相对于以上两根梁而言,该构件预应力筋材初始应变更大,所以在荷载为72kN时便开始屈服,此后继续加载至75kN,之后螺旋肋钢丝应变迅速增大,导致纵筋应变由600$\mu\varepsilon$突增至1300$\mu\varepsilon$。从图13-30(c)中我们可以发现70kN之后两种筋材荷载-应变图先后出现一个台阶。

4）C40-35％梁

对于C40-35％梁,由于其混凝土强度较高,所以较C40-35％梁来说应变较小,其对应的屈服荷载较大。由图13-30(d)可知,当荷载达到166kN时螺旋肋钢丝先开始屈服,随后纵筋在170kN时屈服,二者几乎同时屈服。与C30系列相比其屈服荷载提高较明显。

5）C40-50％梁

该加固梁中预应力筋在荷载加至111kN时先于纵筋屈服,对应纵筋应变不足1000$\mu\varepsilon$;随后螺旋肋钢丝应变速率基本稳定,而荷载达到146kN时纵筋才出现屈服。

6）C40-65％梁

和C30-65％加固梁类似,该梁的荷载-应变图也出现了明显的台阶式拐点。当荷载加到85kN时,螺旋肋钢丝开始屈服,紧接着纵筋应变有一个突增;当荷载加至151kN时纵筋才开始屈服,而此时螺旋肋钢丝已达到其极限应变。为了更方便对比,我们将各梁屈服荷载值汇总于表13-17。

表 13-17　试验梁屈服荷载对照表　　　　　　　单位：kN

筋材类别	C30-35％	C30-50％	C30-65％	C40-35％	C40-50％	C40-65％
纵筋	114	115	107	167	146	151
预应力筋	135	114	72	166	111	85

3. 极限荷载

对于各梁是否达到其极限荷载,我们根据是否能够继续施加荷载来衡量。如果试验机在加载条件下荷载不增反降,或者加载时裂缝过大、挠度增加过快,则视为梁体达到极限荷载。而对于其延性分析中的极限承载力,为了保证梁的使用安全,我们选用两种筋材都屈服时的加载值。各梁的极限荷载见表13-18,从中不难发现:在C30系列加固梁中,梁中施加50％预应力的加固效果较好。原因为:施加50％预应力的两种筋材达到极限应变时的荷载值很接近,纵筋与预应力筋协同性较好,这样纵筋和螺旋肋钢丝的抗拉强度得到了充分发挥;而施加65％的加固梁由于螺旋肋钢丝屈服很早,导致两种筋材协同性不高,两种筋材都屈服后,梁体凭借纵筋的极限应力和螺旋肋钢丝的残余应力来承担荷载。

表 13-18　试验梁极限荷载对照表

梁编号	C30	C30-35％	C30-50％	C30-65％
P_y/kN	99	163	171	172
提高率/％	—	65	73	74
梁编号	C40	C40-35％	C40-50％	C40-65％
P_y/kN	105	195	207	200
提高率/％	—	86	97	90

在 C40 系列加固梁中,施加 35% 预应力的梁中纵筋和螺旋肋钢丝几乎同时在 170kN 屈服,然后纵筋和预应力筋在 175kN 后达到极限应力-应变,混凝土压碎;对于 50% 预应力梁,施加荷载到 110kN 后,螺旋肋钢丝先屈服,接着在 132kN 时螺旋肋钢丝达到极限强度,在 146kN 时纵筋开始屈服,接着纵筋在经过一个应力强化过程后,螺旋肋钢丝应变迅速增加,混凝土压碎,梁体破坏;对于该系列中 65% 预应力的梁,螺旋肋钢丝在 85kN 荷载以后开始屈服,随后导致纵筋出现小幅应变突增,接下来纵筋承担新增荷载,纵筋在 150kN 后屈服进入强化阶段,直至最后破坏。该系列梁的整体承载力较 C30 系列高。

对于试验中的极限荷载分析,要考虑到两种筋材特性,且所得极限荷载不宜直接用于指导工程实践。其原因是:虽然加固所得极限荷载较高,但是以牺牲梁的延性为代价的,梁的破坏明显呈脆性特征。

13.5.6 裂缝分析

裂缝的分布对判断梁的破坏模式、分析其是否安全以及衡量其加固效果都意义深刻。本次试验我们对各试验梁做了图像采集,为了更清楚地观察裂缝分布,我们将较明显的裂缝用墨线加深,由于试验梁图片是在卸载后采集的,图片中梁体挠曲程度不代表其加荷时的真实情况。C30、C40 各系列梁裂缝分布图如图 13-31 所示。

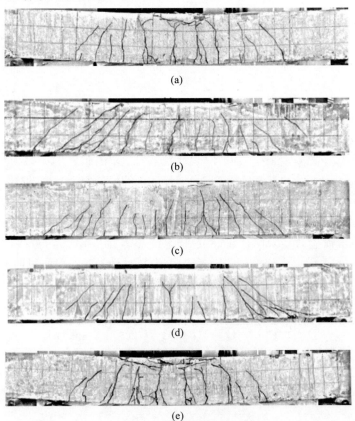

图 13-31 试验梁裂缝分布图

(a) C30;(b) C30-35%;(c) C30-50%;(d) C30-65%;(e) C40;(f) C40-35%;(g) C40-50%;(h) C40-65%

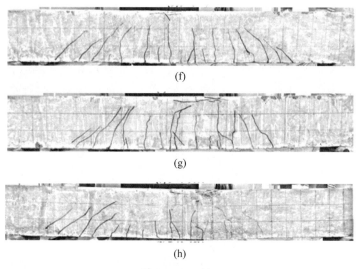

(f)

(g)

(h)

图 13-31 （续）

根据混凝土裂缝验算经验,当梁受力达到其极限荷载的 $0.5\sim0.7$ 倍时,纯弯段裂缝条数将很难再增加。试验梁的裂缝间距大小主要取决于预应力度和混凝土本身的极限拉应力大小,当梁体出现第一批裂缝时,裂缝处与任意相邻未开裂截面筋材总应力之差,与筋材表面黏结应力之和相平衡。所以,在本试验中,决定裂缝间距的参数主要为预应力度和混凝土强度等级。筋材初始预应力越大、混凝土标号越高,其裂缝平均间距就越大,在图 13-31 中可以很好地体现出这一点。对于上述各试验梁,我们不难看出,同种配筋率情况下,低预应力加固梁裂缝高度发展较充分,当构件破坏时多条裂缝高度可达 20mm 以上且裂缝宽度一般不太大;而较高预应力加固梁裂缝间距较小,但高度发展不是很充分,构件破坏时脆性明显,少数裂缝宽度增长很大。

对于裂缝开展情况,在此做一简要分析:我们规定某一开裂截面处预应力筋应力为 σ_1,相应截面周边混凝土平均应力为 0;与其相邻的即将开裂处预应力筋应力为 σ_2,混凝土抗拉应力为 f_t,初始压应力为 f'_c,则可列等式:

$$\sigma_1 A_p - \sigma_2 A_p = f_t A_{t'} + f'_c A_{t'}$$

式中：A_p——螺旋肋钢丝横截面面积;

$A_{t'}$——钢丝周边混凝土面积。

我们以钢丝作为隔离体,发现作用在其两端的不平衡力是由黏结应力来平衡的,即

$$\sigma_1 A_p - \sigma_2 A_p = \tau_m u l$$

则

$$f_t A_{t'} + f'_c A_{t'} = \tau_m u l$$

$$l = \frac{f_t A_{t'} + f'_c A_{t'}}{\tau_m u}$$

由上式可知：在混凝土强度等级相同的情况下,初始预应力越大裂缝平均间距越大;对于不同强度等级混凝土梁来说,混凝土抗拉强度大时裂缝间距稍大。这一分析结果和试验结果比较吻合。

13.5.7　延性性能分析

　　混凝土结构的截面延性是指截面在破坏阶段的变形能力,这是衡量其抗震性能的重要指标之一。较高的延性意味着构件在正常使用情况下拥有较高的安全储备,因此对于加固构件,我们在分析其承载力的同时,也要关注其延性的变化。本次试验通过极限承载力和屈服荷载的比值大小来衡量试验梁的安全性能。我们将各试验梁开裂荷载 P_{cr}、纵筋的屈服荷载 P_y 及屈服状态下梁跨中挠度 Δ_y,梁的极限承载力 P_u 和其对应的跨中挠度 Δ_u 汇总于表 13-19。

表 13-19　试验梁延性分析表

梁编号	P_{cr}/kN	P_y/kN	P_u/kN	P_u/P_y	Δ_y/mm	Δ_u/mm	Δ_u/Δ_y
C30	10	51	99.6	1.95	4	28	7
C30-35%	60	104	193.1	1.86	5.5	12.4	2.3
C30-50%	64.4	119	170.6	1.43	4.5	9.3	2.1
C30-65%	68.8	94	172.3	1.83	5	12.6	2.5
C40	20	62	106	1.71	3.2	15.3	4.8
C40-35%	62	148	195.3	1.32	7.7	12.8	1.7
C40-50%	80	133	207.7	1.56	4.5	11.9	2.6
C40-65%	95.7	137	200.4	1.46	4.6	12.2	2.7

　　对表 13-19,如果以跨中挠度衡量试验梁延性,则各梁延性良好;如果以特征荷载作为衡量加固效果的指标,则对于 C30 系列梁推荐使用 50% 预应力度,因为其不但屈服荷载和极限荷载都提高很多,而且延性也较高;对于 C40 系列梁推荐施加 35%～50% 预应力度,因为此时不但其特征荷载较高,且延性也较高。

13.6　内嵌预应力螺旋肋钢丝加固 RC 梁理论研究

13.6.1　试验梁受力过程分析

　　内嵌预应力螺旋肋钢丝混凝土梁自施加预应力至加固梁破坏,其受力大致经历四个阶段。

　　第一阶段:预应力施加及放张阶段。此阶段主要施工工艺为首先对内嵌螺旋肋钢丝施加预应力,浇注环氧树脂结构胶成一整体,待结构胶凝固后释放预应力钢丝。放张预应力钢丝后,由于螺旋肋钢丝与混凝土间存在黏结力,致使加固梁混凝土受到一偏心荷载,加固梁上部混凝土受拉,下部混凝土受压,螺旋肋钢丝虽有预应力损失仍存在初始拉应变。

　　第二阶段:加载至消压阶段。外荷载作用使下部混凝土产生拉力,随着外荷载的增大,加固梁截面所承受的弯矩逐渐增大,截面上边缘混凝土受力由受拉逐渐变为受压,下边缘混凝土压应力逐渐减小,受力状态由受压逐渐变为受拉,中性轴不断上移,当混凝土拉应力恰好全部抵消混凝土的有效预压应力时,截面处于消压状态。消压状态时下边缘混凝土压应力为零,压应力图形呈倒三角形,螺旋肋钢丝拉应变增加。

　　第三阶段:加载至开裂阶段。随着外荷载的增加,加固梁下部混凝土进入受拉状态,直至开裂状态。随着外荷载的逐渐增大,中性轴不断提高,上部混凝土压应力逐渐增加,下部混凝土拉应力逐渐增加,当下边缘混凝土拉应力达到其极限抗拉强度时,加固梁开裂。此时,混凝土、结构胶、纵筋和预应力螺旋肋钢丝都处于弹性阶段,受力状态与预应力普通混凝土梁受力状态一致。

第四阶段:加固梁开裂至破坏阶段。从加固梁底部产生第一条裂缝开始,随着外荷载的增大,裂缝不断增多且不断延伸,裂缝宽度也不断变大。在裂缝处,受拉混凝土和结构胶退出工作,截面所受拉力全由纵筋和预应力螺旋肋钢丝承担。随着外荷载的增加,因混凝土强度、结构胶性能、纵筋配筋率和材料及预应力螺旋肋钢丝张拉控制应力等差异,加固梁发生不同的破坏模式。

综合国内外相关试验研究结果和内力分析,结合内嵌预应力螺旋肋钢丝加固混凝土梁受弯特性,可得加固梁破坏类型大致有:①受拉纵筋屈服破坏。这是由于纵筋配筋率过低或混凝土强度过高,而加固梁破坏时,预应力螺旋肋钢丝未屈服,混凝土未压坏,受拉纵筋屈服,承载力急剧下降。②混凝土压碎破坏。即加固梁破坏为混凝土被压碎,钢筋和预应力螺旋肋钢丝未屈服,主要因混凝土强度过低或配筋率过高或加固量过大引起。③黏结破坏。包括预应力螺旋肋钢丝和胶层及混凝土和胶层两界面发生破坏、胶层内部发生劈裂破坏等,这种情况是由于结构胶性能或开槽尺寸引起的。④预应力螺旋肋钢丝拉断破坏。这是由于混凝土强度过高或加固量过低引起的,在加固梁破坏时,纵筋屈服,混凝土未压坏,预应力螺旋肋钢丝受拉破坏。⑤斜截面破坏。这种破坏是由于加固梁抗剪强度较低或抗弯强度较高引起的,可通过具有抗剪性能的锚固措施加以控制。⑥界限破坏。这是一种最理想的破坏模式,加固梁破坏时,纵筋屈服,混凝土被压碎,同时预应力螺旋肋钢丝被拉断。

13.6.2　加固梁正截面受弯承载力分析

1. 计算假定

基于预应力混凝土梁内力分析,结合本试验结果和内嵌预应力螺旋肋钢丝加固梁特性,作以下假定:

(1) 混凝土、钢筋、螺旋肋钢丝截面变形均符合平截面假定。

(2) 钢筋和混凝土之间、结构胶与混凝土之间及结构胶与预应力螺旋肋钢丝之间黏结较好,无相对滑移。

(3) 混凝土、钢筋材料的应力-应变关系按照《混凝土结构设计标准》中规定采用。螺旋肋钢丝按照弹塑性材料考虑。试验材料本构关系如图 13-32 所示。

混凝土受压本构关系如图 13-32(a)所示,关系式如下:

$$\begin{cases} \sigma_c = f_c \left[1 - \left(1 - \dfrac{\varepsilon_c}{\varepsilon_0} \right)^n \right], & 0 \leqslant \varepsilon_c \leqslant \varepsilon_0 \\ \sigma_c = f_c, & \varepsilon_0 < \varepsilon_c \leqslant \varepsilon_{cu} \end{cases} \tag{13-1}$$

混凝土受拉本构关系如图 13-32(b)所示,关系式如下:

$$\begin{cases} \sigma_t = E_c \varepsilon, & 0 \leqslant \varepsilon_t \leqslant f_t / E_c \\ \sigma_t = 0, & f_{\cdot t} / E_c < \varepsilon_t \end{cases} \tag{13-2}$$

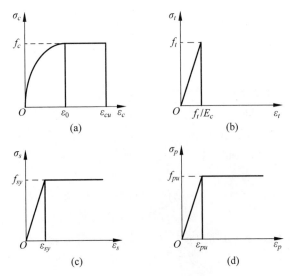

图 13-32　试验材料本构关系

(a) 混凝土受压本构关系；(b) 混凝土受拉本构关系；(c) 钢筋本构关系；(d) 螺旋肋钢丝本构关系

钢筋本构关系如图 13-32(c)所示，关系式如下：

$$\begin{cases} \sigma_s = E_s \varepsilon_s, & 0 \leqslant \varepsilon_s \leqslant \varepsilon_y \\ \sigma_s = f_y, & \varepsilon_s > \varepsilon_y \end{cases} \tag{13-3}$$

螺旋肋钢丝本构关系如图 13-32(d)所示，关系式如下：

$$\begin{cases} \sigma_p = E_p \varepsilon_p, & 0 \leqslant \varepsilon_p \leqslant \varepsilon_{pu} \\ \sigma_p = f_p, & \varepsilon_p > \varepsilon_{pu} \end{cases} \tag{13-4}$$

式中：$n = 2 - \dfrac{1}{60}(f_{cu,k} - 50)$，当 n 值大于 2.0 时，取 2.0；

ε_c、ε_s、ε_p——混凝土、钢筋和螺旋肋钢丝的应变；

ε_0——混凝土峰值应力对应的应变，取 0.002；

ε_{cu}——混凝土的极限压应变，取 0.0033；

ε_{pu}——螺旋肋钢丝的极限拉应变；

σ_c、σ_s、σ_p——混凝土压应变为 ε_c 时的压应力，钢筋拉应变为 ε_s 时的拉应力，螺旋肋钢丝拉应变为 ε_p 时的拉应力；

f_c、f_y、f_p——混凝土轴心抗压强度、钢筋抗拉强度和螺旋肋钢丝抗拉强度。本书混凝土轴心抗压强度取实际值，按试验梁加载前的回弹值取值。

(4) 预应力螺旋肋钢丝拉断时，纵筋屈服。

2. 换算截面计算

预应力筋放张后，在混凝土截面未开裂前，混凝土、螺旋肋钢丝、钢筋及胶黏剂均处于弹性阶段。根据螺旋肋钢丝、钢筋及胶黏剂与周围混凝土应变相同的条件及胡克定律，有

$$\varepsilon_c = \frac{\sigma_c}{E_c} = \varepsilon_s = \frac{\sigma_s}{E_s}, \quad \varepsilon_c = \varepsilon'_s = \frac{\sigma'_s}{E'_s}, \quad \varepsilon_c = \varepsilon_p = \frac{\sigma_p}{E_p} = \varepsilon_j = \frac{\sigma_j}{E_j} \tag{13-5}$$

令受拉纵筋弹性模量与混凝土弹性模量的比值为 $\alpha_s=\dfrac{E_s}{E_c}$,受压架立筋弹性模量与混凝土弹性模量的比值为 $\alpha_s'=\dfrac{E_s'}{E_c}$,螺旋肋钢丝弹性模量与混凝土弹性模量的比值为 $\alpha_p=\dfrac{E_p}{E_c}$,胶黏剂弹性模量与混凝土弹性模量的比值为 $\alpha_j=\dfrac{E_j}{E_c}$,有

纵筋总拉力 $N_s=\sigma_s A_s=E_s\varepsilon_s A_s=\alpha_s\sigma_c A_s=\sigma_c(\alpha_s A_s)$

架立筋总压力 $N_s'=\sigma_s'A_s'=E_s'\varepsilon_s'A_s'=\alpha_s'\sigma_c A_s'=\sigma_c(\alpha_s'A_s')$

螺旋肋钢丝总拉力 $N_p=\sigma_p A_p=E_p\varepsilon_p A_p=\alpha_p\sigma_c A_p=\sigma_c(\alpha_p A_p)$

胶黏剂总拉力 $N_j=\sigma_j A_j=E_j\varepsilon_j A_j=\alpha_j\sigma_c A_j=\sigma_c(\alpha_j A_j)$

因此,可将钢筋、螺旋肋钢丝及胶黏剂的面积在保持形心位置不变的条件下,分别换算成面积为 $\alpha_s A_s$、$\alpha_s'A_s'$、$\alpha_p A_p$、$\alpha_j A_j$ 的混凝土,将截面换算为仅有混凝土一种材料的截面。加固梁的换算截面面积为

$$A_0=bh+(\alpha_s-1)A_s+(\alpha_s'-1)A_s'+(\alpha_p-1)A_p+(\alpha_j-1)A_j \tag{13-6}$$

对加固梁受压区边缘的静矩为

$$S_0=bh\,\frac{h}{2}+(\alpha_s-1)A_s(h-a_s)+(\alpha_s'-1)A_s'a_s'+$$
$$(\alpha_p-1)A_p(h-a_p)+(\alpha_j-1)A_j(h-a_p) \tag{13-7}$$

则换算截面形心轴的高度 x 为

$$x=\frac{S_0}{A_0} \tag{13-8}$$

换算截面惯性矩为

$$I_0=\frac{bh^3}{12}+bh\left(x-\frac{h}{2}\right)^2+(\alpha_s-1)A_s(h-a_s-x)^2+(\alpha_s'-1)A_s'(x-a_s')^2+$$
$$(\alpha_p-1)A_p(h-a_p-x)^2+(\alpha_j-1)A_j(h-a_p-x)^2 \tag{13-9}$$

换算截面示意图如图 13-33 所示。

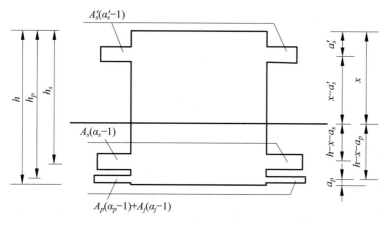

图 13-33　换算截面示意图

3. 放张后加固梁内力分析

放张前螺旋肋钢丝在预应力作用下的拉应变为 $\varepsilon_{pe}=\sigma_{con}/E_p$，设放张后混凝土压应变为 ε_{c0}，放张后加固梁承受偏压荷载，等效于一轴向压力 $2A_p(\sigma_{con}-\sigma_{l1})$ 和弯矩 $2A_p(\sigma_{con}-\sigma_{l1})(h-x-a_p)$。图 13-34 所示为放张后混凝土受力分析示意图。

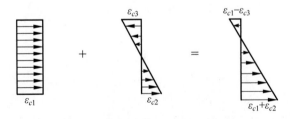

图 13-34　放张后混凝土受力分析示意图

ε_{c1} 为混凝土因轴向压力产生的压应变，ε_{c2} 为加固梁底部混凝土因弯矩产生的压应变，ε_{c3} 为加固梁顶部混凝土因弯矩产生的拉应变。设混凝土受压合力点距梁顶面距离为 x_c，由材料力学正应力计算和合力矩定理可求得

$$\varepsilon_{c1}=\frac{2(\sigma_{con}-\sigma_{l1})A_p}{A_0E_c} \tag{13-10}$$

$$\varepsilon_{c2}=\frac{1}{E_c}\frac{My}{I_0}=\frac{2A_p(\sigma_{con}-\sigma_{l1})(h-x-a_p)(h-x)}{E_cI_0} \tag{13-11}$$

$$\varepsilon_{c3}=\frac{1}{E_c}\frac{Mx}{I_0}=\frac{2A_px(\sigma_{con}-\sigma_{l1})(h-x-a_p)}{E_cI_0} \tag{13-12}$$

$$x_c=\frac{3\varepsilon_{c1}h^2+\varepsilon_{c2}(h-x)(2h+x)-\varepsilon_{c3}x^2}{6\varepsilon_{c1}h+3\varepsilon_{c2}(h-x)-3x\varepsilon_{c3}} \tag{13-13}$$

则放张后底部混凝土压应变为

$$\varepsilon_{c4}=\varepsilon_{c1}+\varepsilon_{c2} \tag{13-14}$$

放张后螺旋肋钢丝作用点处混凝土压应变为

$$\varepsilon_{c0}=\varepsilon_{c1}+\frac{h-x-a_p}{h-x}\varepsilon_{c2} \tag{13-15}$$

放张后螺旋肋钢丝拉应变为

$$\varepsilon_{p0}=\varepsilon_{pe}-\varepsilon_{c0} \tag{13-16}$$

13.6.3　加固梁正截面受弯承载力计算

加固梁正截面受弯承载力包括开裂荷载、屈服荷载和极限荷载。

1. 加固梁消压弯矩

混凝土与螺旋肋钢丝由于胶黏剂的作用连接成为一个整体。释放预应力后，相当于偏心压力作用，混凝土截面应变发生变化，截面上部混凝土受拉，下部混凝土受压。外荷载作用下，截面上部混凝土受压，下部混凝土受拉，当弯矩达到一个特定值时，截面下部混凝土应变为零，此时的弯矩 M_0 为消压弯矩。根据相关文献[313]求得

$$M_0=\sigma_{pc}W_0=E_c\varepsilon_{c4}W_0 \tag{13-17}$$

式中：W_0——加固梁换算截面混凝土下边缘的弹性抵抗矩，$W_0=I_0/(h-x)$。

2. 加固梁开裂荷载

开裂荷载是指与预应力螺旋肋钢丝加固混凝土梁预压受拉边缘开裂临界状态对应的荷载。开裂前构件截面应力状态经历两个阶段[313]：一是预压受拉边缘的混凝土拉应力达到抗拉强度标准值前的全截面近似弹性工作阶段；二是至截面开裂临界状态的压区混凝土近似弹性工作，拉区混凝土塑性工作阶段。

根据预压受拉混凝土的截面应力变化特征，将开裂弯矩分为消压弯矩 M_0 和使混凝土应力从零增至抗拉强度标准值的弯矩 M_1，弯矩 M_1 按照下式计算：

$$M_1 = \gamma f_{tk} W_0 \tag{13-18}$$

式中：γ——考虑混凝土塑性的修正系数，按照《混凝土结构设计标准》中公式 $\gamma = \left(0.7 + \dfrac{120}{h}\right)\gamma_m$ 计算，且矩形截面 $\gamma_m = 1.55$；截面高度 $h < 400\text{mm}$ 时，取 $h = 400\text{mm}$；

f_{tk}——混凝土轴向抗拉强度标准值，按混凝土抗压强度试验值的 $1/10$ 取值。因此，加固梁的开裂弯矩 M_{cr} 为

$$M_{cr} = M_0 + M_1 \tag{13-19}$$

由图 13-35 可求得开裂荷载 P_{cr}：

$$P_{cr} = \frac{6M_{cr}}{l_0} \tag{13-20}$$

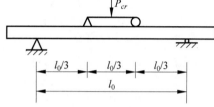

图 13-35　试验梁受力示意图

3. 加固梁屈服荷载

由于螺旋肋钢丝的抗拉强度远大于纵筋，在外荷载作用下，可视为纵筋先于螺旋肋钢丝屈服。根据截面应变关系及力平衡条件，可得

$$\varepsilon_c = \frac{x}{h - a_s - x}\varepsilon_y, \quad \varepsilon_s' = \frac{x - a_s'}{h - a_s - x}\varepsilon_y, \quad \varepsilon_p = \frac{h - a_p - x}{h - a_s - x}\varepsilon_y \tag{13-21}$$

$$N_c = f_y A_s + E_p(\varepsilon_p + \varepsilon_{pe} - \varepsilon_{c0})A_p - E_s'\varepsilon_s'A_s' \tag{13-22}$$

混凝土受压按三阶段分析：

（1）当 $\sigma_c \leqslant \dfrac{1}{3}f_t$ 时，混凝土应力-应变关系可以近似为线性关系，且 $\varepsilon = \dfrac{y}{x}\varepsilon_c$，则混凝土所受压力为

$$N_c = \int_0^x \sigma(\varepsilon)b\,\mathrm{d}y = \int_0^x E_c\frac{y}{x}\varepsilon_c b\,\mathrm{d}y = \frac{1}{2}E_c\varepsilon_c bx \tag{13-23}$$

力作用点离中性轴的距离为

$$y_c = \frac{2}{3}x \tag{13-24}$$

（2）当 $\varepsilon_c \leqslant \varepsilon_0$ 时，混凝土应力-应变关系为式（6-3）所示的抛物线关系，且有 $\varepsilon = \dfrac{y}{x}\varepsilon_c$，则混凝土所受压力为

$$N_c = \int_0^x \sigma(\varepsilon)b\,\mathrm{d}y = \int_0^x f_c\left[2\left(\frac{\varepsilon}{\varepsilon_0}\right) - \left(\frac{\varepsilon}{\varepsilon_0}\right)^2\right]b\,\mathrm{d}y = f_c bx\frac{\varepsilon_c}{\varepsilon_0}\left(1 - \frac{\varepsilon_c}{3\varepsilon_0}\right) \tag{13-25}$$

力作用点离中性轴的距离为

$$y_c = \frac{\int_0^x \sigma(\varepsilon) b y \, \mathrm{d}y}{N_c} = \frac{\dfrac{2}{3} - \dfrac{\varepsilon_c}{4\varepsilon_0}}{1 - \dfrac{\varepsilon_c}{3\varepsilon_0}} x \tag{13-26}$$

（3）当 $\varepsilon_c \geqslant \varepsilon_0$ 时，设混凝土应变 $\varepsilon = \varepsilon_0$ 时的点距中性轴的距离为 y_0，由应变相容条件有

$$y_0 = \frac{\varepsilon_0}{\varepsilon_c} x, \quad \frac{\varepsilon}{\varepsilon_0} = \frac{y}{y_0} \tag{13-27}$$

则混凝土所受压力为

$$N_c = \int_0^{y_0} \sigma(\varepsilon) b \, \mathrm{d}y + \int_{y_0}^x f_c b \, \mathrm{d}y = \int_0^{y_0} f_c \left[2 \frac{y}{y_0} - \left(\frac{y}{y_0} \right)^2 \right] b \, \mathrm{d}y + f_c b (x - y_0)$$

$$= f_c b x \left(1 - \frac{\varepsilon_c}{3\varepsilon_0} \right) \tag{13-28}$$

作用点至中性轴的距离为

$$y_c = \frac{\int_0^{y_0} \sigma(\varepsilon) b y \, \mathrm{d}y + \int_{y_0}^x f_c b y \, \mathrm{d}y}{N_c} = \frac{\dfrac{1}{2} - \dfrac{1}{12} \left(\dfrac{\varepsilon_c}{\varepsilon_0} \right)^2}{1 - \dfrac{\varepsilon_c}{3\varepsilon_0}} x \tag{13-29}$$

由上式，求得受压区高度 x，则纵筋屈服时，对混凝土受压作用点取矩，加固梁屈服弯矩为

$$M_y = f_y A_s \left(h - a_s - \frac{x}{2} \right) + E_s' \varepsilon_s' A_s' \left(\frac{x}{2} - a_s' \right) + E_p (\varepsilon_p + \varepsilon_{pe} - \varepsilon_{c0}) A_p \left(h - a_p - \frac{x}{2} \right) \tag{13-30}$$

则加固梁屈服荷载为

$$P_y = \frac{6M_y}{l_0} \tag{13-31}$$

加固梁屈服荷载计算流程图如图 13-36 所示。

4. 加固梁极限荷载

国内外相关研究均表明，加固梁极限荷载计算方法与其破坏模式有关。破坏模式不同，加固梁的极限荷载计算方法也不同。试验常见破坏模式及在该破坏模式下的极限荷载计算如下所述。

1）混凝土受压破坏模式下的极限荷载计算

加固梁受压破坏时，截面受压区混凝土达到极限压应变。图 13-37（a）所示为混凝土压碎，钢筋未屈服，螺旋肋钢丝未拉断破坏时的截面内力分析，等效矩形应力图形高度系数 β_1 及应力系数 α_1 按照《混凝土结构设计标准》中规定取为 0.8 和 1.0。根据应变相容条件和内力平衡条件可得

$$\varepsilon_s = \frac{h - a_s - x}{x} \varepsilon_{cu}, \quad \varepsilon_s' = \frac{x - a_s'}{x} \varepsilon_{cu}, \quad \varepsilon_p = \frac{h - a_p - x}{x} \varepsilon_{cu} \tag{13-32}$$

$$\alpha_1 \beta_1 f_{cu} b x = E_s \varepsilon_s A_s + E_p (\varepsilon_p + \varepsilon_{pe} - \varepsilon_{c0}) A_p - E_s' \varepsilon_s' A_s' \tag{13-33}$$

联立以上两式，可得受压区高度为

$$x = \frac{-B + \sqrt{B^2 - 4AC}}{2A} \tag{13-34}$$

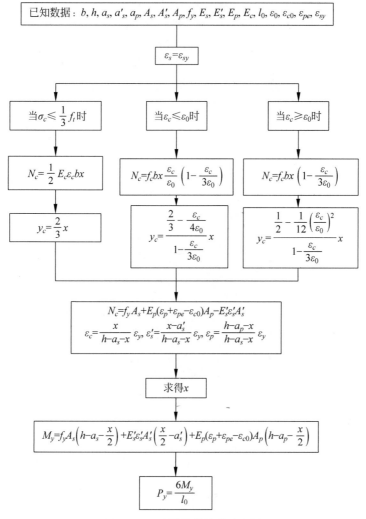

图 13-36　屈服荷载计算流程图

式中：

$$\begin{cases} A = \alpha_1 \beta_1 f_{cu} b \\ B = E_s \varepsilon_{cu} A_s + E_p \varepsilon_{cu} A_p - E_p A_p (\varepsilon_{pe} - \varepsilon_{c0}) + E'_s \varepsilon_{cu} A'_s \\ -C = E_s \varepsilon_{cu} A_s (h - a_s) + E_p \varepsilon_{cu} A_p (h - a_p) + E'_s \varepsilon_{cu} A'_s a'_s \end{cases} \quad (13\text{-}35)$$

可得此时加固梁极限弯矩为

$$M_u = E_s \varepsilon_s A_s \left(h - a_s - \frac{\beta_1}{2} x \right) + E'_s \varepsilon'_s A'_s \left(\frac{\beta_1}{2} x - a'_s \right) + E_p (\varepsilon_p + \varepsilon_{pe} - \varepsilon_{c0}) A_p \left(h - a_p - \frac{\beta_1}{2} x \right) \quad (13\text{-}36)$$

如图 13-37(b)所示为混凝土压碎，钢筋屈服，螺旋肋钢丝未拉断破坏时的截面内力分析，且 $E_s \varepsilon_s = f_y$，则应变相容条件和内力平衡条件可简化为

$$\varepsilon'_s = \frac{x - a'_s}{x} \varepsilon_{cu}, \quad \varepsilon_p = \frac{h - a_p - x}{x} \varepsilon_{cu} \quad (13\text{-}37)$$

$$\alpha_1 \beta_1 f_{cu} b x = f_y A_s + E_p (\varepsilon_p + \varepsilon_{pe} - \varepsilon_{c0}) A_p - E'_s \varepsilon'_s A'_s \quad (13\text{-}38)$$

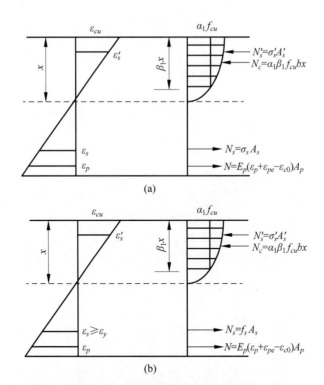

图 13-37　受压破坏内力分析示意图

（a）混凝土压碎，钢筋未屈服；（b）混凝土压碎，钢筋屈服

求得受压区高度为

$$x = \frac{-B + \sqrt{B^2 - 4AC}}{2A} \qquad (13\text{-}39)$$

式中：

$$\begin{cases} A = \alpha_1 \beta_1 f_{cu} b \\ B = -f_y A_s + E_p \varepsilon_{cu} A_p - E_p A_p (\varepsilon_{pe} - \varepsilon_{c0}) + E'_s \varepsilon_{cu} A'_s \\ -C = E_p \varepsilon_{cu} A_p (h - a_p) + E'_s \varepsilon_{cu} A'_s a'_s \end{cases} \qquad (13\text{-}40)$$

可得此时加固梁极限弯矩为

$$M_u = f_y A_s \left(h - a_s - \frac{\beta_1}{2} x\right) + E'_s \varepsilon'_s A'_s \left(\frac{\beta_1}{2} x - a'\right) + E_p (\varepsilon_p + \varepsilon_{pe} - \varepsilon_{c0}) A_p \left(h - a_p - \frac{\beta_1}{2} x\right)$$

$$(13\text{-}41)$$

2）螺旋肋钢丝拉断破坏模式下的极限荷载计算

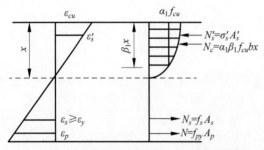

图 13-38　螺旋肋钢丝拉断破坏内力分析示意图

螺旋肋钢丝拉断破坏即预应力螺旋肋钢丝拉断，钢筋屈服，而混凝土未压碎，此时 $\varepsilon_p \geqslant \varepsilon_{pu}$，$\varepsilon_s \geqslant \varepsilon_{sy}$，$\varepsilon_c \leqslant \varepsilon_{cu}$。图 13-38 所示为加固梁螺旋肋钢丝拉断破坏时截面内力分析示意图，由应变相容条件和受力平衡可得

$$\varepsilon'_s = \frac{x - a'_s}{h - a_p - x}\varepsilon_{pu} \tag{13-42}$$

$$\alpha_1\beta_1 f_c bx = f_y A_s + f_{py} A_p - E'_s \varepsilon'_s A'_s \tag{13-43}$$

从而求得

$$x = \frac{-B - \sqrt{B^2 - 4AC}}{2A} \tag{13-44}$$

式中：

$$\begin{cases} A = \alpha_1\beta_1 f_c b \\ -B = \alpha_1\beta_1 f_c b(h - a_p) + f_y A_s + f_{py} A_p + E'_s \varepsilon_{pu} A'_s \\ C = (f_y A_s + f_{py} A_p)(h - a_p) + E'_s \varepsilon_{pu} A'_s a'_s \end{cases} \tag{13-45}$$

可得加固梁螺旋肋钢丝拉断破坏时受弯承载力为

$$M_u = f_y A_s\left(h - a_s - \frac{\beta_1}{2}x\right) + E'_s \varepsilon'_s A'_s\left(\frac{\beta_1}{2}x - a'_s\right) + f_{py} A_p\left(h - a_p - \frac{\beta_1}{2}x\right) \tag{13-46}$$

3）斜截面受剪破坏模式下的极限荷载计算

斜截面受剪破坏形态包括斜压破坏、剪压破坏和斜拉破坏。配置箍筋的有腹筋梁只要截面尺寸合适，箍筋配置数量适当，则剪压破坏是斜截面受剪破坏中最常见的一种破坏形态。对集中荷载作用下的矩形简支梁，斜截面受剪承载力按照《混凝土结构设计标准》斜截面受剪承载力计算公式计算：

$$V_u = V_{cs} = \frac{1.75}{\lambda + 1}f_t bh_0 + f_{yv}\frac{A_{sv}}{s}h_0 \tag{13-47}$$

式中：V_{cs}——斜截面上混凝土和箍筋的受剪承载力设计值；

f_{yv}——箍筋抗拉强度设计值；

A_{sv}——同一截面内箍筋各肢的全部截面面积，$A_{sv} = nA_{sv1}$，其中 n 为同一截面内箍筋的肢数，A_{sv1} 为单肢箍筋的截面面积；

s——沿加固梁长度方向箍筋的间距。

按照试验梁受力分析，得到剪压破坏模式下的极限荷载为

$$P_u = 2V_u$$

4）加固梁界限破坏模式下的极限荷载计算

加固梁界限破坏即混凝土压碎的同时，钢筋屈服，预应力螺旋肋钢丝拉断，此时 $\varepsilon_c = \varepsilon_{cu}$，$\varepsilon_s \geqslant \varepsilon_y$，$\varepsilon_p = \varepsilon_{pu}$。图 13-39 所示为界限破坏截面内力分析示意图，根据力平衡方程

$$\alpha_1\beta_1 f_{cu} bx + f'_{sy} A'_s = f_{sy} A_s + f_{py} A_p \tag{13-48}$$

求得

$$x = \frac{f_{sy} A_s + f_{py} A_p - f'_{sy} A'_s}{\alpha_1\beta_1 f_{cu} b} \tag{13-49}$$

进而求得加固梁界限破坏时受弯承载力

$$M_u = f_y A_s\left(h - a_s - \frac{\beta_1 x}{2}\right) + f_{py} A_p\left(h - a_p - \frac{\beta_1 x}{2}\right) + f'_{sy} A'_s\left(\frac{\beta_1 x}{2} - a'_s\right) \tag{13-50}$$

则极限荷载可由下式求得：

$$P_u = \frac{6M_u}{l_0} \tag{13-51}$$

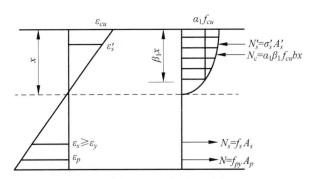

图 13-39　加固梁界限破坏内力分析示意图

因此,加固梁极限荷载计算首先应判断加固梁的破坏模式,再计算该破坏模式下的加固梁极限荷载。加固梁的特征荷载均采用 Fortran 语言编写程序计算。加固梁的特征荷载试验值与理论值对比如表 13-20 所示。

表 13-20　加固梁的特征荷载试验值与理论值对比　　　　　　单位:kN

梁的编号	开裂荷载			屈服荷载			极限荷载		
	试验值	理论值	试验值/理论值	试验值	理论值	试验值/理论值	试验值	理论值	试验值/理论值
B-C30	10.00	9.48	1.05	65.00	70.30	0.92	99.63	81.50	1.22
B-C40	15.00	11.22	1.34	75.00	75.71	0.99	110.00	81.50	1.35
B-C30-10	80.00	89.93	0.89	140.00	139.85	1.00	190.20	178.74	1.06
B-C30-15	85.00	89.79	0.95	140.00	139.55	1.00	197.20	178.75	1.10
B-C30-20	75.00	89.66	0.84	135.00	139.54	0.97	170.59	171.00	1.00
B-C40-10	83.00	93.91	0.88	145.00	142.84	1.02	191.50	203.38	0.94
B-C40-15	85.00	93.74	0.91	145.00	142.82	1.02	220.00	203.35	1.08
B-C40-20	95.70	93.57	1.02	145.00	142.80	1.02	207.70	203.33	0.02

由表 13-20 可计算出,加固梁开裂荷载的试验值与计算值比值的平均值为 0.98,标准差为 0.13,变异系数为 0.14;加固梁屈服荷载的试验值与计算值比值的平均值为 0.99,标准差为 0.04,变异系数为 0.04;加固梁极限荷载的试验值与计算值比值的平均值为 1.10,标准差为 0.13,变异系数为 0.11。计算结果与试验结果吻合较好,由此可见采用本章介绍的理论推导计算方法可以有效计算加固梁正截面承载力。

13.6.4　加固梁预应力损失计算

螺旋肋钢丝在张拉、放张过程中均存在预应力损失,预应力损失计算准确与否直接影响加固梁的抗裂性、裂缝、挠度和反拱值的计算。较大的有效预应力会产生较大的反拱,还可能使加固梁在加载前产生受拉裂缝;反之,较小的有效预应力不能满足加固梁的抗裂性要求。按照标准规定,先张法预应力损失建议取为张拉控制应力的 20%,后张法预应力损失建议取为张拉控制应力的 25%。本试验采用的预应力度为 50%,而本试验预应力施加过程中,采用超张拉,因此预应力损失取为张拉控制应力的 25%。根据实际情况计算本试验中螺旋肋钢丝的预应力损失。

本试验预应力筋的预应力损失主要包括三部分：①预应力筋回缩引起的预应力损失σ_{l1}；②预应力筋放张时混凝土弹性压缩引起的预应力损失σ_{l2}；③预应力筋松弛引起的预应力损失σ_{l3}。

1. 预应力筋回缩引起的预应力损失

这项预应力损失发生在预应力筋锚固瞬间，与锚具的类型有关，根据《混凝土结构设计标准》，其计算公式为

$$\sigma_{l1} = \frac{\sum \Delta l}{l} E_p \tag{13-52}$$

式中：Δl——预应力筋回缩值，本试验钢筋回缩值详见表 13-21；

$\quad\quad l$——预应力筋的有效长度，本试验取为两端锚具之间的距离，见表 13-21；

$\quad\quad E_p$——预应力筋的弹性模量。

表 13-21　预应力筋回缩引起的预应力损失

试验梁编号	预应力筋	预应力筋有效长度 l/mm	预应力筋回缩值 Δl/mm	预应力损失 σ_{l1}/MPa
B-C30-10	第一根	276.5	0.05	37.07
	第二根	275.4	0.05	37.22
B-C30-15	第一根	278.1	0.04	29.49
	第二根	276.6	0.02	14.82
B-C30-20	第一根	276.5	0.03	22.24
	第二根	277.8	0.02	14.76
B-C40-10	第一根	276.7	0.02	14.82
	第二根	276.5	0.05	37.07
B-C40-15	第一根	277.1	0.07	51.79
	第二根	278.9	0.02	14.70
B-C40-20	第一根	278.2	0.05	36.84
	第二根	279.1	0.04	29.38

2. 混凝土弹性压缩引起的预应力损失

预应力筋放张后混凝土受压，产生压应变，此应变引起预应力筋的应力损失，其值计算如下：

$$\sigma_{l2} = \varepsilon_p E_p = \varepsilon_c E_p = \frac{E_p \sigma_c}{E_c} \tag{13-53}$$

式中：E_p——螺旋肋钢丝的弹性模量；

$\quad\quad E_c$——混凝土的弹性模量；

$\quad\quad \sigma_c$——放张时由预压力引起的预应力筋截面中心处混凝土的截面正应力，扣除混凝土预压前的预应力损失，由式 $\sigma_c = E_c \varepsilon_{c0}$ 计算。

3. 预应力筋松弛引起的预应力损失

预应力筋在一定的外力作用下，其变形随时间增长而增加，应力将会随时间降低，即由预应力筋松弛引起预应力损失。这项损失值开始阶段较明显，第一天约完成 80%，以后较稳定，从试验数据也可看出，随时间的增长，变化越来越慢，最后趋于稳定。本试验由于预应力筋张拉后灌注结构胶，需凝固 3d 且分批对内嵌 2 根螺旋肋钢丝施加预应力及放张预应力螺旋肋钢丝后，放置加固梁一段时间再加载，因此此部分预应力损失在本试验中为重要预应

力损失,不可忽略。文献[315]对预应力 CFRP 板松弛所引起的预应力损失计算公式为 $\sigma_{l3}=0.6+0.9\ln T$,文献[121]对预应力 CFRP 板松弛所引起的预应力损失计算公式为 $\sigma_{l3}=4.1+6.2\ln T$,式中 T 为张拉完毕至松弛计算时的时间,单位 h。由此可知预应力筋松弛引起的预应力损失与 T 呈对数分布,按照本试验数据,回归关系式,得跨中预应力筋松弛引起的预应力损失 $\sigma_{l3}=24.18+17.75\ln T$。式中 T 为张拉完毕至松弛计算时的时间,单位 h。由试验数据可知,端部预应力筋预应力损失较跨中预应力损失大,离散性也较大。

　　试验中,预应力筋张拉结束时的记录读数至放张结束时的记录读数之差即为螺旋肋钢丝全部预应力损失的试验值。本试验中预应力螺旋肋钢丝的预应力损失理论计算值与试验值对比见表 13-22。

表 13-22　预应力筋的预应力损失试验值与计算值对比

试验梁编号	筋材	σ_{l1}/MPa	σ_{l2}/MPa	σ_{l3}/MPa	计算值/MPa	试验值/MPa	试验值 计算值
B-C30-10	第一根	37.07	57.44	78.74	173.25	181.91	1.05
	第二根	37.22	57.44	78.26	172.92	195.40	1.13
B-C30-15	第一根	29.49	57.83	72.64	159.96	169.56	1.06
	第二根	14.82	57.83	71.53	144.18	157.16	1.09
B-C30-20	第一根	22.24	58.21	82.00	162.45	201.44	1.24
	第二根	14.76	58.21	81.69	154.66	165.49	1.07
B-C40-10	第一根	14.82	53.52	75.48	143.82	186.97	1.30
	第二根	37.07	53.52	74.74	165.33	181.86	1.10
B-C40-15	第一根	51.79	53.89	81.47	187.15	202.12	1.08
	第二根	14.70	53.89	81.13	149.72	179.66	1.20
B-C40-20	第一根	36.84	54.26	83.57	174.67	174.67	1.00
	第二根	29.38	54.26	83.31	166.95	210.36	1.26

　　由表 13-22 中两种预应力损失值的比较可知,试验值和理论值吻合较好,误差不超过 5%,且试验值均比计算值大,分析原因,是由于试验过程中预应力筋与锚具、混凝土及墩台间的摩擦导致实际预应力损失值增加。且由表可知,预应力损失在 143.82~187.15MPa,而本试验预应力度取 50%,占初始预应力值的 18.32%~23.84%,所以本试验中,预估预应力损失 25%,满足试验要求。

　　从表 13-22 也可看出,本试验的主要预应力损失是由预应力筋松弛引起的,占整个预应力损失值的 43.53%~54.19%,其次是由混凝土弹性压缩引起的,占整个预应力损失值的 28.79%~40.11%,而预应力筋回缩引起的预应力损失值最少,占整个预应力损失值的 9.8%~27.67%。

13.6.5　加固梁变形理论分析

　　内嵌预应力螺旋肋钢丝加固混凝土梁挠度变形和普通预应力混凝土梁一样,由两部分组成:一部分是由预应力产生的反拱 f_1,若考虑到预压应力的长期作用影响,计算反拱值需在式(13-54)f_1 的计算中乘以增大系数 2.0;另一部分是由荷载产生的挠度 f_2,可根据虚功原理和图乘法,求得集中荷载作用下简支加固梁最大挠度(跨中位置处),利用式(13-54)计算。则加固梁的实际挠度 $f=f_2-f_1$。本试验由于条件限制未量测反拱值,试验结果仅为荷载引起的挠度。

$$f_1 = \frac{N_p e_{p0} l^2}{8B}, \quad f_2 = \frac{23Pl^3}{1296B} \tag{13-54}$$

式中：B——梁截面抗弯刚度。加固梁为非均质非弹性材料，它的截面抗弯刚度是一变量。加固梁截面刚度计算见下文；

N_p——扣除预应力损失后的预压力；

e_{p0}——预压力 N_p 的作用点至截面形心轴之间的距离。

由于加固梁截面抗弯刚度是变化的，应首先对加固梁的刚度进行分析。根据文献[29]所述，目前对加固梁刚度主要有三种分析方法：忽略受拉混凝土的截面分析方法、解析刚度法及有效惯性矩法。本章采用解析法对内嵌预应力螺旋肋钢丝加固混凝土梁开裂后的截面刚度进行分析。

当加固梁截面尺寸和材料确定后，梁的抗弯刚度 $E_c I_0$ 为定值。混凝土开裂前，加固梁处于弹性工作阶段，在梁的纯弯段内，混凝土压应变及钢筋应变沿梁长近似均匀分布；混凝土开裂后，裂缝截面的应力全由钢筋和预应力筋承担，因此筋材应变增量最大，随着外载的增大，拉区混凝土裂缝陆续出现，直至裂缝间距趋于稳定，裂缝在纯弯段近乎等间距分布。整个解析过程表明，钢筋和预应力筋应变增量沿梁长是非均匀分布的，在开裂截面应变达到峰值，裂缝中间其应变较小；随着外荷载的增大，开裂截面处钢筋及预应力筋的应变增量也逐渐增大，裂缝处混凝土参与受拉程度减小，开裂截面钢筋及预应力筋的应变逐渐接近裂缝间的平均应变，且逐渐趋于稳定；且随着外荷载的增大，纯弯段内加固梁的中性轴高度逐渐上移，待裂缝稳定后，中性轴上移速度减小，平均中性轴高度逐渐趋于稳定。

1. 刚度计算

基于上述加固梁开裂后的应变分布特点，根据几何关系、物理关系和平衡关系建立刚度计算公式。

（1）加固梁开裂前，截面符合弹性材料特征，考虑混凝土的塑性特征，加固梁开裂前刚度可按下式取值：

$$B = 0.85 E_c I_0 \tag{13-55}$$

式中：E_c——混凝土弹性模量；

I_0——加固梁换算截面惯性矩。

（2）加固梁开裂后刚度计算按照文献[312]的推导结果，由式（13-56）计算：

$$B = \begin{cases} \dfrac{h_s}{\dfrac{\psi}{E_s W_{s1}} + \dfrac{1}{\nu E_c E_{c1}}}, & \sigma_c \leqslant \dfrac{1}{3} f_c \\[4mm] \dfrac{h_s}{\dfrac{\psi}{E_s W_{s2}} + \dfrac{1}{\nu E_c E_{c2}}}, & \varepsilon_c \leqslant \varepsilon_0 \\[4mm] \dfrac{h_s}{\dfrac{\psi}{E_s W_{s3}} + \dfrac{1}{\nu E_c E_{c3}}}, & \varepsilon_c > \varepsilon_0 \end{cases} \tag{13-56}$$

式中：ψ——钢筋应变不均匀系数；

ν——混凝土的泊松比；

W_{s1}、W_{s2}、W_{s3}、W_{c1}、W_{c2}、W_{c3}——加固梁的抗弯截面模量,均可由试验梁内力分析确定。

2. 反拱值计算

加固梁在预应力作用下产生反拱,本试验未考虑长期作用,其反拱挠度按照式(13-54)计算。由于本试验没有测量试验梁的反拱值,因此采用 ANSYS 有限元软件对试验梁进行数值模拟,并提取模拟结果与理论值进行对比。

3. 挠度计算

为不影响结构的使用性能,需要对结构构件在正常使用荷载下的最大挠度值进行控制。《混凝土结构设计标准》规定,计算跨度小于 7m 的受弯构件允许挠度值为 $[f] = l_0/200 = 10.5\text{mm}$,按式(13-54)计算内嵌预应力螺旋肋钢丝混凝土梁仅荷载作用下的挠度 f_2,计算结果与试验结果如表 13-23 所示。

表 13-23　试验梁正常使用极限状态下的挠度计算值与试验值比较

试验梁编号	挠度/mm		试验值/计算值
	试验值	计算值	
B-C30-10	5.04	5.02	1.00
B-C30-15	5.49	5.11	1.07
B-C30-20	5.94	4.38	1.36
B-C40-10	4.81	4.33	1.11
B-C40-15	4.32	4.33	0.98
B-C40-20	4.50	4.47	1.01

注:试验挠度值为纵筋屈服时加固梁的跨中挠度值。

由表 13-23 数据可知,正常使用极限状态下加固梁的挠度试验值和理论值吻合较好,平均误差为 10.88%,证明采用本章挠度计算方法能有效计算内嵌预应力螺旋肋钢丝加固梁的挠度。且从表 13-23 可知,正常使用极限状态下试验梁的挠度在 4.32～5.94mm 之间,远小于规范值 10.5mm,由此可知,只要保证试验梁正常使用荷载小于屈服荷载,就能保证试验梁正常使用极限状态下的挠度限值要求。

由于本试验反拱值未测量,故试验结果无法真正体现加固梁实际挠度,本节采用 ANSYS 有限元软件模拟试验加固梁,将模拟结果与理论值进行对比。

13.6.6　加固梁裂缝计算

混凝土的抗拉强度很低,在较小拉应力下就可能出现裂缝,而过大的裂缝会影响结构的观瞻,诱发钢筋锈蚀,影响结构的耐久性。本节根据《混凝土结构设计标准》中关于普通预应力钢筋混凝土梁裂缝宽度的计算公式,结合内嵌预应力螺旋肋钢丝混凝土梁的特点,按下式计算加固梁最大裂缝宽度:

$$\omega_{\max} = \alpha_{cr} \psi \frac{\sigma_{sk}}{E_s} \left(1.9c + 0.08 \frac{d_{eq}}{\rho_{te}} \right) \tag{13-57}$$

式中:α_{cr}——构件受力特征系数,对于短期作用下预应力混凝土受弯构件取 1.411;

ψ——裂缝间纵向钢筋应变不均匀系数,$\psi = 1.1 - 0.65 \dfrac{f_{tk}}{\rho_{te}\sigma_{sk}}$;

σ_{sk}——预应力混凝土构件纵向钢筋等效应力，$\sigma_{sk}=\dfrac{M_k-N_p(z-e_p)}{(A_p+A_s)z}$；

ρ_{te}——根据有效受拉混凝土截面面积计算的纵筋配筋率，$\rho_{te}=\dfrac{A_s+A_p}{A_{te}}$；

z——纵筋和螺旋肋钢丝合力点至截面受压区合力点的距离，$z=\left[0.87-0.12\left(\dfrac{h_0}{e}\right)^2\right]h_0$；

e——轴向压力作用点至纵向受拉钢筋合力点的距离，$e=e_p+\dfrac{M_k}{N_p}$；

e_p——混凝土法向预应力等于零时全部螺旋肋钢丝和非预应力钢筋的合力 N_p 的作用点至螺旋肋钢丝和非预应力钢筋合力点的距离；

A_s、A_p——纵筋、螺旋肋钢丝的截面面积；

A_{te}——有效受拉混凝土截面面积，本试验梁为受弯构件，取 $A_{te}=0.5bh$；

c——最外层纵向受拉钢筋外缘至受拉区底边的距离，$c\leqslant20\text{mm}$ 时，取 $c=20\text{mm}$；

d_{eq}——受拉区纵向钢筋等效直径，$d_{eq}=\dfrac{n_1d_1^2+n_2d_2^2}{n_1\nu_1d_1+n_2\nu_2d_2}$；

d_1、d_2——纵向钢筋、螺旋肋钢丝的公称直径；

n_1、n_2——纵向钢筋、螺旋肋钢丝的根数；

ν_1、ν_2——纵向钢筋、螺旋肋钢丝的相对黏结特性系数，本试验分别取为 1.0、0.8。

按照上述公式进行裂缝宽度计算，最大裂缝宽度计算值与试验值对比如表 13-24 所示。

表 13-24　最大裂缝宽度计算值与试验值对比

试验梁编号	最大裂缝宽度/mm		试验值/计算值
	试验值	计算值	
B-C30-10	1.4	1.31	1.07
B-C30-15	1.6	1.42	1.13
B-C30-20	1.2	1.20	1.00
B-C40-10	1.2	0.90	1.33
B-C40-15	1.1	0.96	1.15
B-C40-20	2.0	1.75	1.14

从表 13-24 可以发现：裂缝宽度的理论计算值与试验值吻合较好，平均误差为 13.67%，且开槽宽度越大，裂缝宽度的计算结果与实测值越接近。

13.6.7　加固梁预应力水平分析

为了简化对最优预应力水平的分析计算过程，我们在试验的基础上对截面应力、应变分析做如下假定：

（1）在下述各界限破坏模式下，混凝土受压区边缘应变均达到 0.0033，受压区应力图饱满；

（2）中性面以下混凝土不受拉，混凝土及梁中箍筋、黏结胶不对纵筋及螺旋肋钢丝应变产生影响；

（3）预应力施加所产生的针对混凝土和纵筋的初始压应变忽略不计，截面满足平截面假定；

（4）受压区钢筋对截面应力-应变的影响忽略不计,视受压区为纯混凝土。

截面应变关系如图 13-40 所示。

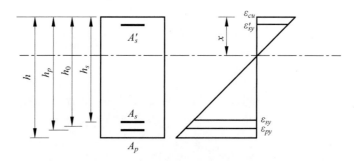

图 13-40　截面应变关系图

1. 预应力度水平上限分析

当施加过大预应力时,预应力筋材会先于纵筋屈服,这种模式破坏前征兆不明显,破坏显脆性,应予以避免。我们取其界限情况分析,对应的度值即为最大预应力度值 $P_{\max}$。

设界限情况下,纵筋和螺旋肋钢丝同时屈服,然后混凝土被压碎。根据上述假定,可得

$$\frac{h_s - x}{h_p - x} = \frac{\varepsilon_s}{\varepsilon'_p} = \frac{\sigma_s/E_s}{\sigma'_p/E_p} \tag{13-58}$$

则

$$\sigma'_p = \sigma_s = \frac{E_s(h_p - x)}{E_p(h_s - x)} \tag{13-59}$$

$$P_{\max} = \frac{\sigma_{pb} - \sigma'_p}{\sigma_{pb}} \times 100\% \tag{13-60}$$

将前面所求受压区高度等其他参数代入上式,即可求出预应力度上限。

2. 预应力度水平下限分析

当混凝土梁强度相对偏低时,混凝土构件梁会优先在受压区混凝土发生破坏。当施加适当预应力后,可使混凝土梁各特征荷载整体上升。在此我们定义最小预应力度值 $P_{\min}$ 为避免混凝土优先破坏的度值。

为有效提高预应力筋材强度利用率,我们假定钢筋屈服完成一段时间后,混凝土达到极限压应变,预应力筋材屈服。由几何关系可得

$$\frac{\varepsilon_{cu}}{\varepsilon'_p} = \frac{x}{h_p - x} \tag{13-61}$$

$$\sigma'_p = \frac{\varepsilon_{cu} E_p (h_p - x)}{x} \tag{13-62}$$

$$P_{\min} = \frac{\sigma_{pb} - \sigma'_p}{\sigma_{pb}} \times 100\% \tag{13-63}$$

同理可代入已知量求出预应力度下限。

经过计算可以得到一个预应力施加范围。对于由上述公式得到的预应力范围,由于计算模型的简化,只可作为实际应用中的参考控制条件,具体应用时要更保守,以便留下足够

的安全储备。

3. 不同混凝土强度等级条件下最优预应力水平探讨

对于不同混凝土强度等级条件下的最优预应力,在此只做定性分析。

试验结果显示,对于较低等级的混凝土强度,其最优预应力水平要高于高强度等级的混凝土梁,理论分析如下:

当受弯构件各材料性能只有混凝土存在差异时,一般较低的混凝土强度对应着较低的受压区高度,其对应的中性面位置偏上。现规定在低强度混凝土梁中纵筋距中性面距离为H,在较高强度混凝土梁中为h,纵筋与预应力筋的间距为a。

由应变几何关系可以得出:在低强度混凝土梁中,

$$\frac{H}{H+a}=\frac{\varepsilon_{sy}}{\varepsilon_p}$$

在高强度混凝土梁中,

$$\frac{h}{h+a}=\frac{\varepsilon_{sy}}{\varepsilon'_p}$$

其中ε_p、ε'_p分别为纵筋屈服时各预应力筋的应变。由于$H>h$,则

$$\frac{H}{H+a}-\frac{h}{h+a}=\frac{(H-h)a}{(H+a)(h+a)}>0 \qquad (13\text{-}64)$$

$$\frac{\varepsilon_{sy}}{\varepsilon_p}>\frac{\varepsilon_{sy}}{\varepsilon'_p} \qquad (13\text{-}65)$$

当纵筋都屈服时,很明显较低强度等级混凝土梁中螺旋肋钢丝应力-应变较小。所以,对于低强度的混凝土梁而言,选用较大的预应力,对提高其屈服荷载是较为有益的。如图 13-41 所示为不同混凝土强度应变对比图。

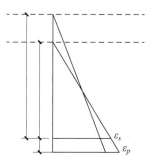

图 13-41　不同混凝土强度应变对比图

13.7　内嵌预应力螺旋肋钢丝加固 RC 梁反拱有限元数值模拟

有限元分析的思路是将一个连续体通过有限单元离散后变成离散体,分析单元力学特性,建立每个单元的刚度方程,然后再连接各单元,建立整个结构的平衡方程组,引入各种边界条件求解,获得结构在各节点位移,进而求得单元的位移、应变、应力。

目前专门模拟混凝土本构模型的有限元软件很多,如 ANSYS、ADINA、ABAQUS、MSC. Marc 等,其中 ANSYS 是融结构、传热学、流体、电磁、声学和爆破分析于一体,具有强大的前后处理及计算分析能力,能够同时模拟结构、热、流体、电磁以及多种物理场间耦合效应的软件。ANSYS 在分析结构加固领域得到了普遍应用,且在众多高校和其他科研机构中,应用相对其他软件较为成熟,能提供更多的参考书籍。同时 ANSYS 还在 Solid45 单元基础上考虑混凝土的特性专门为混凝土研发了 Solid65 单元,能很好地模拟混凝土中加固材料及材料的开裂、压碎、塑性变形和蠕变,并已广泛应用于机械制造、石油化工、轻工、造船、航空航天、汽车交通、电子、土木工程、水利、铁道、日用家电、生物医学等众多领域。实践也表明,ANSYS 软件能有效实现钢筋混凝土结构的非线性有限元分析,本节采用

ANSYS 10.0 作为有限元分析软件。

ANSYS 提供了两种工作模式：人机交互模式（GUI）和命令流输入模式（APDL）。APDL 参数化设计语言可实现参数化的建模、划分网格、材料定义、加载和边界条件定义、分析控制求解和结果后处理，使得分析问题便捷，更具有大众化的特点。本节分析研究了文献[314]中的预应力混凝土模拟实例，采用 ANSYS 的 APDL 语言，编写了内嵌预应力螺旋肋钢丝加固混凝土梁的 ANSYS 命令流文件，对其进行有限元分析。

ANSYS 分析问题的步骤包括建立模型、划分网格、预应力模拟、加载及求解以及结果后处理。

13.7.1 建立模型

建立模型首先进行单元选取及设置、实常数和材料性能定义，通过建立关键点，点连面，面延伸成体，建立混凝土单元、钢筋单元、胶层单元、螺旋肋钢丝和弹性垫块单元（均采用参数化设计语言 APDL 操作）。

1. 单元选取及设置

1）混凝土

本节混凝土采用 Solid65 单元，它是 ANSYS 针对混凝土材料抗拉强度远小于其抗压强度的特点专门开发的一种三维实体单元，可以模拟混凝土开裂、压碎、塑性变形和蠕变的能力及混凝土中的加固材料。

用非线性有限元软件进行结构分析，首先必须有一个恰当描述材料性能的本构关系（即应力-应变关系）以及合理的破坏准则。本节试验材料的应力-应变关系如图 13-42 所示。

本节的混凝土破坏准则采用 Willam-Warnke 五参数准则，参数分别为单轴极限抗拉强度 f_t，单轴极限抗压强度 f_c，等效双轴抗压强度 f_{cb}，静水压力下的双轴抗压强度 f_1 和静水压力下的单轴抗压强度 f_2。由于本节的模拟试验静水压力很小，只需确定单轴抗压和抗拉强度两个参数，其余参数采用软件系统默认值（$f_{cb}=1.2f_c$，$f_1=1.45f_c$，$f_2=1.725f_c$）。裂缝出现后，混凝土本构关系发生变化，引入剪力传递系数来模拟剪切力的损失，取裂缝闭合时系数 $\beta_c=0.95$，$\beta_t=0.5$。

2）钢筋和螺旋肋钢丝

本节采用分离式钢筋混凝土梁模型，需要选取模拟钢筋的单元。Link8 单元为二节点三维杆单元，主要承受轴力，模拟塑性、蠕变、应力刚化和大变形等，可以有效模拟钢筋，这已被大多数参考书籍及实践证实。本节采用 Link8 单元模拟钢筋（包括纵向受拉钢筋、箍筋和架立筋）和螺旋肋钢丝。试验材料应力-应变关系如图 13-42 所示。

3）集中荷载和支座处垫块

直接将荷载加在 Solid65 单元节点上会引起应力奇异，引起加载点过早开裂或压碎，造成收敛困难。集中荷载作用处同样会引起应力集中，计算不收敛，本试验在集中荷载作用处和支座处均设置弹性垫块（垫块的尺寸（长×宽×高）为 150mm×100mm×10mm），类似于加固梁加载试验中的刚性垫块。弹性垫块采用 Solid45 单元。

4）胶黏剂

本试验采用的胶黏剂为 JCN 型树脂类建筑结构胶，目前 ANSYS 软件模拟加固构件胶黏剂均表明 Solid45 单元使有限元模型更加符合加固梁的实际状况，并且可以研究与胶黏

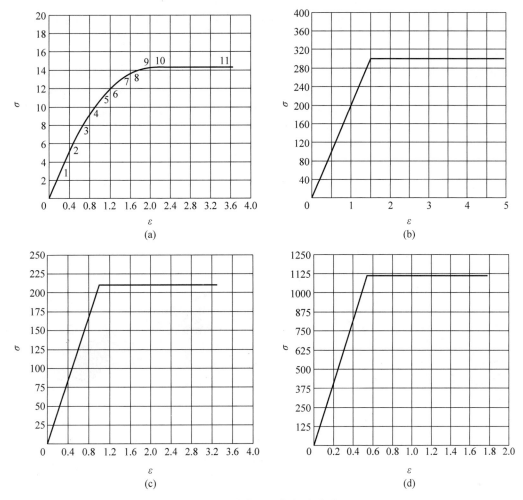

图 13-42　试验材料应力-应变关系

（a）混凝土应力-应变关系；（b）钢筋应力-应变关系；（c）架立筋和箍筋应力-应变关系；（d）螺旋肋钢丝应力-应变关系

剂相关参数对加固效果的影响,且便于提取胶黏剂单元的计算结果,所以本试验采用 Solid45 单元模拟胶黏剂。

　　根据相关文献[316],通过对比考虑及不考虑预应力 FRP 筋与混凝土之间的黏结滑移可知,两者对计算结果的影响不大,其误差约为 1%,两种方法均能够满足实际工程应用的精度要求。本试验利用 ANSYS 的耦合功能,实现材料界面共用节点和节点位移滑移,不考虑普通钢筋、混凝土、螺旋肋钢丝和结构胶不同材料界面的黏结滑移。

2. 材料性质

　　本试验采用《混凝土结构设计标准》规定的强度设计值。混凝土应力-应变关系通过一系列数据点输入,采用多线性等向强化模型 MISO 模拟。钢筋和螺旋肋钢丝的应力-应变关系采用理想弹塑性模型,采用双线性等向强化模型 BISO 模拟。加固材料输入参数如表 13-25 所示,建立的有限元模型如图 13-43 所示。

表 13-25　试验梁材料输入参数一览表

材料名称	单元类型	材料类型	泊松比	弹性模量/MPa	抗拉强度/MPa	抗压强度/MPa	面积/mm²
C30 混凝土	1	1	0.2	3.0×10^4	1.43	14.3	—
C40 混凝土	1	1	0.2	3.25×10^4	1.71	19.1	—
纵筋	2	2	0.3	2.0×10^5	556	—	153.9
架立筋	3	3	0.3	2.1×10^5	490	—	50.3
箍筋	4	3	0.3	2.1×10^5	490	—	—
螺旋肋钢丝	5	4	0.3	2.05×10^5	1570	—	38.5
环氧树脂	6	5	0.25	3.8×10^3	33.1	78.8	—
弹性垫块	7	6	0.3	2.0×10^5	—	—	—

注：表中"—"表示本试验中 ANSYS 软件未输入的参数。

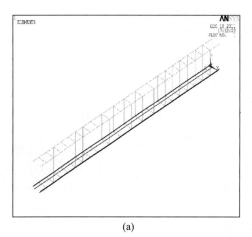
(a)

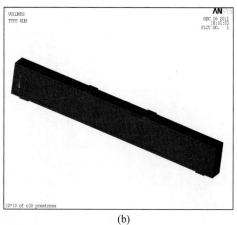
(b)

图 13-43　试验梁有限元模型

(a) 筋材；(b) 几何模型

13.7.2　划分网格

网格密度即单元尺寸大小，单元尺寸越小，越容易造成应力集中，从而造成开裂过早。文献[317]指出，当有限元模型最小单元尺寸大于 50mm 时，收敛结果较好。本试验所有单元网格尺寸设定为 50mm，采用映射网格划分的方法，分别对加固材料进行网格划分。图 13-44 所示为划分网格后的有限无模型图。

13.7.3　预应力模拟

预应力混凝土结构的传统有限元分析方法有等效荷载法和实体力筋法两种[318]。等效荷载法是将预应力筋的作用以荷载的形式作用于结构；实体力筋法则用不同的单元模拟预应力筋和混凝土，通过不同的方法施加预应力，能较为详尽地分析预应力混凝土结构的力学行为。

等效荷载法的优点：建模简单，不必考虑预应力筋的具体位置直接建模，网格划分简单；对结构在预应力作用下的整体效应较易求得，在超静定结构分析中显出优越性。等效荷载法的缺点：无法真正反映预应力混凝土结构在外荷载作用下的变形行为；难以求得结构细部受力行为；张拉过程难以模拟，且无法模拟预应力损失。实体力筋法消除了等效荷

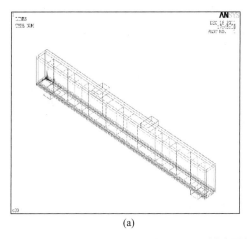
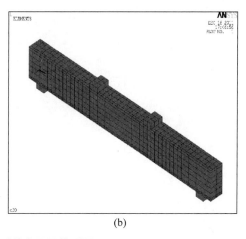

(a)　　　　　　　　　　　　　　　　　(b)

图 13-44　划分网格后的有限元模型图

（a）网格划分后的筋材；（b）网格划分后的模型

载法的缺点，对预应力混凝土结构的应力分析能够精确地模拟。因此本试验采用实体力筋法模拟预应力。

实体力筋法在力学模型上有三种处理方法：实体切分法、节点耦合法和约束方程法。由于本试验的内嵌预应力螺旋肋钢丝加固梁结构简单，螺旋肋钢丝位置精确，因此采用节点耦合法建立模型，即先按混凝土梁、钢筋、螺旋肋钢丝的几何尺寸创建几何模型，对其进行单元划分，然后采用耦合节点自由度将螺旋肋钢丝与实体单元联系起来。

预应力的模拟方法有升温法（或称降温法）和初应变法。升温法是通过对预应力筋的单元实施升温，从而模拟预应力筋的预应力。这种方法简单，同时可以模拟预应力损失。初应变法是通过对预应力筋设置初应变，从而模拟预应力。这种方法通常不能考虑预应力损失，否则每个单元的实常数各不相同，工作量较大。为分析预应力损失，本试验采用升温法模拟螺旋肋钢丝的预应力，根据式（13-66）对螺旋肋钢丝施加升温载荷[319]，如同对其进行张拉，使得螺旋肋钢丝产生预拉应力。由于螺旋肋钢丝与混凝土黏结在一起，混凝土会阻止螺旋肋钢丝张拉，从而在混凝土内产生预压力。

$$T = \frac{\sigma_p}{E_p \alpha_{lp}} \tag{13-66}$$

式中：T——温度荷载值，℃；

σ_p——螺旋肋钢丝预加应力，本试验值为 981.25MPa；

E_p——螺旋肋钢丝的弹性模量，本试验取 2.05×10^5 MPa；

α_{lp}——螺旋肋钢丝的线膨胀系数，本试验取为 $1 \times 10^{-5}/℃$。

所有操作均采用 APDL 实现。

13.7.4　加载及求解

ANSYS 中荷载分为 6 类：DOF（自由度）约束、Force（力）、Surface load（表面荷载）、Body load（体积荷载）、Inertia load（惯性荷载）和 Coupled-field load（耦合场荷载）。本试验的荷载包括 DOF 约束、Surface load 和 Body load。

DOF 约束设置为：本试验采用整体模型进行有限元分析，约束一支座垫块底面中线上节点的竖向位移和横向位移,约束另一支座垫块底面中线上节点的竖向位移。

加固梁施加约束后,即可在加固梁上施加荷载(Surface load 和 Body load)。为模拟整个加固梁,本试验中由于不存在二次受力问题,设定 1 个荷载步,采用多级荷载步逐渐递增的加载方式。时间步 1 设定为施加温度荷载,时间步 2 设定为施加外载。基于国内专家的相关研究[318],采用初始荷载子步数为 200,最小子步为 200,最大子步为 20000,最大平衡迭代次数为 100。采用位移收敛准则,收敛容差控制在 5% 之内。关闭大变形开关,打开非线性选项等,对加固梁进行求解。

13.7.5　结果后处理

后处理是指检查并分析求解结果的相关操作。ANSYS 有两个后处理器:POST1(通用后处理器)和 POST26(时间历程后处理器)。

POST1 查看整个模型在某一荷载步和子步(或对某一特定时间点或频率)的结果;POST26 查看模型某一节点的某一结果项相对于时间、频率或其他结果项的变化。

本试验加固梁模拟结果主要提取加固梁最后一级荷载子步对应的反拱值及挠度,加固梁反拱变形模拟结果如图 13-45 所示。将加固梁反拱值模拟结果与理论值(反拱值)进行对比,如表 13-26 所示。

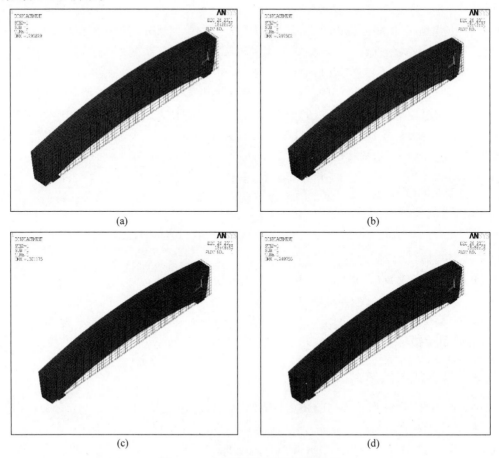

(a)　　　　　　　　　　　　　　　(b)

(c)　　　　　　　　　　　　　　　(d)

图 13-45　加固梁反拱变形模拟结果

(a) B-C30-10;(b) B-C30-15;(c) B-C30-20;(d) B-C40-10;(e) B-C40-15;(f) B-C40-20

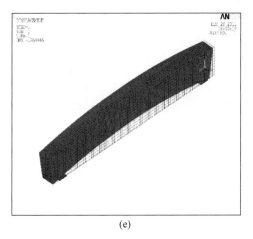
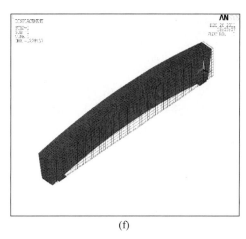

(e)　　　　　　　　　　　　　　　　(f)

图 13-45　（续）

表 13-26　加固梁反拱模拟值与理论值对比

试验梁编号	反拱值/mm		模拟值/理论值
	理论值	模拟值	
B-C30-10	0.300	0.294	0.98
B-C30-15	0.301	0.298	0.99
B-C30-20	0.302	0.301	1.00
B-C40-10	0.279	0.250	0.90
B-C40-15	0.280	0.264	0.94
B-C40-20	0.281	0.279	0.99

由表 13-26 可知,加固梁反拱的模拟值与理论值吻合较好,平均误差为 0.97,且模拟值较理论值小,主要原因是理论分析中由材料力学和结构力学求解出的结果是初等梁理论,而不是精细的空间分析;而 ANSYS 分析采用实体单元,属于空间精细分析,实体单元显然分块大,太小了计算机无法求解,大了则由于变形的协调性差,所以实体单元计算结果就空间分析本身来说也与理论值有误差。但总的来说,本试验梁的反拱模拟值与理论值吻合较好。

13.8　内嵌 CFRP 筋-预应力螺旋肋钢丝加固 RC 梁试验研究

虽然用碳纤维筋加固混凝土梁的效果是比较明显的,但由于碳纤维筋价格较高,加固成本较高,且目前锚具的研发还不太完善,所以还没有普遍推广。因此,作者将碳纤维筋与螺旋肋钢丝结合使用,使二者的优缺点互补来加固混凝土梁。

13.8.1　试验参数

试验考虑的研究参数有预应力水平、施加预应力筋的数量。预应力水平:在加固量相同的情况下,施加不同的预应力水平,考察构件可能发生的破坏模式。本试验选取的预应力水平为螺旋肋筋极限抗拉强度的 30%、45%、60%。施加预应力筋的数量:在相同加固量的情况下，内嵌两根 CFRP 筋，一根预应力螺旋肋筋；内嵌一根 CFRP 筋，两根预应力螺旋肋筋。研究不同组合对被加固构件受力性能的影响。

13.8.2　加固方案

在实际工程中，加固构件已经使用一段时间，加固后构件属于二次受力。本试验在加固过程中需要在试验梁的表面进行开槽，不适合加固构件二次受力的加固方式，因此，所有构件均采用一次受力的加固方式。

为了研究内嵌预应力螺旋肋筋-CFRP 筋对加固梁抗弯性能的影响，并与未加固梁及内嵌螺旋肋筋加固混凝土梁和内嵌碳纤维筋加固混凝土梁作比较，以及施加的预应力水平（30％、45％、60％）和施加预应力筋的数量对加固效果的影响，试验梁分三组：

第一组：对比梁（DB 梁，未加固）。

第二组：内嵌一根预应力螺旋肋筋，两根碳纤维筋（BF2P1 系列，施加预应力水平为30％、45％、60％）。

第三组：内嵌两根预应力螺旋肋筋，一根碳纤维筋（BF1P2 系列，施加预应力水平为30％、45％、60％）。

试验梁开槽的位置和尺寸示意图如图 13-46 所示，加固方案如图 13-47、图 13-48 所示。

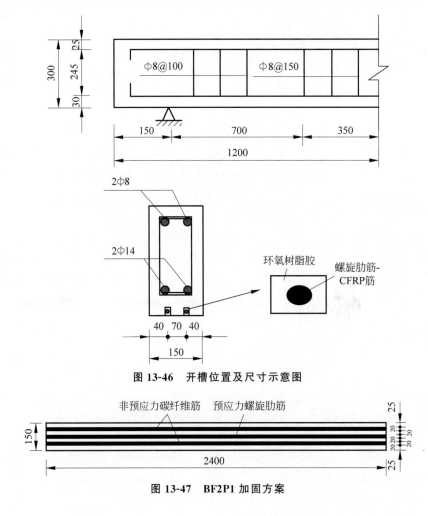

图 13-46　开槽位置及尺寸示意图

图 13-47　BF2P1 加固方案

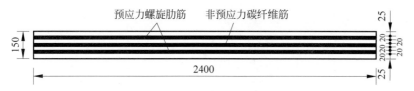

图 13-48　BF1P2 加固方案

试验梁设计如表 13-27 所示。

表 13-27　试验梁主要参数表

构件编号		加固量(加固材料直径×根数)	预应力水平/%	梁的根数/根
对比梁	DB	—	—	1
嵌入式加固梁	BF2P1	$\phi7\text{mm}\times3$	30	1
	BF2P1	$\phi7\text{mm}\times3$	45	1
	BF2P1	$\phi7\text{mm}\times3$	60	1
	BF1P2	$\phi7\text{mm}\times3$	30	1
	BF1P2	$\phi7\text{mm}\times3$	45	1
	BF1P2	$\phi7\text{mm}\times3$	60	1

注：开槽宽度和深度均为 20mm，槽间净距均为 20mm，槽距梁边距均为 25mm，每根螺旋肋筋和碳纤维筋长度均为 2400mm。

13.8.3　试验过程

1. 预应力螺旋肋筋的固定和张拉

（1）将试验梁吊置于支座中间，然后调整好梁的位置；

（2）把螺旋肋筋放置于槽中，调整好位置（距离槽底约 1/3 处）；

（3）安装锚具，然后对螺旋肋筋进行张拉，张拉到要求的预应力大小。

预应力螺旋肋筋张拉、注胶、抹平如图 13-49 所示，加固后试件如图 13-50 所示。

图 13-49　张拉、注胶、抹平

图 13-50　加固后的试件

2. 试验梁放张

试验梁养护完成后，进行放张。放张时采用 XL-20101B5 静态应变仪测量放张前后预应力螺旋肋筋端部及跨中的应变损失。同时在梁放张过程中，用百分表测量梁的跨中反拱情况。试验过程除添加以上两项，其他都与内嵌碳纤维筋抗弯试验过程和内嵌螺旋肋筋抗弯试验过程一样，此处不再赘述。

13.8.4 结果分析

1. 正截面承载力

表 13-28 列出了 DB 梁、BS 系列梁、BF 系列梁、BF2P1 系列梁、BF1P2 系列梁的静载试验结果。

表 13-28　各系列加固梁试验结果对比

梁编号	开裂荷载 N_{cr}/kN	开裂弯矩 M_{cr}/(kN·m)	屈服荷载 N_y/kN	屈服弯矩 N_y/(kN·m)	极限荷载 N_u/kN	极限弯矩 M_u/(kN·m)	极限荷载提高率/%
DB	30	10.50	93	32.55	110	38.50	—
BS1	25	8.75	80	28.00	133	46.55	20.91
BS2	25	8.75	110	38.50	170	59.50	54.55
BS3	30	10.50	115	40.25	210	73.50	90.91
BF1	25	8.75	140	49.00	188	65.80	70.91
BF2	30	10.50	150	52.50	225	78.75	104.55
BF3	30	10.50	160	56.00	238	83.30	116.36
BF2P1-30	45	15.75	180	63.00	297	103.95	170.00
BF2P1-45	60	21.00	200	70.00	301	105.35	173.60
BF2P1-60	70	24.50	220	77.00	293	102.55	166.40
BF1P2-30	56	19.60	123	43.05	209	73.15	90.00
BF1P2-45	65	22.75	140	49.00	202	70.70	83.60
BF1P2-60	70	24.50	160	56.00	190	66.50	72.70

由表 13-28 可知,与对比梁(DB 梁)相比,施加预应力的加固梁(BF2P1 系列梁和 BF1P2 系列梁)的开裂荷载、屈服荷载、极限荷载提高都非常明显,开裂荷载提高幅度为 50%~133.33%,屈服荷载提高幅度为 50.54%~136.56%,极限荷载提高幅度为 72.20%~173.60%;从表 13-28 和图 13-51 中可以看出荷载提高率并不随预应力度的增加而增加,也不随施加预应力材料的加固量增加而增加,而是存在最佳的预应力水平与预应力材料加固量;BF2P1

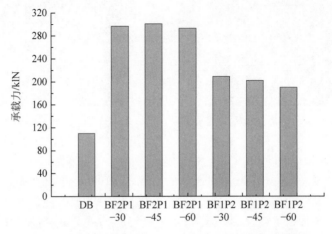

图 13-51　采用不同预应力加固混凝土梁的极限承载力

系列梁比 BS 系列梁的开裂荷载提高 $50\%\sim180\%$,屈服荷载提高 $56.52\%\sim100\%$,极限荷载提高 $39.52\%\sim126.32\%$;BF2P1 系列梁比 BF 系列梁的开裂荷载提高 $50\%\sim180\%$,屈服荷载提高 $12.5\%\sim57.14\%$,极限荷载提高 $23.11\%\sim60.11\%$;BF1P2 系列梁比 BS 系列梁的开裂荷载提高 $86.87\%\sim180\%$,屈服荷载提高 $6.96\%\sim50\%$,极限荷载提高 $11.76\%\sim57.14\%$;BF1P2 系列梁比 BF 系列梁的开裂荷载提高 $86.87\%\sim180\%$,屈服荷载和极限荷载没有明显提高。由此可以看出,施加预应力的加固梁比未施加预应力的单一材料加固梁的荷载有大幅提高,但 BF1P2 系列梁的荷载提高不明显。因此,用 BF2P1 系列梁加固混凝土梁效果最好,其次是 BF 系列梁,其中在 BF2P1 系列梁中施加预应力水平为 45%时,加固效果最好。

2. 挠度变化分析

将各系列梁的荷载-挠度(N-f)曲线绘于图 13-52。可以看出,内嵌 CFRP 筋-预应力螺旋肋筋加固混凝土梁能够大幅提高开裂荷载、屈服荷载和极限荷载。由于对螺旋肋筋施加预应力,放张时会使梁产生一定的反拱,所以加载过程中,一部分荷载首先作为消压荷载作用于梁上,因此延迟了加固梁的开裂。随着初始预应力的增加,BF2P1-30 和 BF1P2-30 的开裂荷载、屈服荷载与同一系列梁相比较小;BF2P1-45 和 BF1P2-45、BF2P1-60 和 BF1P2-

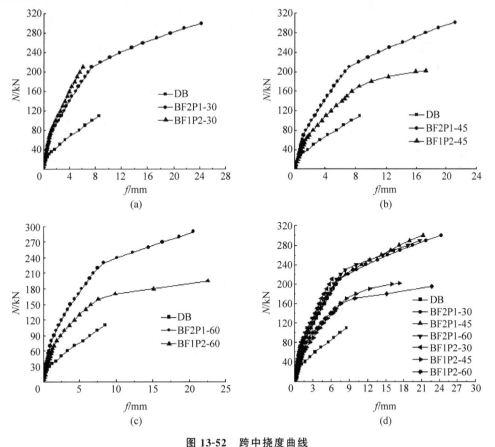

图 13-52 跨中挠度曲线

(a) DB 梁和预应力水平为 30%系列梁;(b) DB 梁和预应力水平为 45%系列梁;
(c) DB 梁和预应力水平为 60%系列梁;(d) DB 梁和预应力系列梁

60 的开裂荷载基本相同,但屈服荷载和极限荷载差别较大。从图 13-52(a)～(d)可以看出,在同一预应力水平下,BF2P1 系列梁的挠度比 BF1P2 系列梁的挠度小,说明 BF2P1 系列梁的刚度比 BF1P2 系列梁的刚度大;在同一荷载作用下,BF2P1 系列梁中挠度大小为 $f_{45}<f_{30}<f_{60}$,BF1P2 系列梁中挠度大小为 $f_{45}<f_{30}<f_{60}$,说明在同一加固量下施加预应力水平为 45%时为最佳且刚度也最大;在同一荷载作用下,BF2P1 系列梁和 BF1P2 系列梁的挠度大小为 $f_{\text{BF2P1-45}}<f_{\text{BF1P2-45}}<f_{\text{BF2P1-30}}<f_{\text{BF2P1-60}}<f_{\text{BF1P2-30}}<f_{\text{BF1P2-60}}$,说明在同一加固量下 BF2P1-45 为最佳组合。以上分析说明,施加合适的预应力大小和合适的预应力材料根数可以有效地抑制挠度的发展。施加预应力的梁比对比梁的跨中挠度发展慢,比未施加预应力的单一材料加固的混凝土梁的挠度发展也慢,这说明,施加预应力的加固梁能更有效地提高梁的刚度。

3. 荷载-应变(N-ε)曲线

试验梁钢筋、CFRP 筋和预应力螺旋肋筋跨中点应变如图 13-53 所示。可以看出,在同一级荷载作用下和相同加固量的情况下,随着预应力水平的增加,跨中点应变的情况为 BF2P1-45>BF2P1-30>BF2P1-60,BF1P2-45>BF1P2-60>BF1P2-30,这说明对 BF2P1 系列梁和 BF1P2 系列梁施加 45%的预应力水平,对螺旋肋筋和 CFRP 筋的强度利用得最充分,预应力水平为 45%为最佳值。在同一级荷载、同一预应力水平下的跨中应变情况为:BF2P1-30>BF1P2-30,BF2P1-45<BF1P2-45,BF2P1-60<BF1P2-60,但是 BF1P2-45 和 BF1P2-60 在荷载为 200kN 左右时就已破坏,所以 BF2P1 系列梁为最佳组合方式。BF2P1 系列梁、BF1P2 系列梁中钢筋应变比 BS 系列梁、BF 系列梁中的钢筋应变小;BF2P1 系列梁、BF1P2 系列梁中螺旋肋筋应变比 BS 系列梁中螺旋肋筋应变小;BF2P1 系列梁、BF1P2 系列梁中碳纤维筋应变比 BF 系列梁中碳纤维筋应变小。这说明,施加预应力的加固梁比未施加预应力的加固梁能更有效地分摊钢筋受到的拉力,且施加预应力加固梁中的螺旋肋筋和碳纤维筋比未施加预应力加固梁中的螺旋肋筋和碳纤维筋利用得更充分。

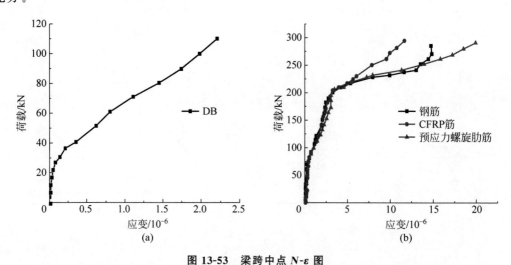

图 13-53　梁跨中点 N-ε 图

(a) DB 梁;(b) BF2P1-30 梁;(c) BF2P1-45 梁;(d) BF2P1-60 梁;(e) BF1P2-30 梁;(f) BF1P2-45 梁;(g) BF1P2-60 梁

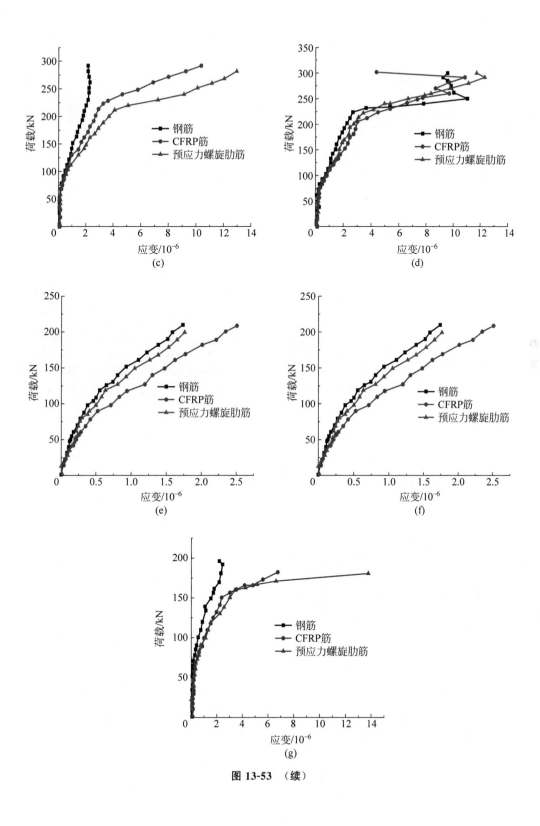

图 13-53　（续）

4. 裂缝发展情况

表13-29和图13-54～图13-60列出、示出了各试验梁破坏时的情况,包括开裂时的裂缝宽度、长度和裂缝条数。所有试验梁都以适筋梁的破坏告终,没有出现滑移和黏结失效现象。与对比梁(DB梁)相比,加固梁(BF2P1系列梁和BF1P2系列梁)裂缝出现得较晚,对比梁在荷载加至30kN左右时出现裂缝,而加固梁在荷载加至60kN左右时出现裂缝,这说明内嵌CFRP筋-预应力螺旋肋筋加固混凝土梁不但能大幅提高开裂荷载,还能控制裂缝发展。加固梁的裂缝特点前文已经讲过,下面将BF2P1系列梁和BF1P2系列梁与BF系列梁和BS系列梁的裂缝情况加以比较:BS系列梁破坏时的裂缝宽度为1～2.5mm,BF系列梁破坏时的裂缝宽度为1.2～2.25mm,BF2P1系列梁破坏时的裂缝宽度为1.2～1.7mm,BF1P2系列梁破坏时的裂缝宽度为1～2mm;BF2P1系列梁和BF1P2系列梁的裂缝长度比BF系列梁和BS系列梁短,且裂缝条数也比BF系列梁和BS系列梁少,尤其是BF2P1-45梁的裂缝长度只有5mm且在开裂时仅此一条。另外,BF2P1系列梁比BF1P2系列梁的裂缝宽度小,长度短,开裂条数也少。这说明,施加预应力加固梁比不加预应力的单一材料加固梁能更有效地控制裂缝发展,并且施加预应力材料数量的多少也会影响加固效果。

表 13-29　各试验梁的裂缝分布

编号	开裂弯矩 M_{cr}/(kN·m)	开裂时的裂缝宽度/mm	开裂时的裂缝长度/mm	开裂时裂缝条数/条	极限弯矩 M_{cu}/(kN·m)	破坏时的裂缝最大宽度/mm
DB	10.50	0.01	20	2	38.50	2.80
BF2P1-30	15.75	0.01	12	2	103.95	1.70
BF2P1-45	21.00	0.04	5	1	105.35	1.40
BF2P1-60	24.50	0.01	13	1	102.55	1.25
BF1P2-30	19.60	0.05	10	3	73.15	1.00
BF1P2-45	22.75	0.02	10	3	70.70	2.00
BF1P2-60	24.50	0.03	12	1	66.50	1.20

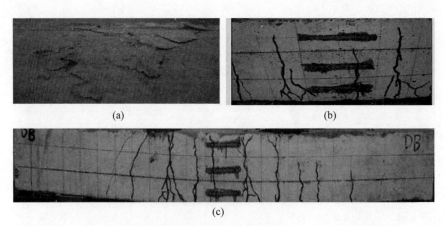

(a)　　　　　　　　　　　　　(b)

(c)

图 13-54　DB 梁破坏图

(a) 被压碎的混凝土;(b) 梁破坏时跨中裂缝;(c) 梁整体破坏图

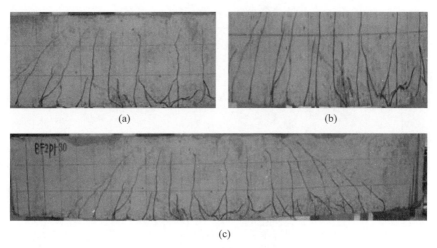

图 13-55 BF2P1-30 梁破坏图

（a）被压碎的混凝土；（b）梁破坏时跨中裂缝；（c）梁整体破坏图

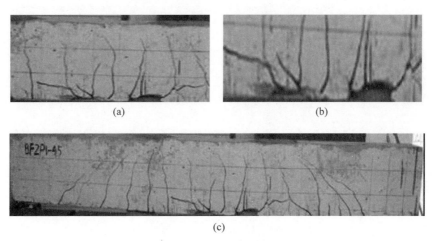

图 13-56 BF2P1-45 梁破坏图

（a）被压碎的混凝土；（b）梁破坏时跨中裂缝；（c）梁整体破坏图

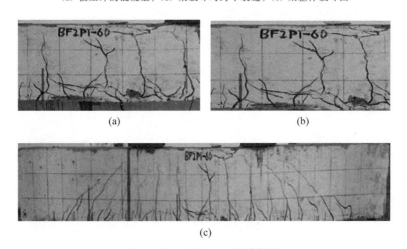

图 13-57 BF2P1-60 梁破坏图

（a）被压碎的混凝土；（b）梁破坏时跨中裂缝；（c）梁整体破坏图

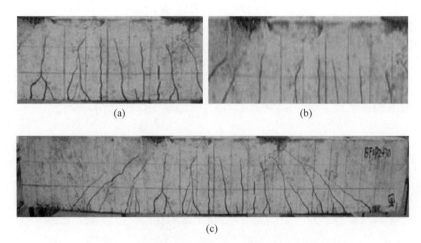

图 13-58　BF1P2-30 梁破坏图

（a）被压碎的混凝土；（b）梁破坏时跨中裂缝；（c）梁整体破坏图

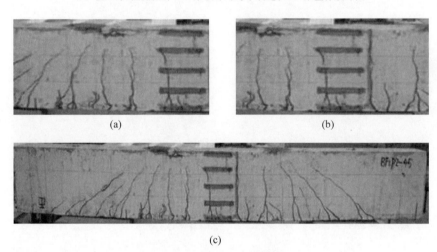

图 13-59　BF1P2-45 梁破坏图

（a）被压碎的混凝土；（b）梁破坏时跨中裂缝；（c）梁整体破坏图

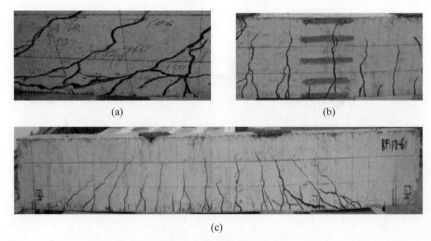

图 13-60　BF1P2-60 梁破坏图

（a）被压碎的混凝土；（b）梁破坏时跨中裂缝；（c）梁整体破坏图

13.9　本章小结

本章主要在研究试验梁整个加载过程的基础上,分析了开槽尺寸、开槽形状和混凝土强度等参数影响下的试验梁承载力、变形能力、应变、裂缝发展特点、破坏模式及延性等性能,得出了如下结论:

(1)加固梁的承载力相对未加固梁有较大提高,开裂荷载的提高幅度最大。加固梁的挠度相对未加固梁减小,应变减小,裂缝分布均匀且宽度较小,而延性降低,但仍能保证其延性要求,表明内嵌预应力螺旋肋钢丝这种加固方法能显著改善试验梁性能,是一种有效的加固方法,具有极大的应用潜能。

(2)开槽尺寸对开裂荷载影响较大,基本不影响屈服荷载,对极限荷载有一定影响。混凝土强度较高时开槽尺寸影响较明显,C30混凝土开槽尺寸过大可能发生剪压破坏,所以强度等级较低的混凝土加固梁开槽尺寸不宜过大。

(3)混凝土强度对试验梁的开裂荷载和极限荷载影响较大,对屈服荷载影响较小,且对未加固梁承载力的影响比预应力加固梁明显。混凝土强度越高,试验梁的承载力越大。随着开槽尺寸的增加混凝土强度影响也越来越明显。

(4)加固梁混凝土开裂前,开槽尺寸和混凝土强度对加固梁的挠度几乎没有影响;混凝土开裂至钢筋屈服阶段,随着开槽尺寸的增大,挠度表现减小的趋势,特别是在C40混凝土试验梁中表现更加明显;钢筋屈服至破坏阶段,开槽尺寸影响比较明显,在一定范围内,随着开槽尺寸的增加挠度逐渐减小;随着混凝土强度的增大,试验梁的挠度逐渐减小,且随着开槽尺寸的增大越来越不明显。加固试件的挠度随着加固量的增加而减小,混凝土强度越高,挠度越小;但是开槽形状对挠度变形影响不大。

(5)混凝土开裂、纵筋屈服两阶段,开槽尺寸、混凝土强度对加固梁筋材应变的影响较小;纵筋屈服至加固梁破坏阶段,开槽尺寸、混凝土强度对加固梁螺旋肋钢丝应变的影响相对较大。随着混凝土强度的增大,螺旋肋钢丝应变逐渐减小。在一定开槽尺寸范围内,随着开槽尺寸的增大,螺旋肋钢丝应变逐渐减小;超过该范围,螺旋肋钢丝应变则增加。

(6)开槽尺寸对加固梁开裂裂缝宽度影响较小,而随开槽尺寸的增加,裂缝条数增多,极限裂缝宽度增加、条数增多、平均间距减小。混凝土强度对加固梁开裂裂缝宽度、长度影响较小,但会明显减少开裂裂缝和总裂缝条数,减小裂缝平均间距。

(7)一定范围内,随着开槽尺寸的增加,加固梁的延性系数降低。随着混凝土强度的增加,加固梁延性系数减小。由上述分析可知,从加固梁整体性能方面考虑,本试验中的B-C30-15梁和B-C40-15梁的加固法是比较理想的加固法。

(8)随着加固量的增加,构件的特征荷载提高增多。混凝土强度等级对试件的开裂荷载和屈服荷载影响明显,但对极限荷载影响不大。开槽形状对特征荷载影响不大,且受切槽工艺的质量的影响,会产生剥离破坏。内嵌预应力筋材加固混凝土梁对裂缝的产生和发展都具有约束作用,延迟了裂缝的出现,增加了加固试件的抗裂性能。加固试件的挠度随着加固量的增加而减小,混凝土强度越高,挠度越小;但是开槽形状对挠度变形影响不大。内嵌预应力加固试件中矩形槽试件的安全性能随加固量的增加而增加,梯形槽试件的安全性能随加固量的增加而降低;混凝土的强度等级越高,安全性能越低。试件的延性性能随加固量的增加而逐渐降低。

（9）试验中不同强度等级的混凝土梁，开裂荷载都随着预应力的增加而增大，所以当施加较大的预应力时，对提高受弯构件开裂荷载是有好处的；要提高加固梁的屈服荷载，就要考虑到两种筋材的协同性，即两种筋材是否接近同时屈服。较小的预应力可能造成螺旋肋钢丝安全储备偏大，而太高的预应力虽然在提高构件开裂荷载上效果明显，但可能会造成螺旋肋钢丝过早屈服，从而使两种筋材被各个击破，发生脆性破坏；对于预应力螺旋肋钢丝加固混凝土梁，选择合适的初始预应力可以比较明显地提高梁体的承载力。而在相同配筋情况下，初始预应力大小跟混凝土强度有关，较高的混凝土强度一般可选用较高的初始预应力。

（10）基于 ANSYS 有限元软件的基本知识，编写 APDL 命令流，建立试验梁有限元模型、划分网格、施加预应力、加载求解及后处理，详细讲述有限元模拟过程，对内嵌预应力螺旋肋钢丝加固混凝土梁进行数值模拟。主要提取加固梁最后一级荷载子步对应的反拱值、变形挠度，并将加固梁反拱值模拟结果与理论值进行对比，发现模拟值与理论值吻合较好。证明 ANSYS 可有效模拟内嵌预应力螺旋肋钢丝试验梁的受力性能。

（11）内嵌 CFRP 筋-预应力螺旋肋筋加固混凝土梁能显著提高混凝土梁的抗弯能力和弯曲刚度，二者的优缺点互补，再对螺旋肋筋施加预应力，能有效阻止混凝土梁裂缝的产生和发展。通过对 1 根对比梁（CB 梁）、3 根 BF2P1 系列梁和 3 根 BF1P2 系列梁的试验结果进行分析和研究，再与未施加预应力的单一材料加固梁的试验结果相对比，对内嵌加固法有如下新的认识：内嵌 CFRP 筋-预应力螺旋肋筋加固混凝土梁是一种很有效的加固方法，具有广阔的发展前途；采用 CFRP 筋-预应力螺旋肋筋加固混凝土梁与对比梁相比，能显著提高其开裂荷载、屈服荷载和极限荷载，其中 BF2P1 系列梁的开裂荷载提高了 $50\%\sim133.33\%$，屈服荷载提高了 $50.54\%\sim136.56\%$，极限荷载提高了 $72.2\%\sim173.6\%$；BF1P2 系列梁的开裂荷载提高了 $86.7\%\sim133.33\%$，屈服荷载提高了 $32.25\%\sim72.04\%$，极限荷载提高了 $72.73\%\sim90\%$；同时 BF2P1 系列梁比 BS 系列梁的开裂荷载提高了 $80\%\sim133.33\%$，屈服荷载提高了 $91.3\%\sim125\%$，极限荷载提高了 $43.33\%\sim120.31\%$；BF2P1 系列梁比 BF 系列梁的开裂荷载提高了 $80\%\sim133.33\%$，屈服荷载提高了 $28.57\%\sim37.5\%$，极限荷载提高了 $26.47\%\sim55.85\%$。由此看出，施加预应力的混杂材料加固混凝土梁比未施加预应力的单一材料加固混凝土梁效果要好；在相同预应力水平下，BF2P1 系列梁比 BF1P2 系列梁的挠度小，这说明，BF2P1 系列梁比 BF1P2 系列梁的刚度大，且其屈服能力和极限破坏能力也高于 BF1P2 系列梁；在相同荷载作用下，采用 CFRP 筋-预应力螺旋肋筋加固混凝土梁可以延迟裂缝的出现，在一定的预应力水平范围内，预应力越大，加固梁的变形越小。和 CB 梁相比，最大裂缝宽度降低 $43\%\sim67\%$；和 BS 系列梁相比，最大裂缝宽度降低 $16\%\sim65\%$；和 BF 系列梁相比，最大裂缝宽度降低 $25\%\sim60\%$。由试验分析的结果看，BF2P1 系列梁的加固效果优于 BF1P2 系列梁，且施加预应力水平为 45% 时为最佳。由此看出，并不是对加固材料施加的预应力越大越好，施加预应力加固材料的数量越多越好。

第4篇

内嵌预应力筋材加固混凝土梁
可靠性分析

第14章

混凝土结构可靠度的基本理论

    钢筋混凝土结构在使用过程中由于各种自然因素和人为因素等原因,造成结构不能满足安全性、适用性、耐久性的要求,经过建筑结构可靠性鉴定后,不能满足规范规定的最低要求,若进行重建耗资巨大且延误时间,而经过加固补修后同样可以提高结构的强度和稳定性,并且采用这种方法可以减少大量的投资资金。虽然目前有许多种结构加固技术,但对加固后结构构件可靠度的研究还相对较少,因此本章在试验研究的基础上提出了内嵌预应力筋材加固混凝土梁的可靠度研究。

    结构的可靠性是指结构在规定的时间和规定的条件下,能够完成某项预定功能的能力,而结构的可靠度则是对结构可靠性的概率量度。

14.1 可靠度计算方法

    结构可靠度的理论计算方法有很多,根据简易及精确度的不同,学者们先后提出的可靠度计算方法有一次二阶矩方法、蒙特卡罗方法等。下面将具体介绍。

14.1.1 一次二阶矩方法

    一次二阶矩方法分为中心点法和验算点法,这两种方法均是将非线性功能函数作一次泰勒级数展开,并且使用了随机变量的平均值(一阶矩)和方差(二阶矩),所以称之为一次二阶矩法[320]。

1. 中心点法

    中心点法是可靠性理论研究最初期的分析方法,该方法属于近似概率法。将非线性功能函数在随机变量的均值点(中心点)处作泰勒级数展开,且保留到一次项,然后再近似计算功能函数的均值和标准差,进而求得可靠指标。

    假设 $X_1, X_2, \cdots, X_n$ 为 n 个相互独立的随机变量,其均值为 μ_{X_i},标准差为 σ_{X_i},功能函数表示为

$$Z = g_x(X_1, X_2, \cdots, X_n) \tag{14-1}$$

当结构功能函数为线性函数时,有

$$Z = g_x(X_1, X_2, \cdots, X_n) = a_0 + \sum_{i=1}^{n} a_i X_i \tag{14-2}$$

式中：$a_i(i=0,1,2,\cdots,n)$ 为常数。

不考虑基本随机变量的实际分布，假定随机变量均服从正态分布，且相互独立，则功能函数的均值和标准差为

$$\mu_z=a_0+\sum_{i=1}^{n}a_i\mu_{X_i},\quad \sigma_z=\sqrt{\sum_{i=1}^{n}(a_i\sigma_{X_i})^2} \tag{14-3}$$

采用近似公式计算可靠指标：

$$\beta=\frac{\mu_z}{\sigma_z}=\frac{a_0+\sum_{i=1}^{n}a_i\mu_{X_i}}{\sqrt{\sum_{i=1}^{n}(a_i\sigma_{X_i})^2}} \tag{14-4}$$

当结构功能函数为非线性函数时，为计算可靠指标，将非线性函数在随机变量的平均值处展开，其一次展开式为

$$Z_L=g(\mu_{X_1},\mu_{X_2},\cdots,\mu_{X_n})+\sum_{i=1}^{n}\frac{\partial g}{\partial X_i}\Big|_{\mu_X}(X_i-\mu_{X_i}) \tag{14-5}$$

其均值和标准差分别为

$$\mu_{Z_L}=g(\mu_{X_1},\mu_{X_2},\cdots,\mu_{X_n}),\quad \sigma_{Z_L}=\sqrt{\sum_{i=1}^{n}\left(\frac{\partial g}{\partial X_i}\Big|_{\mu_X}\sigma_{X_i}\right)^2} \tag{14-6}$$

如果近似取 $\mu_Z\approx\mu_{Z_L}$，$\sigma_Z\approx\sigma_{Z_L}$，则非线性功能函数按中心点法计算的可靠指标为

$$\beta=\frac{\mu_Z}{\sigma_Z}\approx\frac{g_X(\mu_{X_1},\mu_{X_2},\cdots,\mu_{X_n})}{\sqrt{\sum_{i=1}^{n}\left(\frac{\partial g}{\partial X_i}\Big|_{\mu_X}\sigma_{X_i}\right)^2}} \tag{14-7}$$

考虑一种简单的情况，假设线性功能函数 $Z=R-S$，且 R 和 S 两个随机变量相互独立并均服从正态分布，根据正态随机变量的特性，其差 Z 也服从正态分布，其均值和标准差分别为

$$\mu_Z=\mu_R-\mu_S,\quad \sigma_Z=\sqrt{\sigma_R^2+\sigma_S^2} \tag{14-8}$$

则可靠指标为

$$\beta=\frac{\mu_R-\mu_S}{\sqrt{\sigma_R^2+\sigma_S^2}} \tag{14-9}$$

结构工程中的抗力和荷载效应的分布大多呈偏态，按正态分布考虑有较大的误差，故有人建议采用对数正态分布。对数正态分布是向左偏的，但其对数却是正态分布的。若结构抗力 R 和荷载效应 S 均服从对数正态分布，$\ln R$、$\ln S$ 也服从正态分布，则其均值和标准差分别为

$$\mu_Z=\mu_{\ln R}-\mu_{\ln S},\quad \sigma_Z=\sqrt{\sigma_{\ln R}^2+\sigma_{\ln S}^2} \tag{14-10}$$

由此可得可靠指标为

$$\beta=\frac{\mu_Z}{\sigma_Z}=\frac{\mu_{\ln R}-\mu_{\ln S}}{\sqrt{\sigma_{\ln R}^2+\sigma_{\ln S}^2}}=\frac{\ln\left(\frac{\mu_R}{\mu_S}\sqrt{\frac{1+\delta_S^2}{1+\delta_R^2}}\right)}{\sqrt{\ln[(1+\delta_R^2)(1+\delta_S^2)]}} \tag{14-11}$$

若 $\delta_R\leqslant0.3$，$\delta_S\leqslant0.3$，则式(14-11)可简化为

$$\beta = \frac{\ln \dfrac{\mu_R}{\mu_S}}{\sqrt{\delta_R^2 + \delta_S^2}} \tag{14-12}$$

中心点法的优点是显而易见的,就是计算简便。但其缺点也是很明显的,首先是功能函数在平均值处展开不太合理,随机变量的平均值不在极限曲面上,展开后的线性极限状态平面可能与原曲面产生较大偏离;对有相同力学含义但数学表达式不同的功能函数,采用中心点法计算可能会得出不同的可靠指标;该方法不考虑各随机变量的实际分布类型。

2. 验算点法(JC 法)

验算点法为国际结构安全性联合委员会(JCSS)推荐的方法,该方法可以考虑随机变量的实际分布类型,对于非正态分布类型,采用当量正态化法将随机变量转换后再计算 β 值。

假设随机变量 X_i 不服从正态分布,采用当量正态法将其等效为正态随机变量 X_i',而且使得 X_i 的概率分布函数 $F_{X_i}(x_i^*)$ 与 X_i' 的概率分布函数 $F_{X_i'}(x_i^*)$ 的值和 X_i 的概率密度函数 $f_{X_i}(x_i^*)$ 与 X_i' 的概率密度函数 $f_{X_i'}(x_i^*)$ 的值在验算点处相等,具体如下:

$$F_{X_i}(x_i^*) = \Phi\left(\frac{x_i^* - \mu_{X_i'}}{\sigma_{X_i'}}\right) = F_{X_i'}(x_i^*) \tag{14-13}$$

$$f_{X_i}(x_i^*) = \frac{1}{\sigma_{X_i'}}\varphi\left(\frac{x_i^* - \mu_{X_i'}}{\sigma_{X_i'}}\right) = f_{X_i'}(x_i^*) \tag{14-14}$$

由式(14-13)和式(14-14)可得均值和标准差分别为

$$\mu_{X_i'} = x_i^* - \Phi^{-1}[F_{X_i}(x_i^*)]\sigma_{X_i'}, \quad \sigma_{X_i'} = \frac{\varphi\{\Phi^{-1}[F_{X_i}(x_i^*)]\}}{f_{X_i}(x_i^*)} \tag{14-15}$$

当量正态化后,根据正态随机变量的情况进行可靠指标的计算。同样假设结构功能函数为 $Z = g_X(X_1, X_2, \cdots, X_n)$,将其在验算点 x^* 处展开,则展开的结构功能函数 Z_L 为

$$Z_L = g_X(x_1^*, x_2^*, \cdots, x_n^*) + \sum_{i=1}^{n} \frac{\partial g_X}{\partial X_i}\bigg|_p (X_i - x_i^*) \tag{14-16}$$

其均值和方差分别为

$$\mu_{Z_L} = g_X(x_1^*, x_2^*, \cdots, x_n^*) + \sum_{i=1}^{n} \frac{\partial g_X}{\partial X_i}\bigg|_p (\mu_{X_i} - x_i^*)$$

$$\sigma_{Z_L}^2 = \sum_{i=1}^{n} \left(\frac{\partial g_X}{\partial X_i}\bigg|_p \sigma_{X_i}\right)^2 \tag{14-17}$$

由上述可知当量正态化后,可靠指标为

$$\beta = \frac{g_X(x_1^*, x_2^*, \cdots, x_n^*) + \sum\limits_{i=1}^{n} \dfrac{\partial g_X}{\partial X_i}\bigg|_p (\mu_{X_i'} - x_i^*)}{\sqrt{\sum\limits_{i=1}^{n} \left(\dfrac{\partial g_X}{\partial X_i}\bigg|_p \sigma_{X_i'}\right)^2}} \tag{14-18}$$

验算点与可靠指标之间有如下关系:

$$x_i^* = \mu_{X_i} + \beta\sigma_{X_i}\cos\theta_{X_i}, \quad i = 1, 2, \cdots, n \tag{14-19}$$

随机变量 X_i 的灵敏度系数为

$$\alpha_{X_i} = \cos\theta_{X_i} = -\frac{\left.\dfrac{\partial g_{X_i}}{\partial X_i}\right|_p \sigma_{X_i}}{\sqrt{\displaystyle\sum_{i=1}^{n}\left(\left.\dfrac{\partial g_X}{\partial X_i}\right|_p \sigma_{X_i}\right)^2}}, \quad i=1,2,\cdots,n \tag{14-20}$$

式(14-18)、式(14-19)及式(14-20)可组成一个非线性方程组,β 和验算点需要迭代计算,具体步骤如下:

(1) 假设初始的验算点值,一般取 $x^{*(0)} = (\mu_{X_1}, \mu_{X_2}, \cdots, \mu_{X_n})$。

(2) 由式(14-18)计算可靠指标 β。

(3) 由式(14-20)计算 $\cos\theta_{X_i}(i=1,2,\cdots,n)$ 的值。

(4) 由式(14-19)计算新的验算点 $x^{*(1)} = (x_1^{*(1)}, x_2^{*(1)}, \cdots, x_n^{*(1)})$。

(5) 如果 $\|x^{*(1)} - x^{*(0)}\| < \varepsilon$,$\varepsilon$ 是规定的允许误差,则迭代过程可停止,此时所求的可靠指标 β 即为要求的;否则,就取 $x^{*(0)} = x^{*(1)}$,重复步骤(2)~步骤(5),继续迭代。

14.1.2 蒙特卡罗方法

采用蒙特卡罗方法对结构进行模拟时,其结果是一个随机变量,所以模拟结果的好坏与失效概率的变异系数有关。

1. 直接蒙特卡罗法

工程结构的破坏概率为

$$p_f = p\{G(X) < 0\} = \int_{D_f} f(X)\mathrm{d}X \tag{14-21}$$

其可靠指标为

$$\beta = \Phi^{-1}(1 - p_f) \tag{14-22}$$

式中:$X = (x_1, x_2, \cdots, x_n)^T$ 为 n 维向量,其中 $f(X) = f(x_1, x_2, \cdots, x_n)$ 和 $G(X)$ 分别为变量 X 的联合概率密度函数和极限状态函数;而 D_f 是 $G(X)$ 相应的失效区域,$\Phi(\cdot)$ 为标准正态分布下的累积概率函数。

当 $G(X) < 0$ 时,结构处于破坏状态;当 $G(X) \geqslant 0$ 时,结构处于安全状态。则结构的失效概率可表示为

$$\hat{p}_f = \frac{1}{N} \sum_{i=1}^{N} I[G(\hat{X}_i)] \tag{14-23}$$

式中的 N 表示抽样模拟的总次数,而当 $G(\hat{X}_i) < 0$ 时,$I[G(\hat{X}_i)] = 1$,反之其值为 0,加上符号"^"的值则表示抽样值。由此可得出抽样方差为

$$\hat{\sigma}^2 = \frac{1}{N}\hat{p}_f(1 - \hat{p}_f) \tag{14-24}$$

当选取 95% 的置信度保证蒙特卡罗法的抽样误差时,则有

$$|\hat{p}_f - p_f| \leqslant z_{a/2} \cdot \hat{\sigma} = 2\sqrt{\frac{\hat{p}_f(1 - \hat{p}_f)}{N}} \tag{14-25}$$

或者当用相对误差 ε 来表示时,可有

$$\varepsilon = \frac{|\hat{p}_f - p_f|}{p_f} < 2\sqrt{\frac{1 - \hat{p}_f}{N\hat{p}_f}} \tag{14-26}$$

由于 $\hat{p}_f$ 是一个较小的量,所以上式可表示为

$$\varepsilon = \frac{2}{\sqrt{N\hat{p}_f}}, \quad N = \frac{4}{\hat{p}_f \varepsilon^2} \tag{14-27}$$

当给定 $\varepsilon = 0.2$ 时,抽样次数 N 需满足

$$N = 100/\hat{p}_f \tag{14-28}$$

由此式可知 N 与 $\hat{p}_f$ 成反比。通常失效概率是一个较小的量,因此只有当抽样数目足够大时才可以得出可靠的估计。这样的直接方法是很难用于实际的可靠性分析中的,需要采用一定方法来降低抽样模拟次数,才可以得到较好的效果。

2. 一般抽样法

假设 $X_1, X_2, \cdots, X_n$ 为 n 个随机变量,其概率密度函数分别为 $f_{X_1}(x_1), f_{X_2}(x_2), \cdots,$ $f_{X_n}(x_n)$,由此组成的功能函数为 $Z = g_X(X_1, X_2, \cdots, X_n)$,由下式可计算出结构的失效概率:

$$
\begin{aligned}
p_f &= \iint_{g_X(x) \leqslant 0} \cdots \int f_{X_1}(x_1) f_{X_2}(x_2) \cdots f_{X_n}(x_n) \mathrm{d}x_1 \mathrm{d}x_2 \cdots \mathrm{d}x_n \\
&= \int_{-\infty}^{+\infty} \int_{-\infty}^{+\infty} \cdots \int_{-\infty}^{+\infty} I[g_X(x_1, x_2, \cdots, x_n)] f_{X_1}(x_1) f_{X_2}(x_2) \cdots f_{X_n}(x_n) \mathrm{d}x_1 \mathrm{d}x_2 \cdots \mathrm{d}x_n \\
&= E\{I[g_X(X_1, X_2, \cdots, X_n)]\}
\end{aligned}
\tag{14-29}
$$

对随机变量进行抽样产生一个样本容量,再根据式(14-29)计算结构的失效概率的估计值:

$$\hat{p}_f = \frac{1}{N} \sum_{j=1}^{n} I[g(x_1^{(j)}, x_2^{(j)}, \cdots, x_n^{(j)})] = \frac{N_f}{N} \tag{14-30}$$

其中 N_f 表示 N 次模拟结构失效的次数:

$$N_f = \sum_{j=1}^{n} I[g(x_1^{(j)}, x_2^{(j)}, \cdots, x_n^{(j)})] \tag{14-31}$$

由上式可知失效概率的均值和方差为

$$
\begin{aligned}
\mu_{\hat{p}_f} &= E\hat{p}_f = \frac{1}{N} \sum_{j=1}^{N} E\{I[g(x_1^{(j)}, x_2^{(j)}, \cdots, x_n^{(j)})]\} \\
&= \frac{1}{N} \times N \times E\{I[g_X(x_1, x_2, \cdots, x_n)]\} = p_f
\end{aligned}
\tag{14-32}
$$

$$\sigma_{\hat{p}_f}^2 = E[\hat{p}_f - E(p_f)]^2 = \frac{1}{N}(p_f - p_f^2) \tag{14-33}$$

由此可得变异系数为

$$\delta_{\hat{p}_f} = \frac{\sigma_{\hat{p}_f}}{\mu_{\hat{p}_f}} = \sqrt{\frac{1 - p_f}{N p_f}} \tag{14-34}$$

由得出的变异系数来近似估计需要的模拟次数 N:

$$N = \frac{1 - P_f}{\delta_{\hat{p}_f}^2 P_f} \tag{14-35}$$

对于实际的工程而言,需要增大模拟次数,一般 $N = 10^5 \sim 10^7$ 时才能满足精度要求,但是这样计算量是相当大的。所以该方法只适用于对可靠度精度要求不高的情况。

14.2　荷载的统计参数及概率分布类型

荷载效应是指荷载作用下结构中的内力、应力、位移及变形等,一般用 S 来表示。荷载效应与荷载之间的关系比较复杂,本书结构为静定结构,由相关规定可得出荷载效应与荷载之间为线性关系,即有

$$S = CQ \tag{14-36}$$

式中：C——荷载效应系数。例如,当结构为简支梁时,若 Q 为均布荷载,S 为跨中弯矩,则 C 为 $l^2/8$；若 Q 为集中荷载,S 为跨中弯矩,则 C 为 $l^2/4$。

如果荷载效应 S 与荷载 Q 之间为线性关系,则两者的概率分布也是相同的,其统计参数可以通过两者之间的关系得出。当荷载效应 S 与荷载 Q 之间不为线性关系时,原则上不能按照线性关系来进行分析,而需按照两者的非线性关系来确定 S 的概率分布及统计参数。

根据实测资料的统计分析及在 5% 信度下的分布假设检验,可得出各随机变量在任意时段内和设计基准使用期内的平均值与标准值的比值 k_Q 和变异系数 δ_Q 的统计参数及荷载概率分布[321],见表 14-1。

表 14-1　建筑结构荷载统计参数及概率分布

荷载种类		设计基准使用期内变动次数 m	任意时段值		设计基准使用期最大值		概率分布类型
			平均值/标准值 k_{Q_i}	变异系数 δ_{Q_i}	平均值/标准值 $k_{Q_{Ti}}$	变异系数 δ_{Q_T}	
恒荷载		1	1.06	0.07	1.06	0.07	正态分布
持久性楼面活荷载	办公楼	5	0.26	0.46	0.41	0.29	极值Ⅰ型
	住宅	5	0.34	0.32	0.47	0.23	极值Ⅰ型
临时性楼面活荷载	办公楼	5	0.24	0.69	0.44	0.37	极值Ⅰ型
	住宅	5	0.31	0.54	0.52	0.32	极值Ⅰ型
风荷载	不按风向	50	0.46	0.47	1.11	0.19	极值Ⅰ型
	按风向	50	0.41	0.47	1.00	0.19	极值Ⅰ型
雪荷载		50	0.36	0.71	1.14	0.22	极值Ⅰ型

14.3　结构构件抗力的不确定性因素及概率分布类型

由于结构抗力随时间变化并不显著,为了计算方便,考虑结构抗力与时间无关的随机变量。首先要对影响结构抗力的各种因素进行分析,然后再对这些因素进行统计分析,并确定其统计参数。通过结构的抗力与各因素之间的具体函数关系,来推求出结构抗力的统计参数和分布类型。

14.3.1　影响结构构件抗力的不确定性因素

影响结构构件抗力的不确定性因素主要包括材料性能的不确定性、几何参数的不确定性和计算模式的不确定性。

1. 材料性能的不确定性

材料性能主要包括材料的强度、破坏应变及弹性模量等物理特性。材料性能的不确定性主要指材料施工工艺、环境及尺寸等因素引起结构性能的变异。结构构件材料性能的不确定性采用 K_M 来表示，即

$$K_M = \frac{K_0 K_f}{k_0} \tag{14-37}$$

式中：K_0——表示结构构件与试件材料性能差别的随机变量；

K_f——表示试件材料性能的不确定性的随机变量；

k_0——规范规定的表示构件与试件性能差别的系数。

由此可得出随机变量 K_M 的均值和变异系数为

$$\mu_{K_M} = \frac{\mu_{K_0} \mu_{K_f}}{k_0}, \quad \delta_{K_M} = \sqrt{\delta_{K_0}^2 + \delta_{K_f}^2} \tag{14-38}$$

式中：μ_{K_0}、μ_{K_f}——K_0、K_f 的均值；

δ_{K_0}、δ_{K_f}——K_0、K_f 的变异系数。

表 14-2 示出了我国各种材料性能的统计参数。

表 14-2　各种材料性能 K_M 的统计参数

结构材料种类	材料的品种及受力状况		μ_{K_M}	δ_{K_M}
型钢	受拉	A_3F	1.08	0.08
		16Mn	1.09	0.07
		A_3F	1.12	0.10
薄壁型钢	受拉	A_3	1.27	0.08
		16Mn	1.05	0.08
钢筋	受拉	A_3	1.02	0.08
		20MnSi	1.14	0.07
		25MnSi	1.09	0.06
混凝土	轴心受压	C20	1.66	0.23
		C30	1.45	0.19
		C40	1.35	0.16
砖砌体	轴心受压		1.15	0.20
	小偏心受压		1.10	0.20
	齿缝受剪		1.00	0.22
木材	受剪		1.00	0.24
	轴心受拉		1.48	0.32
	轴心受压		1.28	0.22
	受弯		1.47	0.25
	顺纹受剪		1.32	0.22

2. 几何参数的不确定性

结构构件的几何参数通常是指构件的截面几何特征(宽度、混凝土保护层厚度及面积等)、构件的跨度和长度以及面积矩和惯性矩等。构件的几何尺寸不确定性因素主要包括初始偏差和由时间原因引起的偏差,一般采用随机变量 K_A 来表示几何参数的不确定性,其表达式为

$$K_A = \frac{a}{a_k} \tag{14-39}$$

式中:a、a_k——构件几何参数的实际值和标准值。

随机变量 K_A 的均值和变异系数分别如下:

$$\mu_{K_A} = \frac{\mu_a}{a_k}, \quad \delta_{K_A} = \delta_a \tag{14-40}$$

表 14-3 所示为《建筑结构可靠性设计统一标准》(GB 50068—2018)计算的各结构构件几何参数的统计结果。

表 14-3　各种结构构件几何参数 K_A 的统计参数

结构构件类型	项　　目	μ_{K_A}	δ_{K_A}
型钢构件	截面面积	1.00	0.05
薄壁型钢构件	截面面积	1.00	0.05
钢筋混凝土构件	截面高度、宽度	1.00	0.02
	截面有效高度	1.00	0.03
	纵筋截面面积	1.00	0.03
	纵筋重心到截面近边距离	0.85	0.03
	箍筋平均间距	0.99	0.07
	纵筋锚固长度	1.02	0.09
砖砌体	单行尺寸(37cm)	1.00	0.02
	截面面积(37cm×37cm)	1.01	0.02
木构件	单向尺寸	0.98	0.03
	截面面积	0.96	0.06
	截面模量	0.94	0.08

3. 计算模式的不确定性

构件计算模式的不确定性主要是指结构抗力计算时采用的一些近似的基本假定和不精确的计算公式等引起的不确定性。例如,采用理想的弹塑性、各向同性等假定;采用一些线性方法来简化计算表达式等。这些理想假定导致了计算结果与实际结果的偏差,计算模式的不确定性采用随机变量 K_P 表示,即

$$K_P = \frac{R}{R_j} \tag{14-41}$$

式中:R——构件的实际结构抗力值;

　　　R_j——按规范规定的结构构件抗力的计算值。

《建筑结构可靠性设计统一标准》(GB 50068—2018)专题组对建筑结构各种构件的 K_P 值进行分析,统计结果见表 14-4。

表 14-4　结构构件 K_P 的统计参数

结构构件种类	受力状态	μ_{K_P}	δ_{K_P}
钢结构构件	轴心受拉	1.05	0.07
	轴心受压(A_3F)	1.03	0.07
	偏心受压(A_3F)	1.12	0.10
薄壁型钢结构构件	轴心受压	1.08	0.10
	偏心受压	1.14	0.11
	轴心受拉	1.00	0.04
钢筋混凝土结构构件	轴心受压	1.00	0.05
	偏心受压	1.00	0.05
	受弯	1.00	0.04
	受剪	1.00	0.15
砖结构砌体	轴心受压	1.05	0.15
	小偏心受压	1.14	0.23
	齿缝受剪	1.06	0.10
	受剪	1.02	0.13
木结构构件	轴心受拉	1.00	0.05
	轴心受压	1.00	0.05
	受弯	1.00	0.05
	受剪	0.97	0.08

14.3.2　结构抗力的概率分布类型

假设由两种或两种以上的材料构成共同受力的结构构件,结构抗力 R 的表达式为

$$R = K_P R_P = K_P R(f_{m1}a_1, f_{m2}a_2, \cdots, f_{mn}a_n) \qquad (14\text{-}42)$$

式中: R_P——由计算公式确定的结构构件抗力, $R_P = R(\cdot)$, $R(\cdot)$ 为结构抗力的函数;

f_{mi}——结构构件中第 i 种材料的性能;

a_i——和第 i 种材料相对应的构件几何参数。

R_P 是关于 f_{mi} 和 a_i 的函数,采用前文推导的公式可得出 R_P 的均值和标准差:

$$\mu_{R_P} = R(\mu_{f_{mi}}, \mu_{a_i}), \quad i = 1, 2, \cdots, n \qquad (14\text{-}43)$$

$$\sigma_{R_P} = \left[\sum_{i=1}^{n} \left(\frac{\partial R_P}{\partial_{X_i}} \Big|_\mu \right)^2 \sigma_{X_i}^2 \right]^{1/2}, \quad i = 1, 2, \cdots, n \qquad (14\text{-}44)$$

式中: X_i——函数 $R(\cdot)$ 的有关变量 f_{mi}、$a_i (i = 1, 2, \cdots, n)$。

由式(14-42)可以看出,结构构件抗力是关于多个随机变量的函数,若已知每个随机变量的概率分布,则可以采用积分方法求出结构抗力的概率分布。但是对于实际工程来说,结构相对较为复杂,一般依据概率论原理进行分析[44],假设 $X_1, X_2, \cdots, X_n$ 为一个相互独立的随机变量序列,不管每一个随机变量 $X_i(i=1,2,\cdots,n)$ 具有怎样的分布类型,只要满足概率论原理要求,则当 n 很大时,这些变量之和 $Y = \sum_{i=1}^{n} X_i$ 服从或近似服从对数正态分布。依此原理,若随机变量之积 $Y = X_1 X_2 \cdots X_n$,则 $\ln Y = \ln X_1 + \ln X_2 + \cdots + \ln X_n$,当 n 充分大时,其积也近似服从对数正态分布,而 Y 也近似服从对数正态分布。实际应用中,不论 $X_i(i=$

$1,2,\cdots,n$)具有怎样的分布,均可近似认为服从对数正态分布,这样处理比较简单,而且满足一次二阶矩方法分析可靠度的精度要求。

14.4　本章小结

（1）本章主要介绍了结构可靠度计算的两种基本方法,即一次二阶矩法和蒙特卡罗法,并结合本书以试验研究为基础的特点,简单概述了荷载的统计参数及其概率分布类型,为荷载效应的统计参数及其计算提供了一定的理论基础。

（2）通过对影响结构构件的不确定因素的分析,并根据规范规定的结构构件的统计参数及其概率分布类型,为结构构件抗力的计算提供依据。

内嵌预应力筋材加固混凝土梁可靠性分析

本章结合可靠度的基本理论及试验研究,以结构抗力和荷载效应为随机变量,建立内嵌预应力筋材加固混凝土梁的可靠度计算公式,利用 MATLAB 编程对试验梁的可靠指标进行计算。并通过理论及试验两个方面对加固梁的可靠度进行分析。

15.1 内嵌预应力筋材加固混凝土梁可靠性理论分析

在试验结果基础之上,我们从结构可靠性理论方面对试验梁进行分析。依据我国现行的《建筑结构可靠性设计统一标准》(GB 50068—2018)[254]的规定,将结构的极限状态分为承载能力极限状态和正常使用极限状态。承载能力极限状态是结构达到了极限承载力的状态,在建筑结构中,对于依据该状态设计的结构构件,《建筑结构可靠性设计统一标准》中已经给出了我国建筑结构按照校准法确定的结构承载能力极限状态设计的目标可靠指标,考虑了结构的破坏类型和安全等级,脆性破坏构件要比延性破坏构件的可靠指标高 0.5,相邻的每一安全等级构件的可靠指标也相差 0.5,具体如表 15-1 所示。一般情况下,承载能力极限状态在钢筋混凝土结构构件的设计中起主要控制作用。本章在试验研究的基础上,对内嵌预应力筋材加固混凝土梁结构构件的可靠度进行计算和分析。

表 15-1　承载能力极限状态设计的目标可靠指标

破坏类型	安全等级		
	一级	二级	三级
延性破坏	3.7	3.2	2.7
脆性破坏	4.2	3.7	3.2

15.1.1 结构抗力的统计参数及其计算

结构构件抗力的随机性主要是由结构抗力函数中各基本随机变量的不确定性引起的,所以只有对函数中各随机变量的不确定性进行统计分析后,才能根据结构抗力函数推求出结构抗力的综合统计参数。可归纳出本试验所需结构构件抗力的统计参数,如表 15-2 所示为钢筋和混凝土结构材料性能不确定性的统计参数。

表 15-2　结构抗力统计参数

参数名称	材料性能不定性 K_M		几何特征不定性 K_A						计算模式不定性 K_P
	受拉钢筋强度 f_y	混凝土强度 f_c	混凝土梁截面高度 h	混凝土梁截面宽度 b	混凝土梁截面有效高度 h_0	混凝土受压区高度 x	混凝土梁纵筋截面面积 A_s	受压钢筋重心到边缘混凝土截面距离 a_s	钢筋混凝土结构构件(受弯)
平均值	1.09	1.45	1.00	1.00	1.00	1.00	1.00	0.85	1.00
变异系数	0.06	0.19	0.02	0.02	0.03	0.03	0.03	0.03	0.04

1. 加固前结构抗力的计算

由力的平衡方程可知,在混凝土结构加固之前 ε_p 和 ε_{pe} 均为零,所以此时求解方程可得出混凝土受压区高度 x 为

$$x = \frac{f_y A_s}{\alpha_1 f_{cu} b} \tag{15-1}$$

将式(15-1)代入弯矩平衡方程中可得到单筋矩形截面受弯承载力计算公式:

$$M_u = f_y A_s \left(h_0 - \frac{f_y A_s}{2\alpha_1 f_c b} \right) \tag{15-2}$$

将按式(15-2)计算得到的弯矩值作为结构构件的抗力 R_M。

结构抗力的均值为

$$\mu_R = \mu_{A_s} \mu_{f_y} \left(\mu_{h_0} - \frac{\mu_{A_s} \mu_{f_y}}{2\alpha_1 \mu_b \mu_{f_{cu}}} \right) \tag{15-3}$$

$$\mu_{X_i} = X_i \mu_{K_{X_i}} \tag{15-4}$$

式中：μ_{X_i}——各随机变量 X_i 的均值;

$\mu_{K_{X_i}}$——各随机变量 X_i 的统计参数平均值,结构抗力统计参数具体见表 15-2。

$$\frac{\partial R}{\partial b} = \frac{\mu_{A_s}^2 \mu_{f_y}^2}{2\alpha_1 \mu_{f_{cu}} \mu_b^2} \tag{15-5}$$

$$\frac{\partial R}{\partial h_0} = \mu_{A_s} \mu_{f_y} \tag{15-6}$$

$$\frac{\partial R}{\partial A_s} = \mu_{f_y} \mu_{h_0} - \frac{\mu_{A_s} \mu_{f_y}^2}{\alpha_1 \mu_b \mu_{f_{cu}}} \tag{15-7}$$

$$\frac{\partial R}{\partial f_y} = \mu_{A_s} \mu_{h_0} - \frac{\mu_{A_s}^2 \mu_{f_y}}{\alpha_1 \mu_{f_{cu}} \mu_b} \tag{15-8}$$

$$\frac{\partial R}{\partial f_{cu}} = \frac{\mu_{A_s}^2 \mu_{f_y}^2}{2\alpha_1 \mu_{f_{cu}}^2 \mu_b} \tag{15-9}$$

$$\sigma_{X_i} = \mu_{X_i} \delta_{X_i} \tag{15-10}$$

$$\sigma_R = \sqrt{\left(\frac{\partial R}{\partial b}\sigma_b\right)^2 + \left(\frac{\partial R}{\partial h_0}\sigma_{h_0}\right)^2 + \left(\frac{\partial R}{\partial A_s}\sigma_{A_s}\right)^2 + \left(\frac{\partial R}{\partial f_y}\sigma_{f_y}\right)^2 + \left(\frac{\partial R}{\partial f_{cu}}\sigma_{f_{cu}}\right)^2} \quad (15\text{-}11)$$

式中：$\left.\dfrac{\partial R}{\partial X_i}\right|_\mu$——$R_M$ 对各随机变量 X_i 的偏导数，且各随机变量在其平均值处取值；

σ_{X_i}——各随机变量 X_i 的标准差；

δ_{X_i}——各随机变量 X_i 的变异系数（见表 15-2）。

联立式（15-5）～式（15-11）即可求得结构抗力的标准差 σ_R，再由下式可求得其变异系数：

$$\delta_R = \frac{\sigma_R}{\mu_R} \quad (15\text{-}12)$$

2. 加固后结构抗力的计算

选取的试验梁是以不同加固量和初始预应力水平为试验参数的。采用的加固材料为CFRP筋和螺旋肋钢丝，它们的统计参数是基于材料性能的不定性和几何特征的不定性及大量试验得出的，两者的基本统计参数大致相同，见表 15-3。

表 15-3　CFRP 筋（螺旋肋钢丝）的统计参数

统计参数	CFRP 筋（螺旋肋钢丝）强度	CFRP 筋（螺旋肋钢丝）弹性模量	CFRP 筋（螺旋肋钢丝）截面面积
平均值	1.09	1.00	1.00
变异系数	0.06	0.02	0.02

对于内嵌预应力筋材加固梁来说，其受弯承载力计算公式见第 13 章，对于式中预应力筋材的有效应变 ε_{pe}，我们采用梁的等效换算截面法来求得。

1）截面的换算

筋材放张预应力后，在混凝土截面未开裂前，混凝土及钢筋均处于弹性阶段，依据钢筋、CFRP筋和螺旋肋钢丝及结构胶与外围混凝土应变相同的条件，可把加固梁的截面应力分布看作连续、均质的材料梁。应变关系有

$$\varepsilon_c = \frac{\sigma_c}{E_c} = \varepsilon_s = \frac{\sigma_s}{E_s}, \quad \varepsilon_p = \frac{\sigma_p}{E_p} = \varepsilon_j = \frac{\sigma_j}{E_j} \quad (15\text{-}13)$$

假设受拉区钢筋与混凝土弹性模量的比值为 $\alpha_s = E_s/E_c$，筋材与混凝土弹性模量的比值为 $\alpha_p = E_p/E_c$，结构胶与混凝土弹性模量的比值为 $\alpha_j = E_j/E_c$，则钢筋、筋材和结构胶的总拉力为

$$N_s = \sigma_s A_s = \alpha_s \sigma_c A_s = \sigma_c(\alpha_s A_s) \quad (15\text{-}14)$$

$$N_p = \sigma_p A_p = \alpha_p \sigma_c = \sigma_c(\alpha_p A_p) \quad (15\text{-}15)$$

$$N_j = \sigma_j A_j = \alpha_j \sigma_c = \sigma_c(\alpha_j A_j) \quad (15\text{-}16)$$

式中：N_s、N_p、N_j——受拉钢筋、筋材（CFRP筋和螺旋肋钢丝）和结构胶的总拉力。

因此，在保持截面形心位置不变的情况下，将钢筋、筋材和结构胶的面积分别换算为 $\alpha_s A_s$、$\alpha_p A_p$、$\alpha_j A_j$ 的混凝土截面，由此形成仅由一种混凝土材料组成的截面，如图 15-1 所示，加固梁换算截面的面积为

$$A_0 = bh + (\alpha_s - 1)A_s + (\alpha_p - 1)A_p + (\alpha_j - 1)A_j \quad (15\text{-}17)$$

式中：A_0——梁换算截面面积；

A_p——筋材截面面积；

A_j——结构胶截面面积。

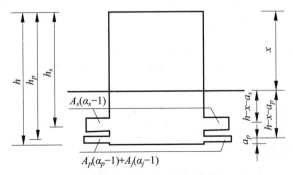

图 15-1　梁的换算截面图

对梁受压区边缘的静矩为

$$S_0 = bh\frac{h}{2} + (\alpha_s - 1)A_s(h - a_s) + (\alpha_p - 1)A_p(h - a_p) + (\alpha_j - 1)A_j(h - a_p)$$

(15-18)

换算截面形心轴高度 x 为

$$x = \frac{S_0}{A_0}$$

(15-19)

换算截面惯性矩为

$$I_0 = \frac{bh^3}{12} + bh\left(x - \frac{h}{2}\right)^2 + (\alpha_s - 1)A_s(h - a_s - x)^2 + (\alpha_p - 1)A_p(h - a_p - x)^2 +$$

$$(\alpha_j - 1)A_j(h - a_p - x)^2$$

(15-20)

2）有效应变的计算

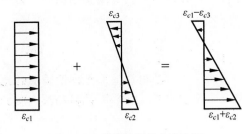

图 15-2　放张后混凝土应变图

放张前筋材在预应力作用下的拉应变为 $\varepsilon'_p = \dfrac{\sigma_{con}}{E_p}$，假设放张后预应力在混凝土受拉区产生的压应变为 ε_{c0}，放张后加固梁承受偏压荷载，可将其等效为一个轴向压力和一个弯矩，放张后混凝土的应变图如图 15-2 所示。

因轴向压应力产生的混凝土压应变为 ε_{c1}，张拉筋材后梁底部因弯矩产生的混凝土压应变为 ε_{c2}，而梁顶部因弯矩产生的混凝土拉应变为 ε_{c3}。有

$$\varepsilon_{c1} = \frac{n(\sigma_{con} - \sigma_{l1})A_p}{A_0 E_c}$$

(15-21)

$$\varepsilon_{c2} = \frac{1}{E_c}\frac{My}{I_0} = \frac{n(\sigma_{con} - \sigma_{l1})(h - x - a_p)(h - x)A_p}{E_c I_0}$$

(15-22)

$$\varepsilon_{c3} = \frac{1}{E_c}\frac{Mx}{I_0} = \frac{nA_p x(\sigma_{con} - \sigma_{l1})(h - x - a_p)}{E_c I_0}$$

(15-23)

式中：n——内嵌加固筋材的数量；

σ_{l1}——预应力筋材由于回缩引起的预应力损失；

M——等效后的截面弯矩，即 $M = nA_p(\sigma_{con}-\sigma_{l1})(h-x-a_p)$；

y——截面高度与换算截面的形心轴高度之差；

I_0——截面换算后的惯性矩。

则混凝土底部的压应变为 $\varepsilon_{c1}+\varepsilon_{c2}$，而放张后筋材作用点处的混凝土压应变 ε_{c0} 为

$$\varepsilon_{c0} = \varepsilon_{c1} + \frac{h-x-a_p}{h-x}\varepsilon_{c2} \tag{15-24}$$

放张后筋材的有效应变为

$$\varepsilon_{pe} = \varepsilon_p' - \varepsilon_{c0} = \frac{\sigma_{con}}{E_p} - \varepsilon_{c0} \tag{15-25}$$

将求得的有效应变和由式(13-11)求得的受压区高度 x 代入加固梁的力矩平衡方程中，即可得到内嵌预应力筋材加固梁的受弯承载力计算公式：

$$R_M = f_y A_s\left(h-a_s-\frac{\beta_1 x}{2}\right) + E_p A_p(\varepsilon_p+\varepsilon_{pe})\left(h-a_p-\frac{\beta_1 x}{2}\right) \tag{15-26}$$

将由上式所得弯矩值作为加固梁的结构抗力值，按照未加固梁计算结构抗力均值和方差的方法对其进行求解，最后得出各加固梁结构抗力的均值 μ_R、方差 σ_R。

15.1.2　荷载效应的统计参数及其计算

实验室的条件下进行，结构所受荷载为实际加载的作用，而其统计参数和概率分布类型也是由实际加载情况来确定的。但是在实际工程应用中，荷载的统计参数及分布类型需要依据国家相关的规范[322]来确定。荷载的统计参数见表 15-4，荷载的分布类型为对数正态分布。

表 15-4　荷载统计参数及概率分布

参数名称	平均值	变异系数	分布类型
荷载	1.00	0.01	对数正态分布

试验的加载方式是采用三分点加载，试验梁为矩形截面的简支梁，对结构等效后的实际受力图见图 15-3。利用力学基本知识对该结构进行分析，在已知荷载的情况下，我们可以求解出截面跨中处的弯矩值 $M_{中}$，即

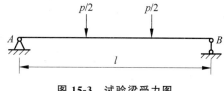

图 15-3　试验梁受力图

$$M_{中} = \frac{pl}{6} \tag{15-27}$$

式中：p——试验梁破坏时对应的极限荷载值；

l——试验梁的净跨，$l=2100\text{mm}$。

根据本试验实际荷载作用情况，将所求得的各试验梁截面跨中弯矩 $M_{中}$ 作为荷载效应 S，按照下式求得荷载效应的均值：

$$\mu_S = \frac{\mu_p \mu_l}{6} \tag{15-28}$$

$$\mu_p = p\mu_{X_p}, \quad \mu_l = l \tag{15-29}$$

其中 μ_{X_p} 可从表 15-4 中查得。对式(15-28)中的各个随机变量求偏导可得

$$\frac{\partial S}{\partial p} = \frac{\mu_l}{6}, \quad \frac{\partial S}{\partial l} = \frac{\mu_p}{6} \tag{15-30}$$

$$\sigma_S = \sqrt{\left(\frac{\partial S}{\partial p}\sigma_p\right)^2 \left(\frac{\partial S}{\partial l}\sigma_l\right)^2} \tag{15-31}$$

利用式(15-30)、式(15-31)求得荷载效应的标准差。各试验梁荷载效应的均值和标准差如表 15-5 所示。

表 15-5 试验梁均值和标准差

试 验 梁	结构抗力 R		荷载效应 S	
	μ_R	σ_R	μ_S	σ_S
RB	34.74	1.216	32.01	0.320
BF1	69.75	3.976	56.56	0.566
BF2	80.67	3.388	66.72	0.667
BF3	89.66	3.676	75.12	0.751
BS1	59.40	3.980	46.79	0.468
BS2	76.82	3.764	63.68	0.637
BS3	81.40	2.279	74.10	0.741
BPF2-30%	93.65	3.933	77.03	0.771
BPF2-45%	96.26	3.976	78.75	0.788
BPF2-60%	101.22	4.800	79.96	0.080
BPS2-30%	71.96	3.022	60.21	0.602
BPS2-45%	79.92	3.676	63.92	0.639
BPS2-60%	82.12	5.091	62.22	0.602

15.1.3 结构可靠度的计算

结构在设计基准期内的功能函数一般由结构抗力 R 和荷载效应 S 两个基本变量构成,结构的极限状态函数为

$$Z = R - S \tag{15-32}$$

通过对内嵌预应力筋材加固混凝土梁的破坏模式和试验结果的分析可知,选取的试验梁均发生钢筋屈服,混凝土压碎,而预应力筋材未拉断的破坏模式。

根据本试验研究的特点,采用一次二阶矩方法计算结构可靠指标较为简单,且可以满足实际工程的精度要求,该方法已被国际标准《结构可靠性总原则》以及我国第一和第二层次的结构可靠度设计统一标准推荐使用。而蒙特卡罗法需要较多的模拟次数,一般 $N = 10^5 \sim 10^7$ 才能满足其精度要求,但是这样计算量是相当大的。故可靠指标采用一次二阶矩方法进行计算。

一次二阶矩方法中的中心点法是采用简单手算法计算出结构抗力和荷载效应的均值、方差,然后再根据式(14-4)得出各试验梁的可靠指标 β,但该方法计算量较大,误差也较大;而验算点法是采用 MATLAB 软件编程对各试验梁进行计算,计算简便且结果可靠、精度较

高。故采用验算点法对试验梁进行可靠指标计算。计算流程图如图 15-4 所示。

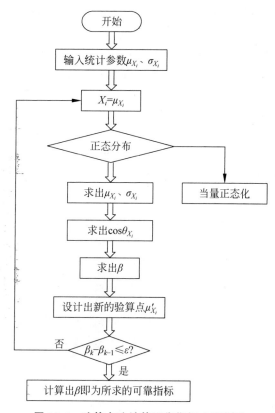

图 15-4 验算点法计算可靠指标 β 流程图

基于对各试验梁求得的结构构件抗力和荷载效应的均值和标准差,采用一次二阶矩的验算点法进行迭代求解,计算各试验梁的可靠指标,如表 15-6 所示。

表 15-6 加固前后可靠指标的对比

试 验 梁	可靠指标(验算点法)	可靠指标提高幅度/%
RB	2.3322	—
BF1	3.2843	40.82
BF2	4.0399	73.22
BF3	3.8751	66.16
BS1	3.1467	34.92
BS2	3.4420	47.59
BS3	3.0462	30.61
BPF2-30%	4.1459	77.77
BPF2-45%	4.3197	85.22
BPF2-60%	4.4286	89.88
BPS2-30%	3.8132	63.50
BPS2-45%	4.2883	83.87
BPS2-60%	4.2937	84.11

1. 加固量对可靠指标的影响

从表 15-6 中可以看出,与对比梁相比,内嵌非预应力筋材加固梁的可靠指标均有很大的提高。随着加固量的增加,加固梁的可靠指标提高幅度也增加,但是在一定范围内影响较为明显。当加固量由 1 根增加为 2 根时,内嵌 CFRP 筋加固梁的可靠指标提高了 79.37%,内嵌螺旋肋钢丝加固梁的可靠指标提高了 36.28%,而当加固量由 2 根增加到 3 根时,内嵌 CFRP 筋加固梁的可靠指标却降低了 9.64%,内嵌螺旋肋钢丝加固梁的可靠指标降低了 35.68%。由此可见,过高的加固量会使得加固梁的可靠指标提高幅度减小。这是因为随着加固量的增加,开槽的间距及周边的混凝土变少,使得加固梁的整体性能减弱。所以从中可看出,内嵌 2 根筋材加固混凝土梁的加固方法较为理想。

2. 初始预应力水平对可靠指标的影响

从表 15-6 中可以看出,与内嵌非预应力筋材加固梁相比较,内嵌预应力筋材加固梁的可靠指标均有较大的提高,且加固梁的可靠指标随着初始预应力水平的增加而增加。BPF 系列的可靠指标比 BF2 分别提高 2.62%、6.93%、9.62%,而 BPS 系列的可靠指标分别比 BS2 提高 10.78%、24.59%、24.17%。对比可看出,BPS 系列加固梁的可靠指标提高幅度明显高于 BPF 系列加固梁,表明初始预应力水平对螺旋肋钢丝的加固效果较为明显。

当初始预应力水平由 30% 增加到 45% 时,BPF 加固梁的可靠指标可提高 4.19%,而BPS 加固梁的可靠指标提高 12.46%;但当初始预应力水平由 45% 增加到 60% 时,BPF 加固梁的可靠指标提高 2.52%,而 BPS 加固梁的可靠指标仅提高 0.13%。这是因为初始预应力水平对可靠指标的影响是有一定范围的,过高的初始预应力水平会使混凝土过早被压碎,使得加固梁发生脆性破坏。从表 15-6 中数据分析可看出,内嵌 2 根筋材(CFRP 筋或螺旋肋钢丝)且初始预应力水平为 45% 的加固梁加固效果较好。

15.2 内嵌预应力筋材加固混凝土梁可靠性试验分析

在对内嵌预应力筋材加固混凝土梁的可靠度计算的基础上,我们可知加固量和初始预应力水平是影响加固梁可靠性的主要因素。下面将从试验方面来分析混凝土梁变形能力、筋材的应变及裂缝开展情况对加固梁可靠性的影响。

15.2.1 混凝土梁变形能力分析

混凝土梁的变形能力主要是通过荷载-跨中位移(挠度)曲线来反映的。如图 15-5 所示为试验梁的荷载-跨中位移曲线图。

1. 不同加固量的影响

图 15-5(a)、(b)所示分别为不同加固量下内嵌非预应力 CFRP 筋、螺旋肋钢丝加固梁的荷载-挠度曲线图。从图中可以看出,在试验梁开裂之前,加固梁表现为较好的弹性性能;在试验梁开裂至钢筋屈服阶段,试验梁开裂后挠度曲线突然转折,但加固梁曲线转折程度相对较小,且随着加固量的增加,加固梁的刚度较对比梁有较大程度的提高;在钢筋屈服后阶段,试验梁曲线的转折程度较大,挠度增长速度较快,这是由于随着加固量的增加,加固梁中的筋材有效承担了钢筋的部分受力,延缓了钢筋屈服的时间,使得加固梁的截面刚度有了较大的提高,但过大的加固量会使得加固筋材得不到充分利用,造成资源浪费。与理论计算结

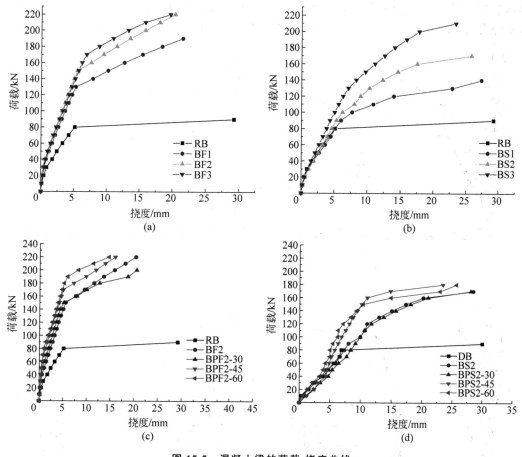

图 15-5　混凝土梁的荷载-挠度曲线

果对比分析可知,内嵌 2 根 CFRP 筋或螺旋肋钢丝的加固效果较为理想,其可靠指标的提高幅度相对较为明显,因而使加固梁的可靠度较好。

2. 不同初始预应力的影响

图 15-5(c)、(d)所示分别为不同初始预应力水平下内嵌预应力 CFRP 筋、螺旋肋钢丝加固梁的荷载-挠度曲线图。从图 15-5(c)中可以看出,加固量相同时,在相同荷载的作用下,加固梁的挠度变形随初始预应力水平的增加而减小,且 BPF2-60 加固梁的挠度变形相对较小,但是过大的初始预应力水平会使混凝土梁较早发生破坏,筋材的高强性能得不到充分发挥;而 BPF2-45 的极限荷载较 BPF2-60 的极限荷载大,因此,BPF2-45 加固梁是较为理想的加固方式。从图 15-5(d)中可明显看出,在相同荷载下,BPS2-45 加固梁的挠度变形明显小于 BPS2-30 和 BPS2-60 加固梁,因此,BPS2-45 加固梁的加固效果较为理想。

在相同加固量下,随着初始预应力水平的增大可靠指标都有明显的提高,通过对比分析可知,初始预应力水平为 45% 的加固梁可靠指标的提高幅度较为理想,与试验分析结果吻合。

15.2.2　纵筋与 CFRP 筋和螺旋肋钢丝应变曲线分析

图 15-6 所示为各试验梁荷载-钢筋、CFRP 筋和螺旋肋钢丝应变曲线图,由图中曲线可

知,试验梁筋材应变变化过程大致可按混凝土开裂、纵筋屈服(CFRP 筋和螺旋肋钢丝屈服)来划分为三个阶段。其中 S 代表纵筋,F 代表 CFRP 筋,H 代表螺旋肋钢丝。

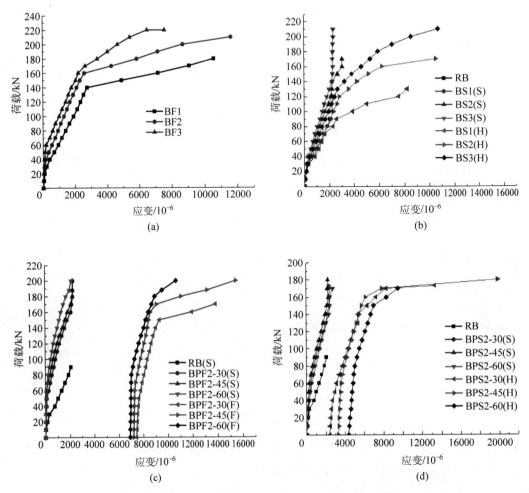

图 15-6　试验梁跨中荷载-筋材应变曲线图

1. 不同加固量对加固梁筋材应变的影响

图 15-6(a)、(b)所示为不同加固量对加固梁筋材应变影响的曲线图,由图 15-6(a)可知,在相同荷载作用下,随着加固量的增加,CFRP 筋的应变逐渐减小。由图 15-6(b)可以看出,在混凝土开裂前,荷载较小时,钢筋的应变与螺旋肋钢丝的应变非常接近,所以在此阶段钢筋承受大部分荷载,螺旋肋钢丝的作用很小,且加固量对加固梁筋材应变的影响较小。当混凝土开裂后,试验梁的部分混凝土会退出工作,此时螺旋肋钢丝已经有效地承担了部分荷载,到钢筋屈服后,螺旋肋钢丝起到主要作用,承担了全部荷载,直至加固梁破坏。因此,从试验角度可以看出,内嵌 CFRP 筋或螺旋肋钢丝加固梁可明显减小纵筋的应变,提高加固梁的整体性能,使得加固梁的可靠度明显得到提高。

2. 不同初始预应力水平对加固梁筋材应变的影响

图 15-6(c)、(d)所示为不同初始预应力水平对加固梁筋材应变影响的曲线图,从图中可以看出,由于初始预应力水平的存在,在相同荷载作用下,内嵌预应力筋材加固梁中钢筋应

变要小于对比梁。在相同的加固量下,随着初始预应力水平的增大,试验梁的钢筋和螺旋肋钢丝及 CFRP 筋的应变变化较为明显。BPS2-30％和 BPF2-30％的试验梁钢筋和螺旋肋钢丝及 CFRP 筋的强度虽然都被充分利用,其应变也高达 $13303\mu\varepsilon$,但是由于初始预应力水平较低,致使对加固梁的开裂荷载、屈服荷载及其刚度的影响较小,因而该加固方式没有达到施加预应力的预期目的;而 BPS2-60％和 BPF2-60％试验梁,由于施加的初始预应力水平较高,致使构件破坏时钢筋已屈服而螺旋肋钢丝及 CFRP 筋强度未被充分利用,从图 15-6 中可看出其最大应变约为 $9500\mu\varepsilon$ 和 $10000\mu\varepsilon$;与两者相比较,我们可以看出 BPS2-45％和 BPF2-45％试验梁中钢筋和螺旋肋钢丝及 CFRP 筋的强度可被充分利用,其应变高达 $19864\mu\varepsilon$ 和 $15800\mu\varepsilon$。

由上述分析可知,混凝土开裂、纵筋屈服两阶段,加固量、初始预应力水平对加固梁筋材应变的影响较小;纵筋屈服至加固梁破坏阶段,加固量、初始预应力水平对加固梁螺旋肋钢丝及 CFRP 筋应变的影响相对较大。但是过高的加固量和初始预应力水平会使得加固筋材强度得不到充分利用,造成筋材的浪费。从加固量方面考虑,内嵌 2 根螺旋肋钢丝或 CFRP 筋的加固梁的加固效果较好;当加固量相同时,在一定的初始预应力水平范围内,随着初始预应力水平的增大,螺旋肋钢丝和 CFRP 筋的应变将变小。综合两者可知,BPF2-45％和 BPS2-45％试验梁的加固效果相对较好。与理论计算可靠指标结果相比较,两者吻合较好。

15.2.3　混凝土梁裂缝开展情况

试验梁的裂缝发展分布及裂缝宽度如图 15-7 所示。在加载初期加固梁裂缝发展较为稳定,由于受到筋材的约束作用,加固梁裂缝高度和宽度发展较对比梁缓慢。随着荷载的增大,试验梁的裂缝条数增多,其宽度和高度也逐渐变大。从图中可以看出:

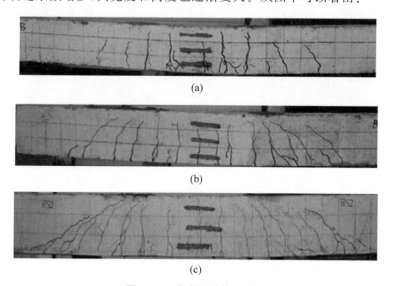

(a)

(b)

(c)

图 15-7　试验梁裂缝分布图

（a）未加固梁;（b）内嵌 1 根筋材加固梁;（c）内嵌 2 根筋材加固梁;（d）内嵌 3 根筋材加固梁;
（e）BPS2-30 加固梁;（f）BPS2-45 加固梁;（g）BPS2-60 加固梁

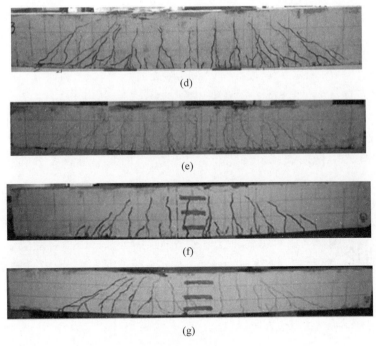

图 15-7 （续）

（1）随着加固量的增大，试验梁的裂缝条数明显增多，且裂缝间距变小，斜裂缝发展较为充分。内嵌 1 根筋材加固梁的裂缝发展较为缓慢，裂缝间距相对较大，且裂缝数量也较少；内嵌 2 根筋材加固梁的裂缝数量明显增多，且裂缝发展较为均匀和充分，裂缝间距也相对减小，其裂缝高度超过梁高的 2/3；与 BS1、BS2 试验梁相比较，内嵌 3 根筋材加固梁的裂缝数量也明显增多，其弯曲裂缝高度小于斜裂缝高度。所以，内嵌 2 根筋材的加固方法相对较好，与理论计算结果吻合较好，内嵌 2 根筋材加固混凝土梁的可靠度较好。

（2）内嵌预应力螺旋肋钢丝加固梁的裂缝发展相对较平稳、缓慢，随着初始预应力水平的增加，加固梁的平均间距减小，裂缝条数逐渐增多，裂缝宽度增加较缓慢。这说明内嵌预应力螺旋肋钢丝加固梁的裂缝发展可有效地被延缓，使其截面刚度有较大的提高，可以有效提高加固梁的可靠度，随着初始预应力水平的增加，加固梁的可靠指标均有明显的提高。

15.3 本章小结

本章首先依据加固梁的破坏类型及计算基本假定，推导了加固梁正截面受弯承载力计算公式，并通过对结构构件和荷载效应统计参数的归纳，较为详细地介绍了如何计算结构抗力和荷载效应的均值和标准差。

采用一次二阶矩的验算点法分析计算了各试验梁的结构可靠指标 β，且加固后结构构件的可靠指标均满足规范规定的要求。

本章较为系统地对内嵌预应力筋材加固混凝土梁的可靠度进行了理论和试验分析，通过理论计算结果与试验结果的对比分析可知两者吻合较好，表明采用内嵌预应力筋材的加固方法可以有效地提高结构构件的可靠度，并通过对比分析得出最优的加固方案。

第16章

结论与展望

16.1　结论

本书对内嵌预应力筋材加固混凝土梁的受弯性能进行了系统的理论分析和试验研究，主要研究内容包括内嵌预应力筋材加固混凝土梁端部界面力学行为分析及黏结机理，内嵌预应力CFRP筋和螺旋肋钢丝加固混凝土梁弹塑性分析及相关的理论分析，内嵌预应力CFRP筋锚具及张拉装置的研制，内嵌非预应力筋材、内嵌预应力筋材、内嵌混杂筋材加固混凝土梁及内嵌预应力螺旋肋钢丝加固混凝土梁的承载能力、变形、裂缝发展、延性等性能的试验研究分析和理论计算等，得出如下结论：

（1）基于非线性分析原理，通过直接拔出CFRP筋试验和双面剪切试验开展内嵌预应力筋材加固混凝土梁界面力学行为研究，结果表明，预应力筋材、结构胶和混凝土主要通过胶结力、摩阻力及机械咬合力相互作用。试件发生了混凝土槽开裂破坏、拉剪破坏以及拉剪-劈裂破坏三种破坏模式，其中拉剪-劈裂破坏发生得较多。试件发生混凝土开裂破坏时，混凝土的强度越高承载力越大。发生拉剪或拉剪-劈裂破坏时，混凝土强度等级增加，其开裂荷载和承载力也会相应提高。但是提高的幅度会随强度的增加而降低；该破坏发生时，试件的平均剪应力比发生混凝土压碎破坏时高出50%左右。随着槽宽的增大，该破坏模式的承载力和剪应力都有一定的提高，但承载力提高的幅度较大。因此作者推测槽宽在20～24mm之间存在一适宜的数值，能使试件的承载力和剪应力提高幅度相同。

（2）平均剪应力随着试件黏结长度的增长而降低。局部剪应力在黏结段上分布很不均匀，最大黏结剪应力在距离加载端处100～200mm。黏结长度越长，最大剪应力值越大。试验中黏结长度为500mm试件的黏结滑移曲线的下降段有平滑段，且与改进的BPE模型吻合，经过拟合后得出不同参数下的曲线，且得出了试件的最大黏结滑移长度为0.258mm，试件的有效黏结长度为300mm。

（3）通过对所有试验梁混凝土的应变进行分析表明，内嵌预应力筋材加固混凝土梁的截面混凝土应变沿高度的变化基本符合平截面假定，因此对采用内嵌法加固梁进行分析时仍可采用平截面假定；基于双线性软化模型原理，研究并得到了加固梁在不发生黏结破坏时所能施加的最大预应力计算公式；依据普通钢筋混凝土梁受弯承载力计算的基本原理，提出了切实可行的内嵌预应力筋材加固混凝土梁受弯承载能力计算公式；基于承载力受力分析,提出了加固梁发生界限破坏时的预应力筋界限加固量 A_p^* 计算公式,以及加固梁破坏模式的两种判断依据,给出了内嵌预应力筋材加固混凝土梁最大加固量 $A_{p,\max}$、最小加固量 $A_{p,\min}$ 表达式。

(4) 研究加固梁在不同受力阶段的弯矩-曲率关系,编制内嵌预应力筋材加固梁荷载-挠度计算程序,绘制荷载-挠度曲线,计算加固梁特征荷载值,分析影响承载能力的主要因素;基于内嵌预应力筋材加固混凝土梁弯矩-曲率的分析,推导了延性计算公式;通过对加固梁不同加固方式下延性性能的分析,得到了不论是内嵌预应力 CFRP 筋加固混凝土梁还是内嵌预应力螺旋肋钢丝加固混凝土梁,随加固量的增加,其延性依次降低的结论;与加固量对延性的影响类似,随着初始预应力水平的增加,加固梁延性也依次降低;且不论是内嵌单一筋材加固混凝土梁,还是内嵌混杂筋材加固混凝土梁,其内嵌预应力筋材与非预应力筋材的比例是影响加固梁延性的重要因素。

(5) 依据普通钢筋混凝土梁裂缝及变形计算原理,对内嵌预应力筋材加固混凝土梁的变形及裂缝发展情况进行了计算、分析,得到了加固梁在不同受力阶段的抗弯刚度计算公式,给出了最大裂缝宽度计算公式,并利用相关公式对内嵌预应力筋材加固混凝土梁在正常使用极限状态下的变形和最大裂缝进行了计算。

(6) 研制了 60mm、90mm 长和 2×60mm 串联三种夹片式锚具和 400mm、500mm 和 600mm 长套筒的黏结夹片式球面锚具,并用设计的 60mm 长夹片式锚具进行了内嵌预应力 CFRP 筋的张拉试验,效果较好。按照"先张拉,后嵌贴"的思路,设计开发了 CFRP 筋预应力张拉、锚固装置,在试验中未发现一例张拉、锚固夹具的失效,表明该装置能够有效地对 CFRP 筋实施预应力张拉,通过进一步完善可以在工程实际中应用。

(7) 通过对两种锚具锚固性能的试验研究表明,对于夹片式 CFRP 筋锚具,锚具的长度和预紧力大小是影响锚固性能的关键因素;对于 CFRP 筋黏结夹片式球面锚具,钢质套筒长度和黏结介质的黏结性能是影响锚固性能的关键因素,另外,球面锚具可以自动调整 CFRP 筋的中线与锚具锥孔中线,改变孔口的受力特性,减小孔口剪应力,提高锚固性能。

(8) 夹片式锚具与黏结夹片式球面锚具相比,设计灵活,施工更加方便,适用范围更大。试验中夹片式锚具仍对 CFRP 筋作用较大的横向剪切力,锚具仍有待改进;黏结夹片式球面锚具能有效避免对 CFRP 筋的损伤,但锚固效率较低,试验中 600mm 长套筒的黏结夹片式球面锚具的平均锚固效率为 79%,有待提高。

(9) 内嵌非预应力筋材加固混凝土梁受弯性能试验结果表明,内嵌非预应力筋材加固混凝土梁能显著提高加固梁的极限承载能力,且在一定范围内随加固量的增加而增加,提高幅度最大为 136.27%。但对开裂荷载基本没什么影响,对屈服荷载的影响也很小。内嵌预应力筋材加固混凝土梁能显著提高加固梁的开裂荷载与屈服荷载,提高幅度最大分别为 321.26%、155.60%。并通过延长加固梁开裂前及开裂至屈服两阶段的承载寿命有效减小了构件在荷载作用下的变形,提高了加固梁的使用性能,体现了预应力筋材在刚度及承载力加固方面较传统加固方法的巨大优势。另外,通过对筋材施加预应力,可使被加固梁产生有益的反拱,有利于既有裂缝的闭合,延缓新裂缝的产生,降低裂缝宽度,从而保证良好的加固效果及被加固构件的耐久性。并且通过对筋材施加预应力,还可以极大地提高筋材在受弯构件承受荷载各个阶段的强度利用程度,较充分地利用材料的高强性能。

(10) 内嵌 1 根非预应力螺旋肋钢丝、同时内嵌 2 根预应力螺旋肋钢丝加固混凝土梁

(即 BS1P2)的加固效果较好,它弥补了内嵌 3 根预应力螺旋肋钢丝加固梁(即 BPS3)或内嵌 2 根非预应力螺旋肋钢丝、同时内嵌 1 根预应力螺旋肋钢丝加固混凝土梁(即 BS2P1)系列加固梁的不足,是一种理想的加固方法,其中 BS1P2-45 加固梁的效果较为理想。

(11) 内嵌预应力混杂筋材加固混凝土梁(即 BF1P2 及 BF2P1)优于内嵌预应力单一筋材加固混凝土梁及 BS1P2、BS2P1。在同一荷载作用下,BF1P2、BF2P1 系列试验梁的挠度变形明显小于 BS1P2、BS2P1 系列试验梁,即前者的刚度显著大于后者,且前者的开裂荷载、屈服荷载、极限荷载及 P_u/P_y 值也显著高于后者,经分析可知,BS1P2-45 加固梁的效果最为理想。

(12) 加固量、初始预应力水平及加固方式是影响内嵌预应力筋材加固混凝土梁承载力的三个重要因素。开裂荷载、屈服荷载和极限荷载均随加固量的增加而增加,但加固量对承载力的有利影响是有一定范围的,超过这一范围,将会改变加固梁的破坏模式,改变梁的破坏性质;初始预应力水平对开裂荷载影响较大,加固梁开裂荷载随初始预应力水平的增加而增加,而对屈服荷载的影响很小,初始预应力水平对加固梁承载力也有一定的影响,过高的预应力不但对加固梁起不到有利的作用,反而会造成预应力筋材的过早拉断,导致加固梁发生早期脆性破坏;不同加固方式对加固梁开裂荷载、屈服荷载的影响体现在加固筋材中预应力筋和非预应力筋比例的变化,当内嵌预应力筋材由 1 根增加为 2 根、非预应力筋材由 2 根减少为 1 根时,加固梁开裂荷载提高较为明显,屈服荷载变化则不太明显,而当内嵌预应力筋材由 2 根增加为 3 根时,其开裂荷载提高幅度较前阶段小,而屈服荷载则有明显增加。通过对加固用筋材选择合适的加固量、初始预应力水平和加固方式,可以使被加固构件达到强度和变形均优的加固设计目标。

(13) 一定范围内,随着开槽尺寸的增加,加固梁整体加固效果逐渐增强,但超过该范围,加固梁整体性能反而下降,即不同混凝土强度下均存在相对理想的开槽尺寸。通过本书系统研究,结果表明,混凝土强度较高时开槽尺寸影响较明显,对开裂荷载影响最大,C30 混凝土开槽尺寸过大可能发生剪压破坏;混凝土强度越高,试验梁的开裂荷载和极限荷载承载力越大,且随着开槽尺寸的增加混凝土强度影响也越来越明显;加固梁混凝土开裂后,一定范围内,随着开槽尺寸的增加挠度逐渐减小,随着混凝土强度的增大,挠度逐渐减小,且随着开槽尺寸的增大混凝土强度的影响越来越不明显;随开槽尺寸的增加,极限裂缝宽度增加,条数增多,平均间距减小。混凝土强度提高,可以明显减少开裂裂缝和总裂缝条数,减小裂缝平均间距;一定范围内,随着开槽尺寸的增加,加固梁的延性系数降低;随着混凝土强度的提高,加固梁延性系数降低。

(14) 内嵌预应力筋材加固混凝土梁对裂缝的产生和发展都具有约束作用,延迟了裂缝的出现,增加了加固试件的抗裂性能。加固试件的挠度随着加固量的增加而减小,混凝土强度越高,挠度越小;但是开槽形状对挠度变形影响不大。内嵌预应力加固试件中矩形槽试件的安全性能随加固量的增加而增加,梯形槽试件的安全性能随加固量的增加而降低;混凝土的强度等级越高,安全性能越低。试件的延性性能随加固量的增加而逐渐降低。

(15) 在保证预应力筋材不首先屈服的前提下,施加的初始预应力越大,对构件开裂荷载提高程度越大;加固梁的屈服荷载提高程度并不主要取决于预应力水平,而是由纵筋和预应力筋材的协同性决定的,即两种筋材是否接近同时屈服。较小的预应力可能造成螺旋肋钢丝安全储备过大,从而引起材料浪费;而太高的预应力虽然对提高构件开裂荷载效果明显,但可能会造成螺旋肋钢丝过早屈服;初始预应力的选择要注意和混凝土强度相结合。较低强度等级的混凝土相对较高强度的混凝土而言,理论上选择施加较高的初始预应力对梁体筋材的屈服荷载提高效果较好。然而这不能作为初始预应力选择的唯一依据。因为较高的初始预应力会导致加固构件安全储备降低,呈脆性破坏态势。因此,在工程应用中要严格计算,反复权衡得到其最优值。对于预应力螺旋肋钢丝加固混凝土梁,当混凝土强度偏低时,初始预应力可适当偏高。如 C30 梁,建议施加初始预应力为 50%;而 C40 梁低于前者,介于 35%~50%。

(16) 内嵌 CFRP 筋-预应力螺旋肋筋加固混凝土梁能大幅提高其开裂荷载、屈服荷载和极限荷载。BF2P1 系列梁比 BS 系列梁的开裂荷载提高了 80%~133.33%,屈服荷载提高了 91.30%~125%,极限荷载提高了 43.33%~120.31%;BF2P1 系列梁比 BF 系列梁的开裂荷载提高了 80%~133.33%,屈服荷载提高了 28.57%~37.5%,极限荷载提高了 26.47%~55.85%。由此看出,施加预应力的混杂材料加固混凝土梁比未施加预应力的单一材料加固混凝土梁效果要好;在相同预应力水平下,BF2P1 系列梁比 BF1P2 系列梁的挠度小,这说明,BF2P1 系列梁比 BF1P2 系列梁的刚度大,且其屈服能力和极限破坏能力也高于 BF1P2 系列梁;在相同荷载作用下,采用 CFRP 筋-预应力螺旋肋筋加固混凝土梁可以延迟裂缝的出现,在一定的预应力水平范围内,预应力越大,加固梁的变形越小。该梁和 CB 梁相比,最大裂缝宽度降低 43%~67%;和 BS 系列梁相比,最大裂缝宽度降低 16%~65%;和 BF 系列梁相比,最大裂缝宽度降低 25%~60%。

(17) 基于计算基本假定和试验特点,推导了内嵌预应力筋材正截面承载力计算公式,并结合结构构件抗力和荷载的统计参数及概率分布类型,计算了结构构件抗力和荷载效应的均值和标准差。然后采用一次二阶矩的验算点法进行迭代求解各试验梁的可靠指标,对理论计算结果进行分析,得出最优的加固方案,且加固后各试验梁的可靠指标均能满足规范规定的要求。从试验梁的跨中荷载-挠度曲线、钢筋和加固筋材的应力-应变曲线及裂缝开展情况几个方面,对内嵌预应力筋材加固混凝土梁进行了可靠度试验分析,得出了试验研究的合理加固方案,与计算结果对比分析可知,两者吻合较好。

16.2　展望

本书对内嵌预应力筋材加固混凝土梁受弯性能进行了系统的理论及试验研究,但影响内嵌预应力筋材加固混凝土梁受弯性能的因素很多,而分析过程较复杂。针对本书所做的研究,仍存在许多问题有待进一步完善和发展:

(1) 界面黏结方面,内嵌加固 FRP 材料的黏结性能研究方法及试验理论还存在着一定的不足之处。内嵌黏结问题是三维问题,但目前大都简化为简单的一维或者两维问题进行研究。一些重要的参数需要研究,如剪应力-滑移曲线下降段的起始滑移量,槽的宽高比,槽周围混凝土厚度等。内嵌加固法是通过黏结介质将加固筋材、混凝土进行黏结,黏结质量的好坏是直接影响补强混凝土梁加固成败的关键。因此对黏结界面的黏结性能的试验与理论分析需进一步深入。另外,还应进行内嵌多根 FRP 筋的黏结性能、长黏结试件的黏结性能研究,局部剪应力-滑移关系研究,以及动荷载条件下的黏结性能及相关的耐久性研究和损伤后加固黏结性能研究。

（2）预应力筋材的性能与质量方面。碳纤维筋材在土木工程领域的应用将越来越广泛，但目前大部分碳纤维原丝还依赖进口，且国内碳纤维筋的生产工艺水平与西方发达国家相比仍存在一定差距。本书试验中采用的为国产碳纤维筋，其抗拉强度较低，稳定性有待提高，而国外的碳纤维筋材虽然质量较好，但价格较高，使碳纤维筋材在土木工程领域的应用受到限制。

（3）预应力锚具方面。在当前的预应力结构中，采用的均为多根预应力筋的形式，因此，进行 CFRP 筋夹片式锚具的群锚试验，开发预应力 CFRP 筋群锚锚固体系将进一步完善预应力 CFRP 筋锚具。对于 CFRP 筋黏结夹片式球面锚具，钢质套筒长度和黏结介质的黏结性能是影响锚固性能的关键因素。但是如果钢质套筒较长将限制此锚具的推广应用。因此在如何缩短钢质套筒长度并提高黏结介质的黏结性能，选用适用可行的黏结介质或改变钢质套筒的形式方面还需做进一步研究工作。应加强经济实用的 FRP 预应力筋张拉、锚固技术的研究，以推动内嵌预应力筋材加固混凝土梁在实际工程中的应用。内嵌预应力 CFRP 筋加固混凝土梁的施工工艺须进一步改进，使其施工工序更加简单，适应性进一步增强，使内嵌预应力 CFRP 筋加固法能迅速得到推广应用。

（4）关于预应力损失的分析，本书是在前人研究的基础上，根据其数据作出的一个初步统计，难免有一定误差，下一步研究应该在预应力损失计算上做一定探索。对于锚固长度的计算，本书是以规范中其他材料作为参考，仅作一个类比比较，证明试验中锚固长度足够安全。在后续研究中如果能够以大量试验为基础，得出较精确的计算公式，则可以开展试验锚固区的剪切、滑移研究。对于极限荷载的计算，涉及两种筋材的协同性问题，关于该问题的计算相当复杂，需要在对材料的应力-应变曲线有深入了解的基础上进行庞杂的计算。为此，可进一步利用专门的软件程序进行运算处理。本书试验的验证是以一系列假定为基础，忽略了箍筋的作用和材料的塑性等因素，所以精度方面不十分理想，今后可以考虑使用有限元软件做进一步分析、验证。

（5）内嵌预应力筋材加固混凝土梁性能研究方面，本书试验研究为加固梁单调静载试验，应对内嵌预应力 CFRP 筋加固混凝土梁的长期性能，包括预应力 CFRP 筋和胶黏剂的老化性能、耐久性能、预应力损失及长期荷载作用等做进一步研究。另外，需要进一步深入开展作为试验和理论研究补充手段的数值模拟的研究工作，以弥补试验和理论研究的不足。

参 考 文 献

［1］ LANE J S,LEEMING M B,FASHOLE-LUKE P S. Using advanced composite materials in bridge strengthening：introducing Project Robust[J]. The Structural Engineering,1997,75(1)：16.

［2］ HOUSS A M,TOUTANJI H,SAAFI M. Performance of concrete beams prestressed with aramid fiber-reinforced polymer tendons[J]. Composite Structures,1999,(44)：63-70.

［3］ KATOU K,HAYASHIDA N. Testing and applications of prestressed concrete beams with CFRP tendons. Fiber-Reinforced-Plastic（FRP）reinforcement for concrete structures：properties and applications[J]. Elsevier Science Publisher,1993：249-265.

［4］ PARK S Y,NAAMAN A E. Shear behavior of concrete beams prestressed with FRP tendons[J]. PCI Journal,1999,44(1)：74-85.

［5］ 万墨林,韩继云.混凝土结构加固技术[M].北京：中国建筑工业出版社,1995.

［6］ 张富岭.改善桥梁状况的有效方法[J].国外公路,1991(3)：44-45.

［7］ TAERWE L. FRP reinforcement for concrete structures[J]. Concrete International,1999,15：48-53.

［8］ 杨淑惠.腐蚀对钢筋力学性能影响的研究[D].郑州：郑州大学,2002.

［9］ TAERWE L R,LAMBOTTE H,MIESSELER H J. Loading tests on concrete beams prestressed with glass fiber tendons[J]. PCI Journal,1992,37(4)：84-97.

［10］ 冯乃谦,邢峰.高性能混凝土技术[M].北京：原子能出版社,2000.

［11］ BENMOKRANE B,CHAALLAL O,MASMOUD R. Flexural response of concrete beams reinforced with FRP reinforcing bars[J]. ACI Structural Journal,1996(1)：46-54.

［12］ 梁峰.高性能路面混凝土配合比设计及路用性能研究[D].西安：长安大学,2002.

［13］ 吴中伟,廉惠珍.高性能混凝土[M].北京：中国铁道出版社,1999.

［14］ 姚谏.FRP复合材料加固混凝土结构新技术研究进展[J].科技通报,2004,20(3)：216-221.

［15］ 陈春.纤维增强树脂基(FRP)材料制备及其在加固工程中的应用研究[D].南京：东南大学,2000.

［16］ 曾宪桃.表层内嵌碳纤维增强塑料板条混凝土梁弯剪性能研究[D].合肥：中国科学技术大学,2007.

［17］ 唐业清.建筑物改造与病害处理[M].北京：中国建筑工业出版社,2000.

［18］ 张建伟,邓宗才.预应力FRP在混凝土结构中的应用研究与发展[J].世界地震工程,2006,22(1)：133-139.

［19］ 张建伟,邓宗才.预应力FRP技术的研究与发展[J].工业建筑,2004(8),362-369.

［20］ 薛伟辰.纤维塑料筋混凝土研究进展[J].中国科学基金,2004(1)：10-12.

［21］ 交通部公路科学研究所.旧桥加固技术与桥梁调查[M].北京：交通部公路科学研究所,1985.

［22］ 徐威.既有铁路混凝土桥状态评定方法研究[D].成都：西南交通大学,2005.

［23］ 万德友.我国铁路桥梁病害浅析及对策的探讨[R].中国铁道学会桥梁病害诊断及剩余寿命评估学术研讨会,1995.

［24］ 中华人民共和国住房和城乡建设部.混凝土结构加固设计规范：GB 50367—2013[S].北京：中国建筑工业出版社,2013.

［25］ 中华人民共和国住房和城乡建设部.既有建筑鉴定与加固通用规范：GB 55021—2021[S].北京：中国建筑工业出版社,2021.

［26］ 张有才.建筑的检测、鉴定、加固与改造[M].北京：冶金工业社,1997.

[27] 范锡盛,曹薇,岳清瑞.建筑物改造和维修加固新技术[M].北京:中国建材工业出版社,1999.

[28] 刘匀,张林绪,姜维山,等.外包钢新材料灌浆加固钢筋混凝土柱的研究与实践[J].西安建筑科技大学学报(自然科学版),1997,29(4):422-425.

[29] 林友勤,龚光,宋周红.外包钢加固混凝土短柱轴心抗压试验研究[J].福州大学(自然科学版),2002(2):221-224.

[30] 朱海峰,曹双寅,瞿瑞兴,等.建筑物鉴定与加固改造[C]//第五届全国学术讨论会论文集.汕头:汕头大学出版社,2000.

[31] 李永新,曹双寅,瞿瑞兴,等.建筑物鉴定与加固改造[C]//第五届全国学术讨论会论文集.汕头:汕头大学出版社,2000.

[32] 黄奕辉,欧阳煜.建筑物鉴定与加固改造[C]//第五届全国学术讨论会论文集.汕头:汕头大学出版社,2000:230-235.

[33] 谭进奎,董宏智,陈力军,等.建筑物鉴定与加固改造[C]//第五届全国学术讨论会论文集.汕头:汕头大学出版社,2000.

[34] OEHLERS D J,AHMED M. Retrofitting reinforced concrete beams by bolting steel plabes to their sides[J]. Structural Engineering and Mechanics,2000,10(3):227-243.

[35] SMITH S T,BRADFORD M A. Local buckling of side-plated reinforced concrete beams. Part 1: theoretical study[J]. Journal of Structural Engineering,2000,6:622-634.

[36] 张马俊,李佩勋.建筑物鉴定与加固改造[C]//第五届全国学术讨论会论文集.汕头:汕头大学出版社,2000.

[37] 吴乃力,曹滨,李佩勋.建筑物鉴定与加固改造[C]//第五届全国学术讨论会论文集.汕头:汕头大学出版社,2000.

[38] 宋中南.我国混凝土结构加固修复业技术现状与发展对策[J].混凝土,2002,156(10):1010-1011.

[39] 李其廉,赵士永,边智慧,等.建筑物鉴定与加固改造[C]//第五届全国学术讨论会论文集.汕头:汕头大学出版社,2000.

[40] 罗苓隆,毛星明.建筑物鉴定与加固改造[C]//第五届全国学术讨论会论文集.汕头:汕头大学出版社,2000.

[41] 胡安妮,任慧韬,黄承逵.混凝土刚架拱桥的综合加固方法[J].工业建筑,2002,32(4):16-18.

[42] 姜安庆,陆洲导,王李果.碳纤维在某通信机房加固中的应用[J].工业建筑,2002,32(4):6-8.

[43] 王东,朱虹,顾伯禄,等.建筑物鉴定与加固改造[C]//第五届全国学术讨论会论文集.汕头:汕头大学出版社,2000.

[44] 宋志远,王劲松,王军,等.建筑物鉴定与加固改造[C]//第五届全国学术讨论会论文集.汕头:汕头大学出版社,2000.

[45] 陈洋,金伟江.建筑物鉴定与加固改造[C]//第五届全国学术讨论会论文集.汕头:汕头大学出版社,2000.

[46] KHALIFA A,NANNI A. Improving shear capacity of existing RC T-section beams using CFRP composites[J]. Cement and Concrete Composites,2000,22(3):165-174.

[47] LI J,BAKOSS S L,SAMALI B,et al. Reinforcement of concrete beam or column connections with hybrid FRP sheet[J]. Composite Structures,1999,47(1):805-812.

[48] 曾宪桃.粘贴预应力复合材料板加固混凝土梁补强机理的研究[D].焦作:河南理工大学,2005.

[49] 大卫 R,萨利姆.聚合物纤维结构的形成[M].北京:化学工业出版社,2004.

[50] 张旺玺.聚丙烯腈基碳纤维[M].上海:东华大学出版社,2005.

[51] 赵稼祥.2008世界碳纤维前景会[J].高科技纤维与应用,2008,33(5):1-6.

[52] OHAMA Y. Concrete-polymer composites-the past,present and future[J]. Key Engineering Materials,2011,1093(466-466):1-14.

[53] BLACK S. An update on carbon fiber in construction[J]. High-Performance Composites,2000,9(8):

19-22.

[54] 赵稼祥.碳纤维复合材料在基础设施和土木建筑上的应用[J].高科技纤维与应用,2003,28(5): 8-13.

[55] 罗小宝,徐文平.FRP索在大跨径桥梁上的应用研究[J].工业建筑,2004,34(增刊): 311-315.

[56] TRIANTAFILLOU T. C,DESKOVIE N. Innovative prestressing with FRP sheets: mechanics of short-term behavior[J]. Journal of Engineering Mechanics,1991,117(1): 1652-1672.

[57] 欧阳煜,黄奕辉,钱在兹,等.玻璃纤维片材加固混凝土梁的抗弯性能研究[J].土木工程学报,2002, 35(3): 1-6.

[58] SMITH S T,TENG J G. FRP strengthened RC beams: review of debonding strength models[J]. Engineering Structures,2002,24(4): 385-395.

[59] State-of-the-Art Report on Fiber Reinforced Plastic Reinforcement for concrete structures (Reapproved 2002): ACI 440R-96: 1996[S].

[60] 李琪,郭丽,李香兰.建筑用碳纤维增强环氧树脂复合材料的制备及其性能研究[J].功能材料. 2023,54(2): 02231-02236.

[61] Guide for the design and construction of concrete reinforced with FRP bars: ACI 440. 1R-01: 2001[S].

[62] Guide for the Design and Construction of Externally Bonded FRP Systems for Strengthening Concrete Structures: ACI 440. 2R-08: 2002[S].

[63] LEE H,CHOI M K,KIM B J. Structural and functional properties of fiber reinforced concrete composites for construction applications[J]. Journal of Industrial and Engineering Chemistry,2023, 125: 38-49.

[64] Guide Test Methods for Fiber Reinforced Polymers (FRPs) for Reinforcing or Strengthening Concrete Structures: ACI-440. 3R-04: 2004[S].

[65] ATSHHIKO M. JSCE Recommendation for Design and Construction of Concrete Structures Using Continuous Fiber Reinforcing Materials[M]. Tokyo: Research Committee on Continuous Fiber Reinforcing Materials,1997.

[66] Canadian Highway bridge design code: CSA-S6-00: 2000[S].

[67] Design and Construction of building components with Fiber Reinforced Ploymer: CSA-S8-06: 2002[S].

[68] TRIANTAFILLOU T,MATTHYS S,AUDENAERT K,et al. Externally bonded FRP reinforcement for RC structures[M]. Lausanne: International Federation for Structural Concrete,2001.

[69] 中华人民共和国住房和城乡建设部.纤维增强复合材料工程应用技术标准: GB 50608—2020[S]. 北京: 中国计划出版社,2020.

[70] 上海市建设和管理委员会.上海市纤维增强复合材料加固混凝土结构技术规程: DG/TJ 08-012—2017[S].北京: 中国建筑工业出版社,2017.

[71] 李贵炳.碳纤维片材加固钢筋混凝土梁抗弯性能与剥离破坏研究[D].杭州: 浙江大学,2006,12.

[72] RITCHIE P A,THOMAS D A,LU L W,et al. External reinforcement of concrete beams using fiber reinforced plastics[J]. ACI Structural Journal,1991,88(4): 490-500.

[73] SAADATMANESH H,EHSANI M R. RC beams strengthened with GFRP plates. Part Ⅰ: Experimental study[J]. Journal of Structural Engineering,1991,117(11): 3417-3433.

[74] CHAJES M J,THOMSON T A,JANUSZKA T F,et al. Flexural strengthening of concrete beams using externally bonded composite materials[J]. Construction and Building Materials,1994,8(3): 191-201.

[75] HEFFERMAN P J,ERKI M A. Equivalent capacity and efficiency of reinforced concrete beams strengthened with carbon fiber reinforced plastic sheets[J]. Canadian Journal of Civil Engineering, 1996,23: 21-9.

[76] SHAHAWY M A,AROCKIASAMY M,BEITELMAN T,et al. Reinforced concrete rectangular

beams strengthened with CFRP laminates[J]. Composites：Part B,1996,27B：225-233.

[77] TAKEDA K,MITSUI Y,MURAKAMI K,et al. Flexural behavior of reinforced concrete beams strengthened with carbon fiber sheets[J]. Composites：Part A,1996,27A：1-7.

[78] ARDUINI M,NANNI A. Behavior of precracked RC beams strengthened with carbon FRP sheets [J]. Journal of Composites for Construction,1997,1(2)：63-70.

[79] MALEK A M,SAADATMANESH H, Ehsani M R. Prediction of failure load of R/C beams strengthened with FRP plate due to stress concentration at the plate end[J]. ACI Structural Journal, 1998,95(1)：142-152.

[80] GANGARAO H V S,VIJAY P V. Bending behavior of concrete beams wrapped with carbon fabric [J]. Journal of Structural Engineering,1998,124(1)：3-10.

[81] ROSS C A,JEROME D M,TEDESCO J W,et al. Strengthening of reinforced concrete beams with externally bonded composite laminates[J]. ACI Structural Journal,1999,96(2)：212-220.

[82] BONACCI J F,MAALEJ M. Externally bonded fiber-reinforced polymer for rehabilitation of corrosion damaged concrete beams[J]. ACI Structural Journal,2000,97(5)：703-711.

[83] BONACCI J F,MAALEJ M. Behavioral trends of RC beams strengthened with externally bonded FRP[J]. Journal of Composite for Construction,2001,5(2)：102-113.

[84] MAHALINGAM M,RAO R P N,KANNAN S. Ductility behavior fiber reinforced concrete beams strengthened with externally bonded glass fiber reinforced polymer laminates[J]. American Journal of Applied Sciences,2013,10(1)：107-111.

[85] RAHIMI H,HUTCHINSON A. Concrete beams strengthened with externally bonded FRP plates [J]. Journal of Composites for Construction,2001,5(1)：44-56.

[86] XIONG G J,YANG J Z,JI Z B. Behavior of reinforced concrete beams strengthened with externally bonded hybrid carbon fiber-glass fiber sheets[J]. Journal of Composites for Construction,2004,8(3)：275-278.

[87] BUYUKOZTURK O,GUNES O,KARACA E. Progress review on understanding debonding problems in reinforced concrete and steel members strengthened using FRP composites[J]. Construction and Building Materials,2004,18：9-19.

[88] 曾宪桃.粘贴玻璃钢板加固混凝土梁动静载行为研究及其徐变特性分析[D].成都：西南交通大学,1998.

[89] DAO H B,DINH G N. Post-buckling of sigmoid-functionally graded material toroidal shell segment surrounded by an elastic foundation under thermo-mechanical loads[J]. Composite Structures,2016, 138：253-263.

[90] 徐福泉.碳纤维布加固钢筋混凝土梁静载性能研究[D].北京：中国建筑科学研究院,2001.

[91] 任慧韬.纤维增强复合材料加固混凝土结构基本力学性能和长期受力性能研究[D].大连：大连理工大学,2003.

[92] 王李果.碳纤维加固混凝土结构的试验及其性能设计理论研究[D].上海：同济大学,2004.

[93] CHAR M S,SAADATMANESH H,EHSANI M R. Concrete girders externally prestressed with composite plate[J]. PCI Journal,1994,39(3)：40-51.

[94] WIGHT R G,GREEN M F,ERKI M A. Prestressed FRP sheets for post-strengthening reinforced concrete beams[J]. Journal of Composites for Construction,2001,5(4)：214-220.

[95] KIM Y J,GREEN M F,WIGHT R G. Flexural behaviour of reinforced or prestressed concrete beams including strengthening with prestressed carbon fibre reinforced polymer sheets：application of a fracture mechanics approach[J]. Canadian Journal of Civil Engineering,2007,34(5)：664-677.

[96] 丁伟,王兴国,王文华.预应力纤维片材加固 RC 构件受弯研究现状[J].地下空间与工程学报,2009, 5(3)：625-629.

[97] PRIMOZ J. Flexural behavior of prestressed reinforced concrete beams strengthened with carbon plate[J]. Proceedings of the Institution of Civil Engineers-Structures and Buildings,2021：1-27.

[98] GARDEN H N,HOLLAWAY L C. An experimental study of the failure modes of reinforced concrete beams strengthened with prestressed carbon composite plates[J]. Journal of Composites, 1998,29(B)：411-424.

[99] 王浩.预应力碳纤维片材加固混凝土梁在冻融循环作用下的耐久性研究[D].长沙：长沙理工大学,2013.

[100] LEES J M,WINISTÖ R A,MEIER U. External prestressed carbon fiber-reinforced polymer straps for shear enhancement of concrete[J]. Compos Construct,2002,6(4)：249-256.

[101] LEE C,SHIN S,LEE H. Balanced ratio of concrete beams internally prestressed with unbonded CFRP tendons[J]. International Journal of Concrete Structures and Materials,2017,11(1)：1-16.

[102] YOU Y C,CHOI K S,KIM K H. Flexural strengthening of full-scaled RC beams with externally post-tensioned CFRP (carbon fiber reinforced polymer) strips[J]. journal of the architectural institute of korea Structure & Construction,2008,24(9)：21-28.

[103] NGUYEN H T,MASUYA H,HA T M,et al. Long-term application of carbon fiber composite cable tendon in the prestressed concrete bridge-shinmiya bridge in Japan[J]. MATEC Web of Conferences. 2018,206：02011.

[104] ZOGHI M,FOSTER D C. Post-strengthening prestressed concrete bridges via post-tensioned CFRP-laminates[J]. SAMPE Journal,2006,42(2)：24-30.

[105] MATTA F,NANNI A,ABDELRAZAQ A,et al. Externally post-tensioned carbon FRP bar system for deflection control[J]. Construction and Building Materials,2007,23(4)：1628-1639.

[106] 沙吾列提·拜开依,叶列平,杨勇新,等.预应力 CFRP 布加固钢筋混凝土梁的施工技术[J].施工技术,2004,33(6)：23-24.

[107] 田水,谷倩.碳纤维布预应力补强加固钢筋混凝土受力性能研究[J].工业建筑,2005,35(6)：88-91.

[108] 曾祥蓉,江世永,王薇,等.预应力碳纤维布加固混凝土梁非线性有限元分析[J].湖南科技大学学报,2004,19(3)：63-66.

[109] 尚守平,彭晖,童桦,等.预应力碳纤维布材加固混凝土受弯构件的抗弯性能研究[J].建筑结构学报,2003,24(5)：24-30.

[110] 李世宏.预应力碳纤维布加固混凝土梁施工[J].施工技术,2004(7)：60-62.

[111] 童谷生,李志虎,朱成九,等.预应力碳纤维布材加固混凝土梁的受弯性研究[J].华东交通大学学报,2005(2)：1-5.

[112] 崔士起,成勃,董希祥,等.预应力碳纤维加固钢筋混凝土梁试验研究[J].四川建筑科学研究,2005(1)：51-53.

[113] 田水,谷倩.碳纤维布预应力补强加固钢筋混凝土梁受力性能研究[J].工业建筑,2005,35(6)：88-91.

[114] 张轲,叶列平,岳清瑞.预应力碳纤维布加固钢筋混凝土 T 形梁的试验研究[J].工业建筑,2006,12(24)：86-95.

[115] 李世宏,孙永新.预应力混凝土空心板加固工程实例分析[J].特种结构,2005,22(4)：99-100.

[116] 田安国.预应力 FRP 加固混凝土受弯构件试验及设计理论研究[D].南京：东南大学,2006.

[117] 张坦贤,吕西林,肖丹,等.预应力碳纤维布加固一次二次受力梁抗弯试验研究[J].结构工程师,2005,21(1)：34-40.

[118] 杨勇新,李庆伟,岳清瑞.预应力碳纤维加固混凝土梁预应力损失试验研究[J].工业建筑,2006,36(4)：5-8,18.

[119] 王兴国.预应力纤维片材加固混凝土梁抗弯性能研究[D].长沙：中南大学,2007.

[120]　钱伟.预应力碳纤维布加固损伤混凝土梁的受力性能[D].郑州：郑州大学,2007.

[121]　薛伟辰,曾磊,谭园.预应力CFRP板加固混凝土梁设计理论研究[J].建筑结构学报,2008,29(4)：127-133.

[122]　岳清瑞,李庆伟,杨勇新.纤维增强复合材料嵌入式加固技术[J].工业建筑,2004,34(4)：1-4.

[123]　丁亚红,陈红强,郝永超,等.内嵌法加固构件研究综述[C].工业建筑(2009·增刊)—第六届全国FRP学术交流会论文集.2009：5.

[124]　周朝阳,等.T形截面钢筋混凝土梁内嵌FRP加固后抗弯承载力计算[J].铁道科学与工程学报,2005,2(4)：50-53.

[125]　王天稳,等.FRP筋NSM加固混凝土构件二次受力时抗弯承载力计算方法[J].武汉大学学报,2005,38(4)：55-58.

[126]　王韬,姚谏.表层嵌贴FRP加固RC梁新技术[J].科技通报,2005,21(6)：735-740.

[127]　周延阳,姚谏.混凝土表层嵌贴FRP粘结机理研究进展[J].科技通报,2005,21(6)：221-230.

[128]　袁霓绯,姚谏.钢筋混凝土梁表层嵌贴CFRP板抗弯承载力研究[J].工业建筑,2006,36(10)：104-106.

[129]　贾庆扉,姚谏.混凝土梁表层嵌贴CFRP板条的抗剪加固性能试验研究[J].科技通报,2007,23(5)：718-722.

[130]　姚谏,朱晓旭,周延阳.混凝土表层嵌贴CFRP板条的粘结承载力[J].浙江大学学报：工学版,2008,42(1)：34-38,169.

[131]　成香莉.嵌入碳纤维增强塑料板条加固混凝土梁抗弯性能试验[D].焦作：河南理工大学,2006.

[132]　张雪丽.嵌入碳纤维增强塑料板条加固混凝土梁抗剪性能试验研究[D].焦作：河南理工大学,2006.

[133]　ARYAN H,GENCTURK B,ALKHRDAJI T. In-plane shear strengthening of reinforced concrete diaphragms using fiber reinforced polymer composites[J]. Advances in Structual Engineering,2023,26(5)：920-936.

[134]　ARYAN H,GENCTURK B,ALKHRDAJI T. Shear strengthening of reinforced concrete T-beams with anchored fiber-reinforced polymer composites[J]. Journal of Building Engineering,2023,73：106812.

[135]　HOGUE T,COMFORTH R C,NANNI A. Myriad convention center floor system reinforcement[C]. Proceedings of the FRPRCS-4,1999：1145-1161.

[136]　NANNI A. Carbon FRP strengthening：new technology becomes mainstream[J]. Concrete International：Design and Construction,1997,19(6)：19-23.

[137]　NANNI A,NENNINGER J S,ASH K D,et al. Experimental bond behavior of hybrid rods for concrete reinforcement[J]. Structural Engineering and Mechanics,1997,5(4)：339-353.

[138]　NANNI A. Performance of glass fiber-reinforced polymer reinforcing bars in tropical environments-Part 1：Structural scale tests. Discussion[J]. ACI Structural Journal,2006,103(4)：632.

[139]　TUMIALAN N. Fiber-reinforced composites for the strengthening of masonry structures[J]. Structural Engineering International,2003,13(4)：271-278.

[140]　GENTILE C,SVECOVA D,RIZKALLA S H. Timber beams strengthened with GFRP bars：development and applications[J]. Journal of Composites for Construction,2002,6(1)：11-20.

[141]　DE LORENZIS L,NANNI A. Characteristics of FRP rods as NSM reinforcement[J]. Journal of Composites for Construction,2001,5(2)：114-121.

[142]　DE LORENZIS L,NANNI A. Bond between NSM fiber-reinforced polymer rods and concrete in structural strengthening[J]. ACI Structural Journal,1999；(2)：123-132.

[143]　DE LORENZIS L. Strengthening of RC structures with near surface mounted FRP rods[D]. Italy：University of Lecce,2002.

[144] DE LORENZIS L,LUNDGREN K,RIZZO A. Anchorage length of near-surface mounted fiber-reinforced polymer bars for concrete strengthening-experimental investigation and numerical modeling[J]. ACI Structural Journal ,2004,101(2)：269-278.

[145] DE LORENZIS L. Anchorage length of near-surface mounted fiber-reinforced polymer rods for concrete strengthening-Analytical modeling[J]. ACI Structural Journal,2004,101(3)：375-386.

[146] BLASCHKO M. Bond behavior of CFRP strips glued into slits[C]. Proceedings of the Sixth International Symposium on FRP Reinforcement for Concrete Structures,2003：205-214.

[147] HASSAN T,RIZKALLA S. Investigation of bond in concrete structures strengthened with near surface mounted carbon fiber reinforced polymer strips[J]. Journal of Composites for Construction,2003,7(3)：248-257.

[148] RIZKALLA S,HASSAN T. Effectiveness of FRP for Strengthening concrete bridges[J]. Journal of Structural Engineering International,2002,3：89-95.

[149] CRUZ J S,BARROS J. Modeling of bond between near-surface mounted CFRP laminate strips and concrete[J]. Computers and Structures,2004,85(17-19)：1513-1521.

[150] CRUZ R,CORREIA L,CABRALFONSECA S,et al. Durability of bond between NSM CFRP strips and concrete under real-time field and laboratory accelerated conditioning[J]. Journal of Composites for Construction,2022,26(6)：04022074.

[151] HASSAN A,ELAADY H,SHAABAN I. Effect of adding carbon nanotubes on corrosion rates and steel-concrete bond[J]. Scientific reports,2019,9(1)：6285.

[152] PARRETTI R,NANNI A. Strengthening of RC members using near-surface mounted FRP composites：design overview[J]. Advances in Structural Engineering,2004,7(6)：469-483.

[153] 曾宪桃,段敬民,丁亚红. 内嵌预应力碳纤维增强塑料筋混凝土梁正截面承载力计算[J]. 工程力学,2006,11：112-116.

[154] 丁亚红,马艳洁. 内嵌预应力碳纤维筋加固混凝土梁受力性能试验研究[J]. 建筑结构学报,2012,33(2)：128-134.

[155] CHAJES M J,FINCH W W. Bond and force transfer of composite material plates bonded to concrete[J]. ACI Structural Journal,1993(2)：208-217.

[156] EGURO T,MAEDA T,TANABE M,et al. Adhesion of composite resins to enamel irradiated by the Er：YAG laser：application of the ultrasonic scaler on irradiated surface[J]. Lasers in Surgery and Medicine,2001,28(4)：365-370.

[157] THOMAS G H,KIM Y J,KARDOS J,et al. Bond of surface-mounted fiber-reinforced polymer reinforced for concrete structures[J]. ACI Structural Journal,2004,101(4)：581-582.

[158] 郭樟根,孙伟民,闵珍. FRP 与混凝土界面粘结性能的试验研究[J]. 南京工业大学学报,2006,28(6)：37-42.

[159] 陆新征,叶列平,滕锦光,等. FRP 片材与混凝土粘结性能的精细有限元分析[J]. 工程力学,2006,23(5)：74-82.

[160] 王文炜,赵国藩. 玻璃纤维布加固钢筋混凝土梁正截面抗弯承载力计算[J]. 建筑结构学报,2004,(3)：24-27.

[161] 杨勇新. 碳纤维布与混凝土的粘结性能及加固混凝土受弯构件的破坏机理研究[D]. 天津：天津大学,2001.

[162] DE LORENZIS L,NANNI A,LA TEGOLA. Strengthening of reinforced concrete structures with near surface mounted FRP rods：international meeting on composite material,May 9~11,2000[C]. Milan：PLAST,2000.

[163] DE LORENZIS L,NANNI A. Bond between near-surface mounted fiber-reinforced polymer rods and concrete in structural strengthening[J]. ACI structure Journal,2002,99(2)：123-132.

[164] DE LORENZIS L,MECELLI F,LA TEGOLA A. Passive and active Near-surface mounted FRP rods for flexural strengthening of RC beams[C]. Proceedings of the third international conference of composite in infrastructures,California：San Francisco,2002.

[165] SEO S Y,FEO L,HUI D. Bond strength of near surface-mounted FRP plate for retrofit of concrete structures[J]. Composite Structures,2013,95：719-727.

[166] ANWARUL ISLAM A K M. Effective methods of using CFRP bars in shear strengthening of concrete girders[J]. Engineering Structures,2008,31(3)：709-714.

[167] 姚谏,朱晓旭,周延阳.混凝土表层嵌贴 CFRP 板条的极限粘结承载力研究[J]. FRP 与结构补强,2005,97-104.

[168] 周朝阳,胡志海,贺学军,等. 内嵌式碳纤维板条与混凝土粘结性能的拉拔实验[J]. 中南大学学报,2007,38(2)：357-361.

[169] 朱晓旭.混凝土表层嵌贴 CFRP 板粘结性能试验研究及理论分析[D]. 杭州：浙江大学,2006.

[170] SHARAKY I A,TORRES L,BAENA M,et al. Effect of different material and construction details on the bond behavior of NSM FRP bars in concrete[J]. Construction and Building Materials,2013,38：890-902.

[171] SHARAKY I A,TORRES L,BAENA M,et al. An experimental study of different factors affecting the bond of NSM FRP bars in concrete[J]. Composite Structures,2013,99：350-365.

[172] AL-MAHMOUD F,CASTEL A, FRANCOIS R, et al. Anchorage and tension-stiffening effect between near-surface-mounted CFRP rods and concrete[J]. Cement and Concrete Composites,2011,33：346-352.

[173] KALUPAHANA W K K G,IBELL T J, DARBY A P. Bond characteristics of near surface mounted CFRP bars[J]. Construction and Building Materials,2013,43：58-68.

[174] 周延阳.混凝土表层嵌贴 CFRP 板粘结机理研究[D]. 杭州：浙江大学,2005.

[175] HIROYUKI Y,WU Z. Analysis of debonding fracture properties of CFS strengthened member subject to tension [C]. Proceedings of 3rd International Symposium on Non-Metallic (FRP) Reinforcement for Concrete Structures,1997,1(1)：284-294.

[176] BROSENS K,GEMERT V. Anchoring stresses between concrete and carbon fiber reinforced laminates[C]. Proceedings of 3rd International Symposium on Non-Metallic(FRP)Reinforcement for Concrete Structures,1997,1(1)：271-278.

[177] TANAKA T. Shear resisting mechanism of reinforced concrete beams with CFS as shear reinforcement [D]. Hokkaido：Hokkaido University,1996.

[178] KO H,MATTHYS S,PALMIERI A,et al. Development of a simplified bond stress-slip model for bonded FRP-concrete interfaces[J]. Construction and Building Materials. 2014,68：142-157.

[179] 杨勇新,岳清瑞,胡云昌. 碳纤维布与混凝土粘结性能的试验研究[J]. 建筑结构学报,2001,22(3)：36-42.

[180] NAKABA K,TOSHIYUKI K,TOMKOKI F, et al. Bond behavior between fiber reinforced polymers laminates and concrete[J]. ACI Structural Journal,2001,98(3)：359-367.

[181] NEUBAUER U,ROSTASY F S. Bond failure of concrete fiber reinforced polymer plates at inclined cracks-experiments and fracture mechanics model[C]. Proceedings of 4th International Symposium on Fiber Reinforced Polymer Reinforcement for Reinforced Concrete Structures ACI, 1999：369-382.

[182] LU X Z,TEN J G,YE L P,et al. Bond-slip models for FRP sheets/plates externally bonded to concrete[J]. Engineering Structures,2005,27(6)：920-937.

[183] 曾宪桃,王兴国,丁亚红. 粘贴预应力 FRP 板加固砼梁预应力方法的研究[J]. 焦作工学院学报,2002,21(3)：222-225.

[184] QUANTRILL R J,HOLLAWAY L C. The flexural rehabilitation of reinforced concrete beams by the use of pre-stressed advanced composite plates[J]. Composites Science and Technology,1998, 58：1259-1275.

[185] WU J H,YEN T,HUNG C H,et al. Strengthening reinforced concrete beams using prestressed glass fiber-reinforced polymer Part Ⅰ：Experimental study[J]. Journal of Zhejiang University Science A(Science in Engineering),2005,6A(3)：166-174.

[186] WU Z S. Strengthening prestressed concrete girders with externally prestressed PBO fiber reinforced polymer sheets[J]. Journal of Reinforced Plastics and Composites,2003,22(14)： 1270-1860.

[187] KOJIMA T,TAKAGI N,HAMADA Y,et al. Flexural strengthening of bridge by using tensioned carbon fiber reinforced polymer plate[J]. FRP composites in Civil Engineering,2001,2：1077-1084.

[188] CHEN H,KANG K,DENG L,et al. Study on flexural performance of RC beams strengthened with prestressed CFRP plates[J]. Advanced Materials Research,2011,1270(250-253)：3361-3366.

[189] 飞渭,江世永,彭飞飞,等.预应力碳纤维布加固混凝土受弯构件试验研究[J].四川建筑科学研究, 2003,29(2)：56-60.

[190] WIGHT R G,GREEN M F,ERKI M A. Prestressed FRP sheets for post strengthening reinforced concrete beams[J]. Journal of Composites for Construction,2001,5(4)：214-220.

[191] EL-HAEHA R,WIGHT R G,GREEN M F. Prestressed carbon fiber reinforced polymer sheets for strengthening concrete beams at room and low temperatures[J]. Journal of Composites for Construction,2004：8(1)：3-13.

[192] 高鹏,顾祥林,张伟平.预张拉 CFRP 片材加固混凝土受弯构件张拉技术评述[J].结构工程师, 2006,22(1)：81-85.

[193] SAYED-AHMED E Y,SHRIVE N G. A new steel anchorage system for post-tensioning applications using carbon fiber reinforced plastic tendons[J]. Canadian Journal of Civil Engineering, 1998,25(1)：113-127.

[194] AL-MAYAH A,SOUDKI K,PLUMTRE A. Mechanical behavior of CFRP rod anchors under tensile loading[J]. Journal of Composites for Construction,2001,5(2)：128-135.

[195] ERKJ M A,RIZKALLA S H. Anchorages for FRP reinforcement[J]. Concrete International,1993, 15(6)：54-59.

[196] ZHANG B R, BENMOKRANE B, CHENNOUF A. Prediction of tensile capacity of bond anchorages for FRP tendons[J]. Journal of Composites for Construction,2000,4(2)：39-47.

[197] LHOLTE L E,DOLAN C W,SHMIDT R J. Epoxy socketed anchors for non-metallic prestressing tendons［C］//Fiber-reinforced-plastic reinforcement for concrete structures. International Symposium-ACI SP-138,1993：381-400.

[198] PINCHEIRA J A,WOYAK J P. Anchorage of carbon fiber reinforced polymer(CFRP) tendons using cold-swaged sleeves[J]. PCI Journal,2001,46(6)：100-111.

[199] 梁栋.碳纤维(CFRP)预应力筋力拉索锚固系统静力性能的试验研究[D].长沙：湖南大学,2004.

[200] 薛伟辰.预应力纤维塑料筋混凝土梁的受力性能[J].工程力学,1999,2(a2)：439-442.

[201] 朱虹.新型 FRP 筋预应力混凝土结构的研究[D].南京：东南大学,2004.

[202] 蒋田勇,方志.CFRP 预应力筋夹片式锚具的试验研究[J].土木工程学报,2008,41(2)：60-69.

[203] YAO W X,HIMMEL N. A new cumulative fatigue damage model for fibre-reinforced plastics[J]. Composites Science and Technology,2000,60(1)：59-64.

[204] LUCIANO R,SACCO E. Damage of masonry panels reinforced by FRP sheets[J]. International Journal of Solid and Structures,1998,35(15)：1723-1741.

[205] TOUTANJI H,SAAFI M. Durability on concrete columns encased in PVC-FRP composite tubes

studies[J]. Composite Structures,2001,54(1)：27-35.

[206] 陈大伟.黏贴碳纤维技术在桥梁加固中的应用研究[J].公路交通科技(应用技术版),2016,12(2)：
44-48.

[207] 赵彤,谢剑,戴自强.碳纤维布加固钢筋混凝土梁受弯承载力的试验研究[J].建筑结构,2000,
30(7)：11-15.

[208] 曾宪桃,车惠民.复合材料 FRP 在桥梁工程中的应用及其前景[J].桥梁建设,2002(2)：66-70.

[209] 周履.用 FRP 力筋修建的预应力混凝土桥梁 25 例[J].国外桥梁.1998,(4)：31-32.

[210] KALAMKAROV A L. The mechanical performance of pultruded composite rods with embedded
fiber-optic sensors[J]. Composites Science and Technology,2000,60：1161-1169.

[211] 何政,欧进萍,王勃,等.FRP 筋及其配筋混凝土构件的力学性能与智能特性[C]//第二届全国土木
工程用纤维增强复合材料(FRP)应用技术学术交流会论文集.北京：清华大学出版社,2002.

[212] 薛伟辰.现代预应力结构设计[M].北京：中国建筑工业出版社,2003.

[213] 薛伟辰.混凝土结构中新型钢筋 FRP 的试验研究[D].南京：河海大学,1997.

[214] 薛伟辰,康清梁.纤维塑料筋 FRP 在混凝土结构中的应用[J].工业建筑,1999,29(2)：19-21.

[215] 王学智.螺旋肋钢丝形状及尺寸对生产的影响[J].金属制品,1999(2)：22-24.

[216] 周越辉,徐昌铎.预应力混凝土用螺旋肋钢丝的开发与应用[J].金属制品,1997(2)：11-13.

[217] 徐有邻.我国混凝土结构用钢筋的现状及发展[J].土木工程学报,1999,32(5),3-9.

[218] 徐有邻,刘立新,管品武.螺旋肋钢丝粘结锚固性能的试验研究[J].混凝土与水泥制品,1998,4：
24-29.

[219] 黄双华,赵世春.冷拔螺旋钢筋粘结锚固性能试验研究[J].混凝土与水泥制品,2001,10(5)：
21-24.

[220] 徐有邻.钢筋外形对粘结锚固性能的影响[J].工业建筑,1987,(3)：26-30.

[221] 丁亚红,李一凡.内嵌预应力混杂筋材加固混凝土梁试验研究[J].建筑结构,2019,49(4)：54-
57,63.

[222] 赵晋.内嵌螺旋肋钢筋加固混凝土梁弯曲试验研究[D].焦作：河南理工大学,2007.

[223] 王勃,李纪坤,周柏成,等.FRP 内嵌式加固技术的研究进展[J].低温建筑技术,2017,39(2)：
31-32.

[224] DE LORENZIS L,TENG J G. Near-surface mounted FRP reinforcement：an emerging technique
for strengthening structures[J]. Composites：Part B,2007,38：119-143.

[225] DE LORENZIS L,NANNI A. Proposed design procedure of NSM FRP Reinforcement for flexural
and shear strengthening of RC beams[J]. Fibre-Reinforced Polymer Reinforcement for Concrete
Structures,2003,2：1455-1464.

[226] RIZZO A,DE LORENZIS L. Modeling of debonding failure for RC beams strengthened in shear
with NSM FRP reinforcement[J]. Construction and Building Materials,2009,23(4)：1568-1577.

[227] EL-HACHA R,RIZKALLA S H. Effectiveness of near surface mounted FRP reinforcement for
flexural strengthening of reinforced concrete beams[C]//4th International Conference on Advanced
Composite Materials in Bridges and Structures,2004：1-8.

[228] HAWILEH R A. Nonlinear finite element modeling of RC beams strengthened with NSM FRP rods
[J]. Construction and Building Materials,2012,27(1)：461-471.

[229] 李荣,滕锦光,岳清瑞.FRP 材料加固混凝土结构应用的新领域[J].工业建筑,2004,34(4)：5-10.

[230] 陆新征,叶列平,滕锦光,等.FRP-混凝土界面粘结滑移本构模型[J].建筑结构学报,2005,26(4)：
10-18.

[231] 罗云标,吴刚,吴智深,等.钢-连续纤维复合筋嵌入式加固 RC 梁承载力分析[J].建筑结构学报,
2010,31(8)：86-93.

[232] 贺学军,周朝阳,徐玲.内嵌 CFRP 板条加固混凝土梁的抗弯性能试验研究[J].土木工程学报,

2008,41(12):14-20.

[233]　王兴国,王文华,姚小平.嵌入 CFRP 片材加固 RC 梁非线性全过程分析[J].玻璃钢/复合材料,2009(2):11-13.

[234]　HÄKAN N,BJÖRN T. Concrete beams strengthened with prestressed near surface mounted CFRP[J]. Journal of Composites for Construction,2006:60-68.

[235]　BADAWI M,SOUDKI K. Flexural strengthening of RC beams with prestressed NSM CFRP rods-Experimental and analytical investigation[J]. Construction and Building Materials,2009,23(10):3292-3300.

[236]　BADAWI M,WAHAB N,SOUDKI K. Evaluation of the transfer length of prestressed near surface mounted CFRP rods in concrete[J]. Construction and Building Materials,2011,25:1474-1479.

[237]　丁亚红.内嵌预应力筋材加固混凝土梁受弯性能研究[D].焦作:河南理工大学,2009.

[238]　宋江.汶川地震震害分析及预应力 FRP 筋嵌入式结构加固研究[D].武汉:武汉理工大学,2009.

[239]　徐有邻,谢铁桥.螺旋肋钢丝预应力传递性能的试验研究[J].混凝土与水泥制品,1998,(1):32-35.

[240]　王清湘,牟晓光,司炳君,等.三种预应力钢筋粘结性能试验研究[J].大连理工大学学报,2004,44(6):848-853.

[241]　解伟,李树山,牟晓光.螺旋状高强预应力钢筋与混凝土粘结性能试验研究[J].四川建筑科学研究,2007,33(5):40-45.

[242]　丁亚红,李慧敏,曾宪桃.内嵌螺旋肋钢丝抗弯加固混凝土梁试验研究[J].辽宁工程技术大学学报(自然科学版),2009,28(6):949-952.

[243]　丁亚红,郝永超,陈红强,等.内嵌预应力螺旋肋钢丝加固混凝土梁预应力损失试验研究[J].混凝土,2010,245(3):128-129,138.

[244]　吴世伟.结构可靠度分析[M].北京:人民交通出版社,1990.

[245]　张俊芝.服役工程结构可靠性理论及其应用[M].北京:中国水利水电出版社,2007.

[246]　PLEVRIS N,et al. Reliability of RC members strengthened with CFRP laminates[J]. Journal of Structural Engineering,1995,121(7):1037-1044.

[247]　OKEIL A M,EL-TAWIL S,SHAHAWY. M. Flexural reliability of reinforced concrete bridge girders strengthened with carbon fiber-reinforced polymer laminates[J]. Journal of Bridge Engineering,2002,7(5):290-299.

[248]　MONTI,SANTINI. Reliability-based calibration of partial safety coefficients for fiber—reinforced plastic[J]. Journal of Composites for Construction,2002,6(3):162-167.

[249]　VAL D V. Reliability of fiber-reinforced polymer-confined reinforced concrete columns[J]. Journal of Structural Engineering,2003,129(8):1122-1130.

[250]　REBECCA A,LUKE L,VISTASP M K. Consideration of material variability in reliability analysis of FRP strengthened bridge decks[J]. Composite Structures,2005,70:430-443.

[251]　PHAM H B,AL-MAHAIDI R. Reliability analysis of bridge beams retrofitted with fibre reinforced polymers[J]. Composite Structures,2008,82:177-184.

[252]　王茂龙,朱浮声,金延.纤维塑料筋(FRP 筋)在混凝土结构中的应用[J].混凝土,2005,(11):17-23.

[253]　中华人民共和国住房和城乡建设部.工程结构可靠性设计统一标准:GB 50153—2008[S].北京:中国计划出版社,2009.

[254]　中华人民共和国住房和城乡建设部.建筑结构可靠性设计统一标准:GB 50068—2018[S].北京:中国计划出版社,2002.

[255]　中华人民共和国住房和城乡建设部.混凝土结构设计标准:GB 50010—2010[S].北京:中国建筑工业出版社,2011.

[256]　朱剑俊.碳纤维加固 RC 受弯构件研究及其可靠性分析[D].杭州:浙江工业大学,2003.

[257]　刘海涛.纤维增强塑料补强混凝土梁正截面抗弯承载力可靠性分析[D].焦作:河南理工大学,2003.

[258]　王永胜.基于响应面法和蒙特卡罗法的混凝土结构可靠性分析[D].西安:西安建筑科技大学,2005.

[259]　张宇,李思明.粘钢加固钢筋混凝土梁可靠性分析[J].湖南大学学报(自然科学版),2005,32(6):11-14.

[260]　孙晓燕,黄承逵,孙保术.既有桥梁外贴纤维布加固后可靠度分析[J].东南大学学报(自然科学版),2005,35(3):427-432.

[261]　那明宇.CFRP 加固砌体柱的可靠性研究[D].沈阳:沈阳建筑大学,2007.

[262]　初文荣.受压钢管混凝土构件的可靠性分析[D].绵阳:西南科技大学,2007.

[263]　李杰,范文亮.钢筋混凝土框架结构体系可靠度分析[J].土木工程学报,2008,41(11):7-12.

[264]　闫磊,吕颖钊,贺栓海.在役混凝土桥梁可靠度分析[J].长安大学学报(自然科学版),2009,29(1):50-53.

[265]　卢少微,谢怀勤.CFRP RC 梁的模糊随机可靠度数值模拟[J].应用力学学报,2009,26(1):181-185.

[266]　杜斌,赵人达.外贴碳纤维布加固既有桥梁的可靠度指标计算分析[J].四川建筑科学研究,2010,36(2):125-127.

[267]　闫磊,任伟.FRP 加固桥梁受弯构件的可靠性分析[J].郑州大学学报(工学版)2011,32(2):80-83.

[268]　陈爽,覃荷瑛,李德华.CFRP 加固钢筋混凝土梁的可靠度分析[J].中外公路,2011,31(2):196-198.

[269]　张俊芝.在役工程结构及无粘结预应力混凝土结构可靠性理论[D].上海:同济大学,2003.

[270]　张俊芝,苏小卒.无粘结预应力混凝土梁的体系可靠性分析[J].工业建筑,2004,34(1):36-38.

[271]　张德峰,茅振伟.预应力混凝土结构裂缝控制及其可靠性分析[J].工业建筑,2004,33(4):28-31.

[272]　赵军.预应力 CFRP 布加固混凝土梁可靠性研究[J].桂林工学院学报,2005,25(2):166-168.

[273]　陶静,刘忠,张正辉.无粘结预应力混凝土梁预应力筋极限应力可靠度分析[J].建筑结构,2008,38(11):42-44.

[274]　杨威.预应力 CFRP 布加固钢筋混凝土梁疲劳试验研究及可靠性分析[D].南京:东南大学,2010.

[275]　沈维成.预应力碳纤维加固混凝土梁的可靠度分析[D].长沙:长沙理工大学,2012.

[276]　中国国家标准化管理委员会.定向纤维增强聚合物基复合材料拉伸性能试验方法:GB/T 3354—2014[S].北京:中国标准出版社,2014.

[277]　中国国家标准化管理委员会.纤维增强塑料性能试验方法总则:GB/T 1446—2005[S].北京:中国标准出版社,2005.

[278]　ISO 技术委员会.金属材料　拉伸试验　第 1 部分:室温试验方法:ISO 6892-1:2019[S].瑞士:ISO 版权局,2019.

[279]　中华人民共和国住房和城乡建设部.混凝土结构加固设计规范:GB 50367—2013[S].北京:中国建筑工业出版社,2014.

[280]　蔡俊辉,蔡培德.FRP 筋-混凝土界面粘结性能研究进展[C]//第二十三届全国现代结构工程学术研讨会论文集.天津大学,天津市钢结构学会,2023:6.

[281]　李荣,滕锦光,岳清瑞.嵌入式 CFRP 板条-混凝土界面粘结性能的试验研[J].工业建筑,2005.35(8):31-34.

[282]　李蓓.内嵌加固时 CFRP 板条与混凝土粘结性能的研究[D].长沙:中南大学,2006.

[283]　张美香.内嵌预应力螺旋肋钢丝加固 RC 梁试验研究[D].焦作:河南理工大学,2012.

[284]　FRANCESCA C,MARISA P,ANTONIO B,et al. Bond behavior of FRP NSM systems in concrete elements[J]. Composites:Part B,2012,43:99-109.

[285] SOLIMAN S M, El-SALAKAWY E, BENMOKRANC B. Bond performance of near surface mounted FRP bars[J]. Journal of Composites for Construction,2010,15(1): 103-111.

[286] ACHILLIDES Z,PILAKOUTAS K. Bond behavior of fiber reinforced polymer bars under direct pullout conditions[J]. Composites Construction ASCE,2004,8(2): 173-181.

[287] DE LORENZIS L,RIZZO A,LA TEGOLA A. A modified pull-out test for bond of near-surface mounted FRP rods in concrete[J]. Composites: Part B,2002,33(8): 589-603.

[288] DE LORENZIS L,LUNDGREN K,RIZZO A. Anchorage length of near-surface mounted FRP bars for concrete strengthening experimental investigation and numerical modeling[J]. ACI Structure, 2004,101(2): 269-278.

[289] HASSAN T,RIZKALLA S. Investigation of bond in concrete structures strengthened with near surface mounted carbon fiber reinforced polymer strips[J]. Journal of Composites for Constructio, 2003,7(3): 248-257.

[290] 杨奇飞.FRP-混凝土粘结界面研究的两个重要问题[D].汕头:汕头大学,2009.

[291] BILOTTA A,CERONI F,DI LUDOVICO M,et al. Bond efficiency of EBR and NSM FRP systems for strengthening concrete members[J]. Journal of Composites for Construction,2011,15: 757-772.

[292] WANG H Z. Static and fatigue bond characteristics of FRP rebars embedded in fiber-reinforced concrete[J]. Journal of Composite Materials,2010,44(13): 1605-1622.

[293] CAO S Y,CHEN J F, PAN J W, et al. ESPI measurement of bond-slip relationships of FRP-concrete interface[J]. Journal of Composites for Construction,ASCE,2007,11(2): 149-160.

[294] 王占桥,高丹盈.碳纤维片材与混凝土有效粘结长度的试验研究[J].四川建筑科学研究,2009,35(1): 36-39.

[295] FOCACCI F,NANNI A. Local bond-slip relationship for FRP reinforcement in concrete[J]. Journal of Composites for Construction,ASCE,2000,4,24-31.

[296] SERACINO R,SAIFULNAZ M R, OEHLERS D J. Generic debonding resistance of EB and NSM plate to concrete joints[J]. Journal of Composites for Construction,2007,11(1): 62-70.

[297] 吕西林,金国芳,吴晓涵.钢筋混凝土结构非线性有限元理论与应用[M].上海:同济大学出版社,1997.

[298] CHAALLAL O,SHAHAWY M, HASSAN M. Performance of reinforced concrete T-girders strengthened in shear with carbon fiber-reinforced polymer fabric[J]. ACI Structure Journal,2002, 99(3): 335-343.

[299] JANET M L,CHRIS J B,Experimental study of influence of bond on flexural behavior of concrete beams pretensioned with aramid fiber reinforced plastics[J]. ACI Structure Journal,1999,96(3): 377-385.

[300] 陆洲导,洪涛,谢莉萍.碳纤维加固震损混凝土框架节点抗震性能的初步研究[J].工业建筑,2003, 33(2): 8-11.

[301] 中华人民共和国住房和城乡建设部.混凝土结构试验方法标准:GB/T 50152—2012[S].北京:中国建筑工业出版社,2012.

[302] 中华人民共和国住房和城乡建设部.预应力筋用锚具、夹具和连接器应用技术规程:JTJ 85—2010[S].北京:中国建筑工业出版社,2010.

[303] SAYED A E Y,SHRIVE N G. A new steel anchor system for post-tensioning applications using carbon fibre reinforced plastic tendons [J]. Canadian Journal of Civil Engineering, 1998, 25: 113-127.

[304] CAMPBELL T I,SHRIVE N G,SOUDKI K A,et al. Design and evaluation of a wedge-type anchor for FRP tendons[J]. Canadian Journal of Civil Engineering,2000,27(5): 985-992.

[305] 蒋田勇,方志.CFRP预应力夹片式锚具的试验研究[J].土木工程学报,2008,41(2): 60-69.

[306] 张继文,朱虹,吕志涛,等.预应力 FPR 筋锚具的研发[J].工业建筑,2004(增刊):259-262.

[307] 郭范波.碳纤维预应力夹片式锚具的开发研制[D].南京:东南大学,2006.

[308] 王力龙,刘华山,阳梅.碳纤维筋(CFRP)夹片式锚具的有限元分析[J].南华大学学报(自然科学版),2005(2):71-81.

[309] 方志,梁栋,蒋田勇.不同粘结介质中 CFRP 筋锚固性能的试验研究[J].土木工程学报,2006,39(6):47-51.

[310] 郑文忠,陈伟宏,王明敏.用无机胶粘贴 CFRP 布加固混凝土梁受弯试验研究[J].土木工程学报,2010,43(4):37-45.

[311] 丁亚红.内嵌预应力筋材加固混凝土梁弯曲性能研究[D].焦作:河南理工大学,2009.

[312] 胡狄.预应力混凝土结构设计基本原理[M].北京:中国铁道出版社,2009.

[313] 曾磊.预应力 CFRP 板加固混凝土梁试验与理论研究[D].上海:同济大学,2005.

[314] 李围.ANSYS 土木工程应用实例[M].北京:中国水利水电出版社,2009.

[315] 戴万江.预应力 FRP 筋混凝土梁受力性能的理论研究[D].武汉:武汉理工大学,2007.

[316] 陆新征,江见鲸.用 ANSYS Solid65 单元分析混凝土组合构件复杂应力[J].建筑结构,2003,33(6):22-24.

[317] 王新敏.ANSYS 工程结构数值分析[M].北京:人民交通出版社,2007.

[318] 包陈,王呼佳.ANSYS 工程分析进阶实例[M].北京:中国水利水电出版社,2009.

[319] 罗扬飞.表层嵌贴 FRP 抗弯加固 RC 梁的有限元分析[D].杭州:浙江大学,2010.

[320] 贡金鑫,魏巍巍.工程结构可靠性设计原理[M].北京:机械工业出版社,2007.

[321] 中华人民共和国住房和城乡建设部.建筑结构可靠性设计统一标准:GB 50068—2018[S].北京:中国建筑工业出版社,2019.

[322] 中华人民共和国住房和城乡建设部.建筑结构荷载规范:GB 50009—2012[S].北京:中国建筑工业出版社,2012.

符号一览表

一、材料性能

E_c——混凝土弹性模量

E_s——受拉区钢筋弹性模量

E_s'——受压区钢筋弹性模量

E_p——预应力筋弹性模量

C30——立方体强度标准值为 $30\text{N}/\text{mm}^2$ 的混凝土强度等级

f_c——混凝土轴心抗压强度设计值

f_t——混凝土轴心抗拉强度设计值

f_{sy}——普通钢筋的抗拉设计值

f_{sy}'——普通钢筋的抗压强度设计值

f_{py}——预应力筋的抗拉强度设计值

二、作用、作用效应及承载力

N——轴向力设计值

N_{p0}——混凝土法向预应力等于零时预应力筋的合力

M——弯矩设计值

M_u——构件的正截面受弯承载力设计值

M_{cr}——受弯构件的正截面开裂弯矩值

σ_s——正截面承载力计算中纵向普通受拉钢筋的应力

σ_s'——正截面承载力计算中纵向普通受压钢筋的应力

σ_p——正截面承载力计算中预应力筋的拉应力

σ_c——正截面承载力计算中混凝土的应力

σ_{con}——预应力筋张拉控制应力

σ_{pc}——由预应力产生的混凝土法向应力

σ_{p0}——预应力筋合力点处混凝土法向应力等于零时预应力筋应力

σ_{pe}——预应力筋的有效预应力

σ_l——预应力筋在相应阶段的预应力损失值

τ——混凝土的剪应力

w_{max}——按荷载效应的标准组合并考虑长期作用影响计算的最大裂缝宽度

三、几何参数

a_s——纵向普通受拉钢筋合力点至截面近边的距离

a_s'——纵向普通受压钢筋合力点至截面近边的距离

a_p——受拉区纵向预应力筋合力点至截面近边的距离

b——矩形截面宽度

b_c——开槽截面宽度

d——预应力筋直径

c——混凝土保护层厚度

h——截面高度

h_0——截面有效高度

h_s——纵向普通受拉钢筋合力点至截面远边的距离

h_p——受拉区纵向预应力筋合力点至截面远边的距离

h_c——开槽截面高度

L——梁的全长

l_0——梁的计算跨度

x——混凝土受压区高度

y_0——换算截面重心至所计算纤维的距离

z——纵向受拉钢筋合力点至混凝土受压区合力点之间的距离

A——梁截面面积

A_0——梁换算截面面积

A_s——受拉区纵向普通钢筋的截面面积

A_s'——受压区纵向普通钢筋的截面面积

A_p——受拉区纵向预应力筋的截面面积

B——梁的截面刚度

I——截面惯性矩

I_0——换算截面惯性矩